先进数据网络丛书

新IP：面向泛在全场景的未来数据网络

陈哲 周旭 雷波 蒋胜 郑秀丽 吴楠 等◎著

人民邮电出版社
北京

图书在版编目（C I P）数据

新IP ：面向泛在全场景的未来数据网络 / 陈哲等著
. -- 北京 ：人民邮电出版社，2023.3
（先进数据网络）
ISBN 978-7-115-60834-5

Ⅰ．①新… Ⅱ．①陈… Ⅲ．①计算机网络—通信协议
—研究 Ⅳ．①TN915.04

中国国家版本馆CIP数据核字(2023)第001460号

内 容 提 要

本书首先以时间为顺序分析了网络协议各个阶段的代表性技术及发展概况，以及其发展过程中面临的问题。现有的网络协议设计难以满足日新月异的应用对于网络的需求，泛在全场景新 IP 体系旨在提供一个具有共性基础的、可面向多需求演进的协议框架。结合传统的网络协议设计架构，针对泛在全场景新 IP 体系进行介绍。从网络目前面临的需求和挑战入手，总结梳理了泛在全场景新 IP 体系的背景、设计原则和能力愿景。之后，结合协议整体框架和对应技术，详细介绍了泛在全场景新 IP 涉及的灵活 IP 技术、确定性 IP 技术、网络自组织协议、内生安全协议、运营级优简多播协议、新传输层协议和去中心化互联网基础设施等多项先进性技术及其应用、开源实践。

本书主要针对网络协议行业从业人员、数据通信技术研发人员、计算机行业人员以及对新 IP 体系发展感兴趣的相关人员，有助于读者学习了解与泛在全场景新 IP 体系相关的技术框架和发展现状。

◆ 著　　陈 哲 周 旭 雷 波
　　　　蒋 胜 郑秀丽 吴 楠 等
　责任编辑　高 珮
　责任印制　马振武
◆ 人民邮电出版社出版发行　　北京市丰台区成寿寺路 11 号
　邮编　100164　　电子邮件　315@ptpress.com.cn
　网址　https://www.ptpress.com.cn
　固安县铭成印刷有限公司印刷
◆ 开本：720×960　1/16
　印张：22.5　　　　2023 年 3 月第 1 版
　字数：390 千字　　2023 年 3 月河北第 1 次印刷

定价：199.80 元

读者服务热线：(010)81055493　印装质量热线：(010)81055316
反盗版热线：(010)81055315
广告经营许可证：京东市监广登字 20170147 号

前 言

从 20 世纪 30 年代 TCP/IP 正式部署以来，互联网承载的业务不断丰富，电子邮件、社交网络、在线购物、视频直播等业务给人们的生活带来了翻天覆地的改变。随着网络生产力的发展，网络技术已经跨入专用网络及边缘网络飞速发展阶段。此阶段的特点为消费互联网、工业互联网、物联网等异构网络共存，以及园区网、城域网等边缘网络共存，网络协议的主要设计目标是为千行百业的专用网络以及边缘网络，在内生安全可信、确定性性能保障、海量信息传输、大连接下的资源感知与管控、泛在移动性支持、网络主权管理等方面，提供差异化的性能保障，而这些新技术特征在根逻辑上是现有的协议体系难以支持的。因此，当前的网络协议无法满足千行百业的专用网络以及边缘网络差异化性能的需求。

基于互联网协议（IP）的发展历程及未来场景的应用需求，泛在全场景新 IP 体系被提出。泛在全场景新 IP 体系以面向有限域、灵活定义扩展及内生安全为设计理念，目标是为千行百业的应用提供差异化的网络服务，并满足内生安全可信、确定性性能保障、海量信息传输、大连接下的资源感知与管控、泛在移动性支持、网络主权管理等需求，通过网络层和传输层的协议创新使能相关网络能力。本书的主要内容是结合传统的互联网协议体系架构，针对泛在全场景新 IP 体系进行介绍。

本书首先从网络发展历史和重要体系协议对比两方面引出互联网协议体系发展历史概况。首先，通过时间顺序，将网络协议体系发展分为主机互联、网络互联和人–机–物互联 3 个阶段，同时分析了各个阶段的代表性技术及发展概况。其次，介绍了 NCP、TCP/IP、ATM 等设计模型的发展情况和模型间的演变历史。

第 3 章是在第 2 章网络协议发展历程上的进一步延伸，从演变的历史分析到演变的内在原理。针对 TCP/IP 协议栈展开，TCP/IP 协议栈作为目前成功的网络协议技术必然有相应的原因，结合 TCP/IP 的设计原理和技术分析其设计缘由及演变方向。其次，还从目前有代表性的互联网协议角度，分别介绍了目前 IP 的发展方向、各个方向的发展现状和技术进展情况，以及其发展过程中面临的问题。最后介绍了目前网络协议演进的相关推动力及相关标准化组织，如国际电信联盟电信标准部（ITU-T）、欧洲电信标准组织（ETSI）、电气电子工程师学会（IEEE）、因特网工程任务组（IETF）、中国通信标准化协会（CCSA）、中国通信学会（CIC）等。

经过第 2～3 章对网络协议发展历史脉络的梳理和主流协议体系的介绍，我们自然而然地引出面向未来互联网协议发展的方向和可能面对的问题。由此，本书在其后的章节中提出通过泛在全场景新 IP 体系来解决当今互联网协议体系发展的瓶颈问题。

第 4 章针对目前网络发展所面临的问题和挑战进行总结，主要从需求角度、技术能力扩展和过渡演变趋势 3 个角度进行分析。可以发现，随着网络生产力的发展，网络技术已经跨入专用网络及边缘网络的井喷时代。新的技术需求让传统 IP 体系在根逻辑上面临重大挑战：用户需要网络承载更多的功能特性，但尽力而为的 3 层协议设计无法灵活适配和赋予网络多样化的功能。因此，当前的网络协议无法满足千行百业的专用网络以及边缘网络差异化性能的需求。这也进一步倒逼 IP 体系的变革，即通过推动协议体系的泛在性演进，使网络技术深度进入并统一支撑非 IP、标准 IP 或因环境因素受限而难以通过传统 IP 及其补丁式改进支持的场景。

第 5 章对泛在全场景新 IP 设计进行总结梳理，包括泛在全场景新 IP 体系设计原则、架构与能力愿景和概览 3 个部分。其中，设计原则涉及维持 TCP/IP 分层模型和“尽力而为”转发机制的基础思想，架构与能力愿景主要结合泛在全场景新 IP 体系架构展开介绍。最后，进一步总结和设想泛在全场景新 IP 适用的场景：通过提供一套综合视角的网络协议设计及评价方法，用于牵引众多网络协议向融合统一的协议框架发展，为万网互联、万物互通破除技术体系上的障碍。

第 6 章着重介绍了泛在全场景新 IP 基础技术。泛在全场景新 IP 体系使用的地址具有长度可变化、地址语义多样化两项技术特点。灵活 IP 技术作为可变长多语义地址的领先技术，可以从技术上满足未来网络协议发展的需求及问题。基于此，灵活 IP 技术包括地址编址技术、报文封装技术、灵活 IP 寻址技术、泛在发现协议等，通过介绍灵活 IP 与现有协议互通技术以及灵活 IP 应用实例，展示灵活 IP 如何满足有限域差异化的特征和定制需求。

第 7 章基于泛在全场景新 IP 目前的产出情况，介绍泛在全场景新 IP 关键使能技术。从确定性 IP 技术、网络自组织协议、内生安全协议、运营级优简多播协议、新传输层协议 5 个方面，以技术的需求场景为切入点，结合泛在全场景新 IP 体系的应用场景，并分别阐述相关技术的设计框架以及相对应的技术实现原理。

第 8 章主要介绍泛在全场景新 IP 基础设施，其中重点介绍了去中心化互联网基础设施。通过分析互联网中心化管控面临的问题，引出去中心化互联网基础设施架构、去中心化互联网技术的概况，并进一步总结提出互联网基础设施演进方案，即提供一种可以从当前集中式资源管理方式进行演进的方案，在不影响资源使用的基础上，逐步实现核心资源的去中心化管理。

第9章主要介绍了泛在全场景新IP体系在业内多种高价值场景开展应用和部署的实践案例，例如，灵活 IP 智慧园区场景测试、灵活 IP 支持智能汽车无感充电支付场景、确定性 IP 跨广域网承载工业控制场景、智能电表自组织网络以及 Anti-DRDoS 防护案例示例，这些案例展示了新协议体系在全行业数字化转型和网络化升级方面的巨大潜力和应用价值，为泛在全场景新 IP 未来的发展场景和方向打开了一扇窗户。

本书作者所在的团队长期以来一直致力于网络协议的研究以及产品开发工作，具有丰富的研究经验以及项目开发经验，对从理论到工程的范围都具有较好的理解。本书的内容取自泛在全场景新 IP 的相关研究成果与工作积累，较好地结合了理论与工程实践，具有一定的参考价值。

在此，需要特别感谢为支持本书撰写而辛勤工作的同事们，包括周玉晶、杨言、任首首、江伟玉、孟锐等。

作者

2022 年 8 月

目 录

第1章

概　述

现有的互联网协议（Internet Protocol，IP）技术始于20世纪70年代。在过去的50年内，IP技术在全世界的部署与实践取得了巨大的成功，促进了全球网络的互联以及应用生态的发展。其成功之处在于：（1）尽力而为的设计思路，协议设计简单、设备成本低、容易标准化，使得IP网络易于快速部署及互联互通；（2）面向终端设计，终端的发展直接推动网络（技术、规模）发展，计算机互联网、移动互联网无不如此；从端侧和应用来看，IP网络解耦了网络和业务，使得业务类型挣脱网络束缚，得到了极大的丰富和发展。在当时的需求背景下，网络技术无法满足全球范围的计算机网络互联互通的需求。IP技术具有强大、优异的连接能力，简单、尽力而为的传输能力，以及端到端的业务和应用模型，因此，IP网络非常好地实现了全球网络的互联互通。

但是随着网络生产力的发展，现有的网络技术已经无法承载用户日益丰富的网络需求，因此泛在全场景新IP（Ubiquitous IP，UIP）技术被提出。泛在全场景新IP技术研究，主要聚焦未来8～10年内典型应用对于数据网络的需求，在演进思路上采取“分代目标、有限责任”的策略，在继承无连接统计复用的优势能力下，通过持续增强IP自身能力，以提供万物互联的智能世界所需要的内生安全可信、网络可规划和性能可预期、大连接下的感知与管控、泛在移动性支持等能力，连通多种异构接入网络，实现万网互联，使能更多的新服务接入网络，丰富人们的沟通与生活。

泛在全场景新IP体系通过一个具有共性基础的、可面向多需求演进的协议框架，在满足全球万网互联的基础上，弹性地满足面向行业的专用网络差异化的需求。即通过推动协议体系的泛在性演进，使网络技术深度进入并统一支撑非IP、标准IP或因环境因素受限而难以通过传统IP及其补丁式改进而支持的场景。泛在全场景新

IP 体系在提供最基本互联互通能力的基础上，外延扩展更多的能力，供终端应用使用。这就是新阶段网络发展的内在动力，即面向网络能力建设，以网络能力为中心，网络协议需要在最基本的互联能力的基础上，具有适应各垂直行业差异化网络需求的能力，通过提供内生安全、确定性转发、多语义寻址等丰富的灵活可扩展的内生网络能力，满足各垂直行业对网络性能的需求。各种专用网络可以根据专有需求，使用定向扩展的网络协议。

传输控制协议（Transmission Control Protocol，TCP）/IP 体系是基于固定网络的协议设计，在 32bit 或 128bit 的数字空间中使用分段式数字地址串构建拓扑结构，使用尽力而为的单一转发模式。新型终端和新型业务的接入使得网络协议能力需求发生了改变。轻量级的终端提出缩短地址长度的需求，用以降低能耗；时变动态的网络节点提出高动态性需求，用以应对路由收敛速度；众多业务并不以拓扑位置为业务流程的依据和必要条件，除数字地址之外，还可以引入多样化的标识语义（如服务、身份、算力等）进行路由；远程控制、工业制造等场景需要确定性的网络能力，包括时延抖动、路径等；安全性能可以逐步向内生化迁移，将可验证的 ID、验证机制流程在网络层实现。泛在全场景新 IP 通过在网络层增加多样化标识，如服务标识、算力标识、地理坐标、设备标识、用户标识等新标识体系，使网络设备可根据网络当前场景需要选择特定语义进行数据包的封装和通信流程的执行，进而潜在支持复杂异构场景的多元统一，即全部通信场景应可以通过同一个语言体系进行互通。与此同时，包括拓扑地址在内的各类标识应具备真实性保障和校验的能力。网络安全的基础依赖于入网实体“身份”的真实性，即标识的真实性。泛在全场景新 IP 体系通过对广义标识进行设计与管理，将身份的可验证性作为安全的根源与基础。

最终，泛在全场景新 IP 体系面向不同业务提供细分的多维度服务，例如，对象级粒度的优化传输协议，提供可运营的跨域多播能力、用户可定义的网络协议格式和转发能力以及对数字空间数字孪生的管理。在网络层实现对攻击行为的防护，保障网络服务节点的可用性，减少对上层安全策略的依赖，网络安全朝向内生化发展，泛在地支持更多场景服务，实现万网万物的全连接。在未来，大量的智能机器会逐步接入网络，“面向机器的通信”将产生许多新型网络连接需求。机器对于信息的处理效率、时长和连续性等方面的要求将远超人类，未来网络在总传输通量和超大数据瞬时传输能力的上限亟须提升。超低功耗的传感器等更为多样的异构设备、超高速移动的卫星联网等更为多样的异构网络逐步促成“万物、万网互联”的态势，网络协议体系需要匹配复杂异构化的特征，以全息全觉通信为代表的未来媒体通信形式通过多信息源、多维感官数据的同步传输保证服务体验，超高吞吐、多播并发、精准协同等势必成为未来媒体应用的普遍需求。接入并基于网络展开的产业链条逐步增长，众多业务场景的高经济价值必须有更加完善的安全与隐私机制来守护系统运转。面对未来应用业务需求对网络技术提出的挑战，网络协议体系的能力已经成为不可回避的瓶颈。

本书主要针对网络协议行业从业人员、数据通信技术研发人员、计算机行业人员以及对新 IP 体系发展感兴趣的相关人员。本书有助于读者学习了解与泛在全场景新 IP 体系相关的技术框架和发展现状，为本书所涉及的行业如何借用泛在全场景新 IP 体系进一步提升技术实力和生产效率提供了相应的应用场景和思路，进一步增强泛在全场景新 IP 体系的实用性和可操作性。

第2章

互联网体系协议设计

本章首先分析网络协议发展历程，从核心目标与主要矛盾的角度对网络协议的发展历史进行宏观的代际划分，并介绍每个阶段的特点及代表技术。实际上，在网络的发展过程中，代际的发展是悄然发生的，其伴随着各种技术的更迭与竞争。而能从众多技术中脱颖而出并占据主流的技术是最符合当前阶段特点，并能满足各方利益的优胜者。因此，本章还从微观角度进行分析，通过核心技术之间的演进与竞争分析总结经验，追溯主流协议获得成功的根源，希望能为未来新型网络协议的设计及推广提供参考。

2.1 网络协议发展历程

纵观网络技术发展历程，大量的网络协议涌现出来。网络协议的代际发展与当时的时代背景和实际需求是分不开的，每一代的发展都有其成功之处，每一代的演替都有其内在逻辑。网络协议发展阶段如图 2-1 所示，本书根据网络协议设计的核心目标与主要矛盾，将网络协议发展历程分为 3 个阶段。

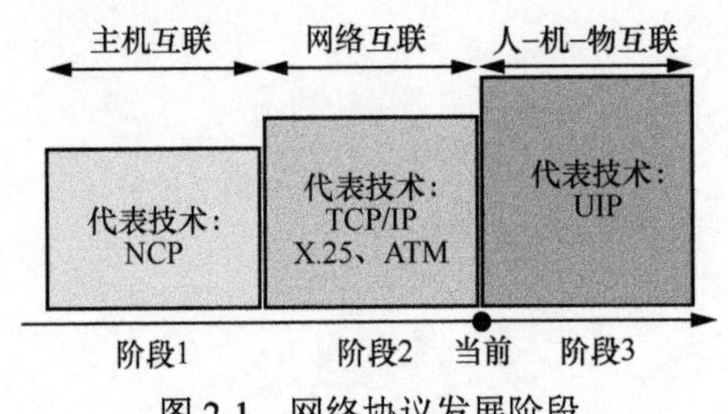

图 2-1　网络协议发展阶段

2.1.1 协议体系发展初期

第一个阶段为主机互联阶段，以 20 世纪 60 年代末阿帕网（ARPANET）诞生为开端。此阶段的特点为少数主机互联为局域网，网络协议的主要设计目标是为有限个主机之间提供互联互通。在这一时期的代表性协议为网络控制程序（Network Control Program，NCP），其作为 ARPANET 终端主机协议栈的中间层，控制主机之间的数据传输，动态分配主机地址，实现小范围同构的计算机间信息交互。NCP 在小型局域网中运行稳定，但随着 ARPANET 用户的增多，NCP 逐渐暴露多种缺陷：NCP 只是一台主机对另一台主机的网络协议，并未给网络中的每台计算机设置唯一的地址，结果造成计算机在越来越庞大的网络中难以准确定位需要传输数据的对象；NCP 缺乏有效的纠错功能，在数据传输过程中一旦出现错误，网络就可能停止运行；NCP 仅能用于同构环境中，所谓同构环境是网络上的所有计算机都运行相同的操作系统，“同构”的限制不应被加到一个分布广泛的网络上，这限制了网络快速拓展、异构互联的需求。此时，网络发展的主要矛盾为当前的网络协议无法满足多用户多网络互联的需求，因此，网络协议向下一个阶段演进。

2.1.2 IP 得到认同统一

第二个阶段为计算机网络互联阶段。此阶段的特点为除了主机与主机之间互联，网络和网络之间也需要互联，网络协议的主要设计目标是为大规模网络提供互联互通。在这一时期的代表性协议为 TCP/IP，以及 X.25、异步传输模式（Asynchronous Transfer Mode，ATM）等协议。

TCP/IP 是在网络使用中最基本的通信协议，对互联网中各部分通信的标准和方法进行了规定。TCP/IP 能够用于“异构”网络环境，即可以在各种硬件和操作系统上实现互操作。并且，TCP/IP 是保证网络数据信息及时、完整传输的两个重要协议。严格来说，TCP/IP 是一个 4 层的体系结构，包括应用层、传输层、网络层和数据链路层。X.25 是一个使用电话或者综合业务数字网（Integrated Services Digital Network，ISDN）设备作为网络硬件设备来架构广域网的国际电信联盟电信标准部（ITU-T）网络协议。它的实体层、数据链路层和网络层（1～3 层）都是按照开放系统互联（Open System Interconnection，OSI）通信参考模型来架构的。ATM 协议是以高速分组传送模式为主，综合电路传输模式优先的一种宽带传输模式。结合了电路交换和分组交换的优点，即 ATM 具有统计复用、灵活高效和传输时延小、实时性好的优点，能在单一的主体网络中携带多种信息媒体，承载多种通信业务，并且能够保证 QoS。

为了简化网络的控制，ATM 将差错控制和流量控制交给终端去做，不需要逐段链路的差错控制和流量控制，可以提高处理速度、保证质量、降低时延和信元丢失率。

TCP/IP 不同于 X.25、ATM 协议，是面向无连接的，因其开放性、中立性和简洁的技术体系得以迅速推广，成为现代通信的基础协议。TCP/IP 可以很好地实现全球网络互联互通，但是未来万物互联的智能社会发展需求对现有 IP 网络提出了安全性、灵活性、服务质量、确定性、大连接等方面的挑战。当前，网络发展的主要矛盾已经转变为当前的网络协议无法满足千行百业万物互联的需求，因此，网络协议需要向下一个阶段演进。

2.1.3 IP 技术能力不断扩张阶段

第三个阶段为人–机–物互联阶段。此阶段的特点为消费互联网、工业互联网、物联网等异构网络的多元主体共存，网络协议的主要设计目标是为千行百业的人–机–物多元主体提供互联互通，并满足内生安全可信、差异化确定性性能保障、海量信息传输、大连接下的资源感知与管控、泛在移动性支持、网络主权管理等需求。在这一时期，未来万物互联智能社会对网络有新的需求。网络发展需求如图 2-2 所示。

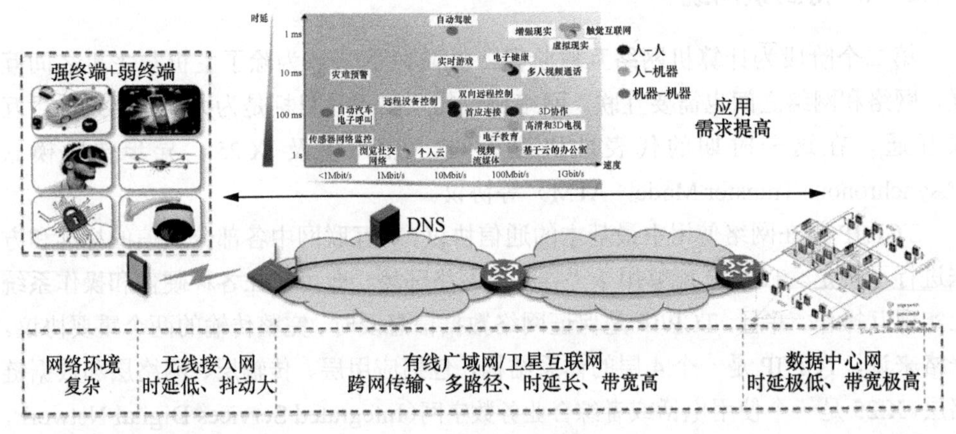

图 2-2 网络发展需求

（1）网络环境越来越复杂

应用的端到端连接需要面临的网络条件越来越复杂。例如，一段端到端的传输可能涉及无线接入段、有线网络段、卫星网络段等多段异构传输路径，其网络特性（如丢包特征、时延特征等）具有很大差异，仅靠端侧“猜”不可能适应所有网络条件。

（2）应用要求越来越高

IP 网络“尽力而为”的转发方式难以满足业务复杂需求，应用层需要做更多的工作才能满足应用需求，甚至无法满足应用需求。同时，应用层的单方面努力，如应用层优化，往往给网络带来更大的负担。

（3）终端类型越来越多

更多的弱终端（物联网）、专有终端（工业互联网）接入网络，这些终端受限于处理能力、供电等因素，只能高度专用化设计，处理专用化业务，无法胜任复杂的连接管理、性能优化等任务。

进入第三个阶段，网络生产力从通用的消费互联网向专业性的产业互联网升级发展，各类面向行业的产业互联网以及面向场景的各类边缘网络不断涌现。网络生产力发展的需求已从“广泛互联”向“能力泛在”满足千行百业差异化性能需求转换。需要通过一个具有共性基础的、可面向多需求演进的协议框架，在满足全球万网互联的基础上，弹性地满足面向行业的专用网络差异化的需求。网络需要提供更多的能力，供终端应用使用，这就是新阶段网络发展的内在动力，即面向网络能力建设，以网络能力为中心，网络协议需要在最基本的互联能力基础上，具有适应各垂直行业差异化网络需求的能力，通过提供内生安全、确定性转发、多语义寻址等丰富的网络能力，满足各垂直行业对网络性能的需求。

2.2　典型技术发展演进分析

网络协议发展和网络技术演进的驱动力是解决网络中逐步产生的新问题。本节对典型网络协议的发展及应用普及情况进行对比分析，找出各个阶段网络中存在的主要问题，挖掘成功的网络协议需要具备的要素，为未来新型网络协议的设计及推广提供参考。同时，分析从当前阶段到人–机–物互联阶段发展过程中网络需求的转变，探寻下一代网络协议所要面临的核心问题。

2.2.1　NCP 到 TCP/IP

NCP 是主机互联时代的典型技术，但是随着计算机技术的发展，NCP 的缺陷也逐渐显现，其中最致命的一点是它只能用于同构环境，也就是不同操作系统的主机之间不能通信。当时计算机的种类五花八门，不同类型的计算机使用的语言也不同，它们之间不能互相通信使得信息的共享很不方便。例如，在 ARPANET 中就存在多个厂商生产的机器，美国陆军用的是 DEC 系统产品，美国海军用的是 Honeywell 公司生产的机器，而美国空军用的是 IBM 公司生产的计算机。美国各个军种的计算机在各自系统内部运行良好，但是在不同军种之间却不能共享资源。

TCP/IP 就是为解决这些问题、实现跨平台通信而提出的。而 TCP/IP 技术的广泛应用则将人类带入了网络互联时代，真正实现了"互联网"。因此，成功的网络协议必须要顺应时代需求，解决行业痛点。

2.2.2 TCP/IP 和 OSI

TCP/IP 和 OSI 协议的设计虽然具有相同的目标，但是走的是两条完全不同的道路。1972 年，罗伯特·卡恩（Robert E. Kahn）开始设计开发开放互联模型，1973 年，NCP 协议的开发者文顿·瑟夫（Vinton Cerf）加入。1974 年，二人在 IEEE 期刊上发表了一篇题为《关于分组交换的网络通信协议》的论文，正式提出 TCP/IP，用以实现计算机网络之间的互联。1975 年，两个网络之间的 TCP/IP 通信在美国斯坦福大学和英国伦敦大学学院之间进行了测试。1977 年 11 月，3 个网络之间的 TCP/IP 测试在美国、英国和挪威之间进行。在 1978 年到 1983 年间，其他一些 TCP/IP 原型在多个研究中心之间被开发出来。1983 年，美国国防部高级研究计划局（DARPA）决定淘汰 NCP 协议，转而使用 TCP/IP。同年，TCP/IP 被 UNIX 4.2 BSD 系统采用。随着 UNIX 的发展和应用，TCP/IP 逐步成为 UNIX 机器的标准网络协议。

相较于 TCP/IP，OSI 发展的起点更高。国际标准化组织（ISO）于 1977 年成立了专门的机构来研究不同体系结构的计算机网络之间的互联问题。他们提出了著名的开放系统互联基本参考模型（Open Systems Interconnection Reference Model，OSI/RM），简称为 OSI。OSI 试图设计一套全球计算机网络都能够遵循的统一标准，实现任意两台计算机之间可以方便地互联和数据交换。OSI 在 1983 年形成了著名的 OSI 7498 国际标准，并在该标准中定义了大家所熟知的 7 层协议的体系结构。

OSI 受到国际社会的广泛支持，学术界、工业界甚至一些国家及地区的政府机构都对这一标准表示支持。在当时看来，OSI 必将成为全球通用的网络协议，是所有计算机设备都要支持的。然而现实却出乎意料，OSI 没有如想象中那样被广泛地应用，原因是：在 OSI 标准制定过程中，基于 TCP/IP 的网络协议抢先在各种设备上被使用并且取得了空前的成功。20 世纪 90 年代初期，OSI 国际标准虽然已经制定出来了，但是众多计算机厂商却仍然使用 TCP/IP。因此，OSI 虽然在理论上取得了进步和共识，但是在市场化方面却败给了更加简单的 TCP/IP。

对比 TCP/IP 的成功和 OSI 的失败，原因主要可以归纳为以下几方面。

（1）TCP/IP 在 NCP 的基础上进行设计，且在先期进行了充分的测试；OSI 制定标准的组织以专家学者为主，缺乏实际经验。

（2）TCP/IP 公开、免费，所有计算机厂商和科研院校都可以使用，在被开源的 BSD 系统采用后，随着操作系统的发展演化而被逐步推广；相对于 TCP/IP 来讲，OSI 起步晚，且制定周期过长，按 OSI 标准生成的设备无法及时抢占市场。

（3）TCP/IP 简单易实现，OSI 试图达到理想境界，实现起来过于复杂，而且运行效率很低。

所以，在与 OSI 角逐的过程中，TCP/IP 取胜的关键在于公开、高效且易于实现。这些特征对于未来网络协议的设计和推广同样具有重要的参考价值。

2.2.3 TCP/IP 和 ATM

20 世纪 80 年代末期，为了建设满足多种业务传输需求的综合通信平台，ATM 技术被提出并标准化。它源于美国的快速分组交换（Fast Packet Switching，FPS）和欧洲的异步时分（Asynchronous Time Division，ATD），最后被国际电报电话咨询委员会（CCITT）定名为 ATM。ATM 是一项优秀的传输、交换、复用、交叉连接技术，它所具有的端到端 QoS 保证、完善的流量控制和拥塞控制、灵活的动态带宽分配与管理、支持多业务等特性是优于 TCP/IP 技术的。但是，虽然表面上看 ATM 是一种比过去的传送方式更为简单的通信协议，但是当人们试图用它来支持各种不同的通信业务时，却发现面临许多难题。这不仅意味着为 ATM 增加许多复杂的特性，也意味着要在一个新的平台上为各种不同的业务重建全部通信规程，因此，有人在谈到 ATM 时，说人们发明了一种空前复杂的通信技术。这不仅导致 ATM 的标准化历程历时较长，更导致 ATM 交互设备和相关产品的研发费用昂贵、上市速度慢。此外，ATM 的复杂特性也导致对数据处理的开销更大，相比于 TCP/IP 的产品效率更低。因此，在以 TCP/IP 为主流的技术和产品已经大范围占据市场的情况下，ATM 虽然在技术上引起了广泛的关注，但没能形成大范围的应用。

2.2.4 TCP/IP 到人–机–物互联

从历史进程来看，网络协议已经进入从全球互联互通向千行百业互联转变的重要阶段。

网络协议发展面临的新需求为如何解决千行百业的互联问题。

TCP/IP 设计理念强调以终端为核心，弱化网络能力。这种设计理念在互联网发展之初，有利于网络的全球互联与应用生态的发展。TCP/IP 的成功之处如下。

（1）尽力而为的设计思路。协议设计简单、设备成本低、容易标准化，使得 TCP/IP 网络易于快速部署及互联互通。

（2）面向终端设计。终端的发展直接推动网络发展（技术、规模），个人计算机（PC）互联网、移动互联网无不如此；从端侧/应用来看，获取一个 IP 地址，接入网络，可以在端侧（应用层）进行极致优化。

TCP/IP 网络解耦网络和业务的设计思路，使得业务类型挣脱网络束缚，得到了极大的丰富和发展。然而，TCP/IP 网络只能提供单一形式的网络能力，即 IP+带宽，这是当前网络协议无法满足人–机–物融合网络发展的根本原因。

综上分析，传统的 TCP/IP 网络的特点是：具有强大、优异的泛在连接能力，简单、尽力而为的传输能力，以及端到端的业务和应用模型，因此，TCP/IP 网络非常好地实现了全球网络的互联互通。但是，TCP/IP 网络由于其“复杂终端+简单网络”的设计，具有如下问题：面向终端的设计理念，以及不断打补丁的演进方式，已经难以满足未来网络从全球互联互通转换为千行百业的人–机–物万物互联的发展需求。对于差异化的网络需求，TCP/IP 网络只能通过应用层的方式，封装不同的功能到应用层，从而完成互联互通以及端到端的性能保障。然而，这种依赖终端应用来满足未来网络需求的方式具有诸多弊端。

首先，是终端复杂性问题。由于网络侧协议只具有“尽力而为”的转发能力，因此强化了网络空间中终端的主导优势，端侧功能日趋复杂，网络被动响应。这对于掌握了终端芯片、操作系统及优势应用的国家及地区更加有利。

其次，是安全性问题。TCP/IP 在设计之初没有考虑在网络侧提供可信和安全机制，网络空间的安全锚点与终端及应用紧密绑定，导致终端及应用渗透到哪里，网络主权的触角就延伸到哪里，相互交错，无法清晰界定。大量端到端加密技术的使用，又使得网络行为的审计变得困难，恶意攻击泛滥，需要付出大量物质成本和社会成本。这种与终端绑定的网络空间安全锚定方式对于掌握了终端芯片、操作系统及优势应用的国家及地区更加有利，容易单向渗透，而后发国家及地区受限于TCP/IP 体制，需要付出更大的代价才能实现网络安全防护。

因此，在设计新型网络协议时，我们需要顺应时代发展需求，打破 TCP/IP 网络“面向终端设计、尽力而为”的惯性思路，通过网络协议创新，赋予网络泛在接入、高效传输、确定性、内生安全、灵活服务等能力，利用网络能力替代终端能力，避免终端侧影响，将未来信息通信技术发展的动力从终端侧牵引回网络侧，走出一条发展的新路。

参考文献

[1] 赵飞, 叶震. UDP 协议与 TCP 协议的对比分析与可靠性改进[J]. 计算机技术与发展, 2006, 16(9): 219-221.

[2] 蒋林涛. 数据网的现状及发展方向[J]. 电信科学, 2019, 35(8): 2-15.

[3] 谢希仁. 计算机网络: 5 版[M]. 北京: 电子工业出版社, 2008.

第 3 章

TCP/IP 网络协议架构及演变

网络协议架构的发展都是有自身的设计原则和规律的，第 2 章分析和总结了网络协议发展和演变的过程以及演变的环境。本章从设计原则的高度分析设计理念，从发展的角度来看演变趋势，讨论网络为什么这样设计、网络中每个部分设计和演变的原因、网络中新能力的产生背景以及网络演变的动力。本章希望在讨论许多读者熟悉的网络基础知识时，不是从其设计结果的角度来分析，而是从为什么这样设计的角度进行思考。

3.1 TCP/IP 网络协议架构

网络协议架构是一个非常复杂的架构，同时也在不断创新和演进。在研究未来网络设计体系时，需要结合现有的网络体系结构以及网络发展实践的历史经验。因此，研究者需要首先分析现有的网络设计架构，并且基于历史的角度分析当时协议设计的原则，以辩证的角度看待和分析网络协议架构的设计。不可否认的是，许多现在我们看来繁重、僵化的设计方案，在当时的网络环境和硬件设施基础上则是一种很灵活高效的设计方案。本节主要结合网络协议体系的几个核心功能和当时的网络基础环境设施，分析网络设计原因及目前存在的问题，为未来网络协议设计总结经验。

3.1.1 协议分层设计

网络分层是网络协议架构的核心理念，网络分层也使得网络更加清晰且易于演进。互联网是一个极为庞大且复杂的系统，网络需要支持大量多需求的应用、各种类型的接入端设备、异构多变的网络链路情况等。网络中的两个实体进行通信就需要一个通信协议，当该通信协议比较复杂时，通常将复杂的任务划分为简单成分，然后将这些单独协议复合起来形成协议族以实现通信的需求。最常用的复合技术就是层次方式，每一层执行每一层的功能目标，同时每一层也有各自的协议。协议分层的好处在于，各层的工作可以在一个大而复杂的系统中只关注本层的功能目标，分工清晰。同时，对于大而复杂且需要不断更新的系统，当改变某个层次中的内容后，不会影响该系统的其他层级，各层之间相对独立，易于实现和维护。分层可以将复杂的网络问题分解为许多比较小的、界线比较清晰的问题来处理和解决。这样使得复杂的计算机网络系统变得易于设计、实现和标准化。利用分层模型的体系结构，可以很方便地讨论一个大而复杂的系统的特定功能模块。

协议分层具有概念化和结构化的优点（参见 RFC 3439）。目前常见的网络协议架构有 OSI 模型和 TCP/IP 模型，以及非官方的综合了 OSI 模型和 TCP/IP 模型的 5 层模型，网络各层代表性协议见表 3-1。OSI 的 7 层模型更加严谨并且概念清晰。但是相对而言，由于 OSI 中会话层和表示层的功能都较为单一，从开发的角度来讲，OSI 体系较为复杂且不实用。TCP/IP 体系结构把“物理层”和“数据链路层”合为一层，统称数据链路层，但是通常认为这样合并也不是很合理，因为其功能还是有一定差距。最常讨论的 5 层模型其实是一种非官方的模型，是结合了 TCP/IP 4 层模型和 OSI 7 层模型所得到的，它保留了 OSI 7 层模型中的物理层和数据链路层，同时又如 TCP/IP 模型一般将会话层、表示层、应用层合并为了一层。

表 3-1　网络各层代表性协议

OSI 7 层网络模型	TCP/IP 4 层网络模型	5 层模型	对应的网络协议
应用层	应用层	应用层	HTTP、TFTP、FTP、NFS、WAIS、SMTP、Telnet、DNS、SNMP
表示层			TIFF、GIF、JPEG、PICT
会话层			RPC、SQL、NFS、NetBIOS、names、AppleTalk
传输层	传输层	传输层	TCP、UDP
网络层	网络层	网络层	IP、ICMP、ARP、RARP、RIP、IPX
数据链路层	数据链路层	数据链路层	FDDI、Frame、Relay、HDLC、SLIP、PPP
物理层		物理层	EIA/TIA RS-232、EIA/TIA RS-499、V.35、IEEE802.3

网络协议每层的功能设计并不是一成不变的，需要综合考虑效益和成本适当地进行修改。以下就是针对 5 层模型自顶向下阐述互联网设计时每层的功能，以及从未来网络协议的角度分析目前存在的不足。

（1）应用层

“端到端原则”是互联网核心设计原则之一，奠定了“核心网络简单，智能置于边缘”的网络基本结构。在“端到端原则”中，核心网络只提供简单和通用的传输服务，只维持最少的传输状态信息（如路由信息等），而数据可靠性、安全性、完整性等功能都留给端系统实现。应用层在网络协议架构中的作用是为应用程序提供服务，并规定应用程序中与通信相关的细节，也就是为应用提供服务，因此应用层程序主要在端系统中运行，而不在传输网络中运行。应用层需要屏蔽不同的端系统之间的差异，并且尽可能地向下复用网络基础能力。基于这样的设计，新的应用的出现并不会影响网络各层协议的部署和运营，只需要针对新应用总结提炼网络能力需求即可对新的业务进行快速部署使用。

随着终端设备的普及，应用层的种类也相应增长，同时对于网络基本的传输服务也有了多维度的需求，简单通用的网络传输已经很难满足应用层服务的需求。由于应用层无法干涉网络传输，因此自身会采取一定的手段来保障复杂的网络传输需求。例如，一些应用为了保障网络的安全性，会在自身数据中包裹大量应用层使用的安全鉴权方案，增大数据的传输量。采取这种方案的确可以在一定程度上解决应用层服务对于网络传输能力的需求，但是这样加大了网络的冗余流量，增大了网络传输的压力，不利于降低网络成本。而应用层开发相应的私有传输保障协议的方式有以下问题：首先，其缺乏足够的相关领域专家的参与和论证，无法从技术能力上保障先进性；其次，协议的复用能力差，一些协议只能支持本公司的某些应用，并且开发工程量巨大，小公司无法负担网络私有协议的开发和建设，且有重复“造轮子”的问题；最后，某些网络协议为了追求较高的服务质量，不遵守制定的网络协议，挤占其他服务的带宽。例如，某些协议在收到网络拥塞指示后并不降低自身报文的发送速率，这导致遵守拥塞控制协议的网络流量得到的网络资源越来越少，导致网络资源分配不公。未来网络协议的发展需要分析和抽象应用层的共用网络能力，基于成本效率考虑，将大量可以复用的能力下沉。

（2）传输层

传输层的主要作用是负责完整报文的进程到进程的交付，为应用进程之间提供了逻辑通信。传输层关注的是报文的完整和有序问题。网络层管理的是单个包

（Packet，又称分组）从源点到终点的交付，并不考虑包之间的关系，而传输层则要确保整个报文原封不动地按序到达。其具体功能包括链接控制、流量控制、差错控制、报文的分段和组装、主机进程寻址等。传输层两个重要的协议是 TCP 和用户数据报协议（User Datagram Protocol，UDP）。

TCP 是一种面向连接的、可靠的、基于字节流的传输层协议，详细协议细节可以参考 IETF 的 RFC 793、RFC 1122、RFC 1323、RFC 2018 以及 RFC 2581。TCP 是为了在不可靠的互联网络上提供可靠的端到端字节流而专门设计的一个传输协议。TCP 是一种面向连接的协议，即在一个应用进程向另一个应用进程发送数据之前，两个进程需要先建立连接，它们必须相互发送某些预备报文段，以建立确保数据传输的参数。TCP 也是一种点对点的全双工服务，即数据流可以进行双向传输且只可以两台主机进行传输，不存在多播的场景。

UDP 为应用程序提供了一种无须建立连接就可以发送封装的 IP 数据包的方法。详细协议可以参考 RFC 768。UDP 报文没有可靠性保证、顺序保证和流量控制字段等，可靠性较差。但是正因为 UDP 的控制选项较少，在数据传输过程中时延低、数据传输效率高，适合对可靠性要求不高的应用程序，或者可以保障可靠性的应用程序，如域名系统（Domain Name System，DNS）、简易文件传送协议（Trivial File Transfer Protocol，TFTP）、简单网络管理协议（Simple Network Management Protocol，SNMP）等。

目前，一些针对 TCP 的发展研究主要是面向拥塞控制和重传问题，在保障数据传输确定性的基础上增加了网络的传输效率。UDP 的改进协议则是在保障其传输速率的基础上，增加了相应的可靠性保障机制。此外，还出现许多针对某些应用需求专门设计的新型传输协议。未来网络传输层设计需要有更高的灵活性，即从 TCP、UDP 的 0/1 需求过渡到一个渐进的需求。我们可以认识到，上层应用对于网络的可靠性及传输效率都有一定的要求，而提升应用服务体验的核心在于可以基于不同的应用平衡可靠性和传输效率。

（3）网络层

网络层主要负责把报文包从源主机传输到目的主机的端到端传输过程，网络层主要是为了解决不同网络之间的数据传输和转发问题。报文传输过程可能要跨多个网络（链路），网络层向上屏蔽了网络之间传输的路径选择等各种问题。网络层的通信单位是数据报（Datagram），每个数据报独立传输，不同的数据报可以走不同的路由，可能不按顺序到达。网络层主要涉及两个重要功能，分别为转发和路由选择。转发就是当一个数据包到达某路由器的一条输入链路时，该路由器必须将该数据包移动到输出链路。路由选择指当数据包从发送方流向接收方时，网络层必须决定这些数据包所采取的路由或路径。

网络层是网络协议架构中非常重要的一层，同时技术上也非常复杂。因为它既要解决不同网络的节点间通信的路由和协议识别问题，又要通过路由选择策略解决网络拥塞问题，尽可能提高网络通信的可靠性。网络层中涉及众多的协议，其中包括最重要的协议，也是 TCP/IP 的核心协议——IP。IP 非常简单，仅仅提供不可靠、无连接的传送服务。IP 的主要功能包括无连接数据报传输、数据报路由选择和差错控制。与 IP 配套使用实现其功能的还有地址解析协议（ARP）、反向地址解析协议（RARP）、互联网控制报文协议（ICMP）、互联网组管理协议（IGMP）。网络层中以 IP 数据包的形式来传递数据，IP 数据包也包括两部分：头（Head）和数据（Data），将 IP 数据包放进数据帧中的数据部分，然后进行传输。

传统 IP 的核心理念是简单、高效、尽力而为。在 IP 架构的沙漏型“瘦腰”结构的支持下，上层网络应用只要支持简单的 IP，即可在互联网上运行，所以大量的互联网创新应用随之而来。TCP/IP 的两个理念：“everthing over IP”代表 TCP/IP 向上可以为多种多样的应用提供服务，承载多样化业务；“IP over everthing”代表 IP 在多种多样的网络构成的互联网上运行，向下适配异构网络链路。简单、开放的网络“瘦腰”结构使 IP 在互联网发展的前 50 年中取得巨大成功，使 IP 在互联网中起到核心的作用。

网络层被希望是尽可能的简单，但是简单并不意味着不能基于生产力的发展增加网络层能力。若是网络层一直希望自身保持极简的功能，就会导致上层应用为了实现自身的安全、确定性等需求在网络层造成大量的冗余流量，从而降低了网络的效率。例如，传统尽力而为的网络层传输模式在当今看来有所欠缺。尽力而为的设计原则更多地考虑当初网络的背景以及网络物理设施的能力，在尽力而为的模式下，即使有短暂的网络中断也可以使得上层感知不到。但是在现今的商业化网络背景下，不太需要考虑网络受攻击而导致中断的问题，同时现今网络基础设施的可靠性和带宽也大大提升。如果网络层能保障相应的网络传输质量，对于上层来讲，协议的设计会大大简化，同时对于自身来说也减少了冗余的流量，保障了网络的高效性。未来，网络层在演进发展的过程中必须考虑自身能力的扩充，在考虑成本和效率的情况下不断变得更加简单、高效。

（4）数据链路层

数据链路层位于 OSI 7 层网络模型的倒数第 2 层，在 TCP/IP 模型中，它与物理层合并作为模型中的最底层。但事实上，它跟物理层的传输数据单位，以及服务对象，都不尽相同。物理层的传输数据单位是原始的比特（bit），而数据链路层则会将比特组合成字节（byte），再将字节组合成帧（frame），然后进行传输。同时，二者所提供的服务和服务对象也大有不同。物理层主要针对网络中的硬件设备，而数据链路层主要针对网络中的链路接口。数据链路层主要功能是将不可靠的物理层转化为一条无差错的链路。物理层中也有许多规程或协议，但它们是用来构建物理传输线路、建立物理意义的网络通信，不是用来控制数据传输的。数据链路层主要解决的问题就是在原始的、有差错的物理传输线路的基础上，采取差错检测、差错控制与流量控制等方法，将有差错的物理线路改进成逻辑上无差错的数据链路，以便向它的上一层（网络层）提供高质量的服务。

数据链路层作用主要包括物理地址寻址、数据的成帧、流量控制、数据的检错、重发等。数据链路层的数据单位称为帧，对物理层传输过来的比特流进行分组，一组电信号构成的数据包，就叫作“帧”。帧数据由帧头和帧数据两部分组成，帧头包括接收方物理地址（就是网卡的物理地址）和其他的网络信息，帧数据就是要传输的数据体。数据帧的一般最长为 1500byte，如果数据很长，就必须分割成多个帧进行发送。

数据链路层又分为两个子层：逻辑链路控制（LLC）子层和介质访问控制（MAC）子层。MAC 子层处理带冲突检测的载波监听多路访问（CSMA/CD）算法、数据出错校验、成帧等。而 LLC 子层定义了一些字段使得上层协议能够共享数据链路层。数据链路层协议的代表包括同步数据链路控制（SDLC）、高级数据链路控制（HDLC）、点对点协议（PPP）、生成树协议（STP）等。

（5）物理层

物理层是互联网协议体系的最底层，主要协调通过物理媒体传送比特流时所需要的各种功能，负责逐个把比特从一跳节点移动到下一跳节点。物理层在物理介质上为数据链路层提供原始比特流传输的物理连接，因此该层涉及大量的接口和传输媒体的机械和电气规约，定义了这些物理设备及接口为了实现传输必须完成的过程和功能，如网线的接口类型、光纤的接口类型、各种传输介质的传输速率等。物理层关注的是在一条通信信道上传输原始比特。物理层关注的问题有接口和媒体的物理特性、比特的表示、数据率和传输速率、比特的同步、线路配置、物理拓扑和传输方式等。这里的典型问题包括用什么电子信号来表示 1 和 0、一个比特持续多少纳秒（ns）、传输是否可以在两个方向上同时进行、初始连接如何建立、当双方传输结束之后如何撤销连接等。物理层的相关协议主要涉及机械、电子和时序接口，以及物理层之下的物理传输介质等，其代表性协议包括 IEEE 802.3、EIA/TIA RS-232、EIA/TIA RS-449、V.35、RJ-45 等。

物理层的能力提升会促使上层网络协议的改变，同时上层网络协议的演进也必须基于物理层能力的支撑。网络总是希望可以又快又好地传输数据，但是网络协议的设计不能脱离当时阶段的物理传输能力。双绞线、铜线在传输速率、带宽方面无法与光纤抗衡，无线和有线的传输环境也有所不同。上层的协议要基于物理层能力的提升而及时改变，一些冗余僵化的功能也需要及时地剔除，从而保障网络的高效性。

3.1.2　网络协议体系基础组成部分

网络的主要功能是进行数据的传输，为了实现网络的数据传输，需要命名和编址、报文封装以及路由和转发 3 个核心功能。命名和编址主要代表网络的需求方和提供方，相当于寄快递的寄件方和收件方，只有提供了这两个地址，数据才能知道自己的流转方向。报文封装是在数据外层包裹用于路由转发的数据。例如，在寄件过程中，不能直接把物品进行发送，而需要在外层进行打包。路由和转发在网络中主要负责数据的具体传输功能，即数据如何在网络中进行发送。本节主要针对 3 个核心功能，基于 IPv4 和 IPv6 的设计方案，分析网络协议核心功能的演变以及未来发展趋势。

3.1.2.1　地址设计及演变

地址设计是网络协议架构设计的基石，所以介绍和分析网络协议首先需要拆解地址设计方案。地址的本质是通信对象的标识符，而地址空间就是一个对象集的标识符集合。地址具有三大属性：定义、绑定和解绑定、寻址。首先，一个协议体系需要定义地址空间、地址长度、语义以及作用域（地址可能应用的通信对象的集合）。其次，协议体系需要具备将地址和通信对象进行绑定和解除绑定的能力。最后，协议体系需要提供可以通过地址访问与之绑定通信对象的能力，即寻址。

在一个网络协议体系中，地址是分层级的，也与网络的分级划分进行对应，这样设计的好处是方便报文的传递及应用的使用。网络需要用到 4 个级别的地址：物理地址、逻辑地址、端口地址和特定应用地址，其地址与网络分层关系如图 3-1 所示。在这些地址中，逻辑地址的设计是最为重要的，主要包含命名空间和逻辑寻址两个方面的原因。

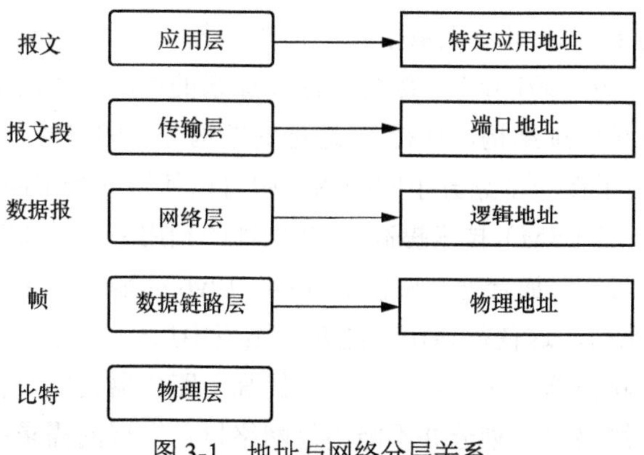

图 3-1　地址与网络分层关系

逻辑地址在 TCP/IP 网络协议体系中指代的是 IP 地址编址规范。命名空间在一个编址体系中的重要性主要体现在编址系统是用来标识通信的主机的，所有的通信和访问归根结底是一个点对点的信息传输，而命名空间就是对于点的标识。因此不恰当的以及缺乏扩展性的地址设计必然会限制网络的发展。以 IP 地址为例，IPv4 协议采取了固定长度的 32bit 地址，这种设计在当时看来是符合需求的。当年的学者对于网络的发展速度有了错误的估计，甚至比尔·盖茨也曾说过计算机内存只需要 1MB 就够了。但是随着网络上的主机数量呈指数增长以及不恰当的地址空间分配方案，32bit 的固定长度地址暴露了 IP 地址空间不足的低级问题。IPv6 被提出的一个核心原因是解决地址空间不足的问题，但是简单粗暴地将地址空间扩张为 128bit 在现在看来并不一定是一个好的选择，因为这只是缓解了地址空间不足的现象，并没有从根本上解决问题。因此无法确定 IPv6 是否会重演网络地址空间不足的问题。同时粗暴地扩展 IP 地址长度会导致对低功耗设备的支持能力大幅下降。一些低功耗 IoT 设备的报文长度甚至小于 IPv6 地址长度。未来的地址设计需要更全面地思考网络地址设计的方案，同时也需要结合网络的硬件支撑能力进行设计。

相较于其他地址，逻辑地址更重要的原因在于其地址包含相应的网络拓扑逻辑，这样的好处是方便路由器的转发。主机的物理地址在出场时就已经设定好，并且无法更改，但是根据接入网段的不同，主机的逻辑地址会改变。路由器在转发数据的时候会根据报头上的地址进行下一跳端口的转发，但是如果使用物理地址进行通信，会造成的一个显著问题是路由表的极度膨胀，由于每一个参与数据转发的路由器都需要记录某个地址的下一跳转发端口，路由设备无法负担这样大的资源开销。IPv4 的地址空间被分为 A、B、C、D 和 E 5 类，但是这样的分类灵活性弱，海量设备接入时会导致子网机器大量消耗，面临着路由碎片化或地址重新规划的问题，降低寻址效率。从 1991 年起，编址方法在原来的标准分类的 IP 地址的基础上，加入了子网号的三级地址结构，使得 IP 地址的结构分为网络号、子网号和主机号。

RFC 1009 指明了在一个划分子网的网络中可以使用几个不同的子网掩码。早期的可变长子网掩码（VLSM）技术提高了 IP 地址的利用率，后续的无类别域间路由（CIDR）使得网络划分更加合理。相较于 IPv4，IPv6 的地址分配一开始就遵循聚类（Aggregation）的原则，这使得路由器能在路由表中用一条记录（Entry）表示一片子网，大大减小了路由器中路由表的长度，提高了路由器转发数据包的速度。

但是更合理的网络地址划分并不能满足网络日益发展的需求：一是异构地址网络接入 IPv6 网络体系中必须使用 128bit 地址，其原网络的地址分配、路由规则会打破；二是逻辑地址中只表达拓扑含义无法满足网络的需求，当前的 IP 网络无法直接根据服务名称获取服务内容，需要先通过 DNS 将服务名称翻译为服务位置，再由服务位置获取服务内容，造成网络时延高；三是现有的编址方案与通信的主体位置紧密绑定，通信主体发生移动时，IP 地址会更改，导致正在进行的业务发生中断。

3.1.2.2 报文封装设计及演变

报文封装设计是一个协议体系设计的核心内容，良好、灵活的报头设计才能更快地提升网络内部的报文转发效率。网络协议报头设计是有其对应的考虑和功能，即使现在被认为是冗余的一些字段，考虑当时的物理设备等原因也是有一定的先进性，不能全盘否定。在协议的研究过程中，需要结合实践经验和物理设备的发展能力，分析其不足及改进点。以往的协议报头设计，普遍是定长、定界、定序的，更严格地说是字段语义空间定长，字段不可选，协议报头一旦定义了，不太好再加减新字段，固化的语法约束了语义灵活性。IPv4 及 IPv6 报文封装格式如图 3-2 所示。

IPv4 由于其设计的僵化已经极大地拖累网络的发展。IPv4 报头设计中的字段较为固定，无法去掉冗余僵化字段，给路由转发效率带来了极大影响，并且一旦字段变动，需要全网同步升级，成本极高。例如，校验功能可以由上层协议提供，报头设计中的报头校验和字段就显得冗余。其次，IPv4 的字段长度设计不够合理。协议（Protocol）字段定义了 8bit 的长度，但是现在已经使用了上百个协议值，随时面临着协议号用尽的危险。最后，虽然 IPv4 的报文封装设计中支持选项（Options）字段进行添加自读，但是操作起来基本不可用。

IPv4报头

版本(4bit)	报头(4bit)	服务类型(TOS)(8bit)			总长度(16bit)			
		优先权(3bit)	TOS子字段(4bit)	未用0(1bit)				
标识(16bit)					标志(3bit)			片偏移(13bit)
					0	DF	MF	
生存时间(TTL)(8bit)		协议(8bit)			报头校验和(16bit)			
源IP地址(32bit)								
目的IP地址(32bit)								
选项（若有，最多40byte）								

(a) IPv4报文封装格式

IPv6报文

版本(4bit)	传输级别(8bit)	流标签(20bit)	
负荷长度(16bit)		下一个头部(8bit)	跳数限制(8bit)
源IP地址(128bit)			
目的IP地址(128bit)			

(b) IPv6报文封装格式

图 3-2　IPv4 及 IPv6 报文封装格式

IPv6 使用了新的报头格式，把它的选项和基本报头分开，极大地简化了路由选择的过程，同时允许协议在扩展报头上进行字段扩充，方便了新技术的使用。IPv6 首部精简了报头字段，并且报头长度改为定长 40byte，定长的设计有利于路由器的处理，加快了报文的转发速度。IPv6 最大的特色之一就是在基本报头后面还有零到多个扩展头。IPv6 把一些可选的实现功能，通过扩展报头来实现。IPv6 基本报头包含下一报头字段，该字段可以标识扩展报头的存在并且标识扩展报头所承载的协议。下一报头字段的作用是将多个 IPv6 报头链接在一起，链条的末尾就是 IPv6 数据部分，扩展报头使用方式如图 3-3 所示。

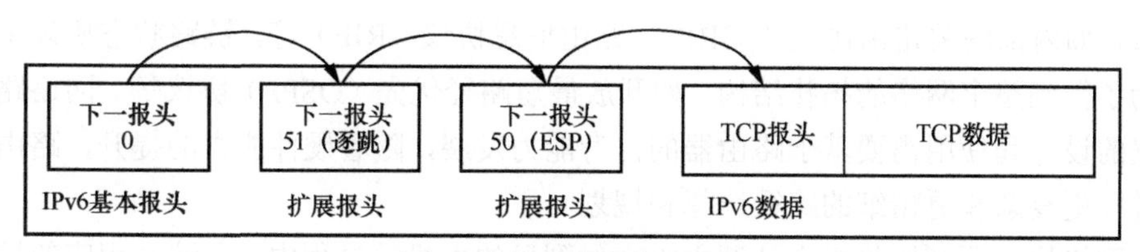

图 3-3　扩展报头使用方式

相较于 IPv4，IPv6 报头只保留了最重要的功能，而对于一些非关键性的功能，则放在扩展报头中进行实现，使得整体的报头设计回归简洁，更加透明。但是随着网络各类使能技术的发展，为了避免对其他技术产生影响，许多技术在发展的过程中大量地采用了嵌套封装的形式。这导致报文中的有效报文占比减少，降低了传输效率。其次，网络协议需要更大的灵活性，所有字段本质上都可选，而不需要定义必选。历史上许多信誓旦旦定义必选的字段，最后大多都可选，而且有些字段在大多数情况下是不需要的，但是报文协议设计的不灵活性导致其必须存在，这包括流标记（Flow Label）、服务类型（TOS）、分片（Fragmentation）、校验和（Check Sum）等，甚至 IP 地址都能举出几个在一些场合可以不需要的例子。并且，所有具有数值大小含义的字段都有潜在的变长需求，包括虚拟局域网（VLAN）、IP 地址、Flow Label、多协议标签交换（MPLS）Label、Framgentation ID、端口号（PortNo）、TCP 的序列号等，其中 VLAN 空间不足也是一个突出的问题。由于字段灵活性不足，UDP 无法扩展，IETF 最近出现的一个草案把扩展字段放在了 UDP 载荷的尾部，因此未来的协议需要从体系化的角度考虑报文封装的灵活性。

3.1.2.3 寻址及网络控制设计及演变

互联网内主机 A 与主机 B 进行通信需要利用互联网分层协议栈通过网络路由进行分层的封装和转发。在互联网信息传递的流程中，应用层和传输层主要在对应主机上运行，网络层、数据链路层和物理层在两台主机及中间系统运行。

网络是由多个路由器连接起来组成的，数据报文从源节点到终点的过程中，可能要经过多个路由器，因此网络的选路能力是协议的一个重要组成功能。网络的寻址方案主要研究路由器如何建立及快速收敛路由表，以支持单播通信。路由表可以分为静态路由表和动态路由表。静态路由表是由人工配置的路由转发表，这种方法随着网络指数级的扩大已经不适用。动态路由表则是可以根据网络中的拓扑变化动态刷新配置，配置动态路由表需要有相应的路由选择协议。路由选择协议主要分为距离矢量路由协议和链路状态协议两类。距离矢量路由协议计算网络中的链路距离矢量，如内部网关路由协议（IGRP）、路由信息协议（RIP）等。链路状态协议主要是为了得到整个网络的拓扑结构，如开放最短路径优先（OSPF）协议等。网络路由协议的设计和使用需要基于路由器的自身能力发展，随着硬件能力的提升，路由可以进行更复杂和更精细的路径选择和规划。

网络协议顺利地将报文从源主机交付到目的主机的过程中，会涉及相应的控制协议，主要包括地址解析协议、网际控制协议等。ARP 是 IPv4 中的地址解析协议，IP 数据报文在最终转发的过程中必须封装成帧才能通过物理网络。ARP 将 IP 地址与物理地址关联起来，再把这个物理地址交给数据链路层进行数据传输。其对应地将物理地址解析为 IP 地址的协议称为反向地址解析协议（RARP），但是此协议使用较少。IPv4 提供了不可靠和无连接的数据报交付，这样设计的初衷是为了有效地利用网络资源，但是其问题在于缺少差错控制和辅助机制，ICMPv4 就是为了补偿这两个问题而设计。与 ICMPv4 对应的 IGMP，它是 TCP/IP 协议族中负责 IP 多播（Multicast）成员管理的协议，用来在 IP 主机和与其直接相邻的多播路由器之间建立和维护多播成员关系。

在 IPv6 中，一个重要的修改协议是因特网控制报文协议版本 6（ICMPv6），它延续了 ICMPv4 的策略和目标，但是更加稳健，且增加了很多新特性。ICMPv6 完成了 IPv4 中的 ICMP、IGMP 和 ARP 的相关功能，它是一种面向报文的协议，用来报告差错、获取信息、探测领站点以及管理多播通信。ICMPv6 报文紧跟在 IPv6 报头之后。在 IPv6 中，为了标识该报文，会使用 58 作为下一个报头字段的值。ICMPv6 的报文格式包括 4 个部分：类型、编码值、校验码和具体的 ICMPv6 报文数据。ICMPv6 报文分为差错报文和信息报文两种，错误消息的类型代码为 0～127，信息消息的类型代码为 128～255。以下介绍几种重要的报文。

常用的差错报文主要有 4 类，分别为终点不可达、分组太大、超时以及参数问题。终点不可达是当一个路由器无法转发一个数据报文或是主机无法将数据报文的内容交付给上层协议时，就会给源主机发送一个终点不可达报文。终点不可达报文使用不同的编码值代表不同的不可达原因。分组太大指当路由器收到的数据报文长度长于路径上的最大传输单元时，路由器就会丢弃该报文，并向源节点发送一个 ICMPv6 分组太大报文。超时报文向源主机报告数据报的某些分片未能在限期内到达目标主机。参数问题报文指发送的报文存在含糊不清或不能支持的选项。

信息类报文实现网络内的协商和控制能力。其中最具代表性的是邻居发现协议（Neighbor Discovery Protocol，NDP）。NDP 完成的功能包括路由器发现、前缀发现、参数发现、IPv6 地址自动配置、地址解析、下一跳确定、邻居不可达检测、重复地址检测和重定向的等功能。这些功能涵盖并扩展了 IPv4 中的 ARP、ICMP 路由器发现和重定向等相似协议。NDP 主要使用了 5 种类型的 ICMPv6 数据包，包括路由器请求（类型 133）、路由器宣告（类型 134）、邻居请求（类型 135）、邻居宣告（136）和重定向。

IPv6 中增加了对自动配置的支持，这是对动态主机配置协议（DHCP）的改进和扩展，使得网络（尤其是局域网）的管理更加方便和快捷。并且，IPv6 提供了服务质量支持，IPv6 增加了增强的多播支持以及流量控制（Flow Control），这使得网络上的多媒体应用有了长足发展的机会，为服务质量（Quality of Service，QoS）控制提供了良好的网络平台。

3.1.3 网络协议过渡方案

网络协议的发展和演进必然面临协议过渡的问题，如何保证新旧协议的平滑过渡是在协议设计之初就需要考虑的事情之一。同时，历史的协议过渡实践经验也给未来协议提供了重要的参考。

关于网络协议过渡主要有两种方案。第一种方案是选定某个时间节点，全网的所有主机设备都切换成目标协议。这种方案的好处是无须考虑网络协议之间的过渡问题，只需要保证所有的主机设备都可以兼容新的网络协议栈。这种方案在早期互联网节点较少、网络拓扑简单的情况下可以做到——1983 年 1 月 1 日，ARPANET 即采取这种方式将网络核心协议由 NCP 替换为 TCP/IP（参见 RFC 801）。但是这种过渡方式无法适应现今巨大且复杂的网络。第二种方案是采取渐进式的过渡，具有代表性的案例是 IPv4 过渡到 IPv6 的演进，这种方案也是目前采取的主流演进过渡方案。

从 IPv4 过渡到 IPv6 的过程面临着诸多困难，需要花费相当大的时间。互联网上的设备数量非常庞大，设备配置也多种多样，因此无法做到全网统一进行 IPv4 到 IPv6 的切换。因此在一段时间内，IPv4 和 IPv6 会在网络上共存相当一段时间。为了保证 IPv4 到 IPv6 平稳过渡，IETF 设计了双栈技术、隧道技术和协议转换等策略来帮助协议的过渡。

（1）双栈协议

双栈技术指网络节点上同时支持 IPv4 和 IPv6 两种协议，该节点可以分别与两种协议网络进行连接，并且可以收发 IPv4 包和 IPv6 包。支持双栈协议的网络节点会存在两个 IP 地址，分别与对应协议栈的网络节点进行通信。具体实施时，源地址会向 DNS 发送查询信息获得目标的 IP 地址，若 DNS 返回 IPv4 地址，则源主机就发送 IPv4 包；若返回 IPv6 地址，则源主机发送 IPv6 包。双栈技术不是一个新技术，在 IPv4 成为主要协议之前，许多网络节点除了运行 IPv4 还会运行其他网络协议，以保证与其他协议网络互通。双栈协议的优点是互通性好，易于理解；缺点是它加大了对设备性能的压力，一些低能耗设备无法支持。

（2）隧道技术

隧道技术主要是将协议数据单元封装在另一种协议单元报头之后，使得一种协议可以通过另一种协议的封装。隧道技术的一个典型案例是 IPv6 的报文在传输过程中需要通过 IPv4 的区域。隧道技术的工作原理是在隧道的入口节点，将 IPv6 的数据报封装到 IPv4 数据报中。封装报文的源地址和目的地址分别为该域两端节点的 IPv4 节点地址。封装好的数据报穿越 IPv4 网络到达隧道出口节点后再解封还原为 IPv6 报文。构建隧道的技术有很多，实现方式也不统一，例如 6over4 隧道、6to4 隧道、Teredo 隧道等，配置方式也分手工配置和自动建立。隧道技术的优点在于隧道的透明性，源节点和目的节点无法感知隧道的存在。

（3）协议转换技术

协议转换技术也称为翻译技术，它的应用场景为发送方和接收方所支持的协议栈不同。某些场景下，发送方希望使用 IPv6 而接收方使用 IPv4。这种情况下无法使用隧道技术，因为必须将发送的报文转发为 IPv4 格式，接收方才可以接收报文。协议转换的目标是为 IPv6 网络节点与 IPv4 网络节点的相互通信提供透明的路由。协议转换技术采取一定的规则将 IPv6 的协议报头转换为 IPv4 支持的报头，例如，可以采用提取网络地址最右侧 32bit 的方法，把 IPv6 映射的地址转换为 IPv4 地址。一般在不能使用隧道技术和双栈技术时才考虑使用协议转换技术。它主要的缺点是地址和协议的转换会导致较高的时延以及某些功能对应的字段无法支持，导致产生碎片数据。

即使开发构建了相应的过渡方案，IPv6 的部署进度并没有人们想像的快。其主要原因是最初开发 IPv6 的动机是解决 IPv4 地址的紧缺，但是短期内又出现一些解决方案，如无分类编址、动态地址分配、网络地址转换（NAT）等技术，可以缓解地址紧缺的问题。其次，在刚推出时 IPv6 还存在较高的不稳定性和缺陷，当时的大部分应用层面的开发都是基于 IPv4，大部分应用运行时并不需要网络支持 IPv6，因此一些厂商通常在部署网络时会考虑更稳妥的方案。最后，各运营商在 IPv4 基础设施上投资巨大，IPv6 和 IPv4 的兼容互通性存在问题，单纯升级软件无法很好地支持 IPv6 的能力。这种从终端到服务器以及所穿过去的网络设备的大面积同步升级的方式对业界的挑战太大，并且需要大量的资金投入。“固定边界即语法”的做法，造成了一种博弈困境——终端等着服务器先升级，服务器等着传输网络先升级。这些原因综合起来导致 IPv6 网络发展缓慢。

但是，从发展的角度来看，IPv6 技术可以解决 IPv4 网络面临的多种问题，同时，一些新兴的技术（如 IP 电话、物联网等）都需要 IPv6 的相关功能，因此，IPv6 协议族取代 IPv4 协议族已经成为学术界和产业界的共识。众多厂商在生产的软硬件设备上已经全面支持 IPv6。2016 年年底，IETF 互联网架构委员会（Internet Architecture Board，IAB）发布声明，停止要求新的或扩展协议标准内对于 IPv4 的兼容，未来的协议和标准的制定和需要基于 IPv6 进行。

IPv6 的部署表现为最初缓慢启动、后续逐步加快。近年来，国内外都在逐步加快 IPv6 的部署。美国作为 IPv4 技术的发源地，较早地开展了对 IPv6 的研究。由于美国拥有大量的 IPv4 地址资源，对于 IPv6 的研究前期主要以科学研究与试验为主。研究和开发 IPv6 的主要国际组织（如 IETF 等）在美国，用于 IPv6 研究的主要网络（如 6Bone 等）也在美国。欧洲虽然在互联网领域落后于美国，但是在移动通信领域处于领先地位，IPv6 作为发展通信业务的重要基础设施，得到了大力的研究和充分的发展。欧洲先后启动了 Euro6IX、6NET、6INIT 等多个项目，建立了一定数量的支持 IPv6 高速接入的节点。日韩等国家和地区也在 2000 年前后开展了 IPv6 的试验网络，并且近年来已经逐步商用。

从已有的过渡机制可以看出，目前所有的过渡方案都是针对某一类场景进行设计，不是普遍适用的方案。从 IPv6 部署现状中可以发现，相较于应用层协议的改变，改变网络层协议是一个极其复杂且困难的事情。由于 IPv4 和 IPv6 之间形成了两个独立的网络空间，其互相不能通信，这种灾难式升级导致了 IPv6 演进的缓慢。但是不可否认的是，网络层的改变会给整个互联网带来质的飞跃。因此，在下一代协议的制定和发展时，需要考虑协议过渡的代价性，保证协议的平稳过渡。

3.2 网络体系设计原则及演变

第 3.1 节以 TCP/IP 为例，介绍了网络协议的架构体系。网络体系结构的设计变化是一个非常严谨的过程，不同的设计倾向会导致不同的发展方向。本节以设计原则为出发点，挖掘网络体系设计原则变化的内在逻辑和设计原则。本节的分析主要讨论了两个时间节点的体系设计原则的变化，分析这两个时间节点上网络体系设计原则是什么及其演变的趋势。

3.2.1 TCP/IP 网络体系设计初始原则

网络的实践先行于设计原则，设计原则又指导实践的向前演进。在网络建立发展 20 年后，即 20 世纪 80 年代，陆续有学者对网络发展、演进的内在逻辑原则进行思考总结。1988 年，David Clark 结合 TCP/IP 演进成功的实践经验，整理发表了自己对于互联网设计原则的思考，对 DARPA 早期研究和建设互联网时的主要需求和目标进行了总结。

互联网的设计目标共分为 8 条，1 条核心目标和 7 条次级目标。互联网的核心目标是开发一个使现有不同类型的网络互联起来，并充分利用的有效技术。在此之前，各种不同类型的网络互相通信是困难且复杂的。网络设计人员很早便开始了网络连接的研究。TCP/IP 由于其开放性、中立性和简洁的优势，获得了快速的部署和发展。除了互联网架构设计的核心目标，其余 7 条次级目标按重要程度排序如下：

（1）互联网必须保障面临故障时的生存能力；

（2）互联网必须支持不同类型的通信服务；

（3）互联网必须支持不同类型的网络接入；

（4）互联网必须支持自由的分布式管理；

（5）互联网结构必须成本效益较高；

（6）互联网结构必须允许主机非常容易接入网络；

（7）互联网结构中的资源必须是可以计费的。

这些目标是基于重要程度依次递减。如果顺序发生改变，将会导致完全不同的网络架构。

在互联网发展早期阶段，互联网多为军用。在战争时期，互联网的建造者更关心如何将收集的信息可靠、高效地传输到目的地；同时，在一定网络故障环境下，网络有相应的生存能力，而不考虑通信费用。这意味着保障通信生存能力是首要目标，而计费管理能力排在最后，即安全保障大于经济效益。所以网络的初始设计并不关心资源的计费管理，但对于商用网络架构设计而言，资源的计费管理应放在靠前位置。同理，成本效益因素也是目标之一，但是排在资源的分布式管理和支持不同类型网络接入的目标之后。一些流行的商用网络会专门针对特定的传输介质做优化，例如，基于长途电话线实现的存储转发网络可以在很低的成本下保持良好通信，但对于其他类型的网络支持可能很差。以下选择 3 条重要的互联网设计原则进行分析。

（1）互联网必须保障面临故障时的生存能力

互联网设计之初的目标就是持续性地提供通信服务，即使网络或网关出现故障。具体来说，在两个实体进行通信的过程中，当某些原因导致网络临时中断时，网络之间可以重新配置沟通的服务，而非重新建立更高层的会话。在传输层之上的网络，只有在网络完全不通时才会告知上层应用通信失败，从架构角度防止产生任何短暂性的网络错误。

基于这个设计理念，互联网采取了分组交换技术让网络互联。分组交换技术通过统计复用方式，提高资源利用效率。当出现线路故障时，分组交换技术可通过重新选路进行重传，提高了可靠性。分组交换技术在当时之所以获得成功，主要是由于互联网初始设计原则中的一个重要要求是，保证网络在遭受打击导致部分内容失效的情况下仍然能够继续运行。这种情况不适合采用面向连接、独占通信线路的电路交换技术。而通过采取分组交换技术处理线路故障问题时，数据可以重新选路进行重传，提高了网络的生存性。

（2）互联网必须支持不同类型的通信服务

互联网应该在传输业务层支持多种多样的业务。不同类型的通信服务在传输速度、时延、可靠性等方面要求差异大。例如，远程登录和文件传输就是一对典型：远程登录要求较高的时效性，但是对于带宽的要求较低，而文件传输更多地需要带宽，对于时延问题不做过多考虑。互联网在架构设计之初就有满足传输多样性服务的目标，需要兼容不同的服务共同传输。互联网架构中对于多种服务的支持算法不应该由下层网络提供，而是由主机和网关提供，以此将各种服务从基本的数据报服务中抽象出来，下层基于各种服务所需的网络诉求提供资源能力。

（3）互联网必须支持不同类型的网络接入

互联网架构获得成功的一个重要原因是可以整合不同的技术，包括军事和商业设施。互联网需要支持长途网、局域网、卫星广播网等不同类型、不同速率的网络接入。网络架构通过对网络提供的功能做出最低限度的假设，以适应不同类型的网络。基本假设是网络可以传送数据包。数据包必须是合理的大小，最小为 100byte，合理并完美地可靠传送。如果不是点对点连接，则网络必须具有合适的寻址方式。有很多服务明确不是由下层网络承载的，这些服务包括可靠或有序传送，网络级的广播或多播，报文传送的优先级排名，多种业务类型的支持和内部对失败、速率或者时延的认知。如果这些服务要求被提出，为了在互联网内适配，无论是网络直接支持这些业务，还是在网络末端提供网络接口软件模拟这些业务来得到加强，看起来都不是好的做法，因为这些服务必须在多种不同网络及其连接网络的主机上重新设计实现。例如，通过 TCP 可靠传输，工程必须且只能进行一次，并且每台主机必须且只能做一次。在这之后，为每个新网络的软件接口做的实施通常是很简单的。

以上 3 个互联网设计目标对于互联网架构设计的影响最为深刻，其余的目标在 TCP/IP 设计之初的重要性相对低一些，并且在设计或实践中也不完善，工程化不够完全。但从目前的互联网发展来看，当时的互联网架构是成功的。然而随着时代和科技的进步，网络体系结构的设计原则也需要不断更新、与时俱进。这就是协议与技术需要不断调整和更新的主要原因。

早期的互联网设计中，一个重要的设计理念是“端到端”原则，即网络高层次的功能应尽可能地实现在网络边缘（终端设备），网络核心框架只提供最基本的、标准的服务。在计算机发展早期阶段，如何界定每个部分应该提供的功能是一个核心问题。美国麻省理工学院（MIT）的计算机科学（CS）实验室在 1981 年针对这个问题进行了研究，并发表了重要论文《End to End Arguments in System Design》对各个功能进行界定划分。它的理念是让客户机承担应用的开发和创新，让网络本身尽可能简单。网络的框架主要采用结构分层、接口开放的设计思想，将网络系统的功能进行垂直分割，并将网络协议按“后入先出”的栈结构进行组织，因此又称为网络协议栈。在规划每层功能时网络框架需要考虑代价和性能两个核心因素。一些功能放在底层可以提高其针对的性能，例如校验重传机制。在当时的网络基础设施背景下，作者认为网络传输是不可靠的，即错误的复制或缓存、硬件处理器或记忆短暂的错误等多种原因会导致数据出现丢包和损坏，因此在网络最核心的传输部分应该只做数据的传输，而数据是否传输正确则应该放到上层去检查和判断。端到端的设计原则保证了互联网底层功能的最简化，使互联网核心保持了一个相对精简而有效的状态。

3.2.2 TCP/IP 网络体系设计原则演进

随着网络基础技术的提升、网络应用需求的改进以及大量实践经验的积累，网络已经发生了天翻地覆的变化。网络发展也带来了新的问题，并伴随着网络体系设计原则的改变。例如端到端原则进行功能划分的重要参考指标代价和性能，随着网络环境的发展，一些传输介质能力、路由芯片能力的提升，许多功能和原则也需要调整。21 世纪初，针对当时的互联网状态，David Clark 对网络设计原则展开回顾，一些在设计之初并未考虑的问题如安全、质量等也被提出。

21 世纪初，大量应用不断产生，网络需要针对不断发展的网络应用需求进行演变革新，并且在演变过程中进一步考虑商业化需求。在 21 世纪初网络协议需要考虑且遵从的设计原则如下。

一是网络运行环境逐渐变得不可靠，因此需要增加安全方面的技术能力。在运行初期，网络接入节点经过严格的物理身份验证，保证节点不会恶意操作。但是随着网络的商业化，网络接入用户数量繁多，来源更加复杂，网络管理者很难通过物理手段来判定接入对象的可靠性。因此，网络无法确定接入的节点是否都会按照预期行事，且不会对网络进行破坏性攻击。同时，网络节点需要判断接收信息的节点是否是伪造的、收到的信息是否是合法的以及交互的信息是否会被窃听等。网络在设计之初缺乏对于安全性的考虑，因此在发展过程中需要增加相应的安全能力，以保证网络上的节点的信息安全。

二是网络需要适配多种类型的应用服务，应用服务对于网络质量有了更高的需求。最初网络应用以电子邮件、文件传输和远程登录等为主，此类应用可以容忍网络速率产生较大波动，并且尽力而为的简单服务模型使得网络层开发变得更加便捷。但是随着网络的发展，网络上一些以音频、视频为主的流应用逐渐兴起，这些应用需要网络对于传输质量有相应的保障。例如，在网络速率有波动的情况下，在线视频应用经常会发生卡顿现象，导致用户体验感不好。网络需要设计相关的协议来保障某些应用的网络质量要求，适应网络应用的发展。

三是用户群体的改变。网络最初的用户主要是一批有较高网络基础知识的专家，随着网络的商业化，有较少网络背景知识的普通用户逐渐接入网络。网络的安装、配置、升级和维护对于普通用户而言是极为复杂且困难的。普通用户单独进行网络设置和网络问题修复基本上是不可能的，并且用户的配置错误也可能导致整个网络发生连锁性灾难。因此，网络需要将某些配置策略进行管控，同时需要把可以下放的管理能力变得尽可能地便于配置，且具有一定的自我配置和自我修复能力。

四是第三方监控的介入。随着个人用户接入互联网，不可避免地产生法律和一些公共安全问题，例如网络诈骗、信息泄露等。政府机构或因特网服务提供方（ISP）管理员希望可以对网络进行一定程度的监控及管理，以便在发生问题时得到及时的响应及处理。基于传统的端到端原则设计的网络无法提供第三方介入的功能，另一方面，在网络设计时也需要考虑第三方监控的滥用。

上述这些问题和应用发展的趋势引导着网络设计原则的变革，许多在网络设计之初并不重要的功能，现在却成为一个不可或缺的部分，例如，IPv6 相较于 IPv4 增加了安全方面的考虑。网络协议的发展及变化需要结合应用发展需求，21 世纪初，许多网络设计原则的演变都建立于网络从学术领域逐步扩展到商业领域所面临的问题。同时，网络协议体系的设计需要符合当时的基础硬件能力水平，在 21 世纪初时分析 20 年前的网络协议，就会明显发现很多设计冗余且僵化的字段。

3.3 网络协议能力扩展

网络为了更好地传输数据，也在随着网络技术的发展逐步扩展自身的能力技术。本节介绍几类具有代表性、影响颇大的网络能力。

3.3.1 软件定义网络

软件定义网络（Software Defined Network，SDN）并非是一种具体的技术或协议，而是一种网络设计思想。若一个网络的硬件设备可以满足集中式软件管理、控制转发层面相互独立、可编程，则该网络就是一个 SDN，它的出现是为了试图摆脱硬件对网络架构的限制。SDN 的本质是网络软件化，是为了提升网络的可编程能力，是对网络架构的一次重构，它拥有比原来网络架构更好、更快、更简单实现各种功能的特性。

过去的 30 年，IP 网络是全分布式的，而这种分布式的架构也使 IP 网络的生存能力变得很强，但因为不断有新的网络需求被提出，所以人们不断添加新的网络协议来对网络打补丁，但这种方式使得整个网络臃肿不堪，是时候对网络结构进行重新定义了。

相较于创新缓慢的网络产业，计算机产业的创新速度十分迅速，而综合对比后可以发现计算机产业之所以可以不断创新而少受桎梏，是因为首先计算机工业有一个面向计算的通用硬件底层——通用处理器，使得计算机的功能可以通过软件定义的方式实现，而这种方式使得编程能力更加灵活；同时，计算机软件的开源模式，使得开源软件大量出现，加速了软件开发的进程，也使整个计算机产业的发展更加迅速。而网络中的网络设备需要硬件设备、操作系统以及网络应用 3 个部分协作运行，而其中任一部分的更新换代都意味着其他部分也需要跟着做出巨大的调整甚至革新。这种“牵一发而动全身”的网络架构使得网络的每一步创新都需要小心翼翼，而巨大的创新成本也使得新技术很难在网络上进行推广。但如果网络产业可以同样拥有通用的硬件、软件定义的功能以及开源模式，那么网络产业可以像计算机产业一样快速创新。

于是就有了 SDN。SDN 的概念起源于 2006 年美国斯坦福大学的“Clean Slate”研究课题，其核心技术是通过集中控制器协调网络数据平面中的交换机来灵活地控制计算机网络，为网络切片的实现提供良好的基础。2008 年，随着《OpenFlow：Enable Innovation in Campus Networks》论文的发表，SDN 正式进入了学术界的视野。

接下来的几年里，The McKeown Group 先后发布了第一个开源控制器 NOX/POX、第一个支持 OpenFlow 的开源软件交换机 OpenvSwitch、第一个开源网络虚拟化平台 FlowVisor 及第一个 SDN 仿真平台 Mininet。针对集中式 SDN 控制器扩展性差等问题，Google 的研究人员发布了第一个分布式 SDN 控制器 Onix。SDN 的本质还是利用分层的思想，将数据转发平面和网络控制平面分离。控制器使用北向接口与应用层接口交互、使用南向接口与转发设备交互。通过将传统网络转发设备的控制功能统一提取并集中化，可以简化网络管理、应用部署等操作。同时，目前有许多厂商、开源组织与科研机构协作进行 SDN 的理论探索与生产实现，推出了许多开源项目。也就是说，在 SDN 架构中，网络的控制平面与数据平面相互独立，数据平面变得更加通用化，与计算机通用硬件底层类似，不再需要具体实现各种网络协议的控制逻辑，而只需要接收控制平面的操作指令并执行即可。网络设备的控制逻辑转而由软件实现的 SDN 控制器和 SDN 应用来定义，从而实现网络功能的软件定义化。随着开源 SDN 控制器和开源 SDN 开放接口的出现，网络体系结构也拥有了通用底层硬件、支持软件定义和开源模式 3 个要素。

SDN 是一种支持动态、弹性管理的新型网络架构，也是一种实现高带宽、动态网络的理想架构，SDN 架构如图 3-4 所示。SDN 将网络的控制平面和数据平面分离，抽象了数据平面网络资源，并支持通过统一开放的接口对网络直接进行集中编程控制。SDN 作为一种新兴的控制与转发分离并直接可编程的网络架构，其核心思想是将传统网络设备紧耦合的网络架构解耦成包含应用层、控制层、基础设施层的 3 层分离架构。

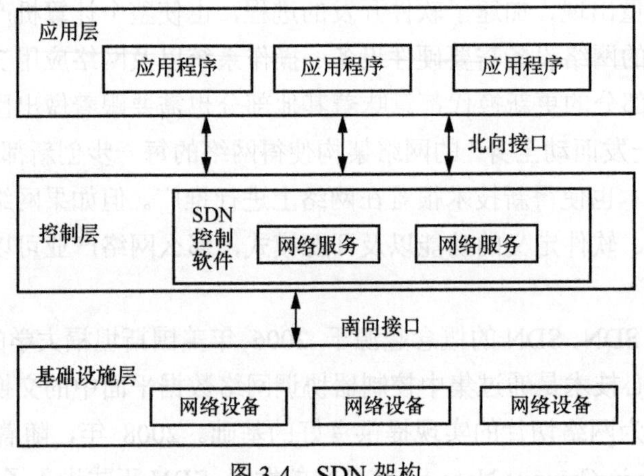

图 3-4　SDN 架构

（1）应用层

实现用户所需的网络应用程序。应用程序通过调用 SDN 控制器的北向接口，实现对网络数据平面设备的配置、管理和控制，一般可以部署为云平台。

（2）控制层

负责决定数据包如何被一个或多个网络设备转发，并把这些决定发送给网络设备执行。主要工作是根据网络拓扑和外部的服务请求调整转发平面的转发表。

（3）基础设施层

根据收到的控制平面指令处理数据包。转发平面的动作主要由 SDN 转发器执行，包括（但不限于）转发、丢弃和修改数据包。转发器通过南向接口接收来自控制器的指令，并按照这些指令完成特定的数据包处理。同时，SDN 转发器也可以通过南向接口给控制器反馈网络的配置信息和运行的状态信息。

引入 SDN 理念，通过在控制面对网络、计算和存储资源的统一软件编程和动态调配，实现电信网络中网络资源与编程能力的衔接。在数据面通过对网络转发行为的抽象处理，实现利用高级语言对多种转发平台的转发协议和转发流程的灵活定制，实现面向上层应用和满足性能要求的资源最优配置。由于 SDN 转发面设备只需要根据控制器下发的流表转发和处理数据包，不需要理解大量的协议标准，大大简化了网络管理和维护的复杂性。在无线接入网中，SDN 的全局优化和集中式管理能够实现多种基站间的协同工作，提高资源利用效率。在核心网中，SDN 能够提供网络虚拟化功能，同时实现更加智能的网络设备管理和控制，大大简化了网络的设计和操作。

对于网络操作和管理者而言，更有意义的是，他们可以通过编程的方式集中配置整个网络，而不必面对大量的设备及其各自的巨大的代码量。此外，网络管理者通过利用 SDN 控制器的集中控制优势，可以根据业务需求实时动态的改变网络行为，快速完成新业务或应用的部署和上线，而不需要像传统上那样花费几个月甚至几年来完成业务部署，显著缩短业务上市时间。

SDN 架构特征如下。

（1）逻辑上集中控制

SDN 控制器在逻辑上对网络进行集中式控制，获取全局网络信息，根据不同业务的差异化需求优化资源配置。在 SDN 中，控制器执行服务策略计算，将结果通过 OpenFlow 协议下发给转发器，转发器只负责根据控制器下发的流表转发数据包。

（2）控制与转发平面分离

在传统网络架构中，设备的控制平面和转发平面相互紧耦合，设备转发规则是由设备根据周围网络信息自动生成的。而在 SDN 中，控制平面和转发平面分离，设备转发规则由控制器根据全局信息计算并下发，使网络具有更好的灵活性、统一性和可扩展性。

（3）开放接口

SDN 的控制和管理功能从网络硬件设备转移到应用层中，应用层通过开放的北向接口与控制器连接，基础设施层通过南向接口与控制器相连，使得网络应用服务和基础设施连接成一个整体。开发者可以根据自身需求开发应用程序，定制符合自身需求的网络。

3.3.2 网络隧道技术

隧道技术是一类有代表性的网络协议，它将原始的报文封装在另一个数据报中进行传输。隧道技术可以在不兼容的网络上传输数据报文或是在不安全的网络上提供安全路径。被封装的数据包在隧道的两个端点之间通过公共互联网进行路由转发，其传递时所经过的逻辑路径被称为隧道。当到达隧道终点时，数据将被解包并转发到最终目的地。

隧道技术是虚拟专用网络（Virtual Private Network，VPN）以及移动 IP 等实现的技术基础。隧道技术类似于点对点的链接，这种方式能够使来自许多信息源的网络业务在同一个基础设施中通过不同的隧道进行传输。例如，通过搭建公司 VPN 隧道，隧道技术允许授权移动用户或已授权的用户在任何时间、任何地点访问企业网络。因此，可以总结得到，建立隧道可以帮助实现将数据流强制送到特定地址的功能，同时也可以隐藏私有的网络地址，提供相应的数据安全支出，也可以允许在 IP 网络上传递非 IP 数据包。

隧道协议主要可以分为二层隧道协议与三层隧道协议两类。二层隧道协议主要是链路层等相关隧道，如点到点隧道协议（Point-to-Point Tunneling Protocol，PPTP）、L2TP、L2F 等，其主要做法是将数据封装在点对点协议的帧中进行发送。三层隧道协议是网络层的相关隧道协议，如通用路由封装（Generic Routing Encapsulation，GRE）、互联网络层安全协议（IP Security，IPSec）等。由于隧道技术的应用广泛性，大量的隧道技术被开发出来并进行了实际应用。以下介绍了几种常见的隧道技术。

PPTP 提供了客户机和服务器之间的加密通信。PPTP 是 PPP 的一种扩展，提供了一种在互联网上建立多协议的安全虚拟专用网络（VPN）的通信方式。远端用户能够通过任何支持 PPTP 的 ISP 访问公司的专用网。通过 PPTP，客户可采用拨号方式接入公用 IP 网。用户首先按常规方式拨到 ISP 的网络接入服务器（NAS），建立

PPP 连接；在此基础上，用户进行二次拨号建立到 PPTP 服务器的连接，该连接称为 PPTP 隧道，实质上是基于 IP 的另一个 PPP 连接，其中的 IP 包可以封装多种协议数据，包括 TCP/IP、IPX 和 NetBEUI。PPTP 采用了基于 RSA 公司 RC4 的数据加密方法，保证了虚拟连接通道的安全。对于直接连到互联网的用户则不需要 PPP 的拨号连接，可以直接与 PPTP 服务器建立虚拟通道。PPTP 把建立隧道的主动权交给了用户，但用户需要在其个人计算机上配置 PPTP，这样做既增加了用户的工作量，又会给网络带来隐患。另外，PPTP 只支持 IP 作为传输协议。

GRE 规定了怎样用一种网络层协议去封装另一种网络层协议的方法，详细内容见 RFC 1701 和 RFC 1702。GRE 的隧道由两端的源 IP 地址和目的 IP 地址来定义，它允许用户使用 IP 包封装 IP、IPX 协议、AppleTalk 协议，并支持全部的路由协议，如 RIP、OSPF、IGRP、EIGRP。GRE 实现机制简单，对隧道两端的设备来说负担小，同时 GRE 隧道可以有效利用原有的网络架构，降低成本。GRE 隧道扩展了跳数受限网络协议的工作范围，支持企业灵活设计网络拓扑。通过 GRE 隧道技术，用户可以利用公用 IP 网络连接 IPX 网络和 AppleTalk 网络，还可以使用保留地址进行网络互联，或对公网隐藏企业网的 IP 地址。但是 GRE 隧道技术只提供了数据包的封装，没有防止网络侦听和攻击的加密功能，所以在实际环境中它常和 IPSec 一起使用，由 IPSec 加密用户数据，给用户提供更好的安全服务。

IPSec 是一套涉及安全的 IP 包，旨在确保 IP 网络上数据通信的完整性、机密性和身份验证。IPSec 可用于 3 个不同的安全域，包括虚拟专用网络、应用程序级安全性和路由安全性。目前，IPSec 主要用于 VPN，当在应用程序级安全性或路由安全性中使用时，IPSec 不是一个完整的解决方案，必须与其他安全措施结合才能发挥其有效作用。IPSec 主要包括安全协议 AH（Authentication Header）和 ESP（Encapsulating Security Payload）、密钥管理交换协议 IKE（Internet Key Exchange）以及用于网络认证及加密的一些算法等。其中，AH 协议为 IP 包提供信息源验证和完整性保证，ESP 协议提供加密机制，密钥管理协议（ISAKMP）提供双方交流时的共享安全信息。IPSec 主要通过加密与验证等方式，其认证机制使 IP 通信的数据接收方能够确认数据发送方的真实身份以及数据在传输过程中是否遭到篡改。加密机制通过对数据进行加密运算保证数据的机密性，以防数据在传输过程中被窃听。以此为 IP 数据包提供安全服务。

3.3.3　SRv6

基于 IPv6 转发平面的段路由（Segment Routing IPv6，SRv6）是新一代 IP 承载

协议，其采用现有的 IPv6 转发技术，通过灵活的 IPv6 扩展头，实现网络可编程。SRv6 是基于 IPv6 转发平面的 SR 技术，其结合了 SR 源路由优势和 IPv6 简洁易扩展的特质，具有其独特的优势。SRv6 最初由 MPLS 演变而来。

多协议标签交换（Multi-Protocol Label Switching，MPLS）技术是一种在通信网络上的高性能数据传输技术。其中，Multi-Protocol 是指它支持多种 3 层协议，如 IP、IPv6、IPX 等，通常处于二层和三层之间，也因此被称为 2.5 层。在传统的路由网络里面，当一个无状态的网络层协议数据包（如 IP 报文），在路由器之间游荡时，每个路由器都将独立地对此数据包进行路由决策，也就是说每个路由器都需要对这个数据包的报头进行分析，然后根据网络协议层的数据进行分析和运算，最后独立地决定这个数据包的下一跳去往何处并将该数据包发送出去。在这种情况下，对于同一个路由器来说属于同一个等价转发类的数据包都将走同一条路径，但是一旦一个路由器的首发队列满了就会发生丢包现象，这就使得在数据流量十分大的时候，对于网络中的路由器要求很高。为此，MPLS 诞生了。它与传统的路由决策方法类似却做了简化。在传统的网络路由中，路由决策要求路由器对每一个网络数据包的报头进行解包分析，再根据目的 IP 地址计算归属的等价转发类。而 MPLS 技术提出，当网络数据包进入 MPLS 网络时，先按照原先的流程对网络数据包进行报头解析，得出其归属的等价转发类，但在这之后并不着急转发，而是生成一个标签（Label），这个标签是整数。当网络数据包在 MPLS 网络中传输时，路由决策都是基于标签，路由器不再需要对网络数据包进行解包，并且因为标签为整数，所以查找时间也极快，这大大减少了路由决策的时间。同时，这个标签将作为网络数据包的一部分，随网络数据包进行传输。这好像写一封信时，不再需要将信打开并阅读信件开头来获知应该将信件送给谁，而是只需要将地址写在信封上，阅读信封上的地址即可送信而不需要将信件拆开。MPLS 的核心就是，一旦进入了 MPLS 网络，那么网络数据包的内容就不再重要，路由决策（包括等价转发类归属的计算、下一跳的查找）都是基于标签进行的。MPLS 一方面提高了同等性能设备的转发效率，另一方面也因为网络对路由的要求降低了从而减小了组网的成本。

分段路由（Segment Routing，SR）是 MPLS 之后的一种网络转发控制技术，其目的分段路由就是让网络更加简单和可控，从控制、转发、管理、可靠性等方面对网络进行升级。其核心思想是将报文转发路径切割为不同的分段，并在路径头节点往报文中插入分段信息，中间节点只需要按照报文携带的分段信息转发即可。这样的路径分段，称为“Segment”，并通过段标识（Segment Identifier，SID）来标识，

Segment 可以表示任何类型的指令，例如，与拓扑相关的指令、基于服务的指令、基于上下文的指令等。分段路由通过对现有协议进行扩展，能够更好地平滑演进。基于分段路由优化网络，无须对现网硬件设施进行大量替换，对现网有更好的兼容性。运营商可以逐步升级网络，这种增量演进式的创新，更容易落地。分段路由技术通过其简捷的技术实现、与 SDN 技术的完美融合，更可靠的链路保护技术，已经成为下一代广域网建设的主要技术标准。

目前，分段路由支持 MPLS 和 IPv6 两种数据平面，基于 MPLS 数据平面的分段路由称为 SR-MPLS，其 SID 为 MPLS 标签；基于 IPv6 数据平面的分段路由称为 SRv6，其 SID 为 IPv6 地址。最初提出 SRv6 的时候，业界只是希望将节点和链路的 IPv6 地址放在路由扩展头里面引导流量，并没有提及 SRv6 SID 的可编程性，SRv6 相比于 SR-MPLS 是更遥远的目标，所以其关注度不如 SR-MPLS。2017 年 3 月，SRv6 网络编程（SRv6 Network Programming）草案被提交给了 IETF，原有的 SRv6 升级为 SRv6 Network Programming，从此 SRv6 进入了一个全新的发展阶段。SRv6 Network Programming 通过将长度为 128bit 的 SRv6 SID 划分为位置标识（Locator）和功能（Function）等。实际上，Locator 具有路由能力，而 Function 可以代表处理行为，也能够标识业务。这种巧妙的处理意味着 SRv6 SID 融合了路由和 MPLS（标签代表业务）的能力，使 SRv6 的网络编程能力大大增强，可以更好地满足新业务的需求。因此，我们可以说 SRv6 是一项更具颠覆性的技术，它直接利用 IPv6 地址作为标签寻址，并融和了编程思想，增加了指令字段。甚至可以把网络类比为计算平台，而 SRv6 Segment 是 CPU 指令，通过 SDN 的有机调度将应用需求自动映射到网络基础设施上执行，进而实现端到端的网络配置及调度。

3.3.4　低功耗网络协议技术

随着网络协议的不断发展，复杂冗余的协议导致报头冗余、有效信息少等问题。同时，随着终端设备形式的不断丰富，大量低功耗的网络设备也加入网络中。因此，报头压缩技术以及低功耗网络设备的适配功能是网络协议的重要研究方向。对数据包报头进行压缩可以有效地利用带宽，提高传输速率；同时数据包变小后，传输过程中的错误率降低了，重传可能性也相对较低。尤其是在无线链路网络中，需要发送的比特减少了，节省了发射功率。在设计之初，IPv6 的一个重要出发点是为了 IoT 设备，当初设计地址空间就是特意考虑了 IoT 时代的巨大地址空间需求，所以扩展了地址的长度。但是 IPv6 的协议设计思路仍旧是继承 IPv4，更适合于主机和服务器之间的通信。并且 IPv6 的 128bit 的地址长度无法适应低功耗 IoT 设备 127byte 的帧长。

最早的 IP 报文压缩方案 CTCP（Compressing TCP/IP Headers for Low-Speed Serial Links，也称 VJHC）定义在 RFC 1144，它可以将 TCP/IP 的 40byte 报文头压缩到 3～4byte。它的基础思想是在链接两端保持 TCP 的状态，然后报头只发送更改的头字段的差异来减少报头长度。这种差分的方法虽然可以大幅减少传输内容，但是可靠性极低，如果链路上传输出现差错，后续的包在解压时都无法正常的破解和重建。CTCP 为报头压缩提供了早期的压缩思想，后面的 IPHC、CRTP 和 ROHC 都是基于这个思想提出的。定义在 RFC 2507 中的 IPHC（IP Header Compression）主要原理和 VJHC 一致，但是压缩的报头类型增加了。同时 IPHC 还增加了对差错率的保护措施，降低某些数据包传输失败导致后续数据包解压失败的概率。CRTP（Compressed RTP，可参考 RFC 2508）主要针对网络里实时多媒体数据包的报头进行压缩，在逐跳的基础上减少开销。ROHC（Robust Header Compression，可参考 RFC 3095）是一种对无线链路具有很强容错能力（包括帧丢失和误码残留）的报头压缩机制算法。由于无线网络传输误码率高，链路往返时间长，如果压缩/解压缩方不同步，会引发许多丢包现象，而现有的报头压缩机制不能有效检测上下文（Context）被破坏的情况，不适用于无线链路。ROHC 针对不同协议，有不同的压缩子协议，目前规范的子协议有 RTP/UDP/IP、UNCOMPRESSED、UDP/IP、ESP/IP 报头的模型。早期的压缩算法基本上都是基于差分压缩的方式，但是稳定性都不高。

IPv6 的报文压缩和低功耗支持协议有基于 IPv6 的低功耗无线个域网（IPv6 over Low Power Wireless Personal Area Network，6LoWPAN）。6LoWPAN 技术底层采用 IEEE 802.15.4 规定的物理层和链路层，网络层采用 IPv6。由于 IPv6 中，MAC 支持的载荷长度远大于 6LoWPAN 底层所能提供的载荷长度，为了实现 MAC 层与网络层的无缝链接，6LoWPAN 工作组建议在网络层和链路层之间增加一个网络适配层，用来完成包头压缩、分片与重组以及网状路由转发等工作。

适配层是 IPv6 网络和 IEEE 802. 15.4 MAC 层间的一个中间层，其向上提供 IPv6 对 IEEE 802.15.4 的媒介访问支持，向下则控制 LoWPAN 构建、拓扑及 MAC 层路由。6LoWPAN 的基本功能，如链路层的分片和重组、头部压缩、多播支持、网络拓扑构建和地址分配等均在适配层实现。适配层是整个 6LoWPAN 的基础框架，6LoWPAN 的一些其他功能也是基于该框架实现的。

3.4 网络体系演进推动

3.4.1 网络演进动力分析

网络是在不断发展演化的，同时网络也是一个基于实践的技术，其演进方向需要满足日益丰富的应用和底层技术的需求。网络演进动力来自多方面，自下而上分为下层运营商和网络设备制造商、网络协议层自身、上层网络应用商。网络的下层运营商主要是指为公众提供网络基础服务的 ISP 以及网络设备的制造商，运营商负责大网的建设和升级，网络设备的制造商基于技术的发展推动生产更先进的网络设备。网络层的研究学者、标准推动者，他们会更加周全地论证技术的设计方案和发展趋势。网络的上层运营商主要是一些服务、应用的开发使用者，他们在更新迭代自身的服务、应用时，不可避免地产生对网络功能的新诉求。这些都是网络协议架构、技术不断演进的方向。

（1）网络运营商

网络运营商为网络协议发展提供了物理基础，同时网络运营商为了提升自身的竞争力需要不断提升自身的服务质量，降低自身的成本。目前网络的基础设施组织架构主要是一个多层次的 ISP 结构互联网。ISP 多数情况下是一个进行商业活动的公司，例如中国电信、中国联通和中国移动等。互联网的地址是有限的，并且 IP 地址管理机构不会把单一的 IP 地址分配给单个用户，而是把一批 IP 地址有偿租赁给资格审查合格的 ISP。ISP 可以申请到很多 IP 地址，同时通过通信线路（大 ISP 自己建造通信线路，小 ISP 向某些电信公司租赁通信线路）以及路由器等连网设备为接入用户构建通信网络。普通用户上网就是向某 ISP 缴纳一定费用，通过该 ISP 获得 IP 地址的使用权，然后通过该 ISP 的网络基础设施接入互联网。即如果一个普通用户需要接入网络，需要通过一个 ISP 运营商进行接入。在一个地理区域内，通常不止一家网络运营商，网络运营商为了更好地吸引用户，需要提供性价比更高的网络上/下行速率，以及更加稳定的上网环境。因此，网络运营商有着推动网络技术能力不断提升的迫切需求。

网络运营商可以站在更全面的角度审视网络需求的发展。网络运营商会接到各方的网络建设需求，包括家庭用户、小公司、大公司以及有特殊需求的网络应用商等的需求。不同的用户在当前的时间节点上对于网络能力的需求有所不同，例如，家庭用户从最初通过个人计算机浏览文字性网页发展到全屋智能互联，对于网络带宽的提升有较大的需求；由于设备节点和网络需求的不同，小公司、大公司有着各自不同的组网要求以及管控技术需求；工厂的自动化流水线、监控监管网对于网络有确定性、时延等需求。网络的各项能力发展是有先后顺序的，紧迫、需求量大的能力需要优先建设。网络运营商由于自身的功能定位，可以更全面地收集各行各业、各个领域的用户的需求，推动网络的演进。基于这个原因，我们在网络标准的推动组织中总是可以发现各类运营商的参与和赞助，同时网络运营商更多地站在需求的角度提出相应的文稿和标准。

在推动网络的发展过程中，网络运营商会考虑设备更新换代的成本。网络的基础建设需要投入大量的人力、金钱和时间成本，IPv6 演进缓慢的一个主要原因就是网络设备全网升级代价过大。因此网络运营商采用某项技术时会综合考虑网络升级的成本以及带来的经济效益。现今的互联网日益庞大，采取一次全网升级是很困难的事情。在采用新技术和新能力的过程中，运营商更希望采取一些可扩展的或局域内可实现的技术。

网络运营商也积极参与国内外的标准制定。以中国为例，中国电信重点研究了运营网络大规模配置协议，包括 IPv4 Option、RADIUS、PPPv6 等，在现网试验的基础上提出了基于 RADIUS 的扩展协议、PPPv6 的扩展协议等，这些标准对于 IPv6 基础协议的完善和有效方便地运营具有重要意义，目前已获得了各方的关注和认可。

（2）网络设备制造商

网络设备制造商为网络技术的发展提供设备能力支持。在提升网络能力时，网络运营商需要物理基础设备能力的支持，网络拓展能力能否尽快实现和部署很大程度上取决于网络设备的发展状况。为了提升自身的竞争力，网络设备制造商不断采取新技术，提升自身设备的网络处理能力。在采取新技术、新能力的时候，网络设备制造商希望主导并推动技术能力的发展，为自身树立品牌效应，因此，在一些网络标准组织中，我们经常可以看到思科、华为等网络设备制造商的身影。通信行业是标准化程度非常高的行业，设备制造商如果需要在市场上获得更多份额，不仅需要融入标准之中，还应该引导和指定标准。在推动协议标准方面，网络设备制造商更为积极。截至 2021 年年底，位列 IETF 的作者数量前三名的公司分别为思科（453 位，占 7.01%）、华为（151 位，占 2.34%）和爱立信（127 位，占 1.96%）。设备制造商基本参与了 IETF 的各个领域的组织，推动了网络协议标准制定。以华为为例，自 2013 年起，来自华为的作者常年担任的工作组主席职位约 20 个，发布的 RFC 接近 500 篇。

（3）研究学者

研究学者会更严谨地思考网络技术的演进。大多研究学者有多年的网络标准经验，以及极为深入的领域知识，因此在考虑网络技术和标准的时候，他们通常更为严谨、全面，会基于现有的网络能力以及网络新技术的能力和趋势规划网络的发展。运营商和应用商在推动网络能力发展时多基于自身的需求，如何解决需求问题以及如何才能更好地解决这些需求，需要研究学者进行更加专业的研究论证。大量的研究学者活跃在相关的网络标准制定组织，通过其专业知识来对网络标准的全面性和严谨性进行讨论研究。此外，研究学者掌握大量的先进技术，同时也希望把这些技术更好地应用到网络体系中，以提升网络的质量和能力，因此研究学者也是网络体系演进的重要推动力量。IETF 中的重要推动力量之一就来自于科研机构，如清华大学网络中心从 2005 年开始连续参与 IETF 大会，并在 2010 年 11 月于北京举办了第 79 届大会。

（4）网络应用商

网络应用商更多从考虑自身的应用发展角度来推动网络技术能力的演变。网络应用商从互联网中不断寻找发展机会，而这些机会需要网络承载能力的支持。随着网络的发展，用户不只是通过网络收发邮件、浏览网页，还可以使用各类丰富的应用，如视频观看、在线聊天、网络游戏等。涉及的网络层应用也从最初的 HTTP、SMTP、Telnet 等，扩展到更加复杂且种类繁多的协议，甚至大体量的公司还会开发相关私有协议。以通信类协议为例，Skype、Line、MSN、QQ、微信、Twitter 都对应开发了私有通信类协议。

如今网络运营商已经不仅参与应用层的协议研究及实践，为了适应自身应用的需求，逐步参与还传输层、网络层应用的协议推动。网络应用商为了保障自身应用的流畅感，如游戏卡顿会极大影响用户的使用体验，需要推动网络能力技术的不断发展。对应用商而言，单从应用侧提升服务保障难度很大，并且效果不明显。例如，应用侧可以提升服务端的响应能力或通过发一些冗余流量、高优先级的流量来提升服务，但是这些仍然无法保障在大流量、高时延需求下的网络能力。因此，应用商更希望可以从网络层来提升网络的能力技术。QUIC（Quick UDP Internet Connections）协议就是一个代表性的应用商推动的协议。QUIC 是由 Google 提出的一种基于 UDP 改进的低时延互联网传输层，由 Google 自研，于 2012 年部署上线，于 2013 年提交给 IETF。2021 年 5 月，IETF 推出标准版 RFC 9000。QUIC 的出现主要是解决历史悠久且使用广泛的传统协议（例如 TCP、SSL、DNS、HTTP 等）

与不断发展的场景传输之间的矛盾。修改网络层传统协议非常困难，其中一个典型的原因是协议历史悠久导致中间设备僵化，TCP 使用得太久，也非常可靠。所以很多中间设备（包括防火墙、NAT 网关、整流器等）出现了一些约定俗成的动作，例如，有些防火墙只允许通过端口 80 和 443，不放通其他端口。由于 TCP 和知名端口及选项使用的历史太悠久，中间设备已经依赖于这些潜规则，所以对这些内容的修改很容易遭到中间环节的干扰而失败。

网络应用商基于成本的压力，推动网络提升自身的基础服务能力。为了保障自身应用的稳定性，网络应用商最常用的方式就是在运营商开通专线专网，甚至在某些情况下会制定私有协议来保障应用的稳定性。但是这种方案代价和成本过高，只有一部分大企业和厂商有能力进行开发，中小应用商无法负担专线专网的开通成本，导致应用性能无法保障，自身发展受到阻碍。例如，微信从移动聊天软件中“杀出重围”的一个重要原因就是，在用户基数变大后，微信可以借助腾讯建造的网络基础设施来保障自身服务的流畅性，从而提升用户体验。而其他的聊天软件在用户基数变大后，网络无法保障用户与服务器之间交互的时延，造成卡顿等现象，导致用户流失。现今的大型网络应用商（如 Facebook、Google 等）都会针对网络通信基础设施进行相应的投资。网络应用商对于网络的要求日益复杂，同时基于成本的压力需要网络协议可以提供更多的基础服务能力。

3.4.2 网络演进推动组织

互联网的协议是在不断演进和推进的，而标准的制定和开发也是由相应的组织和机构之间合作完成的。基于第 3.4.1 节的分析，网络协议演进的动力不仅由网络层自身相关从业者推动，还基于上下游的研究学者、设备厂商和运营商。但是网络协议的最终标准化仍是在相关的网络协议标准组织中进行讨论的，网络的相关厂商和从业者基于自身的发展立场在标准化组织中进行标准制定的推动。本节主要介绍推动网络协议发展的相关标准组织以及涉及的开源组织。

3.4.2.1 网络层标准组织

（1）国际因特网工程任务组

国际因特网工程任务组（IETF）是推动互联网标准规范制定最主要的组织。对于虚拟网络世界的形成，IETF 起到无可替代的作用。除 TCP/IP 外，所有互联网的基本技术都是由 IETF 开发或改进的。IETF 创建了网络路由、管理、传输标准，这些正是互联网赖以生存的基础。IETF 的工作有助于保障互联网安全演进，使互联网可以提供更为稳定的网络服务环境，并为下一代互联网协议的演进提出规范。IETF 的主要工作在八大领域的工作组（Working Group）里完成，每个区域都有一名区域主任。其他涉及的组织有互联网架构委员会（IAB）和互联网工程指导委员会（IESG）。IAB 成员由 IETF 参会人员选出，主要是监管各个工作组的工作状况，它必须非常认真地考虑 Internet 是什么，它正在发生什么变化以及我们需要它做些什么等问题。IESG 的主要职责是接收各个工作组的报告，对他们的工作进行审查，然后对他们所提出的各种各样的标准和建议提出指导性的意见，甚至从工作的方向、质量和程序上给予一定的指导。互联网研究专门工作组（Internet Research Task Force，IRTF）是一个由 IAB 授权对一些长期的互联网问题进行理论研究的组织。

IETF 产出的文件有两种，一种是 Internet Draft，即“互联网草案”，另一个是请求注解文档（Requests for Comments，RFC）。RFC 是一系列以编号排定的文件，文件收集了有关互联网的相关信息，以及 UNIX 和互联网社区的软件文件。一个 RFC 文件在成为官方标准前一般至少要经历 4 个阶段（参见 RFC 2026）：互联网草案、建议标准、草案标准、互联网标准。任何一个用户或组织都可以对互联网某一领域的问题提出自己的解决方案或规范，作为互联网草案（Internet Drafts，ID）提交给 IETF。之后由互联网工程指导委员会（IESG）确定该草案是否能成为互联网的标准。如果一个互联网草案被 IESG 确定为互联网的正式工作文件，则被提交给 IAB，并形成具有顺序编号的 RFC，由国际互联网协会（Internet Society，ISOC）通过互联网向全世界颁布。RFC 只有新增，不会有取消或中途停止发行的情况。但是对于同一主题而言，新的 RFC 可以声明取代旧的 RFC。

（2）国际标准化组织

国际标准化组织（ISO）成立于 1947 年，是一个全球性的非政府组织，是世界上最大的国际标准化专门机构。中国于 1978 年正式加入 ISO，在 2008 年 10 月的第 31 届国际化标准组织大会上成为 ISO 的常任理事国。代表中国参加 ISO 的国家机构是中国国家技术监督局（CSBTS）。ISO 的宗旨是在世界范围内促进标准化工作的开展，其主要活动是制定国际标准，协调世界范围内的标准化工作。ISO 现有 167 个成员。ISO 的最高权力机构是每年一次的“全体大会”，其日常办事机构是中央秘书处，该中央秘书处设立在瑞士的日内瓦。该组织所制定的标准包罗万象，下设近 200 个技术委员会（TC）来完成各个方面标准的制定工作，每个 TC 对应一个专门科目。

TC97 是信息处理系统技术委员会，负责计算机与信息处理的有关标准的制定，TC97 还下设了 16 个分技术委员会和一个直属工作组，其中，SC6 为数据通信分技术委员会，制定了高级数据链路控制（HDLC）；SC16 的工作目标是开放系统互联，后被改组为 SC21 来解决开放系统互联的信息检索、传送和管理等问题。TC97 的标准在网络界是十分有权威性的。

（3）国际电信联盟

国际电信联盟（ITU）是联合国专门机构之一，主管信息通信技术事务，由无线电通信、标准化和发展三大核心部门组成。ITU 成立于 1932 年，其前身为国际电报联盟，现有 193 个成员和 700 多个部门成员以及部门准成员。1932 年，70 多个国家的代表在西班牙马德里开会，决定把两个公约合并为《国际电信公约》，并把国际电报联盟改名为“国际电信联盟”。1934 年 1 月 1 日新公约生效，国际电信联盟正式成立。1947 年，该联盟成为联合国的一个专门机构，总部从瑞士的伯尔尼迁到日内瓦。2015 年 1 月 1 日，首位中国籍国际电信联盟秘书长赵厚麟正式上任，任期 4 年。2015 年 6 月 24 日，国际电信联盟公布 5G 技术标准化的时间表，5G 技术的正式名称为 IMT-2020，5G 标准在 2020 年制定完成。ITU 的宗旨是维护与发展成员间的国际合作，以改进和共享各种电信技术，帮助发展中国家及地区大力发展电信事业，通过各种手段促进电信技术设施和电信网的改进与服务，管理无线电频带的分配与注册，避免各国及地区电台的互相干扰。ITU 有 4 个常设机构，包括总秘书处、国际频率注册委员会、国际无线电咨询委员会和国际电报电话咨询委员会。

（4）国际电信联盟电信标准部

国际电信联盟电信标准部（ITU-T）是国际电信联盟管理下的致力于研究和建立电信的通用标准的组织。该机构的前身为国际电报电话咨询委员会（CCITT），于 1993 年更名为国际电信联盟–电信标准部。国际电信联盟–电信标准部（ITU-T）的宗旨是研究与电话、电报、电传运作和关税有关的问题，并对国际通信用的各种通信设备及规程的标准化分别制定了一系列建议。

（5）电气与电子工程师学会

电气与电子工程师学会（IEEE），是世界上最大的专业性组织，其致力于电气、电子、计算机工程和与科学有关的领域的开发和研究，在太空、计算机、电信、生物医学、电力及消费性电子产品等领域已制定了 1300 多个行业标准。除了开发标准外，IEEE 每年还出版许多期刊、召开各种会议，作为全球最大的专业技术组织，IEEE 在电气及电子工程、计算机、通信等领域发表的技术文献数量占全球同类文献的 30%。值得一提的是，IEEE 制定的关于局域网的标准已经成为当今主流。

（6）欧洲计算机制造商协会

欧洲计算机制造商协会（ECMA）创建于 1961 年，总部在瑞士日内瓦，其宗旨是促进国家、地区和国际机构间的合作，致力于数据处理系统的标准化及其应用，主要活动包括 OSI 协议、数据网、文本准备与交换等。ECMA 是 ITU-T 和 ISO 无表决权的成员，并且发布它自己的标准。

（7）欧洲电信标准化组织

欧洲电信标准化组织（ETSI）于 1988 年建立，是被欧洲标准化协会（CEN）和欧洲邮电主管部门会议（CEPT）认可的电信标准协会，其推荐标准常被欧共体采用并被要求执行。2015 年年底，华为、英国电信（BT）等单位在 ETSI 联合发起成立下一代协议工程规范组（NGP ISG），旨在联合业界伙伴共同推进网络协议的持续演进。发展成员近 30 家，思科、沃达丰、西班牙电信、三星等均为重要产业成员。网络 5.0 创新联盟的多家成员单位已在 NGP ISG 推动发布多个标准，包括下一代网络协议、自组织控制与管理、确定性 IP（DIP）及新传输层技术等。

3.4.2.2 国内通信标准化协会

（1）中国通信标准化协会

中国通信标准化协会（CCSA）是我国通信技术领域的标准化组织，一直致力于我国通信发展的标准制定，为各个标准提供了从研究、开发到发布的平台。2018 年，中国通信标准化协会成立了多个技术标准推进委员会，旨在为小众团体标准制定提供更多便利的通道，使中国通信标准化协会成为一个更大的、更有包容性的标准制定平台。为推动数据网络的分代研究，加强整合式创新能力，开展新型网络与高效传输的全技术链研发，推进标准化进程，中国通信标准化协会成立了“网络 5.0 技术标准推进委员会”（TC614）。近 3 年，网络 5.0 联盟已经与网络 5.0 技术标准推进委员会开展了深入合作，共同推进网络 5.0 架构、泛在 IP 创新协议、确定性网络、网络内生安全、自组织网络、算力网络、新多播等关键技术方面的创新研究、标准推动及先行先试。截至 2022 年 8 月，网络 5.0 创新联盟已推动确定性 IP、灵活 IP（FlexIP）、算力网络等相对成熟的技术在 CCSA 的 10 多个行业标准完成立项。

（2）中国通信学会

中国通信学会（China Institute of Communications，CIC）成立于 1978 年，是在民政部注册登记、具有社团法人资格的国家一级学会。多年来，中国通信学会一直致力于搭建高水平学术交流平台、打造信息通信领域科普品牌、提升国际话语权和影响力、开展科技奖励举荐优秀人才、努力打造行业一流学术期刊、建设高端智库服务重大决策。依据国务院印发《深化标准化工作改革方案》（国发〔2015〕13 号）等文件的要求，中国通信学会启动了团体标准工作。为推动未来数据网络科技进步，加快形成网络 5.0 发展的产业生态，促进创新技术的成果转化，网络 5.0 产业和技术创新联盟联合中国通信学会公开征集了网络 5.0 领域的领先创新科技成果，相应的网络 5.0 领域的领先创新科技成果将通过网络 5.0 峰会发布。网络 5.0 产业和技术联盟与中国通信学会合作，共同推进网络 5.0 技术团体标准的制定工作，2022 年已经完成 16 项网络 5.0 团体标准的立项工作，这 16 项团体标准包括网络 5.0 应用场景、网络 5.0 技术需求、网络 5.0 功能架构、网络 5.0 总技术要求、网络 5.0 地址与封装协议、网络 5.0 可信标识、网络 5.0 标识技术要求、网络 5.0 标识及解析体系、网络 5.0 内生安全、网络 5.0 试验验证等，部分团体标准已于 2021 年年底发布。

3.4.2.3 开源组织

在未来网络的研究与发展进程中，开源组织起到了巨大的作用。开源软件以快速迭代、开放、免费等特性受到广大研究人员的青睐，具有很强的前瞻性。同时其开放的特点也吸引了更多的研究人员加入迭代，促进了其发展壮大。

（1）Linux 基金会

Linux 基金会是一个非营利性的联盟，其目的在于协调和推动 Linux 系统的发展，以及宣传、保护和规范 Linux。该组织是 2007 年，由开源码发展实验室（Open Source Development Labs，OSDL）与自由标准组织（Free Standards Group，FSG）联合成立的，其中 MeeGo 是 Linux 基金会管理下的 Linux 操作系统。网络协议的一个特点是非常注重工程实现，TCP/IP 成为主流网络协议栈的重要原因是其代码被嵌入 Linux 系统。随着网络协议栈成为操作系统中不可或缺的一部分，Linux 基金会也参与支持了多项与网络相关的开源项目，如 OpenSwitch、ONAP、OPNFV、OpenDaylight、OvS、SNAS.IO、DPDK、PNDA 以及 FD.io，这些项目将网络供应商、运营商、服务提供商和用户聚集在一起。在 2018 年年初，Linux 基金会合并了 6 个开源项目，成立了网络基金组织 LFN（Linux Foundation Networking），旨在整合产业资源，平衡不同网络开源项目的生态平衡，消除不同项目之间的重叠冗余，加快网络开源发展进程。不可否认，Linux 基金会正在为网络的转变做出贡献。

（2）开放网络基金会

开放网络基金会（Open Networking Foundation，ONF）是一个非营利性的产业联盟，由 Google、Facebook、微软等公司在 2011 年发起，负责推动 SDN 的部署并致力于推动网络基础设施和运营商业务模式的转型。在 SDN 技术被提出的很长一段时间内，ONF 都是其最具有影响力的组织，其成果包括 OpenFlow、OP-config 协议等，另外还推动全球范围内的 SDN 研讨和厂商的互联互通测试。ONF 与其他标准化组织的区别在于，该组织主要由网络设备的使用者而不是网络设备制造商驱动，董事会成员无一来自设备商，均由网络服务提供商、电信运营商、科研机构甚至风险投资的员工组成。ONF 希望摆脱厂商的锁定，站在用户的角度，因此其定义的接口和标准都是开放的。

第4章 面向未来互联网协议的新需求

现有的IP技术起源于20世纪70年代，在过去的50年在世界范围内的部署与实践均取得了巨大的成功，促使了全球网络互联以及应用生态的发展。随着IP技术的不断演进，其上承载的应用越来越丰富，邮件、云计算、社交网络、在线购物、电子银行、视频直播等应用正在深刻影响着人们的学习、工作与生活。网络技术的发展与应用业务需求总是相互促进的，近年来，增强现实/虚拟现实（AR/VR）、远程医疗、车联网等新应用已悄然而至，国际电信联盟网络2030焦点组（ITU-T Network 2030 Focus Group）的研究中详细阐述了包括全息全觉通信、工业互联网及全行业互联网、异构基础设施、质化通信等一系列面向未来的高价值应用场景，一方面人类正快速进入一个万物感知、万物互联的智能世界，另一方面新业务的接入和承载需求不断地挑战当前协议体系的能力并促进它的发展。

与互联网业务的快速更新相比，TCP/IP作为互联网的基石，40多年来一直没有发生实质性的变革。从1996年美国提出下一代因特网（Next Generation Internet，NGI）、Internet2等计划，到2007年欧盟发起第七框架计划（7th Framework Programme，FP7），虽然各国一直在努力探索数据通信的下一代技术，TCP/IP自身也经历了一些优化改进（如引入IPv6解决地址耗尽问题、引入IPSec解决安全型问题等），但始终没有改变TCP/IP技术的内核，其本身的固有缺陷一直没有得到解决。为解决该问题，国内外学术界与工业界都在进行未来网络技术相关的研究，研究领域包括新型体系结构、路由机制、网络管理、故障诊断、网络感知与测量、移动性、安全与隐私等。虽然IETF针对部分问题给出了很多补丁式方案，但是缺少自顶向下的设计，且网络整体发展目标不明确。

传统 IP 在网络协议栈中位于沙漏的瘦腰位置，以“简单”“高效”“尽力而为”的设计思想实现全球可达和高生存性。正是这一设计，促成了 IP 至今的成功：尽力而为的设计思路使能 IP 网络快速部署及互联互通，面向终端的设计反向推动网络技术的发展及规模扩张。

目前，网络生产力发展的需求已从“广泛互联”向“产业支撑”转移，为网络技术带来了确定性、安全性、管控能力等方面新的挑战。IP 网络面向终端的设计理念，以及不断打补丁的演进方式，已难以胜任产业应用对网络质量、效率、安全、管控、能耗的严苛要求，特别是端到端的安全模型，导致网络空间安全边界模糊，负面作用凸显。

本章主要从需求角度出发，分析并总结未来网络的场景及需求。首先，从应用场景入手，结合未来 8～10 年内互联网应用发展的前景和趋势，总结场景角度的需求。其次，结合技术使能的角度从现今技术发展的趋势和能力入手，提炼演进方向，总结需求使能，实现业务场景需求到网络技术能力的映射。最后在网络异构互通的基础上，围绕我国网络空间主权及垂直领域网络需求，明确建立网络边界，实现有界网络的按需分化自治，以及域内各类能力的充分融合与输出，构建安全、高效的下一代网络体系。本章希望通过场景、技术和网络边界 3 个方面，阐述分析下一代 IP 体系所面临的需求及问题，明确未来网络发展的方向，指导新一代网络协议体系研究的演进路线。

4.1　面向未来互联网协议应用多样性需求

现今互联网规模不断扩大，应用模式和复杂度持续增加，传统互联网中带宽、服务质量、可扩展性、移动性、管理性等方面面临的问题越来越多。针对当前网络暴露的问题，未来网络的发展需要向支持广泛连接、全面感知、高质量服务、智能管控的新型网络方向进化。未来网络应主动感知各类连接、智能分析网络运行数据以及支持网络的快速迭代，这将成为未来网络发展的方向。以下将从几类重要的网络应用场景出发，分析目前网络所面临的需求和问题。

4.1.1　工业互联网应用场景

工业互联网（Industrial Internet）指新一代信息通信技术与工业经济深度融合的

新型基础设施、应用模式和工业生态，通过对人、机、物、系统等的全面连接，构建起覆盖全产业链、全价值链的全新制造和服务体系，为工业乃至产业数字化、网络化、智能化发展提供了实现途径，是第四次工业革命的重要基石。工业互联网是全球工业系统与高级计算、分析、传感技术以及互联网的高度融合，它通过智能机器间的连接并最终将人机连接，结合软件和大数据分析，重构全球工业、激发生产率，让世界更快速、更安全、更清洁且更经济。

按照中国的工业互联网产业联盟（AII）的官方定义，“工业互联网”是新一代信息技术与工业系统全方位深度融合所形成的产业和应用生态，其本质是以机器、原材料、控制系统、信息系统、产品及人与网络互联互通为基础，通过对工业数据的全面深度感知、实时传输交换、快速计算处理及高级建模分析，实现智能控制、运营优化和生产组织方式的变革。工业互联网有广义和狭义两种定义：广义的工业互联网即“产业互联网”，包括制造、能源、电力、水务、交通、医疗、航空等众多行业，例如美国工业互联网联盟（IIC）、AII 更多关注广义工业互联网（企业级）；狭义的工业互联网聚焦工业生产制造方面，例如德国工业 4.0 主要关注狭义工业互联网（现场级、车间级、工厂级）。

在工业互联网体系架构中，网络是基础，为人–机–物全面互联提供基础设施，促进各种工业数据的充分流动和无缝集成。网络作为工业互联网应用的基础，在多项关键技术方面提出了更高的要求。工业互联网的目标是实现更高水平的运营效率、生产力以及自动化。工业互联网需要利用网络技术构建工业环境下人–机–物全面互联，实现工业设计、研发、生产、管理、服务等产业全要素的泛在互联。工业互联网有助于提高产业能力升级和价值链拓宽，带动产业向高端迈进。

工业互联网应用场景非常广泛，包括制造业应用、智能基础设施互联应用、远程医疗应用等。特定类型的业务对工业互联网提出了特定的性能需求，下一代网络协议体系需要针对特定的需求问题和体量，总结演进的关键使能技术发展方向。

（1）生产制造业应用场景

生产制造业是工业互联网最主要的应用场景，主要是代表传统制造业向互联网转型涉及的相关应用。各个行业龙头企业面临不断发展的科技、生产力，需要进行数字化转型，提高生产力，达到“降本增效”的目的。生产制造业对于网络的需求主要体现在两类场景，第一是工厂内网络协同互联，主要是偏现场控制运营技术（Operational Technology，OT）类，协调生产线之间的配合联动；第二类是工厂外网络互通，以实现远程生产协同、办公（如视频会议）等多种业务。

生产制造业对于网络需求主要体现在 4 个方面。一是海量异构网络设备接入及管控。工业互联网制造业头部企业拥有数量较多的异构终端制造设备，在数字化转型过程中，企业需要对生产全场景进行智能化控制，随时掌握终端制造设备的状态以智能分析，从而实现对于关键设备的控制、生产过程全监控和上下游联动优化，全面提升全流程生产效率，提高质量从而降低成本。下一代网络协议需要支持海量的终端设备接入，广泛连接终端设备、调控中心、供应链、产品和服务等。二是低时延高可靠性通信质量保障。跨大规模网络的远程工业控制和协同业务是一个非常精密的工作，需要工业控制线上各个业务之间的相互配合，较高的时延以及抖动都会大大影响成品率，网络需要支持数据传输成功率高达 99.999%的可靠传输。控制业务要求端到端毫秒级的时延及微秒级的抖动，交互类业务需要保证 Gbit/s 的传输速率等。在一些高精度的协同制造场景中，例如，宝石切割工艺中的多轴加工，对时延要求非常苛刻，通常要求在 1ms 以内。三是灵活可扩展的定制化网络。工业产业网络由于其制造需求、设备基础设施和网络需求差异化较大等问题，希望下一代网络协议具有较高的可灵活扩展的能力，可以快速地组网扩展，定制化网络需求，优化网络报文传输。根据工业互联网设计、工艺、研发、生产、物流、供应链、监测、管理、诊断、维护、销售和服务等环节不同的业务需求，进行资源和服务质量的精细化定制。四是网络内生安全性保障，工业互联网络安全比消费互联网更加苛刻，需要识别和抵御来自内外部的安全威胁，化解各种安全风险，实现网络安全与物理安全的真正融合。

（2）智慧城市互联网应用场景

随着全球城市化进程持续加速，快速发展的城市从城市治理、环境生态、产业发展等方面面临严峻挑战。智慧城市指采用智能化手段，提高城市公共服务质量、提升市政管理效率，促进城市可持续性经济发展。网络能力是智慧城市发展的基本组成部分，智慧城市的各类使能技术、应用服务的发展都需要建立在网络能力的支撑之上。

智慧城市对于网络能力的需求体现在 4 个方面。一是超大带宽的需求，智慧城市治理需要连接、处理海量监控视频，视频流的实时采集传输需要较大的网络带宽，同时也需要针对不同的场景规划更合理的视频传输优先级。二是网络低时延的要求，智慧城市智能交通需要针对不同的路况环境进行低时延快速响应的要求，新兴的无人驾驶能力也需要网络进行低时延的网络通信计算。三是网络的高可靠性，市政网络需要在各种突发状态下保证较高的可靠性和异常容灾情况，保证在极端情况下网络仍可以正常进行服务，网络状态进行自愈自恢复。四是网络安全性的要求，城市信息中大量信息涉及公共安全及个人隐私，为了防止敏感数据被非法利用、篡改和泄露，网络中的安全保证需要在网络层进行相应的防护。

（3）能源类基础设施应用场景

随着科技水平的不断发展，各类基础设施也在朝着全面智能化的方向发展演进，以智能电网为代表的能源类基础设施场景就是其中的一个典型案例。国家电网公司在 2019 年提出——建设世界一流能源互联网企业的重要物质基础是要建设运营好“两网”，这里所说“两网”分别是“坚强智能电网”和“泛在电力物联网”。“泛在电力物联网”成为和“坚强智能电网”相提并论的重要工作，其实时连接公司能源生产、传输、消费各环节设备、客户、数据，全面承载电网运营、企业运营、客户服务、新型业态等全业务的新一代信息通信系统，具有终端泛在接入、平台开放共享、计算云雾协同、数据驱动业务、应用随需定制等特征。泛在电力物联网与智能电网深度融合，共同构成能源互联网。泛在电力物联网为电力系统带来了巨大的转变，改进了发电和配电的传统模式。泛在电力物联网一方面在发电和配电中引进了新型传感器，使得电网运营商可以监控系统的健康状况，及时检测和修复电力故障。另一方面，新型传感器提供的大量运行数据，可以帮助操作和运营人员深入了解电力设施的性能，优化电力网络运行效率。

泛在电力物联网对于网络的需求体现在 3 个方面。一是对于低功耗网络设备的兼容性要求。电力网络有大量的基础设施并且配置相对较低，无法支持复杂高功率的网络协议，同时基础设施升级改造压力大，无法进行大规模的升级。因此在网络组成方面需要对于低功耗设备进行考虑和兼容。二是对于网络有较高的同步实时性要求。在泛在电力物联网中，需要根据网络设备实时采集的内容进行快速的同步及故障检测反馈。例如，可以实时监控网络中的电表设备健康程度，对于故障进行快速响应。三是对于网络有较高的可靠性要求，大量功能如模拟测量、状态信息维护、保护流量等都要求丢包率小于 1×10^{-6} 甚至低于 1×10^{-9}。

（4）智慧医疗产业信息化应用场景

随着智慧医疗的兴起，医疗产业全方位的信息化、智慧化是未来医疗行业发展方向。智慧医疗不仅指代的是医院管理流程的计算机化、各部门之间的信息共享，还需要将大量的 ICT 设备互联互通，提升医疗服务质量。智慧医疗是一个复杂的全方位场景，网络能力是各个场景应用功能的基石，对于不同场景有着不同的网络需求。

远程医疗是智慧医疗的一个主要场景，现阶段已经从最初的电视监控、电话远程会诊发展到远程手术、高质量视频会诊等阶段。远程医疗对影像传输有着特殊的要求，低质量的视频及图片可能导致医生难以辨清病情。各类医疗数据的传输速率要求不一，例如，远程诊断中的电子病历等传输速率在 200kbit/s 即可，但计算机 X 射线摄影（CR）、磁共振成像（MRI）、B 超等资料的传输速率则要求达到 100Mbit/s。一般情况下，远程就诊需要 1080P、30f/s、低于 100ms 时延的实时视频传输要求；在基于远程操控机器人开展的医疗手术，医生佩戴 3D 眼镜等设备，实时观察手术现场画面，视频清晰度要求 4K 以上，非压缩条件下的数据传输速率要求不低于 12Gbit/s，时延低于 10ms。此外，远程医疗的发展需要承载医疗设备和移动用户的全连接网络平台，对无线监护、移动护理和患者实时位置等数据进行采集与监测，提升医护效率。因此，高质量大带宽的网络传输也是下一代网络协议需要保障发展的。

4.1.2　物联网应用场景

物联网（Internet of Things，IoT）是指通过各种信息传感器，利用网络来实现物与物、人与物之间的互联。随着网络技术的飞速发展，互联网从传统的主机通信模式逐步转变为万物互联的新通信模式，通信的主体也不再局限于主机，实体设备、虚拟机、服务内容甚至人都可以作为通信主体。多样化的通信主体与异构的网络融合虽然可以催生更加丰富的应用，却也给当前 IP 网络带来新的技术挑战。

（1）低功耗物联网

受限于电池技术的发展，当前物联网设备对于能耗十分敏感，业界为此提出了多种可实现地址压缩的物联网专用协议，用于降低设备通信开销。然而，万网互联时代，再强大的物联网网关也无法支撑海量物联网终端与外部通信时面临的协议转换开销。因此，为避免繁重的协议转换过程，需要网络地址原生支持长度可变，从而实现异构网络的无缝互通。

万物互联的时代，通信主体从物理主机扩展到多样化的网络设备，甚至是虚拟化的服务内容，但传统的网络寻址方式仍然是基于主机拓扑位置的，导致寻址过程的效率低下。面对未来多样化通信主体并存的场景，如果可以针对不同类型的通信主体设置相应的寻址方式（如通过服务名称来进行网络服务的寻址），将有效提升寻址效率。但是，当前 IP 地址无法承载更多的语义信息，难以表达更多种类的寻址需求，需要设计支持多语义的编址机制。

（2）智能家居

智能家居是在物联网影响之下的物联化体现。智能家居通过物联网技术将家中的各种设备（如音/视频设备、照明系统、窗帘控制、空调控制、安防系统、数字影院系统、网络家电以及三表抄送等）连接到一起，提供家电控制、照明控制、窗帘控制、电话远程控制、室内/外遥控、防盗报警、环境监测、暖通控制、红外转发以及可编程定时控制等多种功能和手段。与普通家居相比，智能家居不仅具有传统的居住功能，而且兼备建筑、网络通信、信息家电、设备自动化，打造集系统、结构、服务、管理为一体的高效、舒适、安全、便利、环保的居住环境，提供全方位的信息交互功能，帮助家庭与外部保持信息交流畅通，优化人们的生活方式，帮助人们有效安排时间，增强家居生活的安全性，甚至为各种能源费用节约资金。智能家居需要打通端到端的网络生态，实现一定范围内端网协同。

智能家居需要的极致体系、高能效的网络传输，主要包括 3 个方面。一是异构节点端到端组网互通，网络实时在线，自动组网。传统的网络环境简单、静态，主要面对的是主机类节点。智能家居组网面临的首要问题是网络设备异构性极强，网络的动态性极高，需要支持不同方式的接入及下线，同时智能家居主要面向用户，需要网络有较强的自我配置力，能够自动组网。二是高通量低时延的通信传输，确定性的时延保证，使得用户对于业务时延无感知。智能家居会涉及大量的设备同步及实时反馈，如多音响间设备同步协同传输保证音画同步、实时投屏大带宽传输等。三是保持组网和通信的低功耗，提升通信的能效。目前智能家居中大量设备仅具备最基础的网络能力支持，对于低功耗的家居适配是网络的需求点。

（3）车联网

广义的车联网是智慧交通的一部分，可以实现人与车、车与车、车与路之间的数据传输及计算，实现自动驾驶、智能交通规划等能力。车联网是一个完整端到端网络子系统，主要是通过移动互联网实现车辆信息交互，包括无线传输、承载网对接、车载网络、边缘计算。主要涉及车与车之间的信息交换、车与基础设施的信息交换和车与车联网的信息交换。其应用包括下一代高铁、磁悬浮工业车联网应用以及自动驾驶、下一代车载娱乐办公系统等商业应用。车联网的网络涉及车与外部网络沟通交互和车内部网络交互。

车外部网络交互有两个典型的应用场景，包括自动驾驶及智能调度。自动驾驶是未来车联网演进的趋势，自动驾驶对于网络有较高的能力需求。3GPP AS1（TS 22.186）对自动驾驶需求的定义见表 4-1。智能调度对确定性时延有严格的需求，以支撑车体定位、控制信号的实时性，满足未来调度系统的性能要求。确定性时延是端到端的系统工程，包括无线的实时性、传输网络的实时性。由于车的移动性，未来网络协议需要保证在高速移动情况下车辆的关键业务可以做到无缝切换，保证驾驶安全。同时，由于车内影音娱乐的不断发展，车辆需要在高速移动的情况下保证大带宽网络传输的连续性，提升用户的体验。

表 4-1　3GPP SA1（TS 22.186）对自动驾驶需求的定义

用例	E2E 时延	可靠性	速率
车辆编队	10~25ms	99.99%	65Mbit/s
扩展传感器	3~100ms	99.999%	53Mbit/s
先进驾驶	3~100ms	99.999%	1000Mbit/s
远程驾驶	5ms	99.999%	UL:25Mbit/s
			DL:1Mbit/s

车内部网络交互主要是车内主控与各级传感器之间的信息交互。每台汽车内部是一个小型网络体系，高级驾驶辅助系统（Advanced Driver Assistance System，ADAS）是一个核心系统，其利用安装于车上的各种各样的传感器，在第一时间收集车内的环境数据，进行静、动态物体的辨识、侦测与追踪等技术上的处理，从而能够让驾驶者在最快的时间察觉可能发生的危险。车内网络受限于各级传感器的功率限制，需要有一套灵活极简的网络协议支持传感器的适配。

4.1.3　天地一体化应用场景

天地一体化网络，是由通信、侦察、导航、气象等多种功能的异构卫星/卫星网络、深空网络、空间飞行器以及地面有线和无线网络设施组成的，通过星间、星地链路将地面、海上、空中和深空中的用户、飞行器以及各种通信平台密集联合。地面和卫星之间可以根据应用需求建立星间链路，进行数据交换。它既可以是现有卫星系统的按需集成，也可以是根据需求进行“一体化”设计的结果，具有多功能融合、组成结构动态可变、运行状态复杂、信息交换处理一体化等功能特点。

天地一体化网络，是实现多系统、多信息融合和协同的重要平台，整合空、天、地、海等多维资源信息，互通万物、互联万网，充分发挥空、天、地信息技术的各自优势，实现功能互补，扩大可处理事件的范围，实现时空复杂网络的一体化综合处理和最大有效利用，为各类用户提供可靠、按需的服务。天地一体化信息网络是“科技创新 2030 重大项目”。天地一体化网络中，空间网络与地面互联网最好使用相同的协议体系，以便于地面上的网元和卫星之间可以根据应用需求建立星间链路，进行数据交换，并简化网络管理。

卫星组网面临的主要问题有两点：编址问题和收敛性问题。若空间网络沿用现有互联网的 IP 编址方式，随着与地面站直连的卫星不断切换，即空间网络域的边界路由不断改变，将引起空间网络不断向外发布新的路由通告，路由难以收敛。有研究表明，在一个类铱星星座中，卫星切换带来路由震荡问题可能导致 97.35%的时间内的路由无法收敛，严重降低网络可用性。同时由于低轨卫星的高速运动，用户接入的卫星将不断切换，卫星用户也将不断改变其地址，将对进行的实时性业务造成影响。为屏蔽卫星移动带来的拓扑高动态性，现在的主流是采用快照方式。多个快照将使得卫星节点需要存放多个带时间片信息的路由表，转发过程需按时间片查不同的表，极大增加卫星节点的存储开销。

总而言之，天地一体化组网成为未来空间网络发展趋势，但在实际应用场景中仍面临如下挑战。

（1）相比于地面网络，卫星网络节点数量少，如何优化编址空间。

（2）卫星网络拓扑周期性变化，且卫星网络建设周期长，在一段时间内存在不完全拓扑，如何改进或重新设计路由方式（包括星间路由与星地跨网路由）。

（3）如何在网络层面降低星地传输时延大、误码率高对数据传输产生的影响。

（4）如何改善卫星切换产生的移动性问题。

（5）小卫星具备一定的星上处理与服务能力，如何支持可在线服务的路由模式。

（6）当前卫星偏重物理防护（如针对宇宙射线），缺乏网络安全防御措施，需要在卫星网络提供内生安全机制。

（7）为卫星网络设计的新协议栈，如何与当前地面网络协议（如 IPv6）兼容。新一代网络协议体系从天地一体化角度出发，需要支持多样化寻址，其中包括传统 IP 地址寻址与地理地址寻址，通过此特性可实现空地网络一体组网，完成地面网元和卫星间的数据交换。

移动性也是天地一体化需要考虑的一个重要场景。随着 5G 业务的不断发展，移动应用的日益丰富，用户对于移动性网络的能力需求越来越高。未来网络对于移动的承载能力也提出了相应的需求。ITU 明确了 5G 的典型应用需求，增强型移动宽带（Enhanced Mobile Broadband，eMBB）、大连接物联网（Massive Machine Type Communication，mMTC）、超可靠低时延通信（Ultra-Reliable and Low-Latency Communication，URLLC）以及终端移动的业务连续性。其中增强型移动宽带指 5G 的到来为大量的应用提供了想象和发展空间，这些应用需要有强大的带宽支持其数据的传输。下一代移动网络（Next Generation Mobile Network，NGMN）规定 5G 需要以 10Gbit/s 的数据传输速率支持数万用户。大连接物联网指随着移动网络的普及，大量多类型的终端设备有接入网络的需求，下一代协议网络需要支持海量连接。超可靠性低时延通信也是移动业务的重要需求之一，3GPP 对用 eMBB 和 URLLC 的用户名和控制面时延指标进行了描述，要求 eMBB 业务用户面时延小于 4ms，控制面时延小于 10ms；URLLC 业务用户面时延小于 0.5ms，控制面时延小于 10ms。移动类应用会面临移动过程中网络连接不断切换的问题，网络需要提供连续性业务，快速收敛网络拓扑，保障应用业务不中断。

4.1.4　多媒体应用场景

多媒体应用是目前网络中的一个核心场景，也是下一代网络在构建时需要考虑且支持的场景。未来的多媒体应用场景也从单一的视频音频，逐步提升到多个感知维度的全息通信，元宇宙的概念也离不开网络能力的支持。

（1）视频应用场景

视频类应用场景是传统的网络应用场景，随着拍摄技术及展示技术的提升，4K 甚至 8K 的高清晰度的视频会逐渐成为视频应用类场景的主流，同时交互方式也从单一的用户接收变为双向互动。视频质量的提升和交互模式的改变必然会导致网络的新需求和新问题。例如，新型的多媒体显示技术（如 AR/VR、全息影像等）对高带宽、低时延的极致追求给网络传输带来极大的挑战。以 AR/VR 为代表的新媒体应用，浸入式体验需要的传输带宽约为 1Gbit/s，网络时延小于 10ms。其次，视频类应用层在处理数据时，天然地按照数据语义区分不同对象。在共性的网络传输需求外，不同对象还有着不同等级的完成时间、服务等级需求。例如，视频流量会容忍网络丢包，但是需要保持较低的完成时间；交互类的指令流量需要完全可靠，更要避免丢包重传带来的额外时间开销。

总而言之，视频类应用对于网络发展的需求主要体现在以下 3 个方面。首先，视频类应用能力的需求核心是高通量的网络承载能力提升，可以适配网络视频的质量提升带来的带宽的压力。例如，在视频制作领域，超高清视频的前端拍摄一般由广电级和专业级 4K/8K 摄像机完成，为保证后续在剪辑、调色、特效等方面对视频进行高质量制作，需要直接对视频源数据进行处理。其次是低时延的网络抖动能力，可以满足用户之间的交流互动。最后是视频传输层的分级控制，视频类应用所需网络带宽较大，但并不是所有的数据都需要保证较高的传输时延和可靠性，例如，在网络情况较差时，需要首先保证关键帧的传输能力，因此需要在网络传输上对于传统 IP 增加分级处理能力。

（2）网络会议应用场景

近年来远程网络会议逐渐成为人们工作、交流的重要方式。尤其是在疫情中，当人们出行受到阻碍时，远程会议这种安全便捷的沟通交流方式成为首选。视频会议支持不同地点的人或群体，通过网络与多媒体设备，将声音、影像与文件等资料经过编码、分发、解码等流程实现实时互传。不同于直播与录播的“单向互动”，视频会议更加注重多方音/视频实时交互。总而言之，网络会议对于网络的需求有两点：一是优化的多播技术，可以支持多用户接入和信息传输；二是高质量的网络传输，网络会议有较高的实时性，因此对于音/视频的网络质量有所要求。网络会议强调用户之间的实时交互，较大的时延抖动影响用户交互感受，超过 0.3ms 的时延用户即可明显感受到；同时网络需要保证音/视频的抗抖动性及音/视频的丢包率。

（3）增强现实应用场景

未来的媒体通信在向丰富的五觉（听觉、视觉、嗅觉、味觉、触觉）体验方向演进，人们不再局限于传统的图像、文本、声音提供的视听体验，而 AR/VR 叠加了多维度的信息，为用户提供更加真实的体验。最近火热的概念“元宇宙”是虚拟时空的集合，由一系列技术（如 AR、VR 和 Internet）所组成，即通过技术能力在现实世界的基础上搭建一个平行且持久存在的虚拟世界，现实中的人以数字化身的形式进入虚拟时空中生活，同时在虚拟世界中还拥有完整运行的社会和经济系统。增强现实应用场景是一种对于现有视听体验的革命化改进，需要叠加视觉、听觉、触觉、嗅觉、味觉等多维度的信息，为用户提供“身临其境”的体验，因此对于网络带宽、时延提出了新的要求。

一是超大带宽及超高通量需求。根据全息图（Hologram）实际应用的尺寸大小，动态全息对带宽的需求，相比二维动态图像扩大了几百到几千倍。其中，单一的 70 英寸动态全息显示器，带宽需求约为 Tbit/s 级别，多人、多全息场景将对现有网络传输造成极大压力。全息通信类应用需要未来数据提供超高通量的传输能力。

二是超低时延需求。动态全息图刷新频率的底线为人眼感知连续动画的底线，即≥24f/s；实验场景一般设为 30f/s；实际的良好视觉体验需要 60f/s 或以上（甚至需要达到 120f/s），所以连续帧间时延达到毫秒级别，同样对网络传输造成挑战。未来应用场景（如全息手术）也需要确定性的超低时延。

三是数据优先级的差异性与传输策略表达。应用层数据具有优先级差异和传输性能需求差异，除选择不同的传输协议之外，应用应具有向传输协议表达性能需求的能力。

四是网络感知能力的提升。除丢包之外，网络层更多的关键参数（如带宽、排队、时延、抖动等）对传输策略的选择产生重要影响。应用应具备感知网络关键参数的能力。

4.2　面向未来互联网协议的技术能力扩展

随着技术的发展，互联网需要支持的应用也越来越多种多样。基于第 4.1 节的互联网协议应用场景分析，可以发现，互联网对于下一代网络的要求是复合型的，并且是能力分级的。本节的目的是在不同应用能力要求的前提下，拆解对应的技术和能力要求，阐述当前网络协议的不足，分析未来网络的演进趋势。

4.2.1　多语义标识变长能力要求

未来网络的发展是希望在统一的框架下连接多种异构网络，实现万网互联。在泛 IoT 场景下，接入网络的通信主体种类越来越丰富，数量也越来越多。通信主体不再局限于传统的主机，人、物、数据、计算都可以作为终端彼此通信。然而，IP 地址是当前数据网络中唯一的寻址标识，所有通信主体都需要经过 DNS、overlay 等映射系统映射到 IP 地址。但是这样的设计会引起一系列问题，例如，在移动或负载分担等场景中，映射关系是存在动态性变化的，而传统的网络层协议很难实时地适应这种动态性变化。通信主体的名字、标识可以聚合，但是位置分散，基于 IP 地址的资源配置策略无法对应地进行聚合，因此 IP 地址策略缺乏良好的可扩展性。其次，通过 DNS、OTT 服务器、网关等进行翻译，不仅增大了通信时延，用户数据在穿越公网时也容易引发安全和隐私问题，网关进行地址翻译也造成了额外的计算、存储开销，而且在可靠性、灵活性等方面也存在诸多问题。此外，当前网络协议仅支持 IP 拓扑寻址，即只能通过目的地址表达“我要去哪儿”一种语义，无法满足未来丰富的网络应用表达的多元化寻址需求，如“我要什么服务”“我要什么内容”等。

异构网络不仅连接各种物理实体（如主机和人），随着网络虚拟化的深度演进，也需要连接各种虚拟化实体（如内容、计算、存储等虚拟资源）。因此，未来网络既要支持传统的基于主机和位置绑定的拓扑寻址，也需要支持基于虚拟化和移动化的标识寻址、内容寻址、计算寻址等。这就要求在目前 IP 模糊语义的基础上引入多语义、多标识等明确语义，使主机、用户、内容、计算资源等可以与拓扑和位置解耦。同时，网络进一步与 SDN 架构无缝融合，将具备更多的可编程、可编排特性。可编程特性支持利用已有可定义字段或者新增可定义字段实现多语义、多标识，并与传统寻址和标识体系兼容。通过多样化寻址建立多种虚拟资源空间和路由，不仅可以消除网络对域名映射的依赖、消除额外时延和隐私安全问题，而且能够有效支持各类物理、虚拟通信实体的泛在移动。因此，未来网络需要多语义、多标识的互通方案，以及面向多语义的路由技术。

多语义、多标识的互通技术需要支持不同语义标识的通信主体之间传输数据的需求，同时需要考虑多语义异构标识之间的互通性，以及新型标识与传统标识体系之间的兼容性，真正地实现万物互联、万网互联。可选的思路有多种，示例如下。

（1）需要转发设备支持多表操作。允许报文的源地址和目的地址采用异构的标识，针对每种语义的标识，转发设备通过不同语义标识的路由通告，生成面向特定语义标识的路由表，设备上的路由表数量与网络中标识种类对应。不同标识到达转发设备时，按需查找对应类型的路由表，实现不同种类通信主体之间的数据传输；

（2）需要构建标识映射系统。允许报文的源地址和目的地址采用异构的标识，在报文进入核心网之前，通过标识映射系统，将异构标识映射为统一语义的地址，基于此，将映射后的统一语义地址进行路由转发，转发设备上只需要部署此统一语义地址的路由表。

面向多语义的路由技术需要支持多种物理、虚拟实体等的路由实施策略。传统 IP 实施基于拓扑的单一路由寻址机制，未来网络将以语义或标识为依据，用户和业务可直接依据标识或语义获取目的地址，无须再通过 DNS 解析就可获取可路由的地址，因此大大缩短了路由获取过程和时延。多语义、多标识系统由基于不同语义通信对应的实体端侧（用户端和服务端）生成并维护。未来网络中设备将通过统一的 IP 体系支持多语义路由转发能力，支持面向多语义的路由通告，并生成多语义转发表项。面向多语义的路由机制可广泛用于多接入边缘计算（Multi-Access Edge Computing，MEC）、内容分发网络（Content Delivery Network，CDN）等场景，可改善时延敏感的业务需求，提升用户服务体验，并基于 IPv6 兼容现有网络体系架构。

4.2.2 网络确定性能力要求

消费互联网的巨大成功加速了产业互联网的 IP 化转型，其中典型代表应用包括远程手术、远程工程控制、远程驾驶、全息通信和增强现实等。产业互联网应用与消费互联网应用的差异在于流量的周期性、时延和抖动的有界性。网络确定性的主要目标是在现有的 IP 转发机制基础上提供确定性的时延及抖动保证，现有基于 TCP/IP 的“尽力而为”服务难以满足网络发展对于网络确定性的需求。针对不同领域的产业互联网应用场景进行分类，并明确了其流量特征及其确定性时延抖动的需求，网络 5.0 场景及其确定性指标见表 4-2，网络 5.0 流量分类及其确定性等级见表 4-3。

表 4-2　网络 5.0 场景及其确定性指标

领域	应用	流量特性	时延	抖动
车联网	自动驾驶	0.5～50Mbit/s	3～100ms	μs 级
	辅助驾驶	1～10Mbit/s	100～250ms	μs 级
	远程驾驶	1～25Mbit/s	<20ms	μs 级
	车路协同	10～1000Mbit/s	3～100ms	μs 级
	编队驾驶	0.25～65Mbit/s	10～25ms	μs 级
工业	产业自动化	1Gbit/s	0.2μs～0.5ms	μs～ns 级
	工业控制	100Mbit/s	25μs～2ms	ns～ms 级
	智能电网	2Mbit/s	8ms	μs 级
医疗	远程手术	0.5～50Mbit/s	3～10ms	<2ms
娱乐	增强现实	5～100Mbit/s	7～20ms	μs 级
	专业视听	0.5～2Mbit/s	2～50ms	100μs 级
银行	高频交易	5～100Mbit/s	<1ms	μs 级
航空	航空以太网	<2Mbit/s	1～128ms	μs 级

表 4-3　网络 5.0 流量分类及其确定性等级

确定性等级	流量分类
0	背景流量
1	尽力而为流量
2	极力保障流量
3	算力类和应急保障类流量
4	<100ms 的视频会议类流量
5	<10ms 的语音通话类流量
6	互联网路由控制协议（OSPF、RIP 和 DNS 等流量）
7	全息通信、VR 交互类流量
8	远程回传类流量（工业控制、远程医疗和远程驾驶中多光谱视频和传感器流量）
9	远程控制类流量（工业控制、远程医疗和远程驾驶中控制指令类流量）

可以看出，网络确定性总共可以归结为时间、资源、路径 3 个方面的确定性。其中，时间确定性指从设备收到报文到设备发出报文所经历的时间满足时延上限和抖动上限。资源确定性，即资源预留能力，指在报文途经节点进行带宽、标签、队列、缓存等转发资源的预先分配和保留。路径确定性，即显式路径能力，指基于路径的服务质量能力，向确定性业务提供固定的路径。

传统的网络协议设计遵循尽力而为的原则，这在当时综合考虑了网络的应用需求以及网络的基础设施能力，但是并不适合现在的网络传输需求。传统 IP 网络尽力而为的转发方式赋予网络统计复用的能力，大大提升了网络效率，但同时也带来了流之间的报文竞争和挤压问题，导致报文的端到端时延和抖动不可控，已经无法满足大量业务对时延和抖动的要求，无法保证网络的传输与质量。下一代网络协议需要在当前“尽力而为”的服务模式之外，提供包括确定性时延、确定性抖动、确定性路径在内的全方位确定性能力保障，为网络层提供端到端确定性服务的相关能力，对于特定需求的应用提供端到端的确定性服务保障。工业互联网、远程医疗、全息通信、车联网、电网继电保护等交互性高的场景，需要实现精准传输，网络不仅要提供“及时”服务，还要提供“准时”服务。为了满足以上针对确定性的需求，网络的转发层、控制层及管理层的功能需求可以拆解为以下几点。

（1）转发层

转发层主要需要提供“确定性转发”“资源预留”和“显式路径”等功能，即提供转发确定性、资源确定性和路径确定性功能。即单网络节点支持业务流都可以按时间维度（如时间片或时间周期）进行转发，使用基于周期的调度方法，或者业务隔离的管道交叉调度方法，同时支持资源独占和共享机制面对不同的组网规模、时延等级需求，多网络节点间支持设置合适的转发时间参数，从而实现端到端周期性转发的能力。具体如下。

1）确定性转发指从设备收到报文到设备发出报文所经历的时间满足时延上限和抖动上限。

2）资源确定性，即资源预留能力，指在报文途经节点进行带宽、标签、队列、缓存等转发资源的预先分配和保留。

3）路径确定性，即显式路径能力，指基于路径的服务质量能力，向确定性业务提供固定的路径。

（2）控制层

控制层需要面向异构网络实现统一的控制协议和机制，支持资源预留机制，在保证带宽的前提下满足确定性业务需求，支持“显式路径”的分发，支持网络节点间转发时间参数设置，支持端到端确定性服务质量的感知和测量，实现端到端的转发时间控制。控制层需要实现报文定序、副本消除、流复制、流合并、报文编码、报文解码等功能。

1）报文定序为报文复制和副本消除提供顺序号。

2）副本消除是基于报文定序功能提供的序列号来丢弃确定性网络流复制所产生的任何报文副本，还可以对报文重新排序，以便从因报文丢失而中断的流中恢复报文顺序。

3）流复制将属于确定性网络业务流的报文复制多份，并从多条确定性网络路径投递，以保障业务报文在网络异常情况下的可靠送达。流复制可以是对数据包的显式复制和重标记，也可以通过类似于普通多播复制的技术来实现。

4）流合并将属于特定确定性网络复合流的成员流合并在一起。

5）报文编码将多个确定性网络报文中的信息进行组合，并将这些信息在不同的确定性网络成员流上用报文进行发送。

6）报文解码从不同的确定性网络成员流中取得报文，然后从这些报文中计算出原始的确定性网络报文。

（3）管理层

支持面向异构网络统一的路径服务质量感知和测量，基于应用的意图来进行点到点、点到多点、多点到多点的路径选择和转发时间参数分配，实现多数据源同步到达时间分配和路径双向时延分配。

4.2.3 网络内生安全能力

网络的安全可信是保证网络可靠运行及业务开展的基本保证。随着互联网深入渗透人类的生产和生活，工业互联网、车联网、远程医疗等对于网络安全可信提出了更高的要求。互联网设计之初对不可信的网络环境考虑不足，其协议体系和网络架构设计存在内生的安全缺陷。现在的端到端网络通信过程中存在很多安全问题，如 IP 地址伪造、隐私与可审查性的平衡问题、密钥安全交换问题、中间人攻击、数据包泄露、完整性被破坏以及分布式拒绝服务（Distributed Denial of Service，DDoS）攻击等。

传统的网络安全防护，重点关注边界的安全防护，一般是在现有的网络架构基础上叠加安全防护功能，其安全防护效果已经不能适应飞速变化的网络应用新需求。IP 网络最初的设计对于安全的考虑有所欠缺，但是随着互联网的发展，层出不穷的网络安全问题令人忧心。频发的安全事故显示，当前网络面临巨大的安全挑战，用户很难相信 IP 网络能够为端到端通信提供安全和隐私保护。许多研究者尝试解决诸如 IP 地址伪造、隐私泄露、中间人攻击、DDoS 攻击等问题。但是 IP 网络在设计之初只重点关注了连通性，而忽视了安全性，致使现有的网络安全系统一直以来只能通过增加防火墙等安全设备来给予补丁式修补，从而进行被动防御，以及通过用户认证通道加密等手段进行基本的底线防御以完成安全防护。例如，现有针对 DDoS 攻击的方法（如无状态因特网流过滤（Stateless Internet Flow Filter，SIFF）、通信流校验体系（Traffic Validation Architecture，TVA））必须要求源升级的同时还要有新的头部。顽固的安全问题难以根治，传统的补丁式解决方案补不胜补，外挂的补丁式安全技术难以为网络通信提供保障。

只有研究和发展基于网络自身内生的可信安全技术体系，使网络应具备可信管理、可信接入、业务可信传输以及可信路由能力，才可以逐步实现全网的可信安全。具体来看，未来网络内生安全可信需求包括以下几个方面。

（1）通信端的真实性通信需求

为了避免攻击者伪造 IP 地址、端口号、协议类型等信息发送报文，从而进行地址假冒等破坏行为，针对端到端通信业务，网络需要对通信端的身份或标识实施真实性校验，增强网络业务通信的可信度，提升端到端安全访问能力。另外，网络必须保证未授权（包括异常）通信行为的及时阻断能力和各类行为的追溯能力。

（2）可信基础设施服务的认证与授权需求

网络必须保证正常授权行为的透明性，包括 3 个主要方面，即为了解决 IP 地址哄骗、前缀劫持、路由劫持等问题，提供网络通信业务的真实性、完整性和可用性，亟须 IP 地址所有权认证技术、边界网关协议（BGP）前缀和 AS_Path 的宣告认证与授权技术；为了解决 DNS 欺骗、域名劫持、缓存污染带来的可信问题等，亟须 DNS 身份鉴别和消息验证技术；为了解决端到端通信中密钥交换的中间人攻击问题、降低中心化权威安全风险，提供端到端通信业务和基础设施服务的机密性和隐私性，须研究基于去中心化的预制密钥分发技术方案。

（3）抗网络攻击的网络内生安全能力需求

网络必须具备有效的抗攻击能力，边缘隔离网元抗攻击，核心网元攻击不可达。为此，网络需具备异常行为的自动发现和阻断能力。

1）异常行为的发现能力：漏洞自动发现能力。安全能力必须实现“即时随行”才能保障业务的安全。因此，要求网络能够智能地感知系统以及业务的漏洞，及时进行防护。一般性网络攻击（如非授权的扫描攻击、DDoS 攻击、CC 攻击等）的自发现能力，内生网络安全将相应的统计和分析能力内生于网络中，自动发现一般性的异常网络攻击。针对高级威胁的分析能力，收集相关安全情报、网络运行信息，并进行大数据和人工智能分析，对潜在的风险提出有价值的应对措施。

2）异常行为的阻断能力：包括在网络转发设备层或专用设备中对可疑流量进行阻断控制，对所发现的特定和非特定攻击进行防御，通过基本免疫防御过滤掉最基本的异常流量，通过对重点保护对象的多重加强性防御加固其防护层面。包括但不限于内生免疫与抗攻击能力，通过对特定和非特定攻击的防御、基本的免疫防御和对重点保护对象的加强防御建立整个网络的内生免疫和抗攻击能力；通过自动对抗，攻击的对抗能力可以在风险发生的第一时间就进行相应的处置，防患于未然；零信任访问控制能力基于用户标识、服务标识以及零信任技术，实现面向服务的网络层细粒度控制能力，解决服务未授权导致的 DDoS 攻击。

（4）兼顾隐私保护与内容可审计能力的需求

《通用数据保护条例》（General Data Protection Regulation，GDPR）、《中华人民共和国网络安全法》的出台，将隐私保护的重要性提升到新高度。尤其是大数据场景下的流量分析给隐私保护带来了更大的挑战，可探讨将 *K*-匿名/差分隐私技术、零知识证明、群加密/签名、拓扑隐藏等技术内置于新网络架构的安全中。另外，为了兼顾网络恶意行为的可审计性，需要结合鉴别技术，在保护隐私的前提下提供内容可审计的能力。因此，需要根据不同场景和需求，探究安全多方计算、群加密/签名和零知识证明的适用场景，构建兼顾隐私保护与审计追踪的权衡方案。

（5）资源信用管理能力需求

基于感知能力、人工智能（AI）能力、软件定义能力，围绕连接本身和被连接的系统逐步建立信用体系，构建基于连接的未来网络资源信用管理能力。

（6）现网演进的安全需求

现网在演进过程中持续引入新的网络架构和网络协议，同时也潜在地引入新的网络安全漏洞，需要在网络演进中保持网络安全级别不降低，保障具有内生安全的网络特质。下面列举 3 个重要的现网演进关键安全需求。

1）物联网安全需求：面向物联网终端统一安全认证的需求、物联网安全监控的需求和车联网安全的需求，需要系统研究网络的安全体系架构。

2）SDN/NFV 安全需求：包括安全设备虚拟化的需求、网络安全防护能力重构的需求和 SDN/NFV 系统安全的需求。

3）5G 网络安全需求：包括异构接入安全、通信云安全、能力开放安全、运营管理安全等，需要对各个安全域内防护策略和关键技术进行研究，此外还包括典型业务场景下的安全防护策略需求，需要对安全体系架构进行研究。

4.2.4 网络资源感知和管控能力要求

未来网络应具备网络感知的能力，可以主动地感知各类接入终端、网络状态和用户需求，同时也具有相应的管控能力，可以依据当前的系统资源（包括带宽、计算、存储等）智能地配置网络资源，按需提供服务。具体而言，未来网络将面临一体化的资源感知和管控需求，这里的资源感知不仅包括要及时、准确了解资源使用方的需求，还包括感知资源供给方的资源动态提供能力。同时，网络提供的高质量传输能力也需要纳入一体化资源感知和管控体系。因此，未来网络需要对网内的各种资源的需求和供给都清晰感知并进行管控。

随着网络业务的不断迭代、网络设备的不断增加以及网络拓扑的日益复杂，网络自主管理的需求成了下一代网络协议的刚性需求。传统的人工管理越来越无法适应日益复杂的现网，很快会达到人工管理能力的临界点，网络自组织运维对于未来的千亿级连接是刚需。同时，随着网络技术的演进，网络运维的难度在不断增加，网络运维的效率也在不断增加。面对以上问题，网络对能够自学习、自配置、自优化、自诊断和自恢复的自主化管理功能有着强烈的需求。

未来的网络资源感知能力包括能力要求、实现手段与部署要求 3 个部分。

（1）能力要求

能够感知网内不同类型、不同位置、不同规模的资源；能够感知网内各种资源的实时变化；能够感知网内各种资源的真实情况；资源与实际使用和提供的物理位置之间的映射和动态更新；异构资源一体化的综合调度能力。

（2）实现手段

通过主动感知手段实现；通过被动感知手段实现；通过主动与被动感知手段联合实现；通过第三方系统实现；异构资源一体化的统一定义和识别、索引及调度；资源的动态发现和通告协议。

（3）部署要求

支持对网内资源部署感知策略；支持对已部署感知策略进行调整；支持对感知

策略进行集中式、分布式、混合式管理方式。

基于上述资源感知能力，未来网络将逐步建立网内资源的感知体系，实现对业务、应用更高效的支持。同时，未来网络也将立足感知能力，逐步具备对网内资源的管控能力。作为未来网络管理中的重要构成部分，网络资源的管控需求将包括管理需求、控制需求、分析需求、自组织需求及数字孪生需求。

（1）管理需求

在未来网络资源的管控中，首先需要定义网内资源并开展分类管理，与感知部分共享资源定义信息。其次，在使用网内资源时，需要基于资源的生命周期，进行智能化的管理利用。同时，需要针对资源的不同特征，制定不同管理策略，并支持组合策略。再次，基于多样化的现网资源部署方式，支持集中式、分布式和混合式等不同的管理实现方式。

（2）控制需求

在未来的网络对资源的管控中需要理解管理系统对资源的定义，并对资源的控制行为定义。同时，针对资源的不同特征与业务、应用对资源的不同需求，部署不同的控制行为及其组合。以实现面向资源的控制行为及其组合的灵活调度与编排能力。在管控需求方面，需要实现对控制行为的回溯、对控制对象的鉴权、对控制效果的评估，以实现控制行为可监督、控制人员安全可保证、控制效果可以迭代提升。同时，管理系统需要支持集中式、分布式、混合式的控制方式；支持全局、局部、混合的控制方式，达到全方面、全维度的覆盖。

（3）分析需求

在未来网络对于资源管控的分析中，需要理解管理系统对资源的定义，并对资源的分析行为定义。针对资源的不同特征与业务、应用对资源的不同需求，部署不同的分析行为及其组合。未来网络具有较高的灵活性，面向不同资源管控需求可提供不同的分析策略，并支持组合策略，还可与资源的感知能力进行协同，呈现即时分析结果。

（4）自组织需求

下一代的网络需要增强设备间的自组织能力，逐步实现网络高效、高度自治，减少人工运维提升网络效率。从网络构建的规划、部署、调优和排障的各个环节出发，降低各个环节的人工管理工作量。网络初期规划需要增强设备自动初始配置能力，降低人工规划各个参数的工作量。网络部署角度需要支持即插即用，避免软件调试人员进站调试。网络管理功能能够根据业务需求及业务数据快速及时进行调优，自动控制网络资源和路径的规划。网络具有一定程度的自愈性，对于故障可以做到实时监测、及时报警、故障自动诊断。

（5）数字孪生需求

未来网络需要支持数字孪生需求。数字孪生也被称为数字双胞胎和数字化映射，是指在计算机虚拟空间存在的与物理实体完全等价的信息模型，可以基于数字孪生体对物理实体进行仿真分析和优化。数字孪生是技术、过程、方法，数字孪生体是对象、模型和数据。管控系统需要理解管理系统对资源的定义，并对资源的数字孪生行为定义。同时，针对未来网络对资源的使用过程，构建数字孪生体。通过对资源的数字孪生体进行推演，并与资源管控系统进行协同，满足业务与应用对资源的需求。

4.2.5 网络层多播技术能力要求

当今视频流量已成为互联网流量的主体。2020 年，新冠肺炎疫情发生以后，几亿人同时在家办公或学习，以视频会议和在线教育为代表的网络视频应用出现井喷式的发展，但传统多播技术无法在互联网中得到有效的应用，大量的视频流量通过内容分发网络（Content Delivery Network，CDN）系统进行传输。这种依赖于流媒体服务器的应用层多播方式在传输时延、丢包、性能上存在瓶颈，抑制了需要大连接物联网、增强型移动宽带、超可靠低时延通信、有确定性服务等级协定（SLA）保障需求的新型产业（如 AR/VR、AI 等）的发展和应用。

具体到相关行业，4K/8K 超高清视频已在不断推广，而传统的串行数字接口（Serial Digital Interface，SDI）设备无法满足大规模超高清视频的制作和传输需求，传统的制播网络需要高可靠、可规划的 IP 多播技术进行媒体资源调度。金融证券行情推送采用多播技术是业界通用惯例，但随着证券交易的容量不断上升，如何保证行情信息在弱网场景不丢失、如何做到可靠多播传输以及在故障发生时网络如何快速恢复并收敛，已成为多播在金融通信的重大挑战。5G 第一个演进版本 3GPP Release16 也引入了多播技术，主要面向 V2X 场景，例如协同驾驶、自动驾驶辅助、车辆编队等都需要可靠的多播技术作为通信保障。工业生产领域，以英特尔（Intel）为首的国际半导体制造厂商更青睐采用分布式的 Tibco 总线架构，其生产设备自动化系统（Equipment Automation Program，EAP）和其他系统之间需要通过广播或多播技术进行订阅和发布消息。

多播业务需求广泛存在，但传统多播技术应用长期低于预期，如何提高多播技术的应用范围和用户体验是未来网络亟须解决的问题。多播业务面临的问题可以总结为以下几点。

（1）多播业务路径可规划能力

大网或业务密集场景下，核心节点需要维护大量多播流状态及表项，规格受限，容易出现性能瓶颈，并且多播报文的传输路径不可控、不可见，服务无法控制多播转发路径。在大网稀疏场景下，传统多播容易退化为单播，降低了网络带宽的利用率。同时，传统多播技术还要求多播传输路径中的所有设备都支持多播功能，无法实现无状态路由转发。

（2）多播业务快速部署困难

传统多播技术是基于多播地址和多播树状态的逐跳按需复制。多播路径中的所有节点都需要维护逐流多播状态，可扩展性差。传统多播技术还要求多播传输路径中的所有设备都支持多播功能，通常多播业务升级需要较大范围的统一升级，这种约束限制导致现网可部署性差，存在工程技术难题。

（3）多播业务智能化运维，服务保障能力提升

目前，多播业务主要基于应用层，无法对服务质量进行保证，这导致服务器及终端侧的实现变得复杂，而且服务器租用成本高，增加了客户整体运营成本。同时，端到端时延无法保证，无法满足某些特定场景的需求，例如，有交互的即时通信场景（如视频会议）。

4.2.6 高通量传输能力要求

网络的发展同时伴随着对传输层需求的提升，未来网络需要满足数量呈指数增长的带宽需求。根据测算，高清分辨率的全息通信大概需要 100Gbit/s~4Tbit/s 的传输带宽。而在当下，科学大数据的传输也迫切需要 100Gbit/s 级别的能力。因此，“大通量”“超高吞吐”是未来网络应用的基本需求，来源于应用持续产生的超大数据量。全息通信作为“大通量”特征的代表应用，同时又具备了自身独特的新特征，如数据多源化等，这些特征对传输层提出了新的要求。为支持全息通信等未来网络应用，基于未来网络基础设施的高带宽利用率，传输层需要具备配合数据多源化的能力、表达业务策略和需求的能力。

未来应用带来网络数据量的爆炸式增长，网络基础设施的承载能力固然重要，充分利用链路的传输资源也十分关键。网络协议架构中，传输层协议主要负责利用网络的带宽资源为应用层提供尽可能高效的数据传输服务。

现有传输层方案以确定的可靠传输（不允许丢包）或确定的非可靠传输（允许丢包）两个思路为主，并不存在灵活可控的中间态方案。可靠传输通过收发端信令配合保证丢包重传，一旦丢包重传发生就会影响传输性能，在高带宽大数据量传输时会造成较为明显的性能损耗。然而，未来的诸多应用，特别是媒体传输，并不要求严格的"可靠"，但如果改为非可靠传输，则会落入质量难以控制的局面。在性能与可靠之间没有第 3 个平衡点存在，并且现有传输层方案与上下两层的关联较为疏松。应用层通过调用特定的传输层协议进行无差别的数据传输，即无法表达应用与应用之间对传输性能的差异，也无法在同一应用内表达数据与数据之间的优先级差异。传输层通过丢包或时延等网络参数对传输参数进行调整，但对于路径的其他参数利用不足。特别是在多路的场景下，当前的多路传输仅能通过单独的控制窗口进行拥塞控制，并且对于路径耦合的问题并没有较为完善的解决方案。

目前高通量的网络主要有以下几个特征：存在多数据源，且各数据源对应用的重要性不同，各数据源不同部分的数据重要性也可能不同，都由应用本身决定；网络层存在多条不相交瓶颈链路供传输层使用，各瓶颈链路的丢包、时延等情况存在不同；业务应用所产生的数据量极大，吞吐要求可能超过单路瓶颈链路可用带宽。

基于上述特征，为了满足网络的发展需求，新传输需要具备以下的能力。

（1）传输可定义

允许上层应用自定义传输策略，表达对数据优先级、服务质量、损失容忍、时延容忍等方面的个性化需求，选择匹配传输策略。同时，可通过自定义或自感知，对不同的应用需求（如吞吐率、时延敏感度、可靠度需求等）主动采取不同的传输控制策略，实现差异化的传输性能保证。

（2）传输自适应

随着各种底层网络技术的发展，新传输层需要适应各种底层异构网络环境，需要感知不同特性链路，自适应地采取与之匹配的传输控制机制，实现最优的端到端传输性能。

（3）传输对象块处理能力

以对象块为单位进行块内的重传与乱序处理，增加 ACK 反馈信息、减少反馈频率；对象块在发送端可以接受应用的传输需求，实现最优传输效果。

（4）网络感知能力

需要 IP 携带网络状态信息，通过 ACK 反馈给发送端，实现快速的速率增长和更早的拥塞避免；同时可以简化发送端拥塞处理算法，减少计算开销。

4.3　面向未来互联网协议作用域需求

现有全球开放互联网（Global Open Internet）的通用 IP 能力集，还不能满足工业控制、低功耗物联、高移动性连接等特殊场景的大网部署需求。Brian Carpenter 在 RFC 8799《Limited Domains and Internet Protocols》中提出了有限域（Limited Domain，LD）的概念，考虑在有限范围内提供增强 IP 能力集，将特殊场景的非 IP 设备 IP 化，使之加入全球开放互联网，打造“消费+产业”全行业互联网。

有限域概念相关文稿自 2018 年被提交至 IETF，在 2020 年标准化并被发布为 RFC 8799，但是有限域自互联网出现时就存在了，例如，家庭网、园区网、移动网等，都是一个有限域。为了易于理解，我们将有限域定义为一个服务于特殊场景的网络。这个网络可能只有有限的互联网通信能力或者不能与互联网通信，如传感器网络；有限域可能位于特定地点，也可能分布在多个物理地点，但是逻辑上是一个网络，如企业网。有限域的重点是它服务于一个特定的场景，该场景中的设备具有内部通信需求，特殊的内部通信需求将这个网络塑造成一个与互联网不同的网络。对于家庭网络，主要的需求是更简单的运维，所以对于网络的需求是高度自组织、自优化。对于企业网络，安全性是第一位的，大量的设备可能仅需要内部通信，不允许外部访问。对于卫星网络，高度的移动性则是首要的问题。

随着网络的不断增长和多样化，以及数百亿个节点直接或间接连接的发展前景，网络发展出现了特定网络（Network-Specific）和本地（Local）需求、行为及语义的明显趋势。这里的“本地”一词应从特殊意义上理解。在某些情况下，它可能指的是地理和物理区域——位于单个建筑中、单个校园内或特定车辆中的所有节点。在其他情况下，它可能是指分布在更广泛的区域上的一组定义的用户或节点，但被互联网上的单个虚拟网络或与互联网并行运行的单个物理网络汇集在一起。现有的许多协议在大网上应用并不理想的一个原因是——一些协议虽然需要标准化和互操作性，但也需要具体限制其适用性。这意味着需要在一定范围内讨论和部署相应的协议以支持相应的技术能力。有限域的要求将取决于部署场景，不同的场景下策略、默认参数和支持的选项可能会有所不同。

若网络协议不对应用范围进行限制，这会导致某些协议和功能的丧失。早期对此进行的分析集中在互联网透明度的丧失、对损失负责的中间盒（Middleboxes）之上，这些问题不仅在应用协议中存在，甚至存在于非常基本的机制中。例如互联网对 IPv6 扩展报头不透明、Path MTU Discovery 多年来一直不可靠、IP 分片也不可靠、TCP MSS 协商中的问题等。虽然在网络协议制定时，更希望尽可能使用通用的解决办法、通用的标准，但在满足上面概述的各种不同要求时，越来越难做到这一点。然而，当提出新协议或是协议的扩展时总倾向于思考“这将如何在开放互联网（Open Internet）上工作？”。但是有些协议和扩展并不打算在开放互联网上工作，相反，它们的要求和语义是特别有限的。下一代网络协议的发展和推进过程中尤其需要考虑这种特定域的问题，具体标准（如 Ad Hoc 标准）也将因不同的域而出现，同时平衡大网和不同域之间的能力和互通问题。

一些有代表性的有限域案例及现今的解决方案如下。

（1）差异化服务（Differentiated Services）

差异化服务允许网络为任何 IP 数据包中的 6bit 差分服务代码点字段分配本地有效值。虽然对于特定的每跳队列管理行为，有一些推荐的代码点值，但这些值专门用于特定域的节点，在这些域内流量被分类、补充标记，并在域边界映射或重新标记（除非域间协议使映射或重新标记不必要）。

（2）集成服务（Integrated Services）

集成综合服务并不是资源预留协议（Resource Reservation Protocol，RSVP）（参见RFC 2205）设计的必要部分，但从多年的经验中可以清楚地看出，集成服务只能在配置了足够设备和资源的有限域内成功部署。因此集成服务可以看作在某个有限域内才能正常部署运行。

（3）网络功能虚拟化（Network Functions Virtualization，NFV）

如RFC 8568所述，网络功能虚拟化这个概念是一个开放的研究主题，其中虚拟网络功能被编排为分布式系统的一部分。不可避免的是，这种编排适用于某种管理域，尽管跨域编排也是一个研究领域。

（4）确定性网络（DetNet）

确定性网络架构（参见RFC 8655）和封装（DETNET-DATA-PLANE）旨在支持数据丢失率极低和有界时延的流，但仅在网络中“DetNet 感知”的一部分内。因此，对于上面的差异化服务，域的概念是确定性的基础。

（5）家庭网络

如RFC 7368所述，家庭网络域具有与企业网络或整个互联网不同的特定协议需求。其中包括家庭网络控制协议（HNCP）（参见RFC 7788）、命名和发现解决方案（HOMENET-NAMING）。

通过这些案例可以发现，有限域的需求是广泛存在的，并且许多功能和能力只有在特定的边界范围内才是有意义的。未来的网络协议体系需要支持和允许一些局域化生效的协议内容，不需要总是满足协议内的全球性和互操作性。

第 5 章

泛在全场景新 IP 设计

基于第 4 章针对目前网络所面临的问题和挑战的总结，我们可以发现，随着网络生产力的发展，网络技术已经跨入专用网络及边缘网络的井喷时代。随着大量智能机器的接入，网络从“面向人的通信”转变为“面向机器的通信”，而“大带宽等于高质量”的假设已不再普遍适用。在这一阶段，消费互联网、工业互联网、物联网等多种异构网络并存，园区网、城域网等多样化的边缘网络共存，网络协议的主要设计目标转变为让千行百业的专用网络以及边缘网络，在内生安全可信、确定性性能保障、海量信息传输、大连接下的资源感知与管控、泛在移动性支持、网络主权管理等方面，得到差异化的性能保障。超低功耗的传感器等更为多样的异构设备，超高速移动的卫星联网等更为多样的异构网络逐步促成“万物、万网互联”的态势，以全息全觉通信为代表的未来媒体通信形式通过多信息源、多维感官数据的同步传输保证服务体验，超高吞吐、多播并发、精准协同等势必成为未来媒体应用的普遍需求，接入并基于网络展开的产业链条逐步增长，众多业务场景的高经济价值必须有更加完善的安全与隐私机制来守护系统运转。这些新的技术需求是传统 IP 体系在根逻辑上难以支持的，用户需要网络承载更多的功能特性，但尽力而为的三层协议设计无法灵活适配，赋予网络多样化的功能。此时，网络发展的主要矛盾已经转变为当前的网络协议无法满足千行百业专用网络与边缘网络差异化性能需求的矛盾。

因此，对新的协议体系的呼声应运而生，各行各业希望通过一个具有共性基础的、可面向多需求演进的网络协议框架，在继续保障全球万网互联的基础上，弹性地满足面向行业的专用网络差异化的需求，从而解决这一主要矛盾。即通过推动协议体系的泛在性演进，使网络技术深度进入并统一支撑非 IP、标准 IP 或因环境因素受限而难以通过传统 IP 及其补丁式改进支持的场景。

5.1　泛在全场景新 IP 体系设计原则

网络的基础设施能力和应用需求是在不断变化的，因此网络体系设计原则也是需要随着网络技术的发展不断变化。网络的成功是由于其简单有效的设计理念所决定的，因此对于网络核心的设计原则变更也必须非常谨慎，但这并不意味着网络设计原则无须改变或不能改变。现行的网络体系结构从现在的角度来看，滞后于网络应用需求设计的部分需要。未来网络体系设计原则在改变时不能完全推翻已有的设计原则，而是需要结合时代背景以及成熟的实践经验，取其精华，去其糟粕。未来的互联网需要在新的网络体系结构指导下进行演进发展，从而保障网络体系演变的连续性。尽管学术界对于“下一代网络”仍然有很多争议，但是研究下一代网络的重要性得到了普遍认同。未来人类信息社会发展必然需要网络基础能力的支撑，并且网络体系结构的演变也需要结合网络发展的需求目标。

泛在全场景新 IP（简称“泛在 IP”）体系就是一种适应未来网络设计的、面向 2030 年泛在场景互联的网络体系架构。泛在 IP 体系是一种愿景驱动的、以网络层协议创新为核心的一系列技术整合。泛在 IP 体系致力于在继承 TCP/IP 体系结构的基础上，通过网络层和传输层技术创新，整合异构网络的高质量互联，同时不断提升网络协议体系的新能力，使 TCP/IP 体系结构能够前瞻性地适配面向未来的应用场景以及由此引入的未知技术需求，进而使采用 TCP/IP 体系结构的网络协议栈能够敏捷地覆盖更多新兴通信场景，发展开放生态，实现泛在全场景统一到 TCP/IP 体系，构建万物万网互联的智能世界。泛在 IP 体系的设计原则可以总结为以下几点。

（1）开放性兼容万网互联

开放性原则是网络体系结构设计的首要需求目标，也是网络得以不断发展的重要推手。网络的开放性首先指网络体系必须具有结构、功能、接口、协议和源码的开放性，允许人们能够开放地对现有技术进行改造和创新。网络的开放性吸引了众多研究者、开发者和使用者，这也是网络变得越来越完善的一个重要原理。未来的网络体系结构必须具有更全面的开放性，不仅局限于技术的开放性，还需要对投资、研究、建设和使用者提供全方位的开放性。

开放性还指网络需要连通、兼容各种类型的网络，支持异构设备的接入。互联网体系结构在设计之初就将“能互联各种网络”作为需求之一，同时连接这个属性也是互联网的本质属性。TCP/IP 协议栈得到了快速发展正是由于其对不同类型的主机和不同结构的网络的支持。随着应用和终端的不断发展，移动网络、卫星网络、光纤网络等多网融合，非主机类型的各种网络外设也不断发展，未来网络需要支持更多复杂场景下的网络，并且可以容纳异构网络进行互联互通。未来网络需要从结构上融合现有的网络体系，能力上支持异构网络设备的接入。

泛在 IP 体系拓宽了应用场景，其架构创新致力于服务泛在的全场景通信需求。泛在 IP 体系除了应用于消费者互联网场景之外，将逐步拓展到算力网络、垂直行业网络等场景中。由于新兴场景对网络能力逐渐苛刻，TCP/IP 能力难以适配特殊场景对网络协议提出的特殊需求，进而部分场景难以完成信息网与网络化的改造。泛在 IP 体系可以解决强专业性的有限域网络的个性化网络需求，通过多元统一及异构网络/设备一体化通信，最终实现泛在全场景服务。

未来的网络需要高效、可扩展且灵活的网络体系结构。泛在 IP 体系并不是一种颠覆式、取代式的网络协议体系，其设计遵循增量灵活部署原则，可以通过轻量化、无状态的方式与传统 IP 进行转换——基于此，泛在 IP 体系可以在网络中任何区域渐进部署。

（2）网络技术能力的扩充提升

任何新型网络协议的设计都是富有挑战的，历史经验告诉我们协议体系的持续演进应遵循“基于 IP 的优势能力而继续向前”的思路来展开。网络结构设计本质是追求成本和效益最大化，随着应用的不断复杂，将更多通用网络的需求下沉到网络层是一个经济的做法。因此，未来网络层能力的发展需要将更多的基础能力下沉到网络，网络可以为上层应用提供更丰富的能力支撑。泛在 IP 体系在保留原有协议栈层级结构的基础上，为网络层赋予更多的功能，以“扩腰”或者“换腰”的方式进行协议体系演进。即在保障 IP 基础功能（全球可达、高生存性）的前提下，利用灵活可选的方式，使用户对网络层功能进行自定制，增加如万物万网互联、确定性服务、内生安全、用户可定义、高通量新型传输、去中心化网络基础设施等的新型网络能力。

首先，泛在 IP 体系通过在网络层增加多样化标识，如服务标识、算力标识、地理坐标、设备标识、用户标识等新标识体系，使网络设备可根据网络当前场景需要，选择特定语义进行数据包的封装和通信流程的执行，进而潜在支持复杂异构场景的多元统一，即全部通信场景应可以通过下一代泛在IP体系进行互通。多样化的标识引入，使网络的数字空间扩展为广义开放的地址空间，因而允许使用多种标识和变长地址作为寻址依据实现多语义路由，如算力路由、服务路由、地址位置路由等，进而支持以算力网络为代表的复杂的互联互通，实现异构设备、异构网络的一体化。

其次，泛在IP在尽力而为转发能力的基础上，实现多服务等级转发能力。通过服务标识，泛在IP体系可以提供高确定性时延承诺，提升网络服务性能，真正实现大网及可扩展的服务等级上不同的网络传输质量，实现包括工业级IP专线在内的传输能力。与此同时，网络转发节点有能力依据身份对网络数据进行逐包级验证（即随路验证），通过可信身份验证以及网络的管控策略配置实现对报文转发权限的精细化控制，提升网络安全等级的可管理性。通过多样化路由、多等级转发服务、多安全等级的管理，匹配典型行业网络通信的需求。如面向工业制造、远程操控提供确定性网络能力；面向敏感行业应用提供高安全、高可信、保护隐私的网络转发；面向企业园区、家庭网络提供层级化的专网支持，从而降低行业的“垂直”特征及技术复杂性，进而支持各类垂直行业应用。基于以上设计原则，泛在IP体系将面向各类业务提供多维度的网络服务，在网络层实现对攻击行为的防护，让网络安全内生化发展，泛在地支持更多场景，实现万物万网的全连接。

最后，未来网络必然会更加复杂，主要体现在网络节点数量的增加、网络拓扑结构的复杂、网络应用更加多样等方面，单靠人工的配置和维护无法适应网络发展，因此，需要引入智能化的技术和能力。未来的网络系统将是人工智能技术和计算机网络技术更进一步结合和融合的网络，人工智能技术可以使得网络更加高效、自治。

与传统IP（IPv4、IPv6）相比，泛在IP继承了传统IP的互联互通特性，同时在此技术外延扩展了更多的能力，扩展了IP的应用场景，供终端应用选择使用。这也是新阶段网络体系结构演进的内在动力，即面向网络能力建设，以网络能力为中心，网络协议要在最基本的互联能力基础上，具有适应各垂直行业差异化需求的能力，通过提供确定性转发、多语义寻址等丰富的灵活可扩展的内生网络能力，满足千行百业对网络性能的要求。各种专用网络可以根据专有需求，灵活选用定向扩展的网络协议。

（3）安全、可信的网络环境

未来网络体系设计原则需要保障网络具有体系化的安全和可信的能力。目前网络已经逐渐从军用转为民用，由科研性质转为商业为主，使用者群体的改变也必然会导致设计原则的改变。最主要的一个改变就是网络节点之间的信任关系几乎丧失殆尽，端节点无法保证与之通信的节点信息以及通信过程中的信息安全。针对传统网络协议存在的安全问题，相关学者与企业提出了大量补丁式方案，试图弥补这些安全漏洞，但仍难从根本上解决网络协议的安全隐患，同时繁重的补丁大大降低了网络效率。未来网络体系需要从整个体系角度来设计，以构建完整的、体系化的、安全可信的逻辑框架。

泛在 IP 体系突破传统 IP 补丁式安全方案，通过基于可验证标识的内生安全机制为网络内嵌真实性与可信性，提升网络的可管性与可用性。内生安全机制支持在数据包中随路地内嵌真实的标识信息，使得数据包可以随路地被网络设备验证其可信性，身份随行、安全随路，做到网络协议流程实现逐包级别可信性的同时保障效率。与此同时，包括拓扑地址在内的各类标识应具备真实性保障和校验的能力。网络安全的基础依赖于入网实体“身份”的真实性，即标识的真实性。泛在 IP 体系通过对广义标识进行设计与管理，将身份的可验证性作为安全的根源与基础。

5.2 泛在 IP 体系架构与能力愿景

根据第 5.1 节描述的泛在 IP 体系的设计原则，其协议体系可以从技术能力、安全性能和应用场景 3 个方面进行扩展。三者均从传统 IP（IPv4、IPv6）出发：在技术方向上，通过对地址标识类型、路由寻址方法、报文转发逻辑、网络服务表示等逐步扩充，让 IP 从简单固定的互联模式向多能力方向演进，从尽力而为向更高的通信质量转变；在安全性能上，让网络自身具备安全机制，安全保障不再依赖更高层级的协议，通过地址和报头嵌入可校验信息，实现随路的轻量网络层验证，实现数据真实、身份可信、报文可管、协议安全可用；在应用场景上，多样化的语义传达，赋能网络以算力，“烟囱式”的各行业网络、异构网络的统一化，支撑着更多类型的网络应用蓬勃发展，为全场景提供泛在服务。泛在 IP 体系架构如图 5-1 所示。

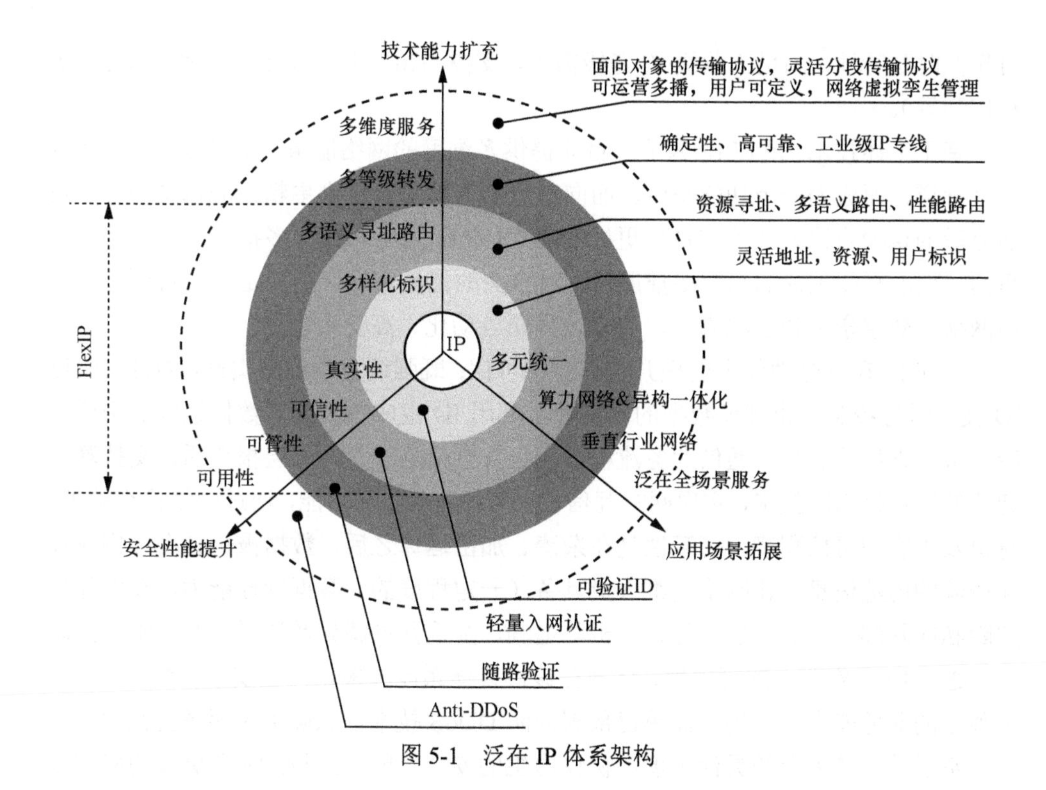

图5-1 泛在IP体系架构

泛在IP对技术能力的扩充体现在标识、路由、转发、服务等不同领域上。多样化的标识打破了传统IP“地址即身份”的模式，借助“ID/Locator分离”的思想，解耦设备身份与拓扑位置的绑定关系。IP地址将只代表其原始含义——地址，即拓扑中的位置，在协议体系中用于算路过程，维系通信对端的可达性；而使用ID即标识来表达端侧的设备或身份信息，维系连接关系。这样的设计能更好地支持移动性，用户个人身份不和入网位置进行绑定，也能更好地支持诸如IP地址混淆等相关隐私增强技术。同时，网络地址也拓宽了其基本概念，除了可以表示拓扑位置以外，还可以表示地理位置、服务名称、路径信息、资源编号等，地址语义的扩展让特定场景下的通信变得高效，催生了更多网络优化方法的出现。

多语义寻址路由基于多样化标识技术，扩大了网络控制面寻路的可能性。根据地址、ID中嵌入的语义，网络可以进行语义路由，根据不同资源的性能参数，寻找符合通信侧需求的路径，对传统路由方式进行革新。

在数据转发层面，泛在IP在尽力而为的基础上提供更多层次的转发服务。通过预留资源，深化调度机制，实现端到端极低时延抖动的确定性转发，为用户提供高可靠低时延特性，满足工业级 IP 专线需求，支撑高精度业务场景（如远程医疗、远程控制等）。

基于上述技术，泛在 IP 为千行百业提供多维度的网络服务，让网络不再只作为一个管道，而成为一个功能平台。面向对象的传输协议提供更精细的报文控制，灵活分段的传输协议为通信方带来更好的用户体验，可运营优简多播来减轻网络设备负担，赋能轻便敏捷的高效多播服务，对报头的灵活定义让用户定制自身所需的专用网络，数字孪生让运维高效，整个过程向自动化、高泛用迈进。

泛在 IP 在安全性能上的提升强调全维可信；既强调身份的真实性，通过可验证 ID 技术进行校验，也强调数据的真实性，利用 ID 生成的密钥对数据进行加密或杂凑。可信则伴随着整个通信业务流程，在将安全信息嵌入网络层报头后，支持基于通信的轻量化入网技术，实现网端互信，并具备随路验证功能，通过网络检查地址、身份及内容的可信程度。可管性是在杂凑、加密运算之后，数据报仍具有可供统计和校验的内蕴信息，让网络运维人员具备（一定程度的）数据管控能力，在保障用户隐私的基础上，执行异常行为分析与追溯，筛选并过滤异常流量，及时限制沦陷点。泛在 IP 在安全上的可用性，体现在该协议体系能够根据内生安全特性，形成许多独立的业务能力，如提供简单已部署的防 DDoS 技术，保障关键服务持续可用。

基于技术能力上的灵活扩展和协议内生的安全功能，让泛在 IP 在更多的应用场景具备传统 IP 没有的特性，因而能更好地支持相关的业务需求。由于 IP 地址的多语义特性，IP 不仅可以用作拓扑寻址的对象，还可以承载设备、业务、安全信息等其他特性，使它们随包携带，可以降低各种网元的映射表数量及大小，提高网络处理效率。同时，由于将更多功能赋予网络，让其从单纯的管道变为具有处理能力的“算力网络”，能更快地支撑专用业务。由于网络层不再是单纯的通用“瘦腰”，其可以向上层或下层进行一定程度的适配，达到兼容异构介质，简化处理逻辑的目标。另外，泛在 IP 希望打通当前烟囱式的垂直行业网络，通过一种基本的、兼容并包的协议设计保证各网络的连通性，又提供灵活的、可定制字段的报头设计，让行业网络能够保持自身特性，利用这种方式为全场景提供各类服务。泛在 IP 不是一种替代式的全新协议，而是在 IP 的基础上通过外延进行扩展，现有的 IP 网络可以轻便地与泛在 IP 网络互通，且网关设备不需要进行协议的硬转换。

网络的演变逐层级进行技术能力扩充，泛在 IP 也具有基于技术能力和应用需求逐层级的提升能力。图 5-1 所示的泛在 IP 体系架构在技术能力、安全性能和应用场景方面也是在逐级地进行能力扩展，呈现层次化演变的趋势，以下针对每个层级的能力和需求进行详细阐述。

（1）第一层级

技术能力扩充：在网络层增加统一的多样化标识。通过在网络层增加多样化标识，如服务标识、算力标识、地理坐标、设备标识、用户标识等新标识体系，使网络设备可根据网络当前的场景需要，选择特定语义进行数据包的封装和通信流程的执行。

安全性能提升：实现对身份的真实性保障。网络安全的基础依赖于入网实体“身份”的真实，泛在IP体系通过对身份标识进行设计与管理，将身份的可验证性作为安全的根源与基础。

应用场景延展：通过引入多样化的标识体系，使得不同场景的业务需求统一由一套协议体系解释并支撑，使不同网络场景有能力采用统一的协议框架进行通信。

（2）第二层级

技术能力扩充：基于多样化标识实现多语义路由能力。除继承IPv4/IPv6的传统路由能力之外，泛在IP体系还可以支持如服务路由、地理位置路由、算力路由等路由方式，以最优匹配业务需求、优化网络性能。

安全性能提升：基于真实的入网标识保障通信流程的可信性。通过在数据包中内嵌真实的身份标识，使能网络设备对数据包身份的合法性验证，身份随行、安全随路，实现网络协议流程逐包粒度可信性。

应用场景延展：通过多语义路由实现异构终端、异构网络的一体化互联互通。例如，在算力网络中，当网络中存在多处能够提供算力的节点时，网络协议能够通过算力标识将数据包转发至算力最优的节点中，无须服务方构建独立的服务调度策略机制，减轻服务侧运营开销。例如，在天地一体化网络中，数据包地址通过携带地理坐标信息，在地面网络使用拓扑位置路由，在卫星网络中使用地理位置信息路由。

（3）第三层级

技术能力扩充：在尽力而为转发的基础上，实现多服务等级的转发能力。通过服务标识，泛在IP体系可以提供确定性时延承诺，提升网络服务性能，使IP网络能够按照承诺等级实现可靠程度不等的网络传输质量，包括实现工业级IP专线能力的传输质量。

安全性能提升：网络转发节点有能力依据身份对网络数据进行逐包级验证（即随路验证），通过可信身份验证以及网络的管控策略配置实现对报文转发权限的精细化控制，提升网络安全等级的可管理性。

应用场景延展：服务不同需求的垂直行业。通过多样化路由、多等级转发服务、多安全等级的管理，匹配典型行业网络通信的需求。如面向工业制造、远程操控提供确定性网络能力；面向敏感行业应用提供高安全、高可信、保护隐私的网络转发；面向企业园区、家庭网络提供层级化的专网支持，从而降低行业的“垂直”特征及技术复杂性。

（4）第四层级

技术能力扩充：面向不同业务提供细分的多维度服务。如依据同一个会话提供对象级粒度的优化传输协议，提供可运营的跨域多播能力，提供用户可定义的网络协议格式和转发能力，提供对数字空间数字孪生的管理。

安全性能提升：通过可信标识信息的随路嵌入，在网络层实现特定流量阻断，保障网络服务节点的可用性，网络安全朝向内生化发展。

应用场景延展：泛在地支持更多场景服务，实现异构终端的全连接。

5.3 泛在 IP 概览

本节主要介绍泛在 IP 的具体协议框架，以及相关技术如何嵌入协议体系框架并解决未来网络的需求和问题。泛在全场景新 IP 保留了传统 IP 网络统计复用和上下兼容的优势，将在确定性时延、超巨吞吐量、内生安全、海量异构通信主体、异构网络的互联互通及用户可定义等方面跨代提升 IP 网络的能力，以满足未来业务的新需求。泛在 IP 旨在成为未来数据网络的“新腰”，互联设备、内容、服务与人等海量异构通信主体，联通空、天、地、海等多种新型异构网络，使能新业务成为全息通信、远程医疗、工业互联网、车联网等业务生长的“黑土地”。

5.3.1 泛在 IP 体系架构设计

在很长一段时期，网络层协议运行于网元之间。一般网元都会包括数据面和控制面两个部分，网络协议用于协调数据面与数据面、控制面与数据面之间的动作和策略，以完成报文的有效转发。软件定义网络的发展将控制面功能集中到控制器完成，控制面与数据面之间的协议外化为网络协议，极大地改变了网络架构。

从既往的协议发展历程来看，新协议的产生主要分为两种形式：一是新的网络功能要求既有网络元素之间交互新的信息、执行新的流程；二是新的网络元素的引入导致网络架构变化，需要更新架构中元素的集合以及它们之间可能的联系，本节是指导网络协议演进的有效依据。本节将据此提出潜在的网络元素集合及其潜在的关联关系，以指导泛在 IP 体系的顶层设计。

泛在 IP 体系将涵盖网元数据面、网元控制面、控制器、AI 机器学习（ML）引擎和通信实体在内的多种元素。这些元素之间都将根据网络功能需要进行信息的交互以及动作的协同，从而产生定义协议的需求。在网络安全方面，每一种元素都通过内生安全协议接口与内生安全基础设施进行交互，以完成验证、授权、加密等内生网络安全功能。

依据图 5-1 的描述，泛在 IP 族是泛在 IP 体系使能的关键技术载体，使能泛在 IP 协议的第一层级与第二层级愿景。泛在 IP 继承现有 IP 能力，采用可变长多语义地址，当采用 32bit/128bit（IPv4/IPv6）及网络拓扑语义时，泛在 IP 可以实现对 IPv4 以及 IPv6 的向前兼容。泛在 IP 协议族划分为数据面、控制面和管理面协议，包括编址设计、封装设计以及一系列实现互联互通的支撑协议。泛在 IP 协议族总体视图如图 5-2 所示，描述了泛在 IP 协议族总体视图及其各部分组成内容。

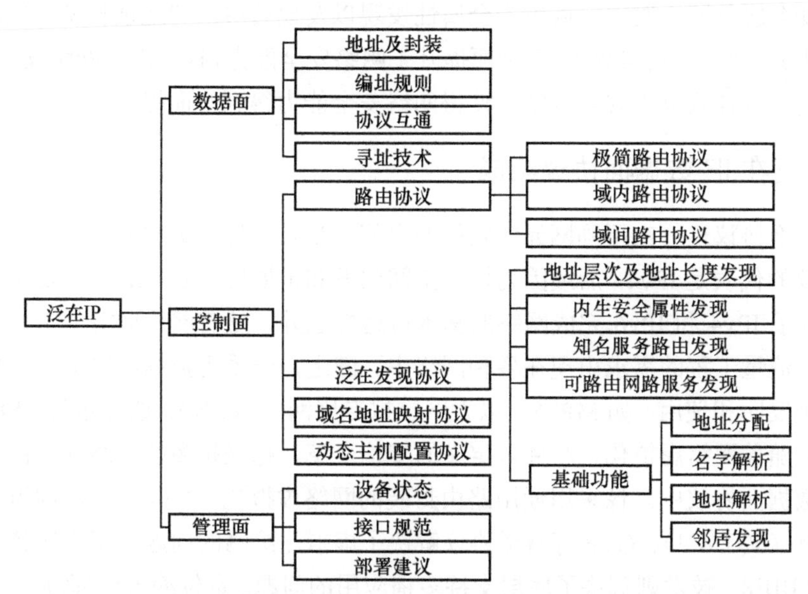

图 5-2 泛在 IP 协议族总体视图

泛在全场景新 IP 体系的数据面主要是负责网络层报文实现端到端传输所需的必要标准规范，主要包括地址编制和报文封装两部分。地址编制指网络空间全局唯一性标识符设的设计方案；报文封装指报文头部结构的设计方案。

泛在全场景新 IP 的控制面技术主要包括路由协议以及泛在发现协议。

（1）路由协议

路由协议指控制面中的路由表生成协议。网络中的路由节点通过运行特定的分布式路由协议，拓扑中的各个节点将生成各自的路由表。当转发数据报文时，网络节点通过查找路由表确定报文的下一跳转发路径。根据网络的自治性属性，路由协议分为域间路由协议和域内路由协议。域内路由协议功能类比于 OSPF 或中间系统到中间系统（ISIS）协议，通过泛在 IP 数据面格式承载支持链路状态算法的路由协议；域间路由协议功能类比 BGP，通过泛在 IP 数据面格式承载支持路径向量算法的路由协议。

（2）泛在发现协议

泛在发现协议指控制面中用于使能网络的一种综合性控制消息，通过泛在 IP 数据面格式承载实现一系列网络基础功能集和一系列由泛在 IP 所定制的先进功能集。基础功能集类比于 IP 中的 ICMP，用于地址配置、名字解析、地址解析、邻居发现以及网络诊断功能（如 ping 或 traceroute 等）。先进功能集包括可路由网络服务发现、知名服务路由发现、内生安全属性发现以及地质层次和地址长度发现。

基于此，泛在全场景新 IP 还全面提升了网络安全能力，打造内生网络安全体系，区别于传统外挂式补丁安全方案，使得网络安全能力得到全面提升。

5.3.2 泛在 IP 数据面协议组成

数据面协议运行在不同网元的数据面之间，是负责传输数据的主要协议。早期该类协议的代表是 IPv4，后续因为地址空间问题和扩展性问题，IPv6 被发明来取代 IPv4。除了 IPv4 和 IPv6 完成网络的基本可达性之外，随着网络业务的丰富和流量的增长，流量工程的需求出现在各种网络中。随之，一系列数据面的流量工程相关的协议被发明和使用，如 MPLS、以太网虚拟专用网（EVPN）、选择重传（SR）等。近年来，随着网络虚拟化、软件可定义的架构变革，越来越多的网络功能被开发并体现在数据面协议中。像采用通用路由封装的网络虚拟化（NVGRE）、虚拟扩展本地局域网（VxLAN）、GTP 等隧道协议解决了虚拟化组网的问题。基于比特索引显式复制（BIER）技术则解决了底层支持多播应用的问题。定位编号分离协议（LISP）和网络服务头（NSH）则是面向服务化网络进行的新一步探索。然而，数据通信的需求在加速发展，网络需要承载的业务将更加复杂，除了要增强现有的网络能力外，还需要提供新的能力。

面向未来万物互联的智能社会，数据网络将延伸到家庭生活、城市管理、工业制造、交通管理、农业生产、医疗、商业等众多领域。数据面协议除了需要提供超大带宽的能力外，还需要感知丰富的业务类型，理解千差万别的用户需求，对流量进行精细化管理和承载。在时延、抖动方面，数据面需要提供额外的支持，以提供确定性流量的 QoS 保障。对多视点的高清全息通信流量，网络需要智能地感知流量对最终用户体验的不同程度的影响，配合实时的网络拥塞状态进行大通量的传输保障。

从另一维度看，未来网络终端、网络设备的形态将更加多样化。受限于设备的体积、功耗、处理器及存储能力，适用于这些设备的网络制式将非常不同。网络终端作为最关键、最大的传输单元，不同的网络能力需求要求数据面协议能够灵活地进行适配以达到适用性要求或提高转发效率和协议效率。

具体而言，泛在 IP 数据面技术包括地址及封装、编址规则、协议互通、寻址技术。此类技术内容是网络层报文实现端到端传输所需的必要标准规范，具体如下。

（1）地址及封装：数据面中的网络层协议标准。

（2）编址规则：泛在 IP 地址的编址规范。

（3）协议互通：数据面中的泛在 IP 与 IPv6 的协议互通机制。协议互通包括两种典型的应用机制——基于 IPv6 隧道的泛在 IP 互通机制，以及基于无状态地址翻译的互通机制。

（4）寻址技术：数据面中的网络节点依据泛在 IP 地址执行高速转发，通过对报文的查表转发算法设计和硬件加速，避免 CPU 对报文的直接处理而降低转发效率。

5.3.3　泛在 IP 控制面协议组成

路由协议是最典型的控制面协议，主要用来支持 IP 的可达性。随着流量工程技术中数据面协议的逐渐丰富，相应资源预留的控制面协议也被研究出来。通过分析这些协议的功能不难发现，数据面协议主要的作用是更加有效地传输用户数据，要求协议设计简洁有效。这样网络设备可以方便地对报文进行高速处理，以提高网络转发能力。因此数据面携带的头部信息往往仅包含具有局部意义的上下文信息，用于辅助进行报文处理。控制面协议更加关注网络级功能的实现，通过在网元之间交互必要的信息，运行网络级的资源分配算法或者路由算法，产生可用于指导数据面转发流程的上下文信息。

在传统的控制面与数据面耦合的设备组成的网络中，控制面和数据面的协议并不是很好区分。SDN 将控制面能力集中化以后，许多控制面协议内化为控制器内部的算法和流程，很难确定控制面协议的范畴。在本协议体系中，无论协议内核运行于什么设备，或者报文封装采取什么格式，只要协议传递的信息是用来指导更好地完成用户数据报文转发的，都可以被认为是控制面协议。

需要指出的是，一直以来关于信令的传输都有带内和带外两种方式。将一些控制面协议的信息尽量通过数据面报文携带的方式似乎越来越受欢迎，如 SR/分段路由报文头（SRH），带内运行、管理与维护（OAM）等。但需要明确，控制面协议需要交互的信息与协议本身并不是完全相等的。控制面协议的内核应该隐藏在信息交互过程的背后指导网络运行的算法逻辑当中。因此，本书提出的泛在全场景新 IP 体系主张将控制面的协议逻辑和交互信息分开看待，携带交互信息的方式和途径不是判定协议性质的根本依据。

泛在 IP 协议族控制面技术包括路由协议、泛在发现协议、域名地址映射协议、动态主机配置协议。

（1）路由协议

路由协议指控制面中的路由表生成协议。网络中的路由节点通过运行特定的分布式路由协议，拓扑中的各个节点将生成各自的路由表。当转发数据报文时，网络节点通过查找路由表确定报文的下一跳转发路径。根据网络的自治性属性，路由协议分为域间路由协议和域内路由协议。域内路由协议功能类比于 OSPF 或 ISIS 协议，通过泛在 IP 数据面格式承载支持链路状态算法的路由协议；域间路由协议功能类比 BGP，通过泛在 IP 数据面格式承载支持路径向量算法的路由协议。

（2）泛在发现协议

泛在发现协议指控制面中用于使能网络的一种综合性控制消息，通过泛在 IP 数据面格式承载实现一系列网络基础功能集和一系列由泛在 IP 所定制的先进功能集。基础功能集类比于 IP 中的 ICMP，用于地址配置、名字解析、地址解析、邻居发现以及如 ping 或 traceroute 等网络诊断功能。先进功能集包括可路由网络服务发现、知名服务路由发现、内生安全属性发现以及地质层次及地址长度发现。

（3）域名地址映射协议

域名地址映射协议指针对特定域名查询其对应的泛在 IP 采用的地址。

（4）动态主机配置协议

当使能泛在 IP 的终端设备接入网络时，终端设备通过动态主机配置协议（DHCP）指针对获取配置参数，进而执行入网配置。

5.3.4　泛在 IP 管理面协议组成

SDN 的成熟发展将管理控制类的流程外化为控制器与转发器之间的网络协议。随着 AI/ML 技术的成熟与应用的普及，集中式的网络编排设备和控制器将需要一种标准化的方式和网元数据面进行有效交互，以实现对网络转发行为的影响。从架构上看，网络的智能管控可以是集中式也可以是分布式的，因此，其可以直接或者间接地发送管理策略、配置信息给网元数据面。反之，其进行机器学习和人工智能计算的输入信息，可以直接来自网元，或者来自网络控制器。可以看到，未来网络将支持对不同通信主体的通信策略管理。

在泛在全场景新 IP 体系中，将完整地考虑通信实体作为最重要通信元素的情况，为网络用户提供可理解的网络能力描述以及为网络提供准确的端到端通信需求描述。除了传统主机外，未来网络需要连接更多的通信实体，如服务、内容、资源、网络地址、人等。这些通信实体的规模、流量特征、服务等级协议要求均有不同，管理面协议可以将这些信息通告给网络设备请求相应的网络资源。反向地，网络还可以通过管理面协议呈报网络状态，用以协助通信实体更好地调整所发出的流量。

泛在 IP 管理面技术包括设备状态定义、接口定义、部署建议。

（1）设备状态定义：定义设备状态种类和表示法，用以辅助网络决策。

（2）接口定义：定义设备对外接口格式，用以支持设备间进行互操作。

（3）部署建议：为正在运行 IPv4/IPv6 的网络升级泛在 IP 提供平滑过渡部署建议或最佳实践方法。

5.4　泛在 IP 技术要素

在以上协议体系的设计愿景上，我们对泛在全场景 IP 的特征进行了展望，一个满足前述理念的网络协议体系应该具备如下技术要素。

（1）网络地址变长

数据网络核心的 TCP/IP 均是定长、定界、定序设计。随着未来互联网业务的更加繁荣，各种异构网络、异构终端都需要连接互联网，并且具有迥异的通信需求。此时迫切需要打破网络协议定长、定界、定序的设计约束，提出一种新型的、支持地址长度可变的网络协议。据此，可根据网络规模平滑扩充地址空间，而无须修改旧有的网络地址配置，网络地址变长示意图如图 5-3 所示。网络互联和扩容不依赖于协议转换或者地址映射网关设备，使组网方案更加灵活。这一设计使得未来的数据网络可以同时满足海量通信主体引起的长地址需求及异构网络互联带来的短地址需求。

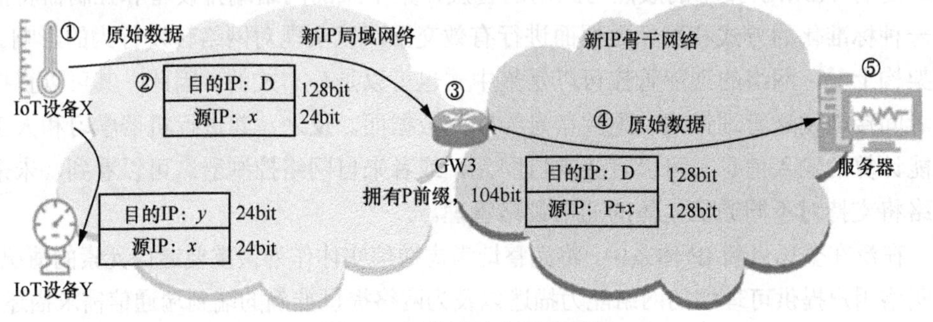

图 5-3　网络地址变长示意图

（2）寻址路由方式多样

泛在 IP 支持多样化的寻址方式，网络地址不仅标识主机，还可标识各种虚拟实体及异构节点，如人、内容、计算资源、存储资源等。路由器既可支持传统的拓扑寻址，又可支持主机 ID 寻址、内容名字寻址、OTT 私有名字寻址、计算名称和参数寻址等，多样化路由寻址方案如图 5-4 所示，引入多样化的寻址实体，将主机、用户、内容、计算资源等与拓扑解耦，通过各自的地址空间进行路由。这种打破传统网络单一拓扑寻址的设计可以带来两点优势：第一，多样化的寻址方式可以消除对额外映射系统的依赖，进而消除映射系统所引入的时延、隐私以及单点故障等问题；第二，新网络中的多样化地址与拓扑解耦，能够有效支持各类物理、虚拟通信实体的泛在移动。

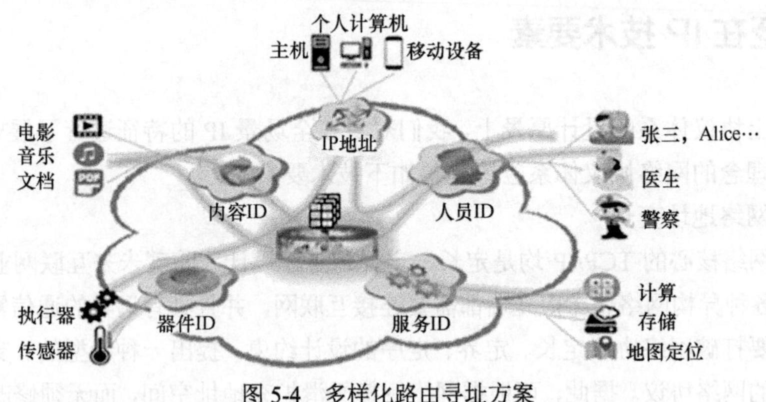

图 5-4　多样化路由寻址方案

多样化的路由寻址支持面向服务路由，通过改变传统 IP 基于拓扑的单一路由寻址机制，直接以服务标识或类型作为寻址依据以优化服务获取时延，并可根据各种通信实体差异化的需求，对服务标识、实体 ID 等实施路由策略。

（3）端到端时延及抖动确定

现有 IP 转发机制是尽力而为的，无法提供确定性的时延及抖动保证。泛在 IP 应借助大规模确定性网络（Large-scale Deterministic Network，LDN）技术引入周期调度机制来避免微突发现象的出现，进而保证确定性时延和无拥塞丢包，确定性网络技术方案如图 5-5 所示。此技术应通过异步调度、支持长距链路、核心节点无逐流状态等特点让其适用于大规模网络部署。数据报文在传输在 LDN 中，其到达网络出口的时间在入网时刻就被决定，以支持需要精微操作的工业互联网等场景需求。

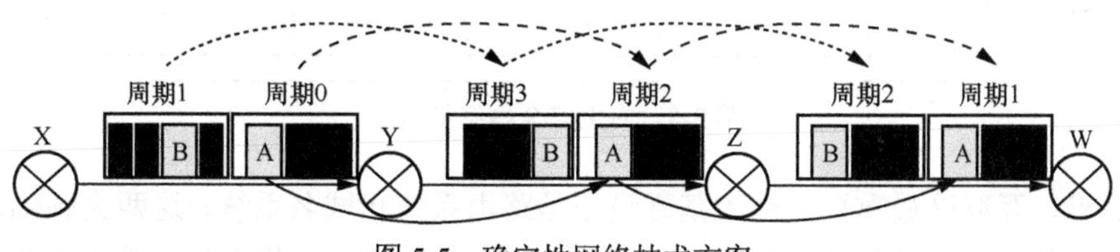

图 5-5 确定性网络技术方案

（4）协议及基础设施内生安全

网络业务大多具有高安全可信的需求，由于当前网络层协议本身并没有完善的安全机制，往往会通过扩展补丁或者上层协议的方式提供一定程度的安全能力，但这样的安全架构功效片面、易冗余，难以实现完整的安全防护。将网络需要解决的安全可信问题归纳为“端到端业务安全可信”与“网络基础设施安全可信”是泛在 IP 设计的重要思路，通过自顶向下的架构设计，让网络内生相关能力。内生安全网络是以可信标识为锚点，以信任为基础，具有共识机制，具备内在自免疫可进化安全能力的网络安全体系。

端到端网络通信在 IP 地址真实性、隐私保护与可审计性的平衡、密钥安全交换、拒绝服务攻击等方面存在较大的安全威胁。面对以上安全威胁，未来网络可根据安全目标及需求划分不同的安全域，将不可信、攻击流量阻断在安全域外，将域内安全问题控制在安全域内，限制安全问题的扩散。在划分安全域的基础上，通过在不同安全域中的网络元素及协议中内嵌的关键安全技术，提供可信身份管理、真实身份验证、审计追踪溯源、访问控制、密钥管理等安全模块，实现端到端通信的身份/IP

真实可靠、个人隐私信息最小化、不合法行为可追踪溯源、DDoS 攻击可追级防御、密钥安全可信等特性。内生安全网络架构如图 5-6 所示。

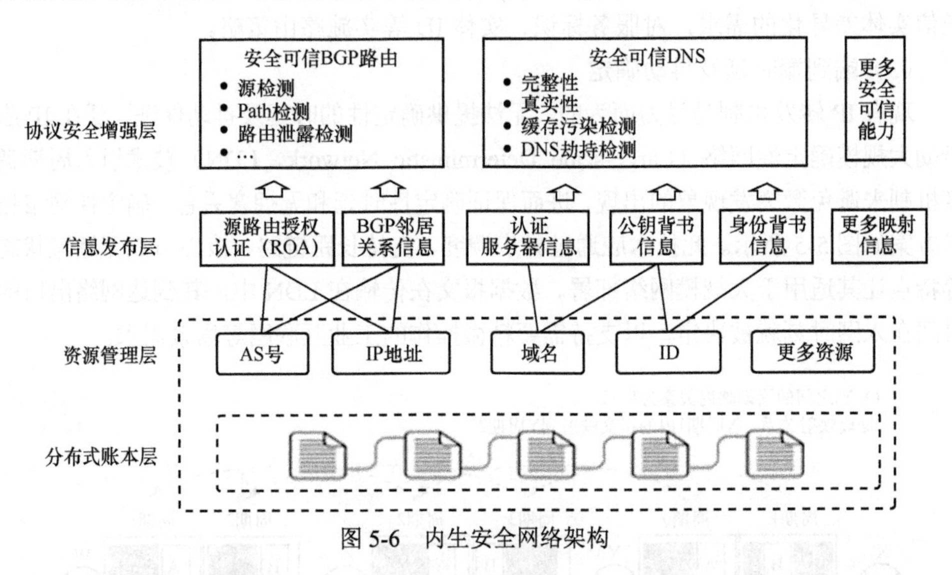

图 5-6　内生安全网络架构

目前，互联网最重要的两大基础设施是路由系统和域名系统。这两大基础设施和其背后的安全可信模型都是中心化的，以某个可信第三方作为整个系统的单一信任锚点。由于中心化的模型存在着中心节点权限过大、单点失效等脆弱性，导致这些基础设施存在安全可信隐患，同时也大大降低了互联网的平等性和可靠性。在未来网络中，可以采用以分布式账本技术为代表的去中心化技术构建基础设施的可信根。分布式账本等去中心化技术不存在单一可信锚点，所有节点平等，并且有全部信息副本，因此更加可信和安全。在此基础之上可以构建统一的资源管理平台，实现网络核心资源（如 IP 地址、域名、自治系统（AS）号及其他未来可能的资源类型）的申请和管理，并提供不依赖于第三方的资源所有权证明。进一步地，资源所有者可以发布其所拥有资源相关的映射信息，如 AS/IP 映射、IP/域名映射等，基于资源间的映射信息，可以进一步实现 BGP 宣告和 DNS 查询的基本能力。

（5）网络用户可定义

芯片技术的发展使终端的能力越来越强大，然而作为终端与网络唯一接口的 IP，在长时间内并没有发生大规模革新。这导致了用户侧的需求无法完整、及时地传递给网络侧，同时终端也缺乏感知必要的网络状态的能力。我们希望在新协议体系设计中优化这个问题，让用户可以将信令、信息封装在数据报文中，由控制面进行网络功能与协议的部署配置，数据面进行报文级的用户可编程的功能支撑，一方面支持用户感知网络状态，包括报文传输路径、是否发生拥塞、中间设备处理信息等，另一方面支持用户定义网络的行为，包括低时延转发、大带宽转发、订阅丢包通告、细粒度的随路测量等，进而达成在网络层的多种新特性，满足未来场景需求。网络用户可定义示意图如图 5-7 所示。

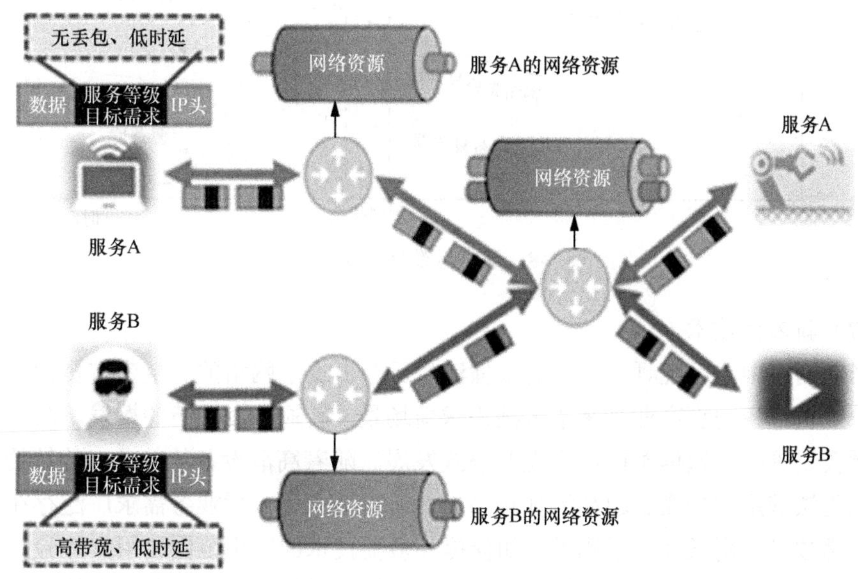

图 5-7　网络用户可定义示意图

（6）网络自组织

随着不同自治系统网络的逐渐扩大，传统的人工管理越来越无法适应日益复杂的现网环境和运维需求。网络运维复杂度增长如图 5-8 所示。当前网络在实际部署时面临 4 个方面的问题：设备数多，部署操作成本高；参数复杂，配置操作成本高；协议众多，管理操作成本高；权限类多，策略操作成本高。面向未来的千亿级连接的刚需，人工管理能力的临界点正在到来，网络自组织、自运维、自优化、自恢复的能力构建成为技术发展的大势。下一代网络协议中希望网络可以拥有一定程度的自治能力，可以实现网络自组网、自配置、自优化和故障自愈功能。自组织可以自主构建全网拓扑，控制面永久在线控制通道。自配置能够根据用户意图自动生成网络配置，自动打通基础网络。自优化可以自动流量监测和报告，基于流量情况可以自动进行流量优化。故障自愈指可以自动故障发现、恢复和自愈。网络自组织希望设备之间进行信息交互，增加设备智能和自主决策能力，降低运营成本。

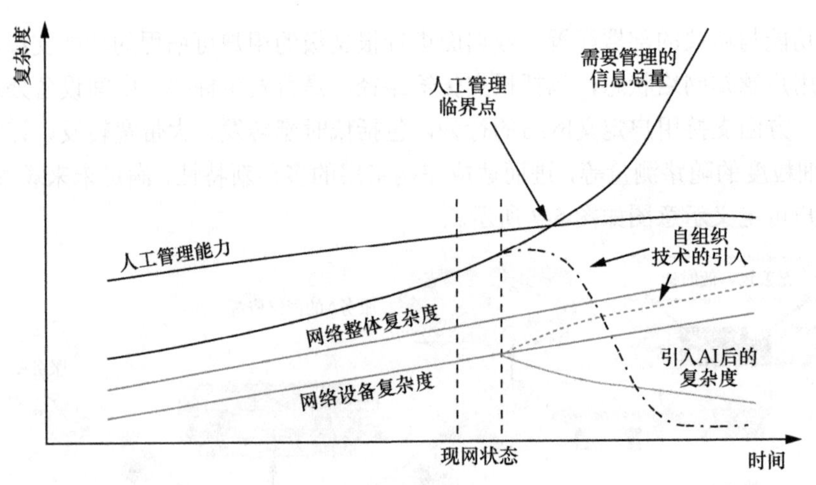

图 5-8　网络运维复杂度增长

（7）新多播技术

当前网络中，以视频为代表的多播流量已经占据了网络的大量带宽资源。产业技术升级也给各垂直产业带来了多播需求新场景。新冠肺炎疫情的爆发，在线教育和视频会议等即时通信类应用出现井喷式发展。随着高清设备的普及，传统的 SDI 设备已无法满足大规模、超高清视频制作及传输需求。多播业务需求广泛存在，但传统多播技术应用长期低于预期，如何提高多播技术的应用范围和用户体验是未来网络亟须解决的问题。下一代网络协议体系希望针对目前多播业务存在的需求和问题，从运维高效、传输可靠的角度出发，提供一套真正大网可运营的多播技术，满足广泛存在的多播业务需求。以开放接口面向应用层业务需求，充分发挥网络层设备所具有的高性能转发优势，专业的设备做专业的事情，期望能给用户带来灵活部署、路径可控、高可靠、高性能、高确定性的多播传输体验。

（8）由业务和网络综合调配的传输协议

与网络层协议适配的，传输层协议的设计也打破了 TCP/IP 的固有模式。其设计目标是支撑未来新型媒体通信模式和潜在高吞吐业务（如全息通信）的需求。演进方向主要集中在 3 个方面：结合上层业务特征对传输策略的精确表达，感知下层网络性能对传输参数的动态调整，结合编码等其他技术增强信息本身的抗损和传输能力。上层应用结合业务特征，如损失可容忍、服务等级约束等，向传输层表达传输策略的需求。同时，终端侧程序通过带内或带外的信令实时获取网络状态与各个链路的关键性能信息，实时调整传输策略的具体参数。为了与网络层设计相兼容，新传输层的协议设计将面向超大吞吐量、并发多路高带宽、传输可定义的目标进行。

参考文献

[1] IETF. Internet protocol DARPA Internet program protocol specification: RFC 791[S]. 1981.

[2] IETF. Internet protocol, version 6 (IPv6) specification: RFC 2460[S]. 1998.

[3] IETF. Multiprotocol label switching architecture: RFC 3031[S]. 2001.

[4] IETF. BGP MPLS-based ethernet VPN: RFC 7432[S]. 2015.

[5] IETF. Segment routing architecture: RFC 8402[S]. 2018.

[6] IETF. NVGRE: network virtualization using generic routing encapsulation: RFC 7637[S]. 2015.

[7] IETF. NVGRE: virtual eXtensible local area network (VxLAN): a framework for overlaying virtualized layer 2 networks over layer 3 networks: RFC 7348[S]. 2014.

[8] 3GPP. General packet radio system (GPRS) tunnelling protocol user plane (GTPv1-U): TS29. 281[S]. 2015.

[9] JOEL H, LUIGI I. Locator/ID separation protocol[EB]. 2009.

[10] IETF. Network service header (NSH): RFC 8300[S]. 2018.

[11] IETF. Segment routing architecture: draft-ietf-spring- segmentrouting-13[S]. 2017.

第6章

泛在全场景新 IP 基础技术

泛在全场景新 IP 体系使用的地址具有长度可变化、地址语义多样化两项技术特点。灵活 IP（FlexIP）技术作为可变长多语义地址的领先技术，可以从技术上满足未来网络协议发展的需求。因此，泛在全场景新 IP 体系主要以灵活 IP 作为网络层地址和报文封装的主要技术。

灵活 IP 创新的核心是网络层数据面设计，基于以网络层数据面设计为基础，灵活 IP 可实现更智能的网络路由及功能增强。网络层数据面设计主要指基于多语义的地址结构设计以及报头封装设计，一方面，通过可信语义嵌入，网络路由节点或者能够实现基于语义的路由转发（如基于服务的路由、基于内容的路由或基于用户的路由等），或者能够实现基于语义的流量控制（如流量服务质量分级、访问授权等）；另一方面，通过地址长度自配置，网络规划或者能够动态依赖网络规模按需调整，免去重编址开销，或者能够通过采用短地址长度以及缺省报头选项实现协议栈的极致低开销。当泛在 IP 采用 32bit/128bit（IPv4/IPv6）及网络拓扑语义时，泛在 IP 可以实现对 IPv4 以及 IPv6 的向前兼容,可以做到协议的平稳化过渡。

可变长地址的思想最早是在 20 世纪 90 年代初期就被提出来了。地址的大小和格式被作为 IETF IPng（下一代互联网协议）的一个关键性问题进行讨论，可变长的地址设计方案就是其中的一个发展方向。可变长的地址需要支持基于不同环境来进行选择和改变地址长度的能力，典型的技术方案是 PIP。IPv6 虽然基于一些技术限制最终选择了 128bit 定长的地址长度，但是在设计之初时参考和吸收了灵活网络地址的相关技术内容。

如今，许多网络场景（如低功耗 IoT 场景、工业互联网场景、空天地一体化场景）都对于 IP 的自动灵活提出了相应的要求，传统的 IPv4 和 IPv6 无法直接在上述场景中应用。早期的解决此类场景的方案是采用一些专用的网络协议，通过特殊的协议转换网关与外网 IP 进行转换，但是此类方案无法对于具体设备赋予相应的 IP 地址，不能实现网络设备使用 IP 进行端到端的通信能力。另一类方案是采取打补丁的方案，针对具体的场景和底层，开发不同的适配协议。例如，IETF 的基于 IPv6 的低功耗无线个域网（6LoWPAN）工作组提出的 6LoWPAN 标准，该方案在 IPv6 下添加了一个适配层来进行链路层分片以及报头压缩，从而达到低功耗设备支持 IPv6 的功能。通过打补丁方式改进的协议开发工程量巨大，并且会进一步加剧协议的复杂性，无法彻底解决现有 IP 本身的灵活问题。

为使能灵活 IP 数据面范式的应用与实践，泛在全场景 IP 架构引入大量伴生协议构成灵活 IP 协议族，例如，控制面中使能灵活 IP 寻址转发的路由协议、使能地址配置与错误定位的发现协议等。本章将详细描述灵活 IP 的地址编码方式、报文封装方案以及相关伴生协议族。

6.1　地址编址技术

本节介绍灵活互联网协议地址设计，地址的设计是网络协议的基础要素，也是为了满足泛在全场景新 IP 架构使能在全场景覆盖的需求和技术能力。灵活互联网协议采用可变长多语义地址（可变长多语义地址指地址长度可变、地址语义多样的网络层标识符）。

6.1.1　地址编址需求

（1）地址空间

地址长度可变主要是指灵活互联网协议采取的地址位数不同于传统 IP 采用 32bit/128bit（IPv4/IPv6）的固定地址。可变长语义地址长度最短为 1byte，这种极简地址设计有效减少了设备的能耗开销。特别对于物联网场景，物联网设备由于市场的需求被设计成小体积、低性能、低功耗和低成本的。研究分析表明，高能耗开销是物联网设备引入 IPv6（128bit 地址长度）的最大挑战。动态匹配网络规模或设备需求的弹性地址空间是一种理想的网络空间设计模式。在该假设下，整个互联网由众多的边缘网络构成，而每个边缘网络都能采用最适合其场景规模的地址空间，提升网络通信效率与适应能力。

有限网络域的差异化技术需求依赖于灵活的地址空间大小。低功耗物联网场景通过降低网络层封装开销为性能受限设备引入网络协议栈，其要求网络协议使用地址空间尽可能小。高安全承诺网络场景通过将用户身份标识嵌入地址实现网络层安全验证，其要求网络协议使用地址空间尽可能大。

（2）地址语义

对多种语义的支持是灵活互联网协议地址设计的重要能力。网络地址通过承载其他语义信息可实现进阶且多样的网络能力，通过非拓扑标识实现网络可达性是一种普遍的期望场景。为了实现复杂网络中的先进路由能力，网络层的地址结构必须能够容纳多种语义和标识符，使网络中的转发节点能够根据其所构建的路由系统处理这些地址中的新型语义。

有限网络域的差异化技术需求依赖于灵活的地址语义选择。为实现新兴场景中的先进网络能力，网络地址需容纳各类非拓扑语义作为网络空间标识符。例如，高安全承诺网络场景通过将用户身份标识嵌入地址实现网络层安全验证，其要求地址支持用户身份语义；算力网络场景通过将算力信息作为可达性依据，其要求地址支持算力语义；卫星网络场景通过将地理空间位置作为网络路由依据实现高效组网和数据传输，其要求地址支持地理位置语义。

6.1.2 地址编址结构

泛在全场景新 IP 缺省采用“可变长多语义地址”，该地址支持自定义地址长度和自定义地址语义，因此各有限网络域可依据技术需求选择特定地址长度和特定地址语义承载定制化的网络技术需求。泛在全场景新 IP 封装使用 BOV（Bitmap Offset Value）格式实现字段表达，其搭配服务集标识（Service Set Identifier，SSID）的语义标识集合可实现网络功能扩展。

泛在全场景新 IP 通过可变长多语义地址和封装格式的灵活搭配实现定制化的网络能力，且网络层协议执行同时兼备网络功能及网络效能的高可扩展性。网络功能扩展性方面，网络层标识符可以基于可变长多语义地址实现自定义地址语义、自定义地址空间，以及通过 BOV 格式自定义头部字段共同实现网络功能扩展；网络效能扩展性方面，路由节点可通过位图（Bitmap）识别出其需要处理的特定字段，并通过 Offset 定位特定字段在报文报头中的位置，维持高报头处理效率。

可变长多语义地址结构如图 6-1 所示。可变长多语义地址的地址结构是自解释的，其中第一字节的数值决定了第一字节语义、后续比特的存在性及其语义。例如，当第一字节数值为 00-DC 时，地址总长为 1byte 且第一字节为网络定位符语义，其服务于极小规模网络和极低功耗设备；当第一字节数值为 DD-F0 时，地址总长为 2byte 且第一字节与第二字节共同为网络定位符语义，其服务于中等规模网络和较低功耗设备；当第一字节数值为 F1 时，地址总长为 3byte，其中第一字节为索引语义，第二字节与第三字节共同为网络定位符语义，其服务于特定规模网络；当第一字节数值为 F5 时，第一字节为索引语义，第二字节为地址长度语义，数值为网络定位符字节数，其后字节为网络定位符；当第一字节数值为 F6 时，第二字节为地址语义类型语义，其后为特定语义所对应的可变长标识符。

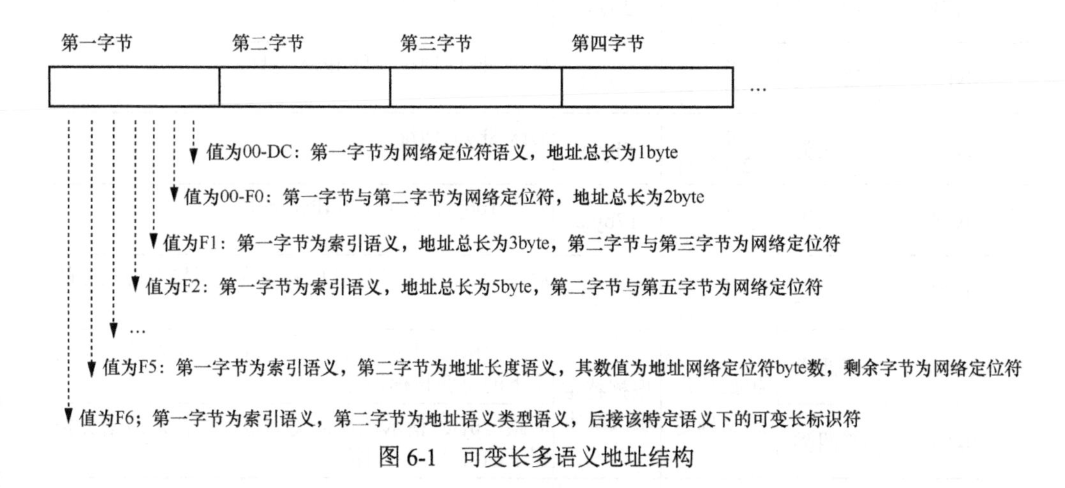

图 6-1　可变长多语义地址结构

可变长多语义地址结构规范见表 6-1。若无特殊说明，地址默认使用网络拓扑定位符语义。可变长多语义地址格式具有自解释性，其中第一字节的数值决定了第一字节的语义、后续比特的存在性及其语义。通过地址自解释特性，可变长多语义地址最短可使用 1byte 作为地址长度，且地址长度与地址语义均具有自定义能力。可变长多语义地址分为 4 个基础类，分别适配极简地址空间编址（第一类和第二类）、自定义地址空间编址（第三类）和多语义编址（第四类）。

表 6-1　可变长多语义地址结构规范

<table>
<tr><th>第 1 字节数值</th><th>地址类型</th><th>地址空间</th><th>地址长度</th><th>地址结构与数值（默认采用网络拓扑定位符语义）</th></tr>
<tr><td>0x00</td><td>第一类</td><td rowspan="5">0～220</td><td rowspan="5">1byte</td><td>地址数值为 0（即第一字节数值）</td></tr>
<tr><td>0x01</td><td>第一类</td><td>地址数值为 1（即第一字节数值）</td></tr>
<tr><td>0x02</td><td>第一类</td><td>地址数值为 2（即第一字节数值）</td></tr>
<tr><td>…</td><td>…</td><td>…</td></tr>
<tr><td>0xDC</td><td>第一类</td><td>地址数值为 220（即第一字节数值）</td></tr>
<tr><td>0xDD</td><td>第二类</td><td rowspan="5">0～5119</td><td rowspan="5">2byte</td><td rowspan="5">256×（第一字节数值-0xDD）+第二字节数值</td></tr>
<tr><td>0xDE</td><td>第二类</td></tr>
<tr><td>0xDF</td><td>第二类</td></tr>
<tr><td>…</td><td>…</td></tr>
<tr><td>0xF0</td><td>第二类</td></tr>
<tr><td>0xF1</td><td>第三类</td><td>0～(256^2−1)</td><td>3byte</td><td>后跟 2byte 地址</td></tr>
<tr><td>0xF2</td><td>第三类</td><td>0～(256^4−1)</td><td>5byte</td><td>后跟 4byte 地址（同 IPv4 地址）</td></tr>
<tr><td>0xF3</td><td>第三类</td><td>0～(256^8−1)</td><td>9byte</td><td>后跟 8byte 地址</td></tr>
<tr><td>0xF4</td><td>第三类</td><td>0～(256^{16}−1)</td><td>17byte</td><td>后跟 16byte 地址（同 IPv6 地址）</td></tr>
<tr><td>0xF5</td><td>第三类</td><td>0～(256^n−1)</td><td>n+2byte</td><td>后跟 1byte 指示地址长度 n 字节，再接对应长度的地址</td></tr>
<tr><td>0xF6</td><td>第四类</td><td rowspan="2">根据特定语义确定</td><td rowspan="2">根据特定语义确定</td><td>后跟 1byte 指示地址语义类型，再接对应语义类型下的可变长标识符</td></tr>
<tr><td>0xF7</td><td>第四类</td><td>后跟 2byte 指示地址语义类型，再接对应语义类型下的可变长标识符</td></tr>
<tr><td>0xF8-0xFF</td><td>保留</td><td>/</td><td>/</td><td>保留</td></tr>
</table>

出于可读性考虑以便于读者理解，本书在计算机表达规范中引入了“/”分隔符。在实际使用中，“/”必须省略。第 6.1.3 节将详细描述可变长多语义地址的文本表达规范。

（1）第一类地址（极简地址空间编址）

第一类地址格式类型用于使用极短地址和极小网络规模的网络场景，使用 1byte 长度地址，数值为 00 至 DC，地址数值等于第一字节数值，可表示地址空间为 0～220。第一类地址使设备在变长地址结构下能够达到最短的地址长度，适用于极低功耗设备。

（2）第二类地址（极简地址空间编址）

第二类地址格式类型用于使用短地址和小网络规模的网络场景，使用2byte地址长度。第一字节数值为DD至F0，地址数值等于“256×（第一字节数值–0xDD）+第二字节数值”，可表示地址空间为0～5119。第二类地址使设备在变长地址结构下能够达到尽可能短的地址长度，适用于低功耗设备。

（3）第三类地址（自定义地址空间编址）

第三类地址格式类型用于使用特定空间大小的网络场景，第一字节数值为F1至F5，其中，F1至F4分别表示网络使用2byte、4byte、8byte和16byte地址，从第二字节开始至地址结束表示地址数值。通过采用自定义地址空间格式，网络管理员可以选择与实际网络需求最匹配的地址长度，适用于网络空间规模大于5119的应用场景。IPv6（128bit/16byte）地址可作为可变长多语义地址中第一字节地址索引值为F4时的特例。

对于偏好于使用自定义空间大小的网络而言，第一字节可取值F5，且其后使用1byte的LenIndex（长度索引值）描述自定义的地址长度。极端情况下，长度索引值在使用最大取值256时可变长多语义地址的单个地址最长为256×8=2048bit。例如，F5/07/3B3A297F50C24F表示56bit地址，序列值07表示7byte（56bit）地址长度。

（4）第四类地址（多语义编址）

第四类地址格式类型定义为多语义格式。对于多语义格式地址的网络，其内的路由器根据特定的语义进行报文转发。在第一字节数值为F9时，第二字节定义为语义索引。可变长多语义地址语义索引表规范见表6-2。不同寻址模式对应不同地址语义，所以第2字节数值含义也不相同。以地理位置寻址模式为例，可变长多语义地址F6/00/A32F84C981002E9B可以代表一个地理位置嵌入地址。其中，第二字节数值为00时表示地理位置语义，A32F84C981002E9B表示经过特定方案编址的地理位置坐标，如64°25'12.07"N，100°10'15.24"W。

表6-2 可变长多语义地址（第一字节数值为F6时）语义索引表规范

语义索引	语义（非网络拓扑定位符语义）
0	地理位置语义
1	服务类型语义
2	算力类型语义
3	预留
…	…
255	预留

不同语义的地址编址设计不在本文件的工作范围内，其相关工作通过独立标准文件发布。

6.1.3 可变长多语义地址的表达方式

可变长多语义地址的表达方式分为规范表达和书面表达形式。对地址二进制地址格式的规范表达为十六进制表达形式，其中可以添加“/”，仅用于可读性，实际使用中必须去掉。例如，某地址的规范表达为F3/200100000000012F或F3200100000000012F。书面表达形式使用“[长度]<语义>数值”的格式。

[长度]片段表示当前段的长度，以byte为单位，不可省略；[长度]片段后为<语义>片段，<语义>是指本地址片段所使用的语义，当地址使用拓扑语义（<TOPO>）时，<语义>片段可以省略；数值表示地址本身，使用的书面格式与标准 RFC 5952 一致。例如，可变长多语义地址[8]2001::12F 表示长度为 8byte，语义为拓扑语义。可变长多语义地址规范表达形式与书面表达形式对应关系示例见表 6-3。

表 6-3 可变长多语义地址规范表达形式与书面表达形式对应关系示例

规范表达	书面表达
C8	[1]C8
DE02	[2]DE02
F2/2A00012F	[4]2A::12F
F5/07/3B3A297F50C24F	[7]3B:3A29:7F50:C24F
F3/200100000000012F	[8]2001::12F
F6/00/A32F84C981002E9B	[8]<GEO>A32F84C981002E9B

6.2 报文封装技术

6.2.1 报文封装设计需求

灵活的报文封装也是灵活 IP 的设计需求之一。如今，不同协议之间的封装大量地采用了嵌套封装的形式，封装层数越多，报文中有效的数据内容占比越小，这样导致了大量的资源浪费。因此，灵活 IP 在设计时需要对于报文封装模式进行一定程度上的优化，增加报文中有效数据内容的占比，提高资源利用率。

有限网络域的差异化技术需求依赖于灵活的报头封装格式。低功耗物联网场景通过降低网络层封装开销为性能受限设备引入网络协议栈，其要求网络协议封装开销尽可能低。新兴网络场景通过构建自定义封装格式实现定制化的网络能力，要求网络层协议封装字段选择尽可能灵活且具有高可扩展性。

6.2.2　报文封装规范

灵活 IP 封装格式由 3 个子类构成，包括极简封装子类、常用封装子类、全灵活封装子类。极简封装子类适用于设备性能受限场景，该子类对应的报文头部封装将尽可能短，即报文头部所携带的字段尽可能少、各个字段的长度尽可能短、采用的地址空间尽可能小；常用封装子类适用于一般性网络场景，此类场景对网络技术无定制化需求，或仅存在部分增量型需求，其报文头部包含固定常用字段；全灵活封装子类适用于对网络技术存在非增量型的定制化需求场景，其所有字段均为可选字段。

灵活 IP 使用 Dispatch 字段区分封装子类型，且 Dispatch 为变长，封装子类区分如图 6-2 所示。

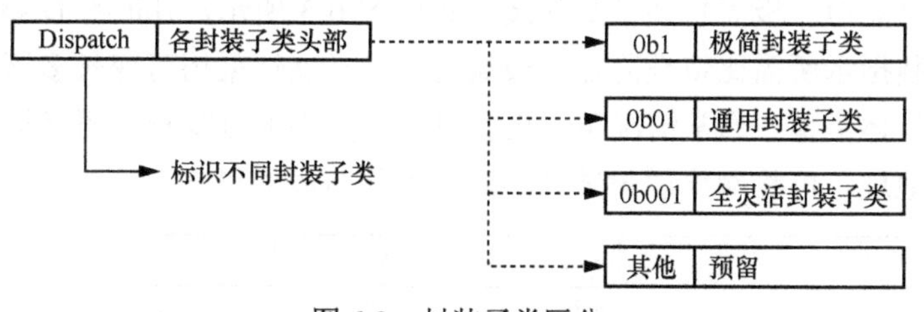

图 6-2　封装子类区分

灵活 IP 使用 BOV 格式作为字段表示方法以实现字段灵活定义的设计需求，且缺省使用可变长多语义地址。Bitmap 的基本思想是用比特（bit）标识数据，一个比特有 0 和 1 两个值，分别代表 False 和 True。其中，Offset 代表偏移量，定位特定字段在报文头中的位置。基于 Bitmap 思想的封装方法可以大大节省存储空间。

灵活 IP 的极简封装子类和全灵活封装子类遵循 BOV 格式，BOV 格式符合如下规则：

（1）Bitmap 特定比特置 1 表示报文头部中存在对应字段，Bitmap 特定比特置 0 表示报文头部中不存在对应字段；

（2）Bitmap 每个置 1 的比特所对应的字段格式由 Offset 字段和 Value 字段构成；

（3）所有 Offset 字段排列在 Value 字段之前，Offset 字段与 Value 字段均按 Bitmap 置 1 的比特的顺序排列；

（4）Offset 字段指向对应 Value 字段的起始位置，Offset 数值为 Value 字段相对于报文头部起始位置的字节偏移数；

（5）缺省状态下所有 Offset 字段长度为 1byte；

（6）当封装类型为全灵活封装子类时，部分 SSID 数值表示报文为超长报文，此时 Offset 字段长度为 2byte。

6.2.3 灵活 IP 封装子类格式

6.2.3.1 极简封装子类

（1）封装格式

Dispatch 数值为 0b1 时（即首字节为 0b1xxx xxxx，长度为 1bit）指示封装类型为极简封装子类。极简封装子类下的封装格式包含 Bitmap 字段和 Value 字段。

极简封装子类的设计目标是服务于性能受限设备，因此极简封装子类的头部封装开销将尽可能短。极简封装子类封装格式如图 6-3 所示，1bit 的 Dispatch 长度使报文头部封装指示所需比特数降低。极简封装子类默认采用可变长多语义地址，且不约束地址具体类型。通常情况下，极简封装子类搭配可变长多语义地址中的第一类和第二类地址，可将网络层封装开销降至可行范围内最低。

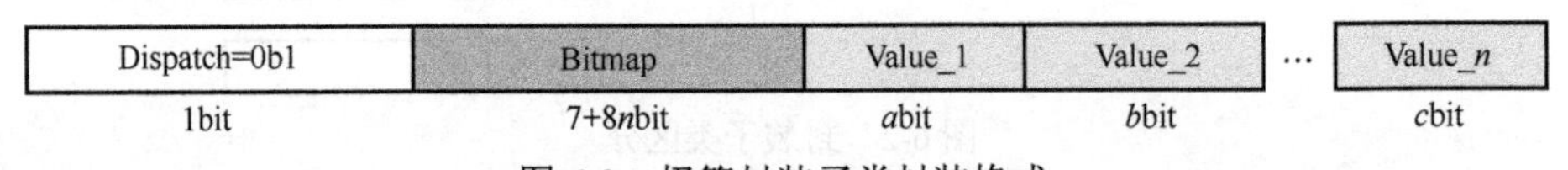

图 6-3　极简封装子类封装格式

- Dispatch：指示封装子类，数值 0b1 表示其为极简封装子类，长度为 1bit；
- Bitmap：变长，Bitmap 默认为紧跟在 Dispatch 有效比特后面的 7bit，Bitmap 字段长度可持续扩展，Bitmap 所处字节的最后比特为持续扩展指示位，后续扩展片段均为 8bit，即 Bitmap 长度为 7+8*n*bit，*n* 为整数。
- Value：语义及长度由报头字段语义表确定。

（2）语义表

报头字段语义表定义了 Bitmap 中特定比特与对应字段类型的映射关系。极简封装子类的报头字段语义表规范由网络 5.0 产业和技术创新联盟协议与接口工作组（WG3）来定义。

极简封装子类报头字段语义表规范见表 6-4。

表 6-4　极简封装子类报头字段语义表规范

比特	字段类型	字段语义	字段长度
0	Hop Limit / TTL	剩余跳数	1byte
1	Header Length	头部长度	1byte
2	Next Protocol	下一个协议类型	1byte
3	Destination Address	目的端网络空间定位符（即目的地址）	由可变长多语义地址确定
4	Source Address	源端网络空间定位符（即源地址）	由可变长多语义地址确定
5	Reserve	/	/
6	Extend Index	扩展指示位	/
>6	Reserve	/	/

（3）封装示例

极简封装子类报文头部示例如图 6-4 所示，对应的报头字段语义表见表 6-4。该示例中 Dispatch 值为 0b1，指示封装类型为极简封装子类。Dispatch 字段后是 Bitmap 字段，长度为 7bit。Bitmap 第 0 比特至第 4 比特为 1，见表 6-4，其指示后续字段为剩余跳数、头部长度、下一个协议类型、目的地址和源地址字段。

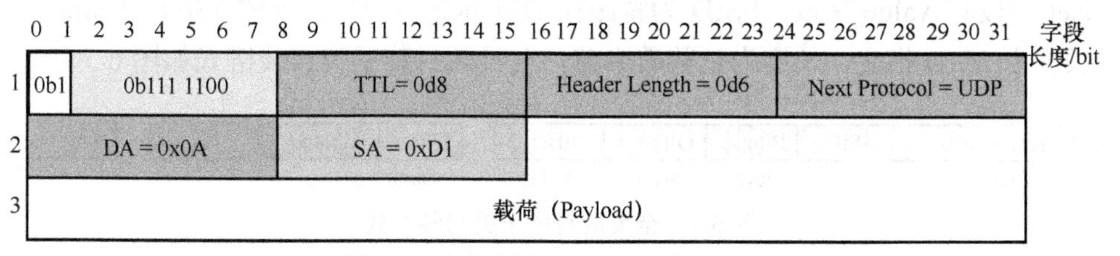

图 6-4　极简封装子类报文头部示例

6.2.3.2　常用封装子类

Dispatch 数值为 0b01 时（即首字节为 0b01xx xxxx，长度为 2bit）指示封装类型为常用封装子类，常用封装子类封装格式如图 6-5 所示。常用封装子类下的封装格式包含常用字段集标识符（CFSID）和常用字段集，不同常用字段集标识符所对应常用头部字段集的语义、顺序、字段长度等封装结构不同。

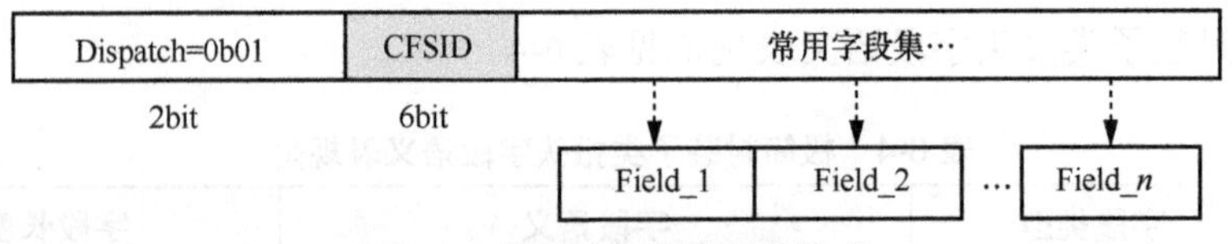

图 6-5　常用封装子类封装格式

当常用字段集标识符为 0d4 和 0d6 时，常用字段集分别为标准的 IPv4 报文头部和 IPv6 报文头部，CFSID=0d4/0d6 时，常用封装子类封装格式如图 6-6 所示。

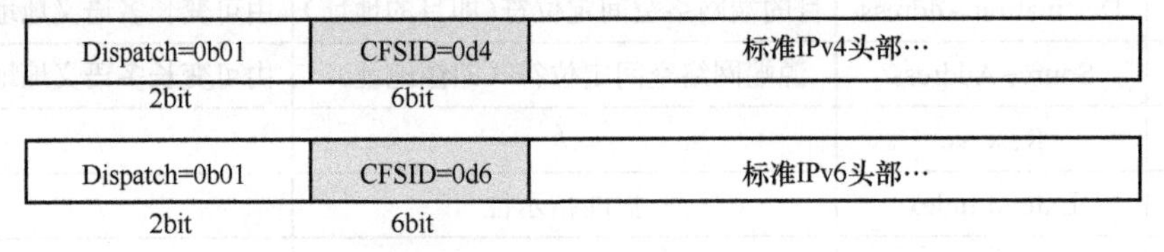

图 6-6　CFSID=0d4/0d6 时，常用封装子类封装格式

6.2.3.3　全灵活封装子类

（1）封装格式

Dispatch 数值为 0b001 时（即首字节为 0b001x xxxx，长度为 3bit）指示封装类型为全灵活封装子类。全灵活封装子类下的封装格式包括 SSID 字段、Bitmap 字段、Offset 字段和 Value 字段，SSID 为紧跟在 Dispatch 有效位后面的 13bit，Bitmap 字段长度由 SSID 指定，长度为正整数字节，全灵活封装子类封装格式如图 6-7 所示。

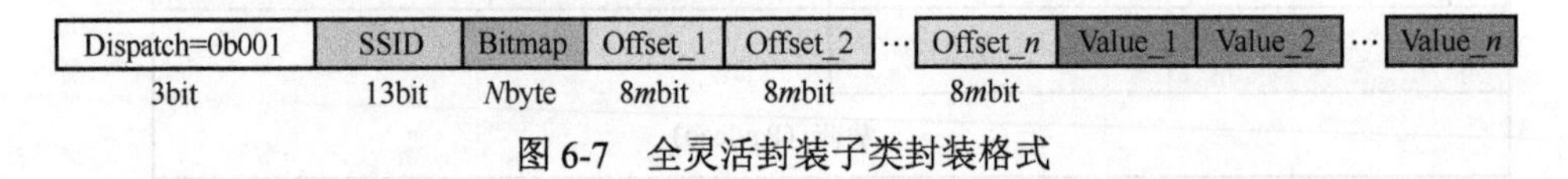

图 6-7　全灵活封装子类封装格式

全灵活封装子类区分公有 SSID 和私有 SSID。默认情况下，SSID 为公有 SSID，其对应公有 SSID 语义表，公有 SSID 对应一个全局有效的 SSID 语义表；当且仅当 SSID 值为 0b111xxxxxxxxxx 时（其中 x 代表 0 或 1），表示 SSID 为私有 SSID，其对应私有 SSID 语义表，私有 SSID 允许网络所有者在其网络范围内定义并使用其私有 SSID 语义表，其作用范围原则上不超出其网络边界。

全灵活封装子类通过 SSID 数值划分报文类型为超长报文和普通长度报文。普通长度报文环境下，Offset 字段长度为 1byte，若 SSID 语义表中存在 Packet Length 字段，为 2byte；超长报文环境下，Offset 字段长度为 2byte，若 SSID 语义表中存在 Packet Length 字段，为 4byte。默认情况下，全灵活封装子类对应普通长度报文；当且仅当 SSID 值为 0bxxx111xxxxxxx 时（其中 x 代表 0 或 1），表示报文为超长报文。

全灵活封装子类各字段定义如下。

Dispatch：指示封装子类，数值 0b001 表示其为全灵活封装子类，长度为 3bit。

SSID：SSID 长度为 13bit，SSID 取值为[0, 2^{13})；使用 SSID 指示全灵活封装子类下所采用的语义模式（Semantic Schema，SS），其中语义模式用于指示 Bitmap 各比特与报文头部字段语义之间的映射关系，包括各字段的语义、功能以及长度等信息。

Bitmap：长度由 SSID 指定，且为正整数字节。

Offset：在默认状态下，图 6-7 中 *m* 数值为 1，即 Offset 定长为 1byte，且若 SSID 语义表中存在 Packet Length 字段，其为 2byte；当 SSID 值为 0bxxx111xxxxxxx 时（其中 x 代表 0 或 1），表示报文为超长报文，此时图 6-7 中 *m* 数值为 2，即 Offset 字段长度为 2byte，且若 SSID 语义表中存在 Packet Length 字段，其长度为 4byte。

Value：长度由所采用的 SSID 语义表确定，起始位置由 Offset 的数值标识。

（2）语义表

SSID 语义表定义了 Bitmap 中特定比特与对应字段类型的映射关系。全灵活封装子类的 SSID 语义表规范由网络 5.0 联盟协议与接口工作组定义。全灵活封装子类下，SSID 值为 0d0 时对应的（公有）SSID 语义表规范见表 6-5。

表 6-5　SSID 值为 0d0 时对应的（公有）SSID 语义表规范

比特	字段类型	字段语义	字段长度
0	Destination Address	目的端网络空间定位符	由可变长多语义地址确定
1	Source Address	源端网络空间定位符	由可变长多语义地址确定
2	Hop Limit / TTL	剩余跳数	1byte
3	Next Protocol	下一个协议类型	1byte
4	Packet Length	报文长度	2byte
5	Traffic Class / QoS	流量等级	1byte
6	Payload Offset	载荷起始位置	1byte
7	Communication Identifier	通信标识符	2byte
8	Flow Label	流标签	3byte
9	Sequence Number	序列号	2byte
10	Checksum	校验码	2byte
11～15	Padding	置 0	/

（3）封装示例

全灵活封装子类报文头部示例如图 6-8 所示。该示例 Dispatch 值为 0b001，指示封装类型为全灵活封装子类。SSID 字段长度 13bit，值为 0d0，对应 SSID 语义表为表 6-5。SSID 字段集后是 Bitmap 字段，长度为 16bit；Bitmap 第 0、1、2、3、4、6、7 个比特位置数值为 1，参考表 6-5，其指示后续字段为目的地址字段、源地址字段、剩余跳数字段、上层协议类型字段、载荷长度字段、载荷起始位置字段和通信标识符字段，Offset_0、Offset_1、Offset_2、Offset_3、Offset_4、Offset_6 和 Offset_7 分别代指各字段起始位置相对于报文头部的偏移字节数。

<table>
<tr><th>字段长度/bit</th><th>0 1 2</th><th>3 4 5 6 7</th><th>8 9 10 11 12 13 14 15</th><th>16 17 18 19 20 21 22 23</th><th>24 25 26 27 28 29 30 31</th></tr>
<tr><td>1</td><td>0b001</td><td colspan="2">SSID = 0b00000 00000000</td><td colspan="2">Bitmap = 0b11111011 00100000</td></tr>
<tr><td>2</td><td colspan="2">Offset_0 = 0d11</td><td>Offset_1 = 0d12</td><td>Offset_2 = 0d13</td><td>Offset_3 = 0d14</td></tr>
<tr><td>3</td><td colspan="2">Offset_4 = 0d15</td><td>Offset_6 = 0d17</td><td>Offset_7 = 0d18</td><td>DA = F2</td></tr>
<tr><td>4</td><td colspan="5">… 2A00012F (Cont.)</td></tr>
<tr><td>5</td><td colspan="5">SA = F22A0001 …</td></tr>
<tr><td>6</td><td colspan="2">… 9F (Cont.)</td><td>Hop Limit = 0d64</td><td>Payload Protocol = TCP</td><td>Packet Length = …</td></tr>
<tr><td>7</td><td colspan="2">… = 0d1024 (Cont.)</td><td>Payload Offset=0d20</td><td colspan="2">Communication Identifier = 0d101</td></tr>
<tr><td>8</td><td colspan="5">载荷</td></tr>
</table>

图 6-8 全灵活封装子类报文头部示例

6.3 灵活 IP 寻址技术

为了承载不断丰富的海量网络应用以及兼容各种异构网络，灵活 IP 通过面向服务的多样化寻址能力、多语义路由能力承载丰富的上层应用，同时通过可变长的编址和路由能力完成多种异构网络的兼容互联。高效灵活可扩展的弹性 IP 寻址问题对应于智能路由模型中的弹性转发层，基于弹性变长地址，设备 ID、终端 IP 地址以及在算网融合边缘云中的服务 ID 标识，都可以由弹性变长地址承载和标识。可以通过多语义寻址模块，自动甄别弹性变长地址所承载的标识，减少管道和协议转换的开销。此时，路由器需要具备基于变长地址进行弹性寻址的能力，处理上行报文变长的目的地址服务 ID，以及下行报文变长的异构语义的地址。由于长度可变的地址和理论上无限的地址数目的特性，传统的寻址方案无法满足灵活 IP 的高效寻址需求，为此，需要设计新的寻址技术以满足灵活 IP 高效可扩展的寻址需求，分析该方案的寻址性能以及影响因素，为后续智能路由决策奠定基础。

6.3.1　基于 Bloom Filter 的变长地址高效寻址技术

布隆过滤器（Bloom Filter）是一种用于精确搜索的数据结构。其对集合采用一个位串表示，并支持元素的哈希查找。既能表示集合，支持集合元素查询，又能有效地过滤掉不属于集合的元素。其算法结构的实质是将集合中的元素通过 k 个哈希函数映射到位串向量中。与传统的哈希存储表不同，Bloom Filter 中哈希表（Hash Table）退化成一个位串向量 V，一个元素仅占用几个比特。传统的树形查询算法和哈希查询算法存储空间与元素自身大小和集合规模直接相关，而 Bloom Filter 查询算法所需存储空间与元素自身大小和集合规模无关，仅与元素映射到向量的比特数相关。使用 $m$bit 的 V 向量可以表示 n 个元素的集合，每个元素平均只需要 m/nbit，极大地节约了存储空间。Bloom Filter 是存在假阳性误判（即属于集合中的元素而误判为不属于集合中）。因此，Bloom Filter 是一种允许存在一定误判的情况下，存储空间节俭的哈希结构，是在查询准确率和存储代价之间的折衷。

基于 Bloom Filter 的寻址方案本质上是一种基于哈希的最长前缀匹配（Longest Prefix Match，LPM）方案，即用所有的前缀（Prefix）构建哈希表并存储下一跳（Next Hop）信息，利用 Bloom Filter 快速找到可能匹配的前缀，并在哈希表中检验。基于 Bloom Filter 方案的配置如图 6-9 所示。它首先将路由表（RIB）中所有 IP 地址的前缀按长度进行分组，每一组对应一个 Bloom Filter，它用来存储该长度的所有前缀。然后，将要查询的 IP 地址的所有可能前缀并行地输入所有的 Bloom Fliter 中进行查找，Bloom Filter 返回前缀是否存在。但是此时 Bloom Filter 可能会有假阳性的概率，为验证是否真实匹配，按照最长匹配的原则从最长前缀开始检查哈希表，如果哈希表中真实存在，则获取下一跳；否则继续检查下一前缀，直至匹配成功或获取默认转发。

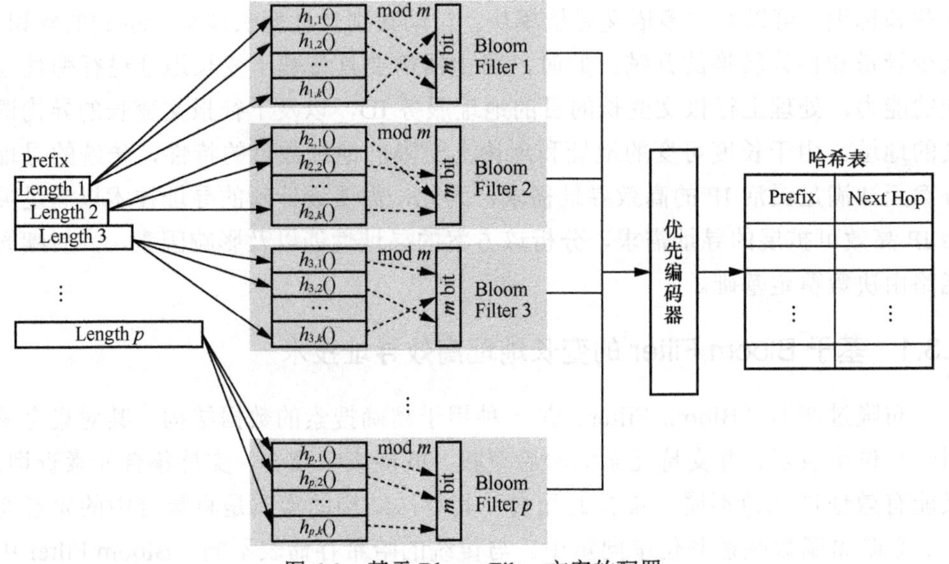

图 6-9　基于 Bloom Filter 方案的配置

算法 1　LPM

（1）　for ($j = W$ down to 1)

（2）　　MatchVector[j] ← BFQuery$_j$(I_j)

（3）　for ($j = W$ down to 1)

（4）　　if (MatchVector[j] = true)

（5）　　　{Prefix, Next Hop} ← HashTableLookup(I_j)

（6）　　　if (Prefix = I_j) return {Prefix, Next Hop}

（7）　return NULL, DefaultHop

在算法 1 中，I_j 为 I 的 j bit 前缀，BFQuery$_j$ 为在 Bloom Filter 中查询 I_j 的过程。在算法 1 中，行（1）和行（2）并行执行。

基础的寻址方案虽然实施简单，但它仍面临着一些挑战。第一个问题是假阳性概率的影响，当基础方案应用于 IPv6 的寻址时，128bit 的地址意味着需要 128 个 Bloom Filter，当多个 Bloom Filter 出现假阳性时，哈希表的查询次数便变得不可接受，在最坏形况下需要查询哈希表 128 次，虽然这个的可能性很低，但仍应避免。相比 IPv6 的寻址，基础的方案则更加难以完成地址长度灵活的灵活 IP 寻址。这个方案的另一个问题在于哈希函数，为保证 Bloom Filter 的查询可靠性，哈希函数的数目必须随着 RIB 中的条目增加而增加，这样必然会增加 Bloom Filer 的计算开销，并且，多个不同的性能良好且相互独立的哈希函数是很难找到的。

为了解决传统方案中的不足，我们提出了结合可控前缀扩展（CPE）和单次哈希的 Bloom Filter 优化寻址方案。为了尽可能地减少最坏情况下对哈希表的查找次数，必须减少 Bloom Filter 的个数。由于不同的 Bloom Filter 对应不同长度的前缀，所以需要对前缀长度的个数进行限制。理论上灵活 IP 空间的前缀数目是无限的，所以其前缀长度应是均匀分布，可以不受限地使用 CPE。显然，CPE 会造成 RIB 中前缀条目大量增加，为保证 Bloom Filter 的假阳性概率上限，则势必要增加哈希函数数量。为解决 CPE 带来的这一问题，我们采用了单次哈希的方法对 Bloom Filter 进行优化，该方法可以通过一个哈希函数和多次简单的模运算替代 k 个哈希函数，将计算量降低至 $1/k$。

CPE 示例如图 6-10 所示。CPE 可以简单地把长度为 L 的前缀扩展为长度为 W 的前缀集合（$L<W$），假如路由表中的前缀信息如图 6-10 左侧所示，该路由表有 4 种不同长度的前缀。

原始前缀信息	扩展后的前缀信息	
P1=0*	00*(P1)	Length 2
P2=1*	01*(P1)	
P3=10*	10*(P3)	
P4=111*	11*(P2)	
P5=11101*	11100*(P4)	Length 5
	11101*(P5)	
	11110*(P4)	
	11111*(P4)	

图 6-10　CPE 示例

假设我们想要把它扩展成一个只含有 2 和 5 两种长度的等效路由表。例如，对于 P1，它的长度为 1，它显然要进行扩展，因为它最接近的允许长度为 2。将 P1 扩展为两个长度为 2 的前缀：00*和 01*，扩展后的前缀集合均继承原始前缀的存储信息。应注意的是，如果扩展后的前缀集合中某个前缀和现有前缀重复，则必须抛弃一个。当 P3 和扩展后的 P2 重复时，保留 P3，因为它拥有较长的原始前缀。CPE

可以有效地限制路由表中前缀的分布，显然，这有利于 IP 寻址。

基于 Bloom Filter 的寻址方案配置如图 6-11 所示，首先将路由表中所有前缀划分成几个连续不相交的区间，区间中最长的前缀长度与最短的前缀长度的差值称为区间宽度。每个区间都通过 CPE 扩展到该区间的上限，使得每一区间都只包含该区间最长前缀长度的前缀。每一个区间对应一个 Bloom Filter，它用来存储该区间内的所有前缀。CPE 可以将简单地把长度为 1 的前缀扩展为长度为 w 的前缀的集合（$1<w$），例如，可以将长度为 3 的前缀 111*扩展为长度为 5 的前缀的集合（11100*,11101*,11110*,11111*），扩展后的前缀集合均继承原始前缀的存储信息。CPE 操作后的前缀集中只含有长度为 $w,2w,\cdots,p$ 的前缀，相对应的 Bloom Filter 的数目为 p/w。

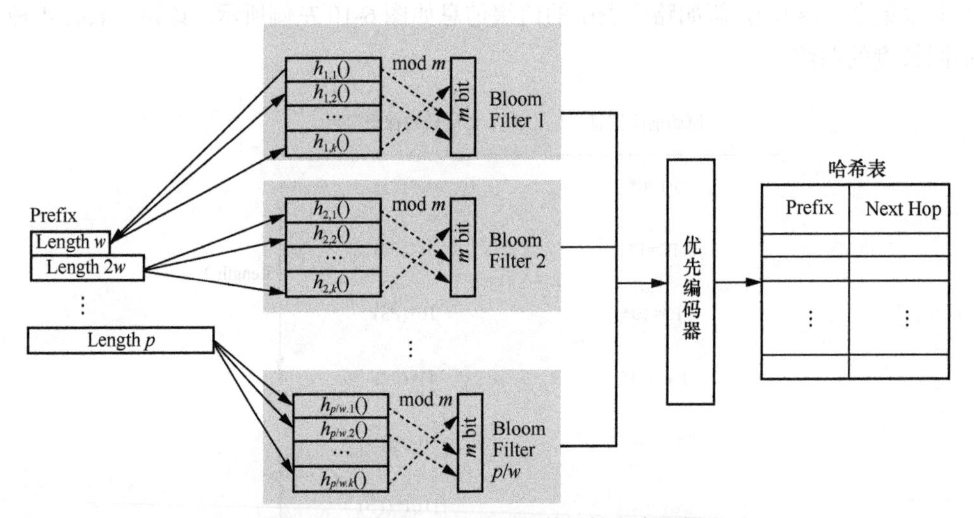

图 6-11　基于 Bloom Filter 的寻址方案配置

在 IP 寻址阶段，将要查询的 IP 地址的所有可能前缀输入所有的 Bloom Fliter 中进行查找，Bloom Filter 返回前缀值是否存在。但是此时 Bloom Filter 可能会有假阳性的概率，为验证是否真实匹配，按照最长匹配的原则从最长前缀开始检查哈希表，如果哈希表中真实存在，则获取下一跳；否则继续检查下一前缀，直至匹配成功或获取默认转发。

基于 Bloom Filter 寻址技术的性能主要取决于检查哈希表次数，而造成多次检查哈希表的原因是 Bloom Filter 的假阳性。假设灵活 IP 的不同长度的前缀个数为 P，区间宽度为 w，那么需要使用 Bloom Filter 的数目为 P/w。显然，当多个 Bloom Filter

显示假阳性时，检查哈希表的次数势必会增加。对于一个长度为 l 的前缀，所有存储的前缀的长度大于 l 的 Bloom Filter 的假阳性都会对它的查询造成影响。因此，一次查找最多需要额外检查哈希表的数目 E_{max} 为

$$E_{max} = \frac{P}{w} f \tag{6-1}$$

一次成功的查找平均需要检查哈希表数目 E_{avg} 的上限为

$$E_{avg} \leqslant E_{max} + 1 = \frac{P}{w} f + 1 \tag{6-2}$$

最差的情况是一次查找时，所有的 Bloom Filter 均产生假阳性，最坏情况下需要检查哈希表的数目 E_{worst} 为

$$E_{worst} = \frac{P}{w} + 1 \tag{6-3}$$

6.3.2　灵活 IP 地址寻址的可扩展性

灵活 IP 支持灵活多语义的寻址，网络地址不仅标识主机，还可标识各种虚拟实体及异构节点，如人、内容、计算资源、存储资源等，面对海量的通信主体以及 CPE 导致的前缀数量激增，灵活 IP 的寻址性能势必会急剧降低，多语义下变长地址的可扩展性仍待解决。

为降低基于 Bloom Filter 寻址方案的计算成本，提升寻址性能，采用单次哈希布隆过滤器（One-Hashing Bloom Filter，OHBF）的方法对标准 Bloom Filter（SBF）进行优化，该方法可以通过一个哈希函数和多次简单的模运算替代 k 个哈希函数，将计算量降低至 $\frac{1}{k}$。OHBF 将 SBF 长度为 m 的比特向量分成了 k 个长度为 m_i 的不均匀分区，k 是 SBF 中使用哈希函数的数量。OHBF 结构如图 6-12 所示，对于要查询的元素 x，首先通过计算一个哈希函数得到一个机器字，然后用这个机器字去模（mod）运算 k 个不同的分区长度，将元素 k 映射到每个分区。K 个分区的长度 m 应满足以下关系：

- m_i 和 m_j 互质，$0 < i < j \leqslant k$；
- 各个分区的长度 m_i 相互接近；
- 各分区的长度和接近比特向量的长度，即 $\sum_{i=1}^{k} m_i \approx m$。

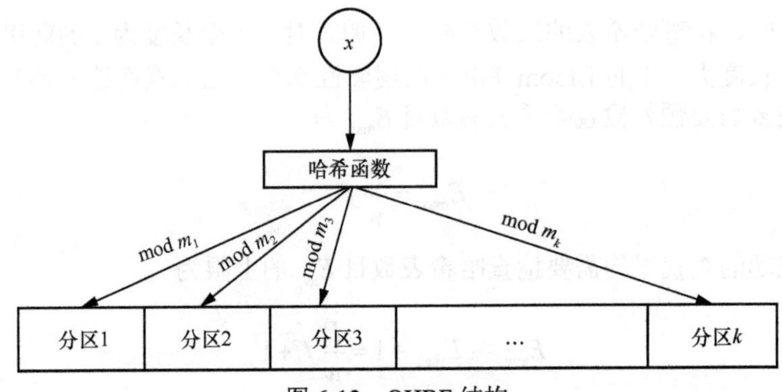

图 6-12　OHBF 结构

高效灵活可扩展的灵活 IP 寻址技术配置如图 6-13 所示，每个 Bloom Filter 的位向量被划分成 k 个分区，选取 k 个连续的素数作为 k 个分区的长度，并使所有分区的长度的和尽可能地接近 Bloom Filter 的比特向量的长度，这样使得每个 Bloom Filter 只需要一个哈希函数和 k 次模运算便可以完成一次查询或更新。

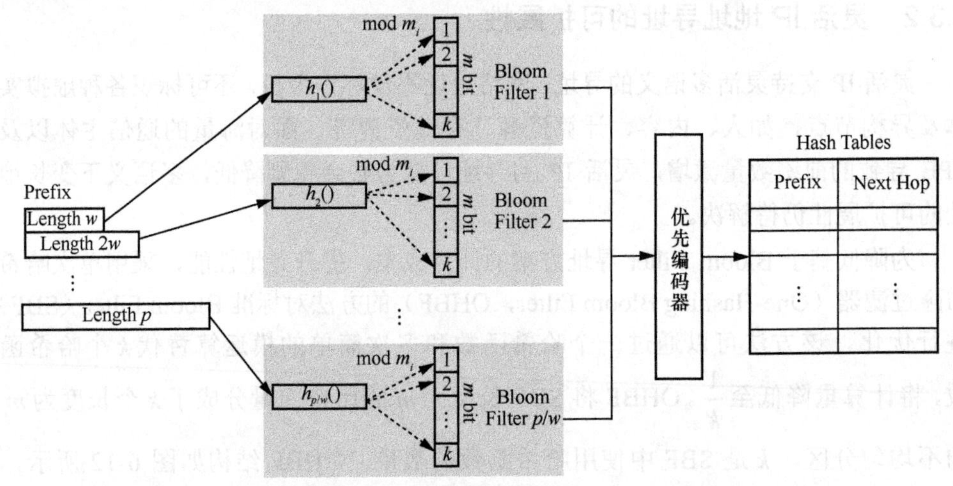

图 6-13　高效灵活可扩展的灵活 IP 寻址技术配置

为便于分析多语义变长地址寻址的可扩展性，假设每个 Bloom Filter 都存储 n 个前缀，有 $m$bit 的比特向量。每个 Bloom Filter 的比特向量被分为 k 个分区，每个分区的长度为 m_i，$0<i\leqslant k$。那么，每个 Bloom Filter 都具有相同的假阳性概率

$$f\approx\left(1-\sqrt[k]{\prod_{i=1}^{k}\mathrm{e}^{-\frac{n}{m_i}}}\right)^k \tag{6-4}$$

可以注意到，本方案中 Bloom Filter 与 SBF 有相似的假阳性概率 $f_{\text{SBF}} \approx \left(1-\mathrm{e}^{\frac{-nk}{m}}\right)^k$，如果比特向量的区间长度 m_i 的分布集中在 $\frac{m}{k}$，且 m 足够大，那么 f 将很接近 f_{SBF}。这证明在海量寻址下，应用 OHBF 寻址方案的寻址性能几乎不受影响。

6.4　泛在发现协议

相比于传统网络协议的邻居发现功能，泛在发现协议的功能更为广泛，除了涵盖地址分配、名字解析、地址解析、邻居发现、路由发现等基础功能外，还定义了地址层次及地址长度发现、内生安全属性发现、知名服务路由发现以及可路由网络服务发现等特性功能。

在功能上该协议将代替 IPv4 的地址解析协议、IPv6 的邻居发现协议并结合泛在 IP 的特点增加新的功能，如域内地址长度的发现、地址语义的发现等。在泛在 IP 体系中，发现协议的对象包括各种标识符（ID）、设备位置信息、语义地址信息以及其他复合属性以及授权码等信息。协议的连接主体包括网络主机、网络节点以及多种服务器，如入网认证服务器、接入认证服务器、动态主机配置协议（DHCP）服务器、名字解析服务器、访问控制服务器等。泛在发现协议功能架构如图 6-14 所示。

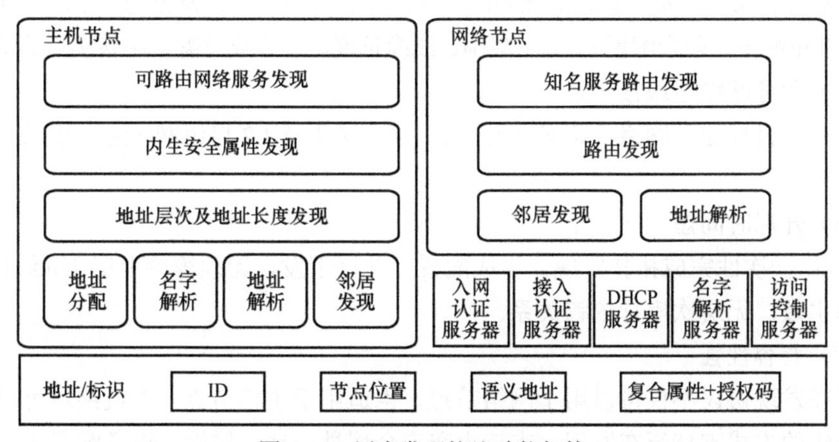

图 6-14　泛在发现协议功能架构

泛在发现协议可以通过极简发现协议（XLDP）实现，在网络中选定某节点为根（Root），通过层递性的发现机制，能够集中式发现设备和链路、计算拓扑、设置端口角色，获取设备的内生安全、层次化地址、服务类型等多种信息，该过程零接触、自组织发现，实现不依赖任何配置和其他协议的跨设备互通，具有以下特点。

（1）永远在线

泛在发现协议基于物理端口源路由转发，不依赖任何其他协议，也不依赖额外的控制面网元，只要物理端口连接良好，时刻处于在线状态。独立通道支持诊断和配置，类似远程串口功能，当设备脱管或者无法纳管时，可用泛在发现协议进行远程调测与配置。

（2）协议极简，健壮性强

泛在发现协议能够独立完成 Underlay 自动化，不依赖其他控制面网元，替代传统多协议、多组件（DHCP/DHCP 中继（Relay）、链路层发现协议（LLDP）、VLAN、内部网关协议（IGP）、STP）协同配合，能够从根本上消除多协议的时序依赖和耦合，健壮性强。

（3）无控制器/控制器后进场能力

泛在发现协议以 Root 节点为锚点集中拓扑发现，并可以根据整网拓扑自动生成 Underlay 配置（接口地址、Loopback 地址）在控制器进场之前就可以实现网络初始连通性，具备服务路由、地址解析等功能。

（4）任意拓扑，即插即用

不预设拓扑，不依赖任何前置配置，支持树形、环形、长链型、交叉型、三角形、口字形等任意拓扑，实现真正即插即用，支持拓扑灵活可调，避免场景限制（如设备限制（非空配置、残余配置）、施工限制、线缆长度、端口故障需要调整接口等情况）。

（5）业务网络适应性

独立于目标业务网络，既支持 L3 自组网，又支持 L2 自组网（无广播风暴与环路风险）。

（6）开局时间短

Root 一次性完成拓扑发现，生成配置，并行下发，无须等待上层 Underlay 先配置和生效，无层次串行依赖关系。

（7）兼容性强

泛在发现协议不仅可以用于网络节点，也适用于主机节点，主机终端可以通过软件升级的方式支持泛在发现，支持内在安全属性、地址属性、设备配置等多种属性交互等，兼容性强。

泛在发现协议的流程与基本报文格式如下。

泛在发现协议的设备发现过程如图 6-15 所示。Root 节点首先感知自身所占用的端口，向外发布链路发现报文，当相邻设备收到链路发现报文后，通过默认上行口（每个设备均有，需提前配置，目的地为 Root 节点的控制报文均通过默认上行口转发）返回自身设备信息及端口连接信息，Root 节点收到设备发现报文后，更新网络拓扑和节点信息，并向节点下发端口角色、IP 地址、路由配置等配置。

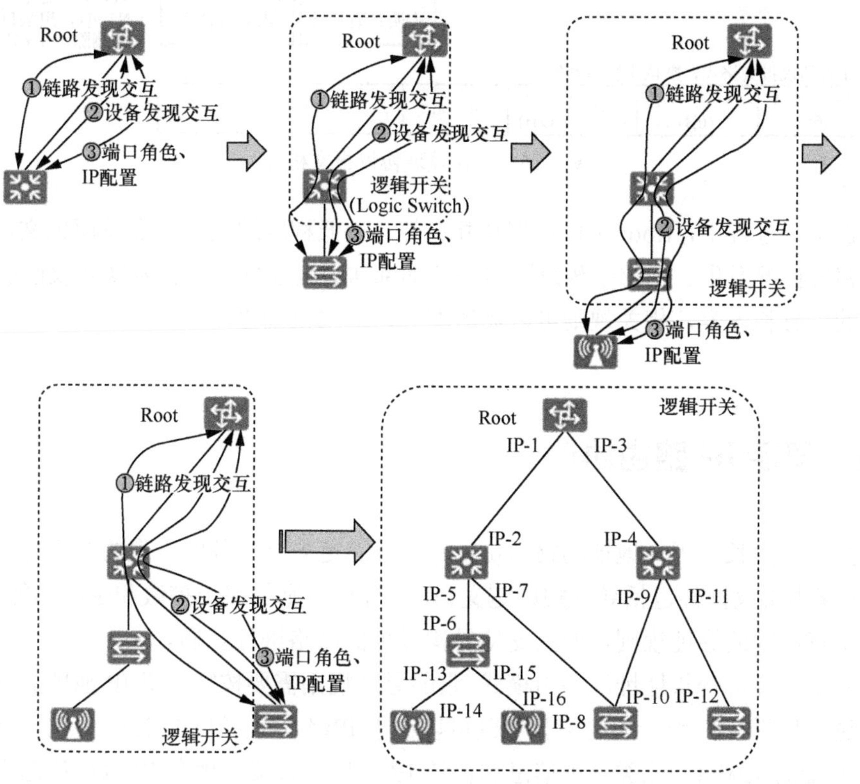

图 6-15 泛在发现协议的设备发现过程

Root 节点发现设备的端口连接情况后，识别尚未关联端口，会在下行协议报文中将未关联端口放入出端口列表中，再次通过链路发现、设备发现、配置下发等过程，掌握下一级连接设备，通过逐级的发现和反馈，Root 节点实现和非相邻设备进行信息交互，最终掌握整个网络的拓扑及设备相关信息、并完成整个网络的初始配置。

在泛在发现协议报文中，下行协议报文即由 Root 节点向其他节点发送的报文，报文中携带每一跳的出端口列表，每经过一跳，剩余跳数 CNT 减 1，当 CNT 为 0 时，设备读取 Payload 内容，进行相关配置。上行协议报文即网络节点发送至 Root 节点的报文，网络节点通过默认上行口上送自身设备信息属性以及端口的占用情况，用于 Root 节点集中网络拓扑计算和配置下发等。泛在发现协议报文格式如图 6-16。

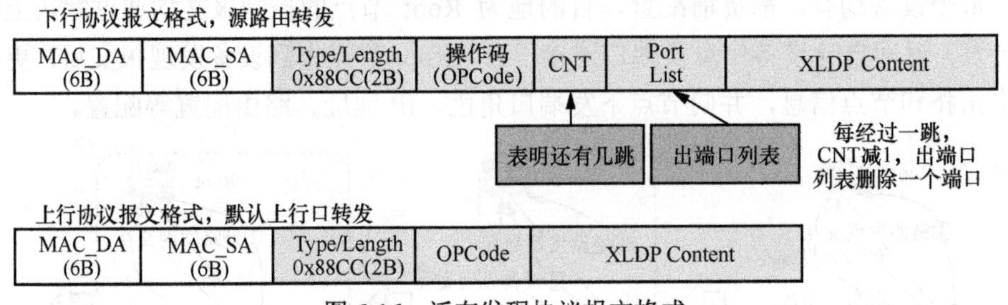

图 6-16　泛在发现协议报文格式

在整个过程中，Root 可以根据拓扑计算，最低程度地发送泛在发现报文，并避免环路等情况发生。相比于传统网络协议的邻居发现功能，泛在发现协议能够包含更多的信息和内容，相关规则可以灵活配置，适用范围更广。

6.5　灵活 IP 路由协议

基于可变长多语义地址的路由协议，能够满足未来业务所产生的多样化路由需求。该路由协议框架包括寻址规则定义、基于寻址规则的路由扩散和生成功能单元，不仅支持不同的寻址规则，而且支持异构寻址的网络进行互通。

基于拓扑可变长地址的路由模式，它的寻址规则需要按需定义 IP 地址的前缀长度，进一步说，IP 地址的前缀长度既可以小于 IPv4 地址长度的 32bit、也可以大于 IPv6 地址的 128bit。此类寻址信息和传统 IP 一样，直接体现在 IP 编址信息中，它采用了特殊的地址类型，如第一类地址、第二类地址、第三类地址和第四类地址，每类地址都有自己对应的地址长度。所以，该寻址规则功能单元需要知道实际地址长度。最终，路由协议基于寻址规则进行可变长地址的路由扩散，然后生成该模式对应路由表。当路由协议在网络设备之间扩散时候，网络设备能够封装携带和接收识别该模式的路由协议报文。最终，路由表基于地址的变长特性生成，路由器在存储路由表的时候需要考虑不同长度地址的归类，以确保维护性和资源的合理利用。

多语义路由包括服务路由、身份路由、性能路由等。通过可变长多语义地址空间携带多元化的路由标识，包括内容标识、算力标识、身份标识、性能需求标识等，网络路由节点支持多元路由标识的路由规则生成，路由节点依据路由标识选择对应的路由规则进行路由转发。多语义路由不仅支持针对路由目的标识的路由转发（包括端点选择、路径选择、转发规则等），还可支持针对路由性能需求（服务等级需求）的路由转发。

6.5.1　服务路由

通常通过网址即 URL 访问网站，要通过 DNS 的解析后才能获得网站对应的 IP 地址，然后再通过与该 IP 地址建立连接访问数据。在这个过程中，我们经常会发现网站访问等待时间长、响应慢等情况。考虑整个业务流程，影响 QoE 的关键因素包括 DNS 查询时延、内容源的选择（距离、负载、处理时延）、业务数据传输路径状况（带宽、时延、丢包）等。

DNS 时延及占比如图 6-17 所示，即使考虑 DNS 缓存，DNS 占页面加载时间（Page Load Time，PLT）的 13%（中值），长尾显著，90%的情况下超过 1s。这是因为如果 DNS 缓存没有命中，需要经历 DNS Hierarchy，导致时延增大。图 6-17（a）中单次时延中值约 100ms，但最差的 10%可超 1s，每次网页访问的 DNS 时延可达到百毫秒至几秒，因此，优化 DNS 查询时延对互联网 QoE 至关重要。

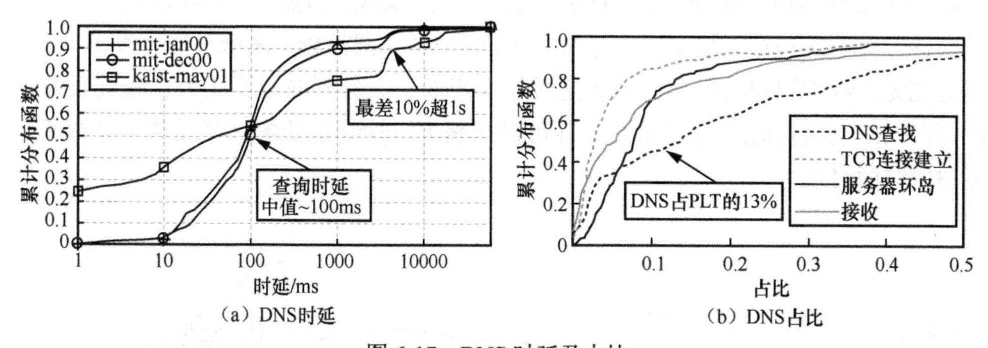

图 6-17　DNS 时延及占比

当前互联网设计采用分层架构，业务与网络完全解耦、互不感知，网络只能根据 IP 地址进行最短路径路由，无法感知服务器负载等业务层信息，导致流量不均衡，新的用户服务请求仍然发送至高负载服务器。同时，还存在业务传输路径和需求不匹配的问题。业务传输路径问题示意如图 6-18（b）所示，Path2 是最优的传输路径，但由于最短路径的选择原则，导致无法根据业务属性匹配最优传输路径，即使存在低时延链路，时延敏感型业务流仍然走高时延链路（服从最短路径优先原则）。

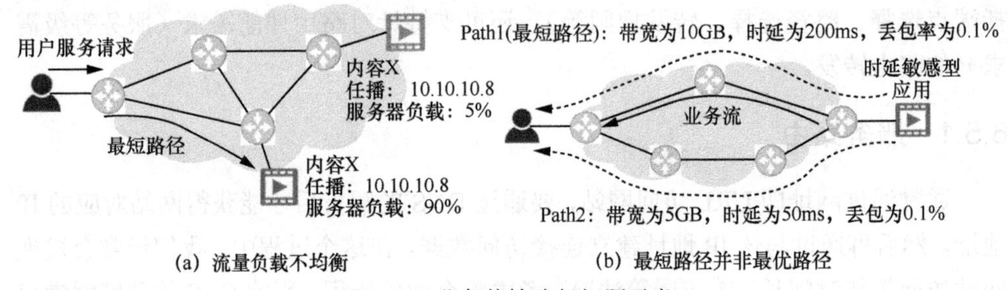

图 6-18　业务传输路径问题示意

服务路由方案改变了 IP 拓扑寻址的语义，赋予 IP 服务/内容语义；基于服务/内容的新语义进行服务可感知的路由。服务路由不需要 DNS 解析，而是直接基于 Service ID 转发报文，通过后期绑定（Late Binding），绑定用户与服务器的连接，并通过扩展 BGP，扩散服务相关属性，再利用 SR 或 SRv6 等技术实现服务属性与网络路径匹配。

基于服务路由的报文转发如图 6-19 所示，不同服务器访问不同路径或不同目的地址可以使用不同的 Service ID，通过 Service ID 绑定的相关信息，综合判断出一个最优路径，并基于最优路径对应 Service ID 进行访问寻址，从而实现更智能更优的转发选择。

该方案的优势在于信息交互过程中去除 DNS 访问流程，降低了服务获取时延，服务侧无须维护用户与服务器的绑定关系，降低了服务侧的运行压力，通过服务路由可向网络表达负载/需求等属性，并可根据服务属性制定业务路径策略，提高了业务与网络的灵活性。

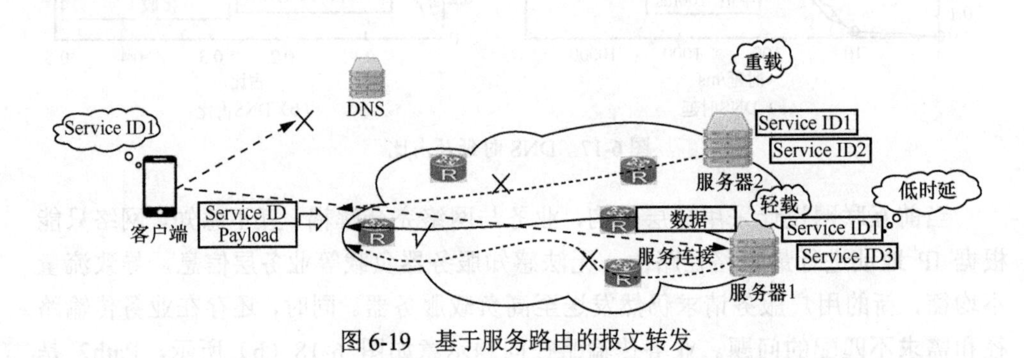

图 6-19　基于服务路由的报文转发

Service ID 生成原则如图 6-20 所示，用户侧和服务器侧均根据一定的算法（如哈希）结合目标服务域名、应用或内容 URL 生成 Service ID，再结合用于寻址和路由扩散的前缀，从而生成服务路由的目的地址，该地址可以承载在 IPv6，也可以承载在灵活可变长的多语义路由上。

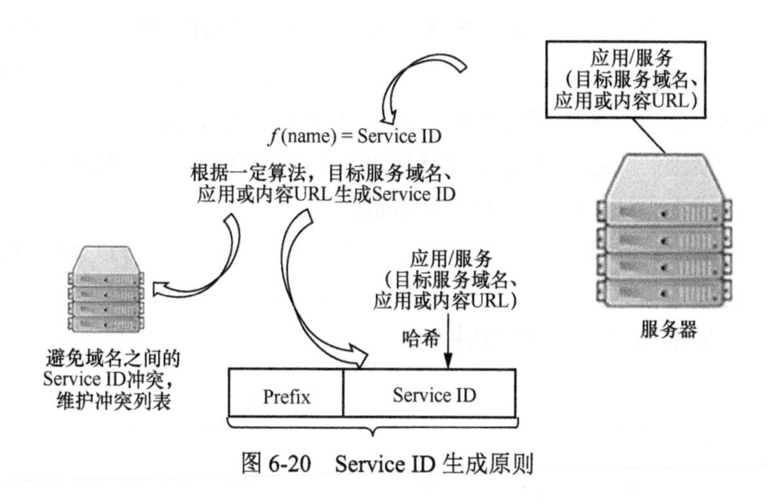

图 6-20　Service ID 生成原则

6.5.2　身份路由

用户身份信息通常是携带在应用层，但随着网络体系不断发展和壮大，面对不同的网络场景，业务需求也有所变化。例如，物联网由于其业务特点复杂，催生出很多工业互联协议，且“七国八制”的现状很难改变，在同一个企业或者园区中，经常存在多种协议并存的现象，需要专用的兼容处理设备或者协议转换器，如可编程逻辑控制器（Programmable Logic Controller，PLC）等，完成多协议协同工作。物联网平台需要管理大量的物联网模块和终端，目前一栋楼宇的物联模块数量就超过了 3 万个，随着工业自动化的进一步完善，数量规模会有进一步增长，每个厂商 / 子系统的组网相互封闭，并且很多是多层次的，层层需要映射，进行逻辑组合，复杂度非常大，在部署过程中很容易出错，因此物联模块位置需要逐一匹配核实。在传统的智慧园区 / 楼宇等完成一次全部匹配对点，可能要耗时几个月。

从物联模块的设计和部署过程看，物联模块安放和部署方式其实在前端设计的时候很多就已经确定了，但受限于现有协议，不同层次的网络需要重新匹配和数据建模，导致后端需要重复再做一遍，代价很大，从长远看不符合产业链逻辑。因此，我们引入了身份路由，即在寻址过程，将物理终端的位置和身份信息直接写入灵活

IP 地址中作为寻址对象，将原有的应用层信息直接体现在网络层中，前端设计成果能够直接通过灵活 IP 地址带给物联网平台，从而使平台“所见即所得”，根据接收报文重新构建立体的物联网络，不再需要重新对点的过程。

整个过程从原有的自下向上的以硬件为中心的设计模式，变成自上而下的以软件为中心的、软件定义的设计开发模式，大大提高了自动化程度，现在物联终端不能做到即插即用，物理系统的设计和虚拟世界的设计有断层，需要上下映射关联，未来可以做到完全自动化，即插即用，实现“数字孪生”。同时传统智慧园区/楼宇基本是无安全措施的，灵活 IP 地址能够根据客户需要规定地址长度和灵活语义，从而使智慧园区成为无法识别接入的安全体系。

身份路由的编址格式如图 6-21 所示，前部分用于寻址，既可以是位置信息，也可以是特定的寻址信息等，用于基本的路由寻址，后半部分引入灵活可定义的身份和标识信息，如安全标识、性能需求标识等。

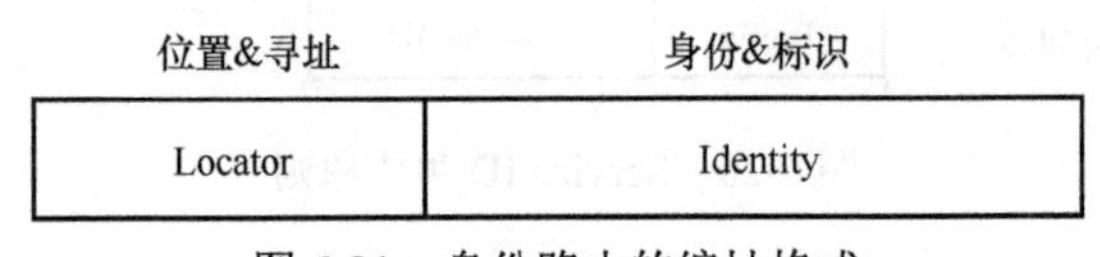

图 6-21　身份路由的编址格式

6.5.3　地理位置路由

天地一体化网络是以地面网络为基础，空间网络为延伸，覆盖太空、空中、陆地、海洋等自然空间，为天基、空基、陆基、海基等各类用户的活动提供信息保障的基础设施。截至 2021 年 1 月，全球互联网普及率约为 59.5%，这意味着仍有 40%左右的人口未实现互联网连接，人口稀疏、地理环境恶劣、网络铺设难度大等是阻碍互联网进一步普及的重要因素。面对如此广阔的市场，近年来亚马逊、Google、SpaceX 等高科技企业纷纷投资低轨卫星通信领域，提出 OneWeb、Starlink 等十余个低轨卫星通信系统方案，目标是实现全球互联网覆盖。我国也统筹了“虹云”、“鸿雁”等多个卫星网络工程，成立中国卫星网络集团有限公司（星网），积极筹了备构建大规模卫星互联网。

由于星间通信技术尚不成熟，还没有得到大规模应用，目前的卫星通信多是星地通信。这是因为卫星时刻处于运行状态，拓扑时刻都在变化，已有的 IP 路由寻址转发模式并不适用，而且卫星本身容量和计算能力有限，如果在卫星上运行传统的 OSPF 等协议，会导致通信效率大大降低。

灵活语义路由可以基于空间网络的特点，在星间和星地使用基于地理信息的寻址机制进行路由，即把传统的IP地址替换成卫星所属的区域地理位置，通过地理位置路由协议和地面互联网体系结构相结合，提供统一的网络协议格式与多样化寻址适用于天地一体化网络。

基于地理信息寻址机制的天地一体化网络交互机制如图6-22所示，卫星间基于地理位置信息进行信息传递，传输报文在地面的源目的地址使用IPv6地址封装，通过传统的路由寻址方式进行信息传递，报文到达起始地面站后，封装目标地面站或最后一跳卫星的地址位置信息，并上送至卫星网络，卫星网络根据目的地的地理位置信息，选择最优的下一跳进行信息传输，目标地面站收到信息后进行解封装恢复IPv6地址，从而完成完整的信息传输。

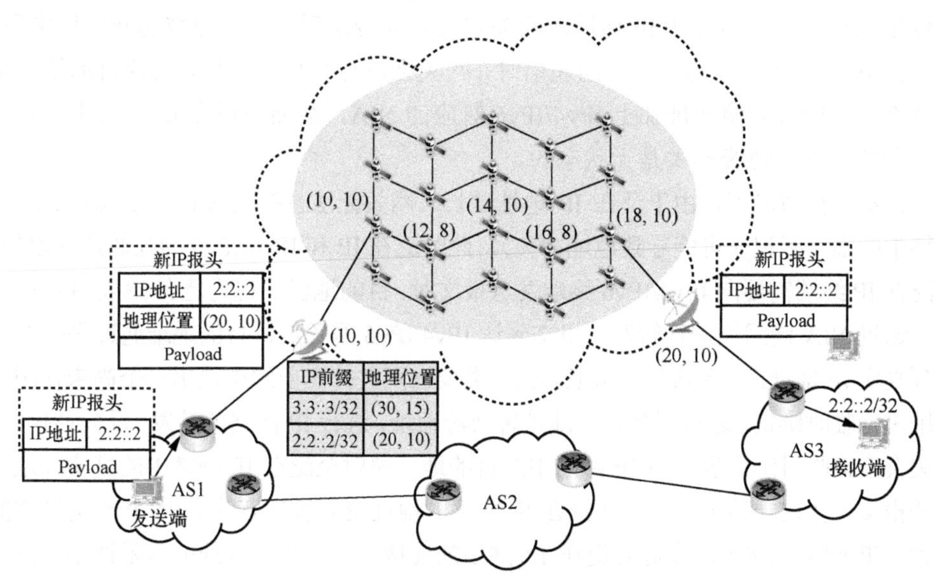

图6-22　基于地理信息寻址机制的天地一体化网络交互机制

通过地理位置路由的寻址方式大大降低了卫星网络维护路由网络的成本和代价，能够支撑未来万颗以上的卫星需求。

6.6　灵活IP与现有协议互通技术

灵活IP使用了可变长的IP地址体系，并对当前广泛使用的IPv4以及IPv6提供向后兼容能力，做到网络层协议的平稳过渡。正因为此，泛在IP可以视为适用度更广、能力更强的 IP 扩展。

灵活 IP 与 IPv4 和 IPv6 的互通过程可以分为两种情形，即短地址与 IP 的互通、长地址与 IP 的互通。

在第一种情形下，两类协议互通利用“双轨制”进行保障，即将整个 IPv4 和 IPv6 公网视为一个泛在 IP 体系下的子域，通过唯一的网络索引地址（Network Index Address，NIA）进行标识。当泛在 IP 终端需要向 IPv4/IPv6 终端发送报文时，它将目的地视为泛在 IP 中特殊域的主机，发送灵活 IP 报文。该报文到达 IPv4/IPv6 网关后进行拆解，目的地址直接去掉 NIA，得到真实的 IPv4/IPv6 地址；而源地址由于是短地址，因此进行地址长度填充，在网关持有的 IPv4/IPv6 前缀下，通过设置填充位生成该前缀下的合法 IP 地址。网关完成地址转换后，保留兼容的网络层字段，继续在 IP 网络中转发数据。反向通信时，网关会进行相反的操作，去除目的地址中的填充位，同时为源地址加上 IPv4/IPv6 对应的 NIA，继而在泛在 IP 网络中传输报文。此情形下，边缘网关是无状态的。

在第二种情形下，由于泛在 IP 地址过长，网关无法直接截取其部分地址作为 IP 网络中的唯一标识（可能导致地址冲突），此时泛在 IP 和 IPv4/IPv6 的互通是有限的。当泛在 IP 终端需要向 IPv4/IPv6 终端发送报文时，目的地仍然视为泛在 IP 特殊域的主机，通过 NIA 向网关进行转发。报文到达 IPv4/IPv6 网关后，目的地址通过剥去 NIA 得到真实 IP 地址。由于源地址较长，因此需要在网关持有前缀中选出一个尚未使用的地址进行临时绑定，之后用绑定的地址替换源地址，进行 IP 网络的转发。反向通信时，网关会查询临时绑定表，将 IP 网络中的目的地址映射至泛在 IP 网络中的真实地址，回传报文。在这一情形下，由于泛在 IP 网络的地址空间较持有的 IPv4/IPv6 前缀空间更大，IP 网络无法主动发起对泛在 IP 网络的连接。本情形中互通的有限性指，同时对 IPv4/IPv6 进行互通的泛在 IP 终端数，不超过泛在 IP 网关所持有的 IPv4/IPv6 前缀包含的地址数，即保障对外呈现的地址不冲突。

除了两种网络的终端直接互通的需求之外，泛在 IP 网络支持为 IPv4 或 IPv6 报文提供转发服务，其地址格式和报文封装方法充分考虑协议的后向兼容。当 IPv4 报文或 IPv6 报文流经一个使能泛在 IP 的网络节点时，网络节点通过常用封装子类对原 IPv4 和 IPv6 报文进行封装，并设置 CFSID=0d4 或 0d6。当使能泛在 IP 的终端识别器通信的目的对端采用 IPv4 或 IPv6 时，其发送报文为常用封装子类，并设置 CFSID=0d4 或 0d6。边界网络节点收到常用封装子类且 CFSID=0d4 或 0d6，剥离 Dispatch 字段和 CFSID 字段，得到标准 IPv4 或 IPv6 报文并继续转发。

由于IPv4和IPv6不具备对泛在IP的前向兼容性。因此，对仅支持IPv4/IPv6的网络节点而言，其无法识别和处理泛在IP报文。因此，泛在IP终端无法通过IPv4和IPv6直接通信，而需要在网关处进行泛在IP的兼容适配，通过VPN等方式连接不同的泛在IP网络。灵活IP采取了可变长的地址体系，并且对于IPv4以及IPv6的向前兼容，可以做到协议的平稳化过渡。

6.7 灵活IP应用实例

灵活IP的应用场景广泛且持续变化，实践上其更适宜于应用在边界有界的网络中，即RFC 8799所定义的有限域（Limited Domain）。在RFC 8799中，有限域被定义为一种与互联网相连接且与互联网并行运行的网络域。与互联网相比，该网络域内需求、行为或语义等关键网络组成部件具有显著差异，但差异部分仅在该网络域内有效。当灵活IP应用于以下场景时，可以满足有限域差异化的特征和定制需求。

6.7.1 卫星灵活IP组网

卫星网络是一种高动态拓扑网络，其网络拓扑在一定时间范围内连续变化，网络系统以不同拓扑形态实现网络连接以完成传递数据。目前，TCP/IP协议栈难以承载拓扑具有高度动态性的网络系统。不同卫星因其所处近地轨道不同而具有不同运行速度，其网络具有典型的规律性、拓扑高度动态性。受限于网络拓扑高动态性影响，卫星网络的路由协议处于高动态慢收敛状态，导致网络中超过90%的时间路由表无法收敛，这使得TCP/IP架构下的卫星网络即使理论层面可部署，但实践环境下呈现低可用性。

基于灵活IP的数据面开放性设计特性，网络地址编址方案能够兼容寻址方案的定制化设计，进而适配特定异构网络系统的特殊需求。为解决上述卫星网络路由收敛问题，基于地理位置编址实现卫星网络寻址如图6-23所示，灵活IP可利用其开放性编址特性将卫星的地理位置空间作为语义以特定形式进行编址，通过使用地址位置标识终端以避免卫星网络移动性引起的路由更新。星间使用地理位置转发，地面沿用IP转发，实现天地一体组网。此时卫星网络内部即采用有别于TCP/IP的独立编址和寻址系统。

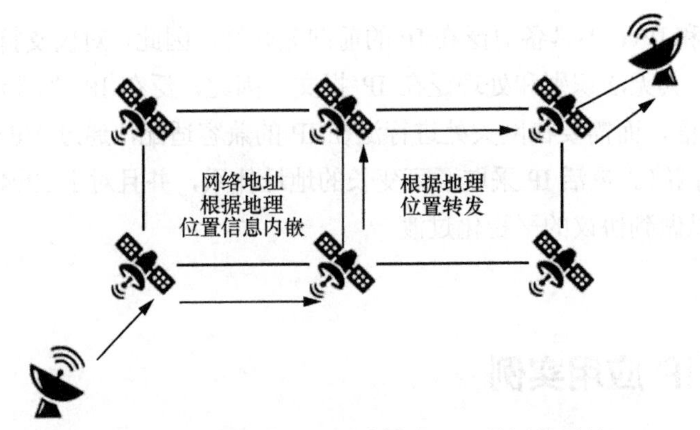

图 6-23　基于地理位置编址实现卫星网络寻址

6.7.2　IoT 物联传感器网络

性能受限终端主要指终端设备因设备成本等客观原因导致设备供能或性能受限，无法直接负担 TCP/IP 协议栈所需硬件性能与功耗的要求，导致设备缺少商业竞争力。尽管 IPv6 与 6LoWPAN 等网络层压缩技术进一步降低了物联网的能耗要求，但仍然无法满足极端受限设备的全部性能需求。

性能物联网终端设备间互联如图 6-24 所示，对于性能极端受限的终端所构建的网络而言，其通过灵活 IP 实现地址长度的自定义及报文封装格式的自定义。不同终端间可定制符合自身硬件需求的网络层报头，实现网络层传输开销与性能极端受限终端能耗要求的适配。此外，不同性能受限终端通过统一的灵活 IP 实现设备间端到端直连，无须可信网关协助，可降低网络安全脆弱面及网络运维成本。

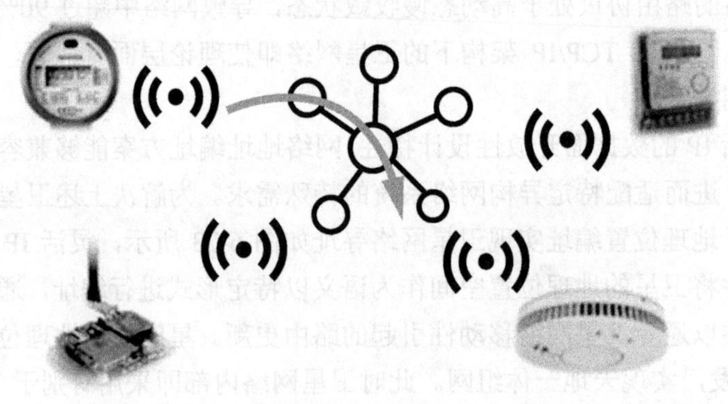

图 6-24　性能物联网终端设备间互联

6.7.3　面向服务的网络寻址

服务路由通过灵活 IP 的数据面创新设计将服务标识编址入灵活 IP 地址，进而使能移动边缘计算服务的快速获取。通过免去常规 IPv4/IPv6 下的服务标识（即域名）与 IP 地址的映射时延，服务路由可降低用户的首次连接的时延，进而提升用户体验、增加服务营收。

服务路由网络架构范式如图 6-25 所示。服务路由将服务标识通过特定算法生成哈希值，并将哈希值以特定机制嵌入灵活 IP 地址的后缀。网络将该地址配置为服务器地址，并将该灵活 IP 地址前缀在客户端接入网络边缘时通告至终端。具体过程如下。

步骤 1　通过特定算法将域名映射为特定的服务标识，并将其注册至索引服务器。网络索引服务器负责重复标识检测以确保不同服务的服务标识不重复。

步骤 2　网络服务提供者使用特定网络前缀用于服务路由，将该前缀在终端接入边缘网络时通告至终端。

步骤 3　服务提供方将服务部署在边缘网络中，并将服务前缀与服务标识构成的灵活 IP 地址配置在该边缘服务器上。

步骤 4　客户端上的服务应用程序内置服务通过计算得到服务标识，再与边缘网络服务路由所用网络前缀合并为灵活 IP 地址，并向该地址建立连接请求服务。

步骤 5　边缘网络依据灵活 IP 承载报文中目的地址所内嵌的服务标识判断目的服务器具体位置。

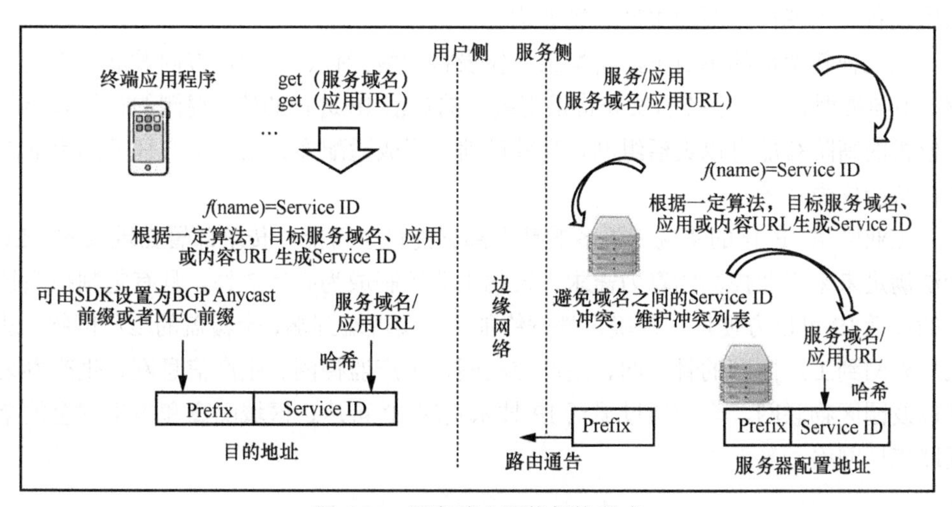

图 6-25　服务路由网络架构范式

6.7.4 工业互联网和全互联工厂网络

工业互联网的提出为解决 ICT 与 OT 融合问题提供了思路。以 OT 为主的传统工业网络主要使用总线、工业以太、工业 PON 等进行工业信息的传输。其能够满足低层级、简单网络环境下的高精度可靠信息传输的需求，适应了传统工业自动化的场景。然而，随着人工智能、工业视觉、超大规模数据采集、云化工业控制等新技术的出现，OT 与 IT 分离的工业网络架构显露了不足。

实现异构工业网络的 IP 化是打通数据与智能互联瓶颈的重要方法。工业自动化生态的封闭发展，导致了当前厂商众多、技术体系庞杂、通信协议互相隔离等现象。传统的 IP 使用固定的报文格式以及僵化的报头语义设计，从而难于实现数据“上得去”、智能“下得来”的全 IP 化工业网络。

在工业数据采集技术领域，网联化的数据采集终端需要在低功耗、易丢包、算力受限等情况下实现联网。同时，随着工业生产规模的迅速扩大，单个厂区联网终端数量可达到 3～5 万。拥有 40byte 固定报头格式的 IPv6 或者用于低功耗易丢失网络的 IPv6 路由协议（RPL）都很难满足场景需求。灵活 IP 将直接定义域内可路由的短地址，可以使报文效率提升 50%以上，从而大幅提高 IP 网络的覆盖范围。为“云管边”+“端”工业 IP“一网到底”的架构提供共性技术基础。

工业网络实现统一的通信协议，有利于打破原有的以“垂直分割、封闭生态、专用设备”为特征的生产系统架构，从而构建更加适应更具生产力的以“开放互联、通用设备”为特征的新的生产系统架构。

在这种新架构的牵引下，新型工业仪表将向智能化、网联化方向发展。不同厂商、不同类型、不同系统的仪表将采用统一的灵活 IP 进行通信，端侧的初级智能与上位机的高阶智能可以灵活组网、高效通信，形成适配多种工业生产任务的灵活层次化智能仪表系统。

工业网络 IP 化的实现为更多的算力部署提供了可能。传统部署在现场的 PLC 无法满足未来工业控制的算力需求，云化工业控制成为必然选择。具有定制报头技术的灵活 IP 可以方便地加载确定性网络能力，实现端到端、全覆盖的工厂网络。从工厂外网到工厂内网的骨干网、生产控制网、生产监控网、生产信息网、生产办公网以及园区物联网，全部通过灵活 IP 技术实现 IP 可达、区域隔离和内生安全的全互联工厂网络。

第 7 章

泛在全场景新 IP 关键使能技术

7.1 确定性 IP 技术

7.1.1 确定性网络概念和特征

自 20 世纪 70 年代以太网诞生以来，由于其简单的网络连接机制、不断提高的带宽以及可扩展性和兼容性而被广泛使用。目前，以太网已能支撑各行各业多样的应用。根据全球移动数据流量评估报告显示，到 2020 年，全球 IP 网络接入设备将达到 263 亿个，其中工业和机器连接数量将达到 122 亿，相当于总连接设备的一半，同时高清和超高清互联网视频约全球互联网流量的 60%。激增的数据业务，如视频传输、机器通信，带来了大量的拥塞崩溃、数据包时延、远程传输抖动，传统以太网用“尽力而为”的方式传输数据，只能将端到端的时延减少到几十毫秒。但许多的新兴业务，如智能驾驶、车联网、智慧交通、工业控制、智慧农业、远程手术、无人驾驶、VR 游戏、智能服务等，需要将端到端时延控制在微秒到毫秒级，将时延抖动控制在微秒级，将可靠性控制在 99.9999%以上。

长期以来，业界关于 IP 网络服务质量（QoS）的研究大多聚焦在如何保证端到端的带宽（或者流平均速率）上。带宽确定性是指网络为某条流提供的端到端服务速率不低于所要求的带宽。带宽（或者流平均速率）是一个在宏观时间尺度上（通常在分钟级甚至更长时间）具有统计意义的概念，它并不关心每个报文的具体行为，因此相对容易保证，很多现有技术（如优先级调度等）都可以保证流的带宽确定性。然而，近年来，随着人们生活的不断丰富，各类新型网络应用的 AR/VR、远程医疗、智能制造等新兴应用悄然而至，对网络服务质量保障提出了更为严苛的要求。这类通常要求网络不仅要保证确定性的带宽，还要保证确定性的端到端时延和抖动，将数据报文既及时又准时地送达目的地。例如，在远程医疗场景下，为保证医生感受不到明显的时延和抖动，要求端到端时延低于 20ms，抖动低于 200μs；在继电保护场景中，为防止误跳闸，要求网络端到端抖动不超过 50μs；在 3GPP 5G 需求文稿公开的很多工业控制场景中，控制器需要远程控制机械臂完成很多精细的操作，这要求二者之间的时延低于 1ms，抖动低于 1μs 等。传统 IP 网络尽力而为的转发方式赋予了网络统计复用的能力，大大提升了网络效率，但同时也带来了流之间的报文竞争和挤压的问题，导致报文的端到端时延和抖动不可控，从而无法满足上述业务对时延和抖动的要求。

本章在确定性带宽的基础上，将进一步关注网络如何为业务流提供端到端的确定性时延和确定性抖动。时延确定性是指网络要为该流保证确定的端到端时延上界，即对于某条流内的任意一个报文，其在网络中经历的端到端时延均不超过某个上界值。某条流的抖动则是指该流的任意报文可能经历的时延上界和时延下界之间的差值。时延确定性代表了网络能否及时将报文送达的能力。抖动确定性既规定了流的时延上界，又规定了其时延下界，代表网络能否“准时”将报文送达，既不过早也不过晚。区别于带宽统计层面的含义，报文在网络中的时延不确定性和抖动不确定性是由微观时间尺度（通常在微秒甚至亚微秒级别）上的报文竞争所导致的。由于传统 IP 网络尽力而为的转发方式没有考虑报文在微观时间尺度上的相互碰撞和挤压，因此无法保障确定性时延和抖动。传统 IP 与确定性 IP（Deterministic IP，DIP）时延分布示意如图 7-1 所示，在传统 IP 网络中端到端的时延概率分布曲线存在长尾效应，在恶劣情况下，时延上界极大甚至无上界。本章提出一种确定性 IP 转发方法，能够从微观尺度上对报文进行精确调度，实现网络端到端的时延上界可保证。

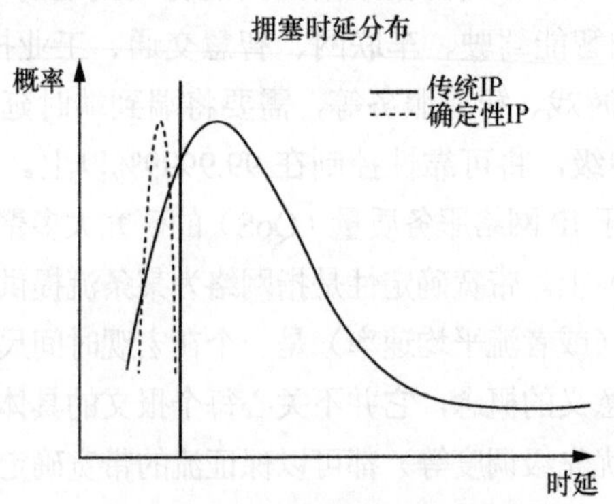

图 7-1　传统 IP 与确定性 IP 时延分布示意

7.1.2 确定性网络业界研究进展

20 世纪 90 年代，IETF 提出了 IntServ（Integrated Service）的架构保障 IP 的 QoS。IntServ 架构通过控制面信令为每条流沿路预留相应的带宽资源；在数据面上逐跳做逐流调度，提供带宽和时延保障，不同的数据面调度方法有着不同的时延性能。一类比较常见的 IntServ 调度方法是基于广义处理器共享（General Processor Sharing，GPS）衍生而来的调度方法，包括 Packetized GPS (PGPS)、WF2Q、VC、SFQ 等。这类算法需要设备维护逐流状态，且需要逐包更新状态，开销很大。另外一类比较常见的是基于轮询（Round Robin，RR）的调度方法，如 WRR、DRR、MDRR、URR 等。这类算法的端到端时延上界可以利用网络演算理论计算得到，但是通常情况下时延上界都比较大，并且随着流数量的增加，时延恶化很厉害。IntServ 类方法可以提供端到端确定性的时延保障，但是都需要网络设备维护逐流的状态，甚至维护逐流队列，因此其可扩展性很差，难以在大规模 IP 网络中使用。

在 IntServ 之后，IETF 又提出了 DiffServ 的转发架构保障 IP 网络的 QoS。DiffServ 的基本思想是在网络边缘设备上将进入网络的流分成各种不同的类型，并为数据包打上不同的类型标记（如不同优先级等），网络中心节点通过检查包头来确定对包进行何种处理。尽管 DiffServ 对某些流量采用高优先级转发，但高优先级流量之间的竞争依然存在，因此仍然无法保障端到端的时延和抖动的确定性。

近年来，随着网络确定性逐渐成为业界热点，IETF 也相应成立了确定性网络工作组（Deterministic Networking Working Group，DetNet WG）。DetNet 主要研究如何在单一管理控制下或在一个封闭管控组内的网络实现确定性保障，更加侧重于 IP 层的确定性转发，通过 IP/MPLS 等技术实现广域网上的确定性。

DetNet 借鉴 TSN 的机制和架构，提供了 3 层端到端的确定性架构设计，包括 3 层路由转发、资源管理、流复制与流合并等。DetNet 数据面协议栈如图 7-2 所示，将网络能力分为了服务子层和转发子层。DetNet 服务子层负责特定 DetNet 服务，如分组排序、报文复制和去重、分组编码等。而 DetNet 转发子层负责通过更底层网络提供的可达路径为 DetNet 流提供确定性的转发，保障端到端的时延。尽管 DetNet 定义了完整的架构，但是其数据面的核心调度技术仍然依赖 TSN 的相关机制，并未定义新的确定性调度机制。目前 DetNet 标准还处于推进阶段，没有在行业组织应用。

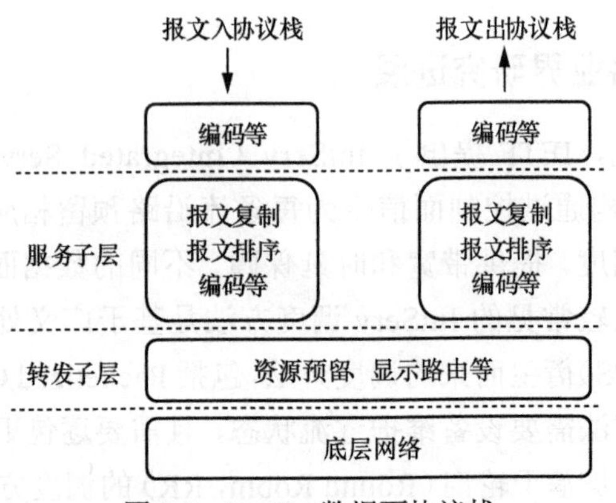

图 7-2 DetNet 数据面协议栈

此外，IEEE 于 2012 年成立了时间敏感网络任务组（TSN TG）。该任务组提出了一系列用于以太网的机制，包括 IEEE 802.1AS、IEEE 802.1Qav、IEEE 802.1Qbv、IEEE 802.1Qch、IEEE 802.1Qcr 等。精准的网络时间同步是基于 TSN 调度机制的基础，在 TSN 协议中，IEEE 802.1AS 基于 IEEE 1588 协议实现了网络设备之间的亚微秒级的时间同步。IEEE 802.1Qav 采用基于信用的整形器（Credit-Based Shaper，CBS）整形机制，通过分配信用（Credit）的方式对高优先级流量进行整形，保证 SRP（Stream Reservation Protocol）协商的预留带宽可以被保障。CBS 方法可以消除突发，减小干扰流量的影响，从而提供确定性时延。IEEE 802.1Qbv 引入基于时间的开关机制（Time Aware Shaping，TAS），通过门控队列开关来保护时间敏感业务的带宽和时延，只有当门控打开时，相应的队列才能被调度。相比 CBS 方法，TAS 可以保证更低的抖动，但是配置较为复杂。IEEE 802.1Qch CQF（Cyclic Queuing and Forwarding）可以看作是 IEEE 802.1Qbv TAS 的一种特例。CQF 通过周期转发方式把端到端时延均匀分布到每一跳节点，从而避免了网络拥塞，实现了确定性时延和抖动。其关键在于选取合适的周期，要涵盖链路的抖动以及干扰流量造成的最大抖动，通过时延代价换取低抖动。这些标准技术要么要求所有网络节点时间同步，要么仅支持短距离链路，要么需要节点维护逐流状态，导致其可扩展性均比较差，难以应用于大规模 IP 网络。为解决该问题，IEEE 802.1Qcr 提出了 ATS（Asynchronous Traffic Shaping）调度机制。ATS 通过逐跳的整形方式“平滑”流量，实现流量的逐流整形，可以保证网络的确定性。ATS 不要求精确的全网时钟同步，对传输距离也没有限制，但其代价是更多的队列缓冲（Queue Buffer）的消耗，并且需要所有网络设备维护逐流状态，因此其可扩展性仍然较差。此外，为了减少低优先级流量对高优先级流量的干扰，IEEE 802.1Qbu 定义了帧抢占机制，允许高优先级的帧打断低优先级帧的传输，由于抢占造成的被打断的低优先级帧会在下一跳被重新整合。

工业界其他保证网络确定性的技术，如 PROFINET、EtherCAT 等，由于采用了特殊的以太网技术，也无法在现有的 IP 网络中大规模使用。

另一方面，用网络演算（Network Calculus）理论来辅助确定性研究和分析也渐渐成为业界热点。网络演算是学术界提出的一种基于最小加代数（Min-Plus Algebra）的确定性排队理论，为网络中排队时延和队列积压等性能参数的确界提供了理论方法。在给定流量输入模型和网络设备服务能力的条件下，基于网络演算理论可以计算出报文在网络中的端到端排队时延上界。网络演算包括两个核心概念：到达曲线和服务曲线。

（1）到达曲线

把某条流活跃过程中的任意时间点定义为 0 时刻，选取任意时间长度 t，如果在$(0, t]$时间段内，该流到达的数据量不超过某个函数$\alpha(t)$，则称$\alpha(t)$是该流的到达曲线。到达曲线描述的是流的到达行为，一条流的到达曲线描述了该流的实际到达流量的上包络，任意时间段内达到的流量均不会超过该包络。在分组网络中，对于一个持续速率为 r 的流，其任意一瞬间可能突发一个大小不超过 b 的数据量，那么其流量到达曲线通常可以描述为

$$\alpha(t) = rt + b \tag{7-1}$$

该模型称为恒定比特率（Constant Bit Rate，CBR）到达模型。CBR 模型是分组网络中最简单的，也是网络演算理论应用时最容易计算的到达曲线模型。

（2）服务曲线

当设备某个出端口队列不空时，以任意时间为 0 时刻，选取任意 t，$(0, t]$内设备处理数据量的下限不低于函数$\beta(t)$，称$\beta(t)$为该出口的服务曲线。服务曲线描述的是设备的服务能力，是设备在某个出口上服务能力的下包络。在队列不为空的时候，任意时间段内设备能够服务的数据不低于服务曲线。通常对于分组网络的转发设备（路由器和交换机等），可以将其某个物理接口的整体服务能力描述为

$$\beta(t) = \max\{C(t-T), 0\} \tag{7-2}$$

其中，C 代表了该接口的总带宽，T 代表了该接口服务第一比特的时延，对于某个接口整体而言，T 通常为 0。对于通过该接口的某条具体的流 i 而言，在该端口上得到的服务曲线为

$$\beta_i(t) = \max\{r_i(t-T_i), 0\} \tag{7-3}$$

其中，$r_i \leqslant C$，代表该流得到的统计服务速率；T_i 代表该流的第一比特得到服务的时延。这在多队列分组网络中很容易理解，当多个队列都不为空时，1 个数据包到达后不一定能够被马上处理，调度器可能需要先调度其他队列，经过 T_i 时间才调度该队列，此后保障该队列的调度总量不低于 $r_i t$。这类服务模型被称为 Rate Latency（RL）模型。目前，几乎所有的调度器都可以被建模为 RL 模型，该模型也是网络演算理论应用时常用到的服务曲线模型。

到达曲线描述的是流的到达行为，是实际到达流量的上包络，任意时间段内到达的流量均不会超过该包络。服务曲线描述的是设备的服务能力，是设备在某个出接口上服务能力的下包络。在队列不为空的时候，任意时间段内设备能够服务的数据不低于服务曲线。对于任意一条流，基于给定的到达曲线和服务曲线，可以分析出该流任意一个比特在网络设备中的排队时间上界。例如，对于某条流，如果给定了其到达曲线 $\alpha(t) = rt + b$ 和某个节点为该流提供的服务曲线 $\beta_i(t) = \max\{r_i(t - T_i), 0\}$，那么该流在该节点经历的时延存在某个上界，该上界值为 $\alpha(t)$ 和 $\beta_i(t)$ 在时间轴上的最大距离 $T_i + \dfrac{r_i}{b}$，即对于该流的任意一个报文，其该节点中经历的排队时延不会超过该上界。本文后续也将会用到这个结论来作为排队时延的指导。

但是该理论只能用于对某种调度方法进行时延性能计算和评估，本身并不提供新的调度机制。

基于网络演算理论，学术界已经证明，对于一般性的通用场景（拓扑和流量可能是任意的），传统的 IP 统计复用转发方式能够给出的端到端时延上界极差，在某些情况下甚至无法计算其上界。当网络直径（流经过的最大跳数）为 h 时，仅当网络带宽最大利用率 $v<1/(h-1)$ 时，可以得到排队时延上界为

$$d \leqslant (e+\tau)h/\left(1-(h-1)v\right)，\text{当 } v<1/(h-1) \tag{7-4}$$

其中，v 为最大链路利用率，e 为节点最大处理时延，τ 为最大初始突发串行化时延（流初始突发总和除以链路带宽），h 为端到端跳数。当 $v \geqslant 1/(h-1)$ 时，则无法计算排队时延上界。此结论并不限于尽力而为的转发，在 DiffServ 转发模式下，对于最高优先级流量同样适用。

此外，近年来学术界在新的调度机制上也有一些研究进展。美国麻省理工学院、斯坦福大学联合 Barefoot、Cisco 等公司提出一种名为 PIFO（Push-In First-Out）的通用调度模型。该模型将队列调度过程抽象为决策报文调度顺序和调度时间两个问题，并根据动态维护的 PIFO 树，允许将报文按照指定条件入队到队列系统中的任意位置。基于不同的 PIFO 树实例，可以广泛地支持几乎所有的调度机制

（包括 WFQ、EDF、SP 等）。美国康奈尔大学的 Vishal Shrivastav 对 PIFO 进行了改进，提出了更为灵活的 PIEO（Push-In-Extract-Out）调度模型。该模型不但允许报文任意入队，还支持根据指定条件将任意报文优先出队，更为灵活。这类新的调度模型可支持广泛的调度算法。但其入队和出队过程需要消耗大量的计算资源来换取更低的操作复杂度，现有的商用路由器并不支持，也难以接受此类开销。

从上述研究可以看出，虽然业界在网络确定性方向上已经有了一些探索，但现有技术要么无法保证真正的确定性，要么可扩展性较差，无法在大规模的 IP 网络中使用，仍然缺乏一种能够同时保证确定性并且可以用于大规模 IP 网络中的确定性调度机制。

7.1.3 确定性 IP 架构

本节介绍确定性 IP（DIP）网络架构。DIP 整体组网架构如图 7-3 所示，该架构分为控制面的网络信息收集、准入控制、资源预留等功能，以及数据面的确定性转发能力。该架构的主要网元角色包括终端系统、入口网关（Ingress Gateway，IGW）节点、出口网关（Egress Gateway，EGW）节点，支持 DIP 能力的核心节点、控制器等。

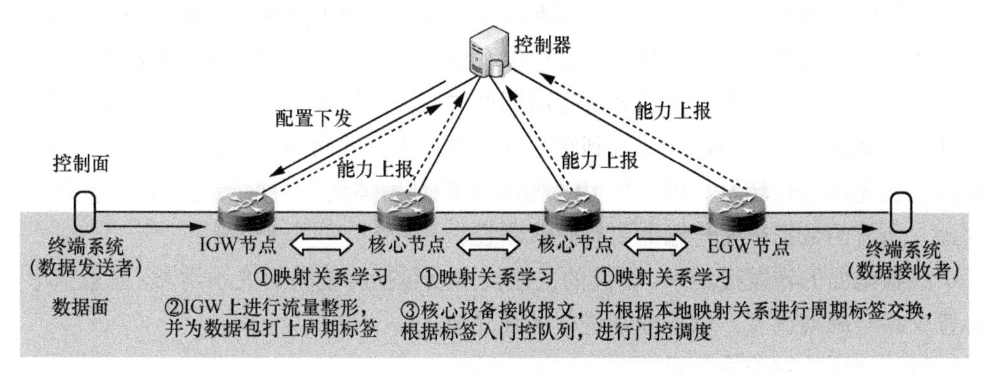

图 7-3 DIP 整体组网架构

这些角色之间相互配合，为符合特定流量模型的数据流提供满足特定时延上限的数据传输。各网元的主要功能如下。

终端系统（数据发送者）：负责按照约定的流量模型约束发出数据报文到确定性 IP 网络边缘设备，以获得和网络提供商约定的确定性服务能力水平保证。

终端系统（数据接收者）：负责接收确定性流。

IGW 节点：负责执行确定性流的准入条件判定，必要时，对进入网络的确定性流量进行整形。负责控制面资源预留信令的发起。

EGW 节点：负责执行确定性 IP 报文转发流程，并参与控制面的资源预留过程。

核心节点：负责执行确定性 IP 报文转发流程，并参与控制面的资源预留过程。

控制器：负责网络拓扑信息收集、流量准入控制、路径规划、资源预留、配置下发等功能。

7.1.3.1 确定性 IP 数据面设计

确定性 IP 网络数据面的总体设计如下。所有网络转发设备，包括入口网关节点、出口网关节点和核心节点，需要对本地时间进行等长周期划分，并保持微秒级周期相对固定，避免节点时钟过度偏移，但不要求节点之间保持严格的时间同步。邻居网络设备之间需要在数据报文发出前通过信令报文进行邻居间周期映射关系的学习，并在本地维护相应的周期映射关系表。在资源预留完成之后，客户端可以发送确定性业务流量报文，用户的流量模型需要满足资源预留的约束。入口网关节点需要维护逐流的状态（由控制面下发），并根据该信息对流进行细粒度的流量整形，然后为报文打上初始周期标签，发送给下一跳。核心设备收到报文后，根据本地维护的周期映射关系表，对报文进行周期标签交换，并根据交换后的新标签将数据报文送入相应的队列进行聚合转发，无须保存逐流状态。每个网络设备都维护着特定数量的门控队列，并对这些队列进行周期性的开关，通过门控调度的方式实现不同周期内报文的相互隔离，保证端到端的确定性。所有的网络设备会对确定性流量按照最高优先级进行转发。确定性 IP 传输的资源预留体现在数据转发路径的节点上。因此，所有的数据报文传输需要绑定该路径。

在数据面的转发过程中，涉及的关键技术点包括周期映射关系学习、流量整形、标签交换与周期调度，以下分别进行详细介绍。

（1）周期映射关系学习

在 DIP 系统中，所有网络转发设备会对自己的本地时间进行等长周期划分，并且要求每对邻居 DIP 设备之间都需要维护一个稳定的周期映射关系，用于指导 DIP 的数据报文转发行为。邻居周期映射关系如图 7-4 所示，假设上游节点 X 的发送周期 x 被映射到下游节点 Y 的发送周期 y，那么由上游节点 X 在周期 x 发出的报文会被下游节点 Y 接收并在周期 y 发送，后续周期依次类推。

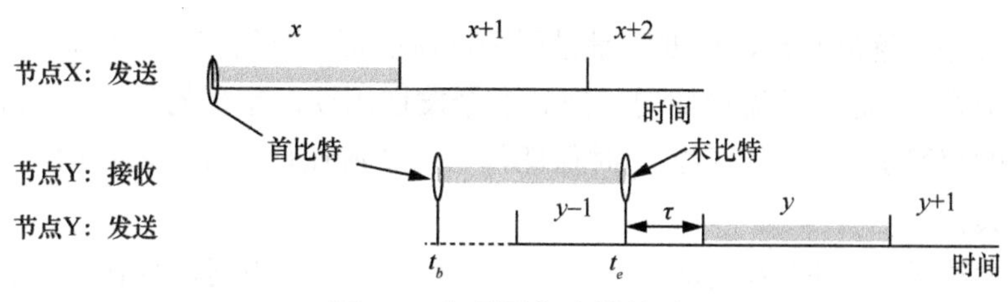

图 7-4　邻居周期映射关系

周期映射关系的构建可以通过控制器进行集中式配置，也可以通过分布式的方式由网络设备自适应学习得到。为保证可调度性，映射关系需要保证节点 Y 在周期 y 的起始时刻之前就已经完整地收到来自上游关联周期 x 的所有数据，即要保证周期 y 至少要在时间 t_e 之后，其中 t_e 为周期 x 发送的最后一个比特的最晚到达时间。基于周期映射关系，下游节点 Y 可以学习到周期映射的差值$\Delta=y-x$，并将此信息保存在本地的周期映射关系表。数据报文在每一跳发送之前只需要携带发送设备当前的周期编号。下游节点收到数据报文后，根据本地维护的周期映射关系表，即可确定收到的报文需要在本地哪个周期转发出去。

需要注意的是，邻居间的周期映射关系需要保持稳定，否则会出现由于映射关系动态变化而导致无法正确入队的情况，这就要求各网络设备要保持较小的时钟误差，避免时钟过度漂移。实际使用中，可以采用 ITU-T G.8261 技术，该技术可以将设备的最大时间间隔误差（Maximum Time Interval Error，MTIE）控制在 300ns 之内，足以满足 DIP 的要求，不再需要设备之间严格保持时间同步。另外，为了方便读者理解，图 7-4 假设 X 和 Y 是直连的。在实际网络中，如果路径上的所有设备都具备 DIP 能力，邻居映射关系很容易设置。如果 X 和 Y 之间存在一些不支持 DIP 能力的节点，那么可以将 X 和 Y 之间的所有光缆和设备抽象成为一根抖动较大的链路，并且通过网络演算的方法计算出相邻 X 和 Y 之间的最大时延和抖动。然后在设备 Y 上通过主动时延的方法将该抖动吸收，建立稳定映射关系。

邻居间自适应的周期映射关系极大地提升了 DIP 在大网的可扩展性。相比 TSN，DIP 不再需要节点之间的时间同步即可学习到稳定的周期映射关系；周期长度的设置和传输距离不再相互约束，可以支持任意长距离的链路和任意小的周期；每个发送周期都可以完全用满来发送确定性流量，不再需要类似保护带（Guardband）等技术，提升了网络可提供的确定性带宽接入能力。

（2）流量整形

IGW 接收用户发送的确定性流量并以最高优先级转发。IGW 在发出用户流量之前会对其进行逐流整形，根据流量模型和逐流的资源预留情况（每周期内为该流预留的字节数），把突发流量均匀分散到多个发送周期。整形的目的是保证流量以一个较小的突发进入核心设备，同时保证任意一条流在每个周期内占用的数据量不会超出为其预留的资源。

DIP 边缘整形如图 7-5 所示。假设所有报文大小均相同，且在资源预留时仅为某条流在每个周期内预留了一个报文的资源，而该流到达 IGW 时的最大突发为 5 个报文。IGW 会将 5 个报文分别放入 5 个周期进行转发。其中，每个周期对应一个门控队列，该队列在周期起始时刻开启并发送报文，在周期结束时刻关闭并停止报文发送。假设业务流 f 到达网络的流量到达曲线为

$$C_f(t)=r_f\times t+b_f,\quad b_f\geqslant r_f\times T \tag{7-5}$$

其中，r_f代表该流的平均速率，b_f代表该流进入网络时的最大初始突发，$C_f(t)$代表该流在 0～t 时间内累计进入网络的数据量。那么经过整形之后，从 IGW 出去的流量曲线满足

$$A_f(t)=r_f\times t+〖\mathrm{b'}〗_f \tag{7-6}$$

其中，$〖\mathrm{b'}〗_f\leqslant b_f$，代表该流整形之后的突发。通过这种整形方式，将流较大的初始突发分散到不同的发送周期，同时降低了流进入核心设备时的突发，保证每条流在每个周期内的数据量不超过为其预留的资源。如果业务流到达 IGW 的实际流量超出了约定的到达曲线 $C_f(t)$，那么 IGW 需要先对超出的部分进行降低优先级或者主动丢包处理，然后对在该曲线范围内的流量进行整形。针对报文大小不同的情况，可以用类似原理以 byte 为单位进行整形。

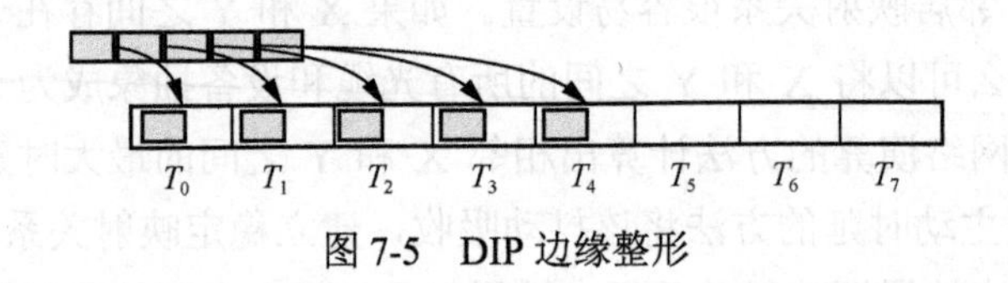

图 7-5 DIP 边缘整形

（3）标签交换与周期调度

经过 IGW 整形之后的流量，会被逐报文打上周期标签（发送周期的周期号），然后发送至下一跳。核心设备收到报文后，根据本地维护的周期映射关系表，对报文进行周期标签交换，用映射后得到的新标签替换报文携带的旧标签，并根据新标签将数据报文放入相应的队列等待转发。后续节点收到带有周期标签的报文，都会按照本地的周期映射关系表进行类似的转发。

周期标签交换如图7-6所示，上游节点Z的周期35映射到下游节点Y的周期89，Z在周期35发送的报文会打上相应的发送周期标签，下游节点Y收到报文后，根据本地映射关系将报文周期标签更新为本地的周期89，并将报文放入周期89所对应的队列中等待调度。类似地，节点X的周期18的报文也会被节点Y更新成周期89的标签并放入相应队列中。

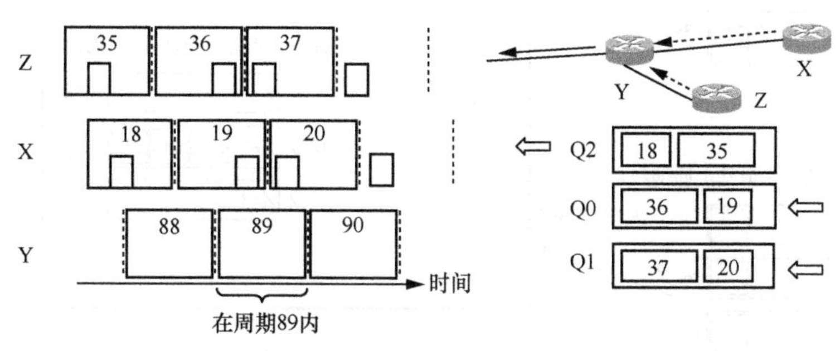

图7-6 周期标签交换

基于周期标签交换的调度机制同时保证了流内和流间的隔离性。同一条流内属于同一周期的报文，在任意跳上都会属于同一周期，而不同周期的报文也不会因为流间竞争碰撞在一起，从而解决了突发累积问题。需要说明的是，在周期标签交换的过程中，核心节点不需要维护逐流状态，每个核心节点只需要识别报文来自哪个上游节点，而不需要关心报文属于哪条流。即使来自不同上游节点的报文，也可能会放到相同的周期队列中进行聚合调度。此外，资源预留过程中会考虑周期数据量的约束，保证任意节点一个周期内的数据量不会超过该节点每周期能够发送的数据总量，因此，属于某个周期内的报文一定能够在本周期内被发送出去。

每个网络设备都维护着特定数量的门控队列，前述机制中的每个转发周期都有一个对应的门控队列，用于接收和发送对应周期的报文。门控队列会在相应周期的起始时刻开启，并在周期末尾时刻关闭。前述机制以自然数编号作为周期编号，在实际使用中，可以通过若干个队列的循环调度实现上述机制。循环队列调度示例如图7-7所示，R1与R2是R3的两个上游节点。所有节点都有相同数量（Q个）的循环队列，本例假设Q等于3。当下游节点R3收到数据报文之后，读取报文里携带的周期编号，并据此查找周期映射关系表。随后R3将报文中的周期标签替换为查表所得到的新标签，并将报文送入本跳相应的队列中等待发送。例如，入周期标签X对应的出周期标签Z+1，报文会被放入周期Z+1对应的队列中。当周期Z+1对应队列排空并关闭之后，该队列空闲，可以用来接收未来的周期Z+4的报文。通过这种方式，每个DIP设备仅需要循环使用个位数的门控队列即可实现上述周期调度机制。以 3 个循环队列为例，10μs 周期调度下每个 10GE 出接口仅需要几十 KB 的缓存资源，大大降低了芯片开销。

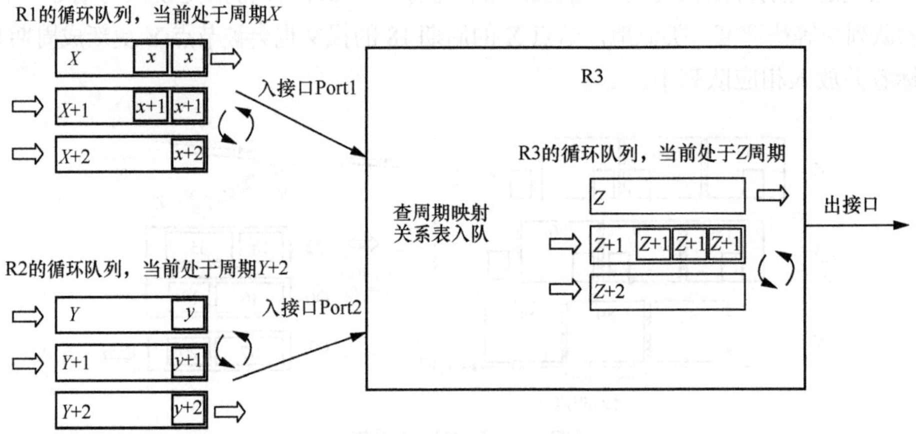

图 7-7　循环队列调度示例

在 DIP 机制下，所有确定性流量都以最高优先级发送，所以对于任意一个发送周期，对应门控队列里的确定性报文总是会在周期起始时刻发送。如果确定性报文没有占满一个周期，那么该周期的剩余时间可以用来调度在其他低优先级队列中排队的流量。与传统的专线等硬管道隔离技术相比，DIP 不但能够为确定性流量提供绝对的带宽保证，还可以在确定性流量空闲时段内，将其带宽资源提供给低优先级流量使用，在保证确定性的同时，仍然保留了传统 IP 统计复用的优势。

7.1.3.2　确定性 IP 控制面设计

控制面主要负责完成网络状态信息收集，并基于网络的资源存量状态完成业务流的准入控制、路径规划、资源预留和配置下发等功能。网络状态信息收集的目标是确定网络中哪些节点、哪些物理接口支持 DIP 的能力，以及各接口当前可用的确定性资源（包括带宽、节点处理资源等），并以这些网络资源作为路径规划和资源预留的约束条件。这些信息可以通过集中式和分布式两种方式完成，具体过程将在第 7.1.4.2 节中给出详细描述。

当网络收到某确定性数据流要求接入的请求时，控制器检查请求中所携带的流量参数和其端到端的时延/抖动需求，并根据这些信息和当前的网络资源状态判断是否能够提供满足该数据流需求的服务。如果决定接纳某条数据流，还需要为该数据流规划确定性的转发路径，并在该路径上进行资源预留。假设业务流 f 到达网络的流量可以用到达曲线 $C_f(t) \leqslant r_f \times t + b_f$ 约束，其中 r_f 代表该流的平均速率，b_f 代表该流进入网络时的最大初始突发，$C_f(t)$ 代表该流在 $0 \sim t$ 时间内累计进入网络的数据量。网络会对在该曲线范围内的流量以最高优先级进行 DIP 机制转发，超出的流量则会被降级或者丢弃处理。记 $\mathcal{G}$ 为所有待决策的目标流集合，$\mathcal{F}$ 为最终被接纳的流集合，$\mathcal{F} \subseteq \mathcal{G}$。记 $R(f)$ 为接纳流 $f \in \mathcal{G}$ 给网络带来的价值，$\mathcal{P}$ 为网络中使能 DIP 的出接口集合，B_p 为出接口 p 的总带宽，$\mathcal{F}_p$ 为经过出接口 p 的流集合，T 为周期长度，b'_f 为流 f 经过 IGW 整形之后的突发。那么 DIP 的控制面准入控制可以归纳为

$$\text{maxmize} \quad \sum_{f \in \mathcal{F}} R(f) \tag{7-7}$$

$$\text{s.t.} \quad \begin{cases} \sum_{f \in \mathcal{F}_p} r_f \leqslant B_p, \forall p \in \mathcal{P} & (7\text{-}8) \\ \sum_{f \in \mathcal{F}_p} b'_f \leqslant T \times B_p, \forall p \in \mathcal{P} & (7\text{-}9) \\ b'_f \geqslant r_f \times T, \ \forall f \in \mathcal{F} & (7\text{-}10) \end{cases}$$

其中，式（7-7）代表了优化目标，以最大化接纳流给网络带来的总价值为目标；式（7-8）为每个 DIP 出接口上的总带宽约束条件；式（7-9）代表了在每个 DIP 出接口上每个周期可服务的资源约束；式（7-10）则代表了整形参数和流平均速率之间的约束关系，保证每条流都能得到不小于其平均速率的服务带宽。从上述数学模型可以看出，DIP 不仅在带宽维度上为流进行了资源预留，而且在时间维度上规定了每条流在每个周期可以使用的精确资源量，保证任意一个周期的可调度性。

DIP 的所有数据报文传输需要绑定确定性的转发路径，相关的转发路径信息和整形策略会由控制器下发到入口网关，核心设备不需要维护逐流的状态，周期内的资源量约束会通过首跳上的逐流整形和周期转发之间的配合来保证。因此，资源预留过程仍然可以利用现有技术（如基于流量工程扩展的资源预留协议（RSVP-TE）等）完成。

7.1.3.3　确定性 IP 端到端性能分析

报文在 DIP 转发机制下的端到端转发时序如图 7-8 所示。由于转发路径和邻居间的映射关系都是固定的，一旦知道该报文在 IGW 上的发送周期，那么该报文在其路径上的任意一个节点的发送周期就都是固定的。假设该报文路径上共经历 h 跳设备（包括 IGW 和 EGW），记 T_b^i 和 T_e^i 分别为该报文在节点 i 上发送周期的起始时刻和结束时刻，其中 $1 \leqslant i \leqslant h$。

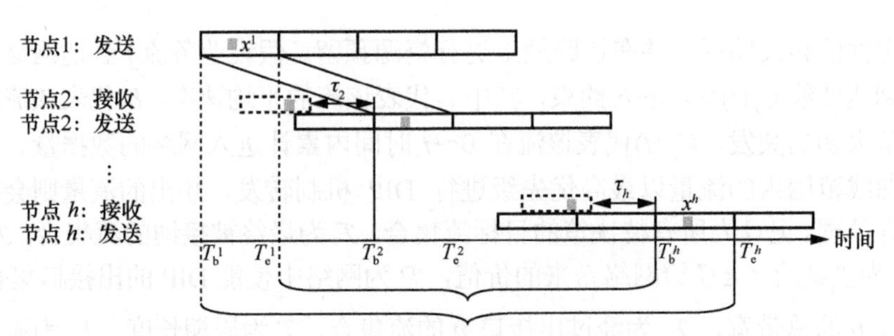

图 7-8　报文在 DIP 转发机制下的端到端转发时序

从图 7-8 中可以看出

$$T_e^i - T_b^i = T \tag{7-11}$$

$$T_b^{i+1} - T_b^i = p_{<i,i+1>} + T + \tau_{i+1} \tag{7-12}$$

其中，$p_{<i,i+1>}$为节点i和节点$i+1$之间的线路传输时延，通常可以认为是一个常数。τ_{i+1}为节点i和节点$i+1$之间基于映射关系学习产生的一个周期相位差值，由于 DIP 总是选择最近的一个完整周期作为映射的目标周期，因此根据$p_{<i,i+1>}$的不同，τ_{i+1}可能会在区间$[0,T]$内取不同值。

从图 7-8 可以看出，对于某个报文，可能经历的最坏情况是，在首跳的T_b^1时刻发送，在末跳的T_e^h时刻发出，最坏时延为$D_{\text{worst}} = T_e^h - T_b^1$。通过迭代计算式（7-11）、式（7-12）可以得到

$$D_{\text{worst}} = hT + \sum_{i=1}^{i=h-1} \tau_{i+1} + \sum_{i=1}^{i=h-1} p_{<i,i+1>} \tag{7-13}$$

对于某个报文，其经历的最好情况是，在首跳的T_e^1时刻发送，在末跳的T_b^h时刻发出，最优时延为

$$D_{\text{best}} = T_b^h - T_e^1 = (h-2)T + \sum_{i=1}^{i=h-1} \tau_{i+1} + \sum_{i=1}^{i=h-1} p_{<i,i+1>} \tag{7-14}$$

式（7-13）和式（7-14）中，前两项代表了报文在网络中经历的总排队时延，第三项是报文经历的总线路传输时延。其中，传输时延和调度机制无关且无法避免，因此这里只关注排队时延。

基于τ_i的取值范围，进一步化简式（7-13）和式（7-14）的前两项可以得到 DIP 机制的端到端排队时延上界、下界分别为

$$D_{\text{queue\_max}} \leqslant (2h-1)T \tag{7-15}$$

$$D_{\text{queue\_min}} \leqslant (h-2)T \tag{7-16}$$

请注意，式（7-15）和式（7-16）分别代表了 DIP 机制下的端到端排队时延的上界值和下界值，但是分别达到这两个值的前提是 τ 的取值是 T 或者 0，因此对于同一条流来讲，由于这两个值不能同时达到。接下来分析对于某一条流，其在 DIP 机制下的端到端抖动性能。结合式（7-13）和式（7-14）可以得到 DIP 的端到端抖动为

$$\text{Jitter} = D_{\text{worst}} - D_{\text{best}} = 2T \tag{7-17}$$

该值仅与周期长度有关，与跳数、设备处理抖动、线路传输距离等均无关。根据主流路由器设备能力，可以将周期设置成十微秒级别大小，即可实现端到端十微秒级的抖动。

以上结论未考虑首跳整形引入的时延和抖动，在工业控制等场景下，以周期性流量居多且没有大规模的突发，以上结论是精确的。对于 Internet 中的确定性流量，可能会出现较大的突发，此时需要在首跳上进行整形，会在式（7-14）的基础上引入额外的整形时延，其值为吸纳最大初始突发所需要的最大周期个数对应的时间，即

$$D_{\text{shaping}} \leqslant \left\lceil \frac{b_f}{b_f'} \right\rceil T \tag{7-18}$$

此外，在实际实现中，如果不引入报文打断机制，会出现某个低优先级报文正在调度的时候，高优先级的门控队列开启的情况，从而导致高优先级报文无法在开启的一瞬间被调度，因此会额外引入一个低优先级报文大小的串行化时延。在实际中，可以在资源预留时将低优先级的影响考虑在内，避免一个周期内无法将高优先级报文完全发送的情况。

从以上分析结论可以看出，DIP 机制的端到端排队时延和抖动性能取决于周期长度的设置。在实际使用中，可以基于 DIP 技术框架，针对不同的业务场景灵活选择合适的周期长度，例如，周期长度可以设置为微秒级、十微秒级、甚至毫秒级，以对应不同的业务需求。

DIP（式（7-15））和传统 IP（式（7-16））转发方法的排队时延对比如图 7-9 所示。从图 7-9（a）可以看出，在相同跳数情况下，传统 IP 的端到端排队时延上界会随链路利用率超线性增长，当利用率达到 25%以上时，将无法计算出时延上界。这意味着，传统 IP 技术必须要用轻载来换取低时延。而 DIP 的时延上界则和链路利用率无关，DIP 在链路满载时的时延上界等同于传统 IP 在 10%轻载时的时延上界，DIP 可接入的确定性带宽是传统 IP 的 10 倍，可以极大提升链路利用率。图 7-9（b）给出了在固定链路利用率情况下，时延性能随跳数的变化情况。可以看出，传统 IP 的时延随跳数增加同样呈现超线性增长趋势，而 DIP 的时延上界则和跳数呈线性关系。

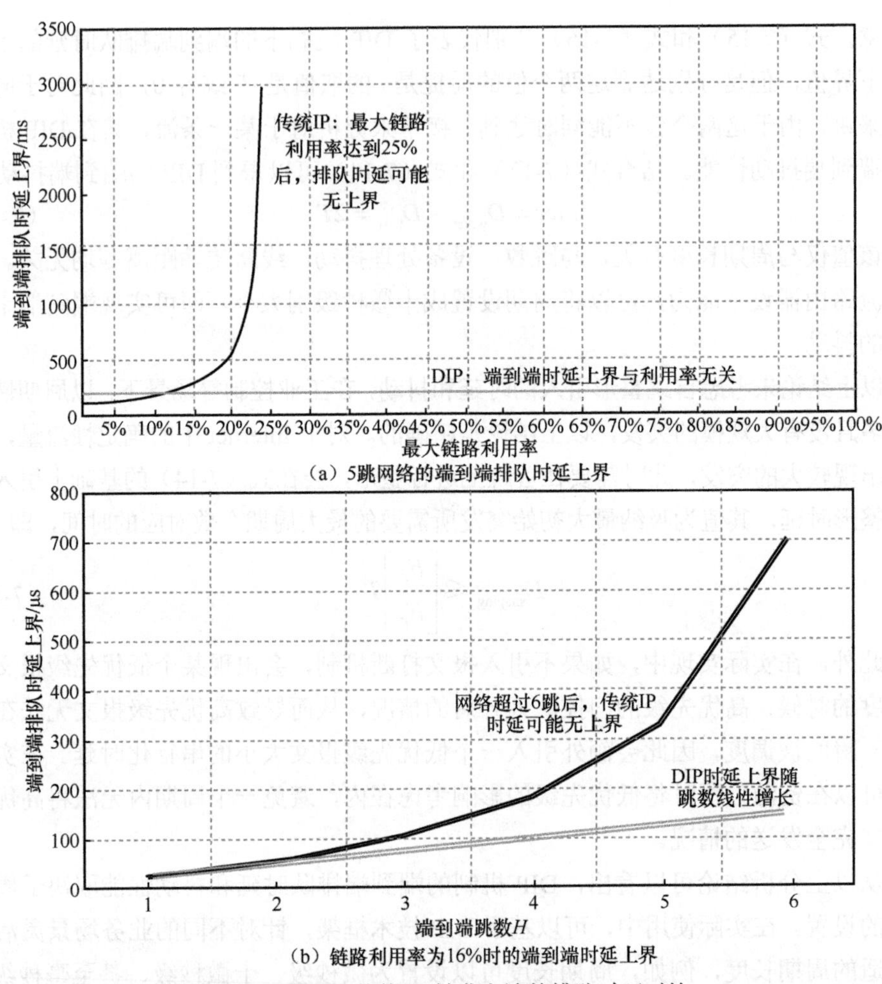

（a）5跳网络的端到端排队时延上界

（b）链路利用率为16%时的端到端时延上界

图 7-9 DIP 和传统 IP 转发方法的排队时延对比

7.1.4 确定性 IP 组网设计

基于第 7.1.3 节的确定性 IP（DIP）网络架构的介绍。本节分别介绍了确定性 IP 支持的集中式组网和分布式组网两种方式。

7.1.4.1 确定性 IP 组网集中式组网设计

集中式组网设计模式是在网络系统中设置专门的网络管理节点。网络软件管理和功能管理都集中在网络管理节点上。

DIP 集中式组网架构如图 7-10 所示。集中式组网架构下，设备接口能力、组网拓扑、可用资源等信息通过控制平面的南向接口上报给控制器。控制器根据用户的流量特征和需求，结合网络当前状态集中式地为所有确定性流量进行路径规划和资源预留，然后将计算结果下发至相关设备。

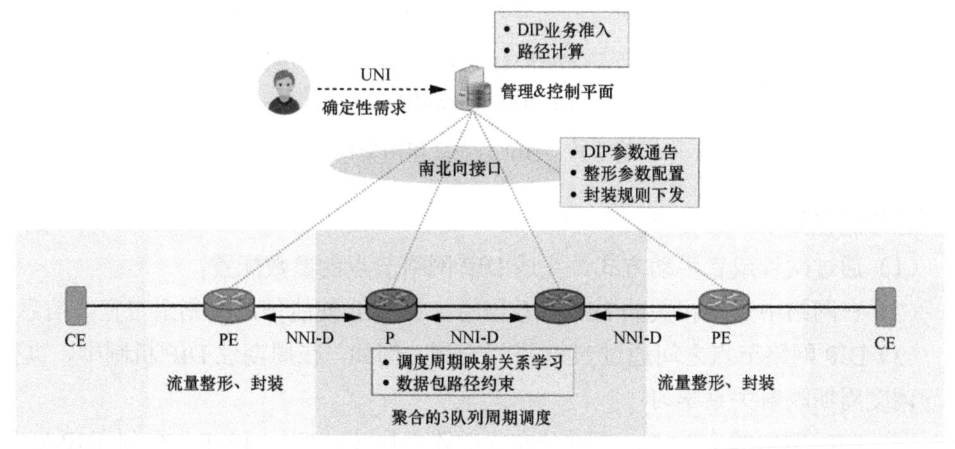

图 7-10　DIP 集中式组网架构

总体流程如下：

（1）控制器进行 DIP 网络节点的参数配置，以及收集 DIP 网络节点的拓扑和节点信息；

（2）DIP 网络节点之间支持通过网络间接口（NNI）进行交互，例如，在周期性 DIP 机制中，执行调度周期映射关系学习；

（3）控制器通过用户网络接口（UNI）收集用户的确定性需求；

（4）控制器通过集中式的算法，进行 DIP 业务的准入控制、路径计算和资源预留；

（5）通过控制接口，控制器下发流量匹配策略以及路径转发策略，同时更新整形参数配置，业务封装规则；

（6）用户的确定性业务数据流量在 PE 节点匹配上述下发的策略，完成封装后，进入配置好的确定性路径，转发到对端。

7.1.4.2　确定性 IP 组网分布式组网设计

DIP 分布式组网架构如图 7-11 所示。

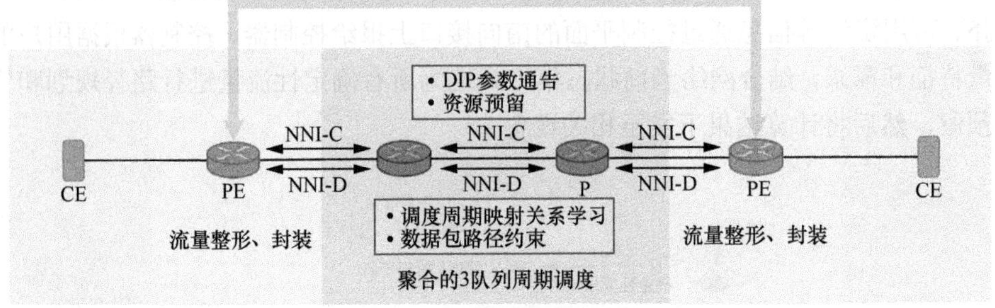

图 7-11　DIP 分布式组网架构

总体流程如下：

（1）通过网管或者手动方式，完成 DIP 网络节点的参数配置；

（2）在网络中通告相关的 DIP 参数信息，如 DIP 使能信息、剩余带宽等信息；

（3）DIP 网络节点之间通过 NNI 进行交互，例如，在周期性 DIP 机制中，执行进行调度周期映射关系学习；

（4）DIP 网络的头节点，通过分布式的路由协议，例如 BGP，得到 DIP-VPN 的业务通告信息，如业务类型、地址可达性、硬管道信息等；

（5）DIP 网络的头节点，根据业务需求以及之前收集到的 DIP 网络信息，进行 DIP 业务的准入计算和路径计算；

（6）用户的业务需求，可以通过数据面封装的方式携带在 IPv6 报文中，带给头节点；

（7）DIP 网络节点生成流量匹配策略，以及建立确定性转发路径，如 MPLS 路径或 SRv6 路径；

（8）用户的确定性业务数据流量在 PE 节点匹配 DIP 网络头节点生成的策略，完成封装后，进入配置好的确定性路径，转发到对端。

7.1.5　确定性 IP 试验验证

本节针对第 7.1.3 节中提出的确定性 IP（DIP）进行了仿真实验和现网测试实验，对 DIP 的可行性和性能进行了验证。

7.1.5.1　仿真实验验证

本仿真实验采用了一个真实的运营商网络拓扑来进行，该拓扑包含 315 个路由器节点。仿真中，周期长度选择了 $T = 25\mu s$ ，所有的链路带宽均设置为 100Gbit/s，并且假设每个路由器节点下都挂载有 1 个主机发送流量。所有实验均采用 OMNeT++环境完成。

第一组实验仿真了 DIP 在稳定状态下的性能，整个仿真过程中没有流的动态加入和离开，并且在所有流的第一个报文都到达接收端之后才开始统计实验结果。在第一组仿真实验中，一共仿真了 22062 条流，每条流的源主机和目的主机都随机生成，并且假设所有的流量都是确定性流量，每周期发一个报文。其中，8997 条流的报文大小固定为 64byte，4342 条流的报文大小固定为 1500byte，其余 8723 条流的报文大小在区间[64byte, 1500byte]内随机生成。仿真流路径路由器跳数分布见表 7-1。

表 7-1　仿真流路径路由器跳数分布

跳数	2	3	4	5	6	7	8	9	10	11
流数	1239	4824	6953	5776	2156	558	295	162	88	11

本组实验观测并统计了各条流的端到端排队时延和端到端抖动，稳定状态下的仿真结果如图 7-12 所示。

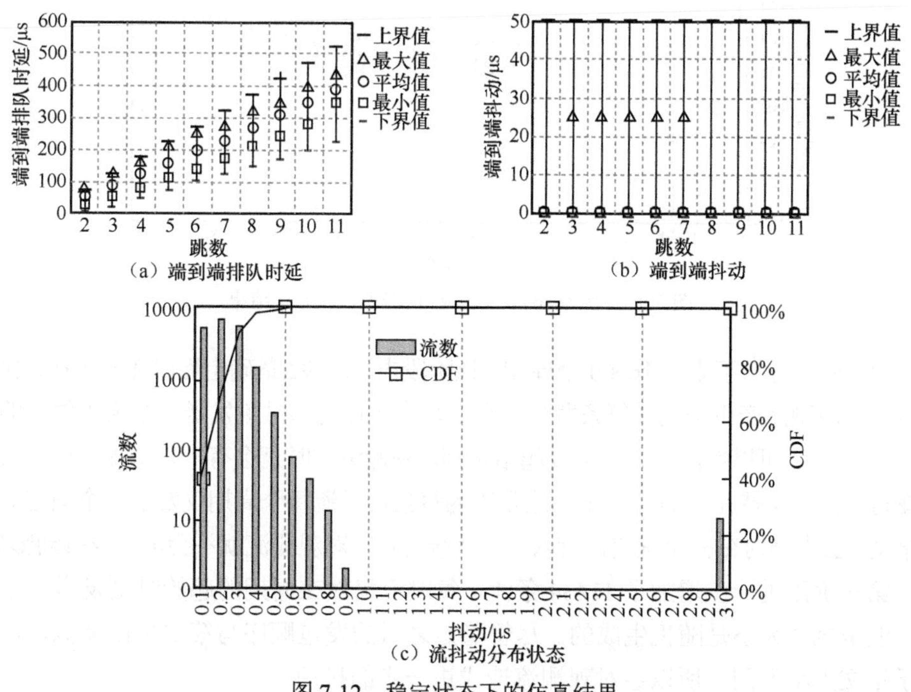

图 7-12　稳定状态下的仿真结果

图 7-12（a）针对跳数相同的所有流的时延进行了统计，可以看出所有流经历的真实时延的最坏情况和最好情况均在理论上界（式（7-15））和理论下界（式（7-16））之间，符合理论性能。图 7-12（b）给出了每条流各自的抖动，即每条流所有报文中的最大时延与最小时延之间的差值，可以看出，所有流的抖动都不超过 50μs，即 $2T$，符合式（7-17）的理论结果。图 7-12（c）进一步给出了所有流抖动的一个分布情况，可以看出，几乎 90%以上的流的抖动都不超过 1μs，仅有 11 条流的抖动超过了 25μs。

第二组实验验证了流动态变化情况下的端到端性能。本组时延分为 4 个阶段，整个实验过程中会有流不断的动态加入和离开。本实验选取了其中某条跳数为 6 的流作为观测对象，并统计了其在各个阶段的报文的端到端时延。

第一阶段包含了发送的前 10000 个报文，该阶段中仅有观测流发包，每周期发送一个大小固定的报文，且无其他任何背景流和竞争流。流动态加入和离开情况下的仿真结果如图 7-13 所示，可以看出，所有报文经历的时延均为 184.2115μs，抖动为 0。

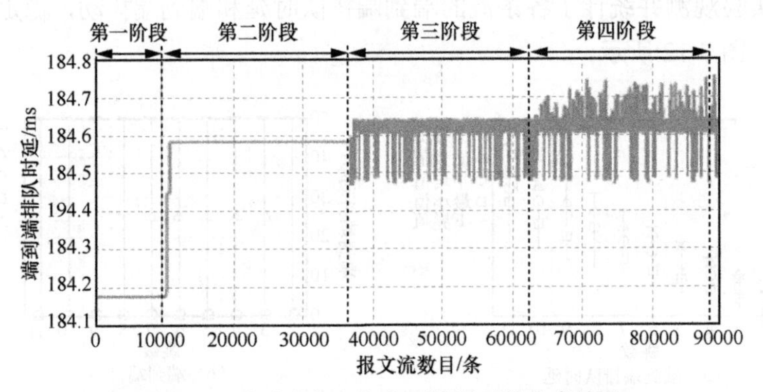

图 7-13　流动态加入和离开情况下的仿真结果

第二阶段为接下来的 16000 个周期。该阶段内，10792 条确定性流随机生成，作为背景流对观测流产生干扰。每条背景流会在每个周期起始时刻发送一个大小固定的报文。从图 7-13 可以看出，在该阶段起始时刻，观测流的时延会有一些增加，但是很快就变得稳定，保持在 184.5855μs。这是因为每条背景流每个周期仅发送一个固定大小的报文，且发送时刻完全确定，所以一旦系统稳定，对观测流就不会再造成抖动影响。

第三阶段进一步增加了 11434 条流，每跳流仍然在周期的起始时刻发送一个报文，但是报文大小是随机生成的。尽管稳定之后的发包顺序与第二阶段类似，但是由于报文大小不同，所以会对观测流造成进一步的抖动。

第四阶段进一步引入了 314×315 条尽力而为的低优先级背景流。尽管从原理上低优先级流不会对确定性流造成影响，但是由于本实验中未使能报文打断机制，所以低优先级报文仍然可能会在每个周期的起始时刻对高优先级报文造成时延影响。因此，本阶段中观测流的流动会比第三阶段更大。

7.1.5.2 基于 CENI 实验床的实验验证

DIP 技术在业界同时实现了端到端的确定性和可扩展性，并在多个价值场景中进行了现网验证测试，获得了很好的测试效果。限于篇幅，本文试举一例验证实验予以说明。

未来网络试验设施（China Environment for Network Innovations，CENI）作为我国在通信与信息领域第一项国家重大科技基础设施，可为未来网络体系架构与关键技术的部署、测试与验证提供开放的、大规模的试验环境。在上述背景下，网络通信与安全紫金山实验室（简称紫金山实验室）、华为网络技术实验室、北京邮电大学以及江苏省未来网络创新研究院，开展了 CENI 与 DIP 的联合研究与部署测试。本实验在 CENI 骨干网络中选取了北京、石家庄、郑州、武汉、合肥、南京 6 个城市部署 DIP 设备，北京–南京千公里环回网络部署图如图 7-14 所示。测试流从南京紫金山实验室出发，经由合肥、武汉、郑州、石家庄、北京节点后再原路返回南京节点的测试仪，沿路途径 11 个 DIP 设备。同时，分别在北京 CENI 实验室和南京紫金山实验室使用测试仪引入干扰流，模拟网络拥塞和流量突发。测试流参数见表 7-2。

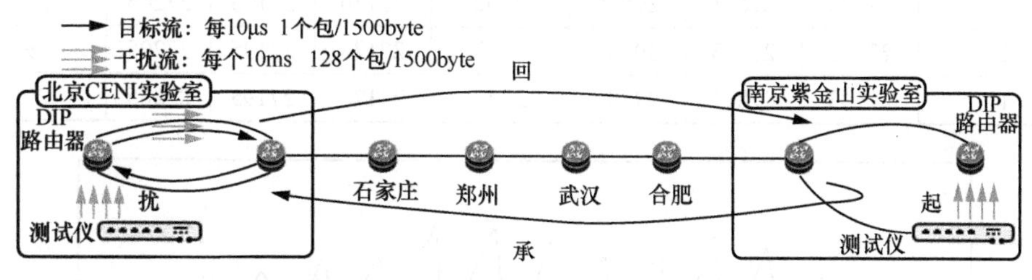

图 7-14 北京–南京千公里环回网络部署图

表 7-2 测试流参数

对比项	速率	报文长度/byte	报文发送间隔/μs	突发（1ms 内发送的报文数量）	接口速率/(Gbit·s^{-1})
目标流参数	1.2Gbit/s	1500	10	/	10
干扰流参数	1.2Gbit/(s·流)	1500	/	128	10

本次 CENI 的测试统计结果见表 7-3，CENI 北京–南京千公里环回网络测试结果如图 7-15 所示，北京–南京千公里环回网络 DIP 测试抖动变化对比如图 7-16 所示。图 7-15 的测试结果显示：目标流经过 11 个路由设备，在干扰流突发的情况下，传统 IP 路由转发尽力而为机制会呈现锯齿形的抖动，而 DIP 转发的时延则十分稳定。北京–南京千公里环回网络 DIP 测试抖动变化对比如图 7-16 所示，可以看出随着干扰流的不断增大，传统 IP 的抖动逐步上升。图 7-16 中的曲线变化是对基于网络演算理论分析的良好印证。

表 7-3　北京–南京千公里环回网络 DIP 测试统计结果

干扰流数量	传统 IP 转发端到端时延/μs				DIP 转发端到端时延/μs			
	最小	平均	最大	最大抖动	最小	平均	最大	最大抖动
1	27142	27146	27196	54	27176	27195	27205	29
2	27142	27152	27513	371	27176	27195	27205	29
3	27142	27162	27831	689	27176	27195	27205	29
4	27142	27211	28148	1006	27176	27195	27205	29
5	27142	27269	28466	1324	27176	27195	27205	29
6	27142	27338	28784	1641	27176	27195	27205	29
7	27143	27388	29102	1959	27176	27195	27205	29
8	27143	27444	29322	2179	27176	27195	27205	29
9	27143	27601	29545	2402	27176	27195	27205	29
10	27143	27713	29766	2623	27176	27195	27205	29
11	27143	27827	29989	2846	27176	27195	27205	29

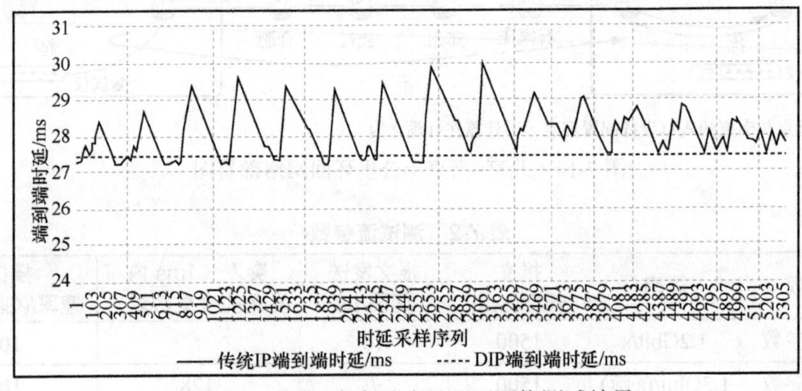

图 7-15　北京–南京千公里环回网络测试结果

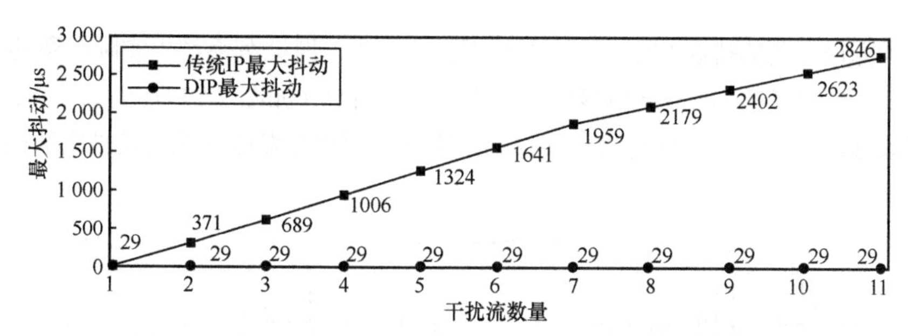

图 7-16　北京–南京千公里环回网络 DIP 测试抖动变化对比

该实验中使用 DIP 设备进行千公里级别的广域网组网，测试路径往返超过 2000km，经过多个设备，仍然可以严格保证稳定的端到端抖动约束，验证了 DIP 技术在大规模网络中的可行性。

7.1.6　确定性 IP 网络演进趋势

第 7.1.1～第 7.1.5 节介绍了确定性 IP 的基本技术原理。在网络业务种类日益繁荣的未来，越来越多的业务可能会有更加差异化的需求。因此，如何基于该基础技术进行相应增量设计，实现更强的差异化能力，以适配更广泛的业务场景，将是一个可能的研究方向。

例如，针对有超低时延要求的工业现场网络场景，可能需要在不同设备上采用不同大小的周期，并配合以相应的周期对接方案，进一步压缩网络的排队时延。又如，很多工业制造场景要求网络提供极致的低抖动（±1μs 抖动），如何在出口网关上的进一步设计实现周期内的流间隔离，也是一个值得研究的问题。再如，某些场景下需要实现业务的实时接入和退出，可以结合流量模型学习和业务场景极值估算，在流量接入前提前规划流量路径，实现流量极值范围内的业务免编排实时接入，从而避免频繁地与控制面交互来完成准入控制。再如，针对 TSN“孤岛”之间相互连接的场景，DIP 的周期可以与 Qch 的调度周期无缝对接，实现 TSN 的跨 IP 连接。此外，针对 5G URLLC 等场景，还可以通过 DIP 周期与 5G 空口时隙之间的联合调度使能端到端的确定性，提升 5G 空口的接入能力等。这些都是值得进一步研究的价值场景，可以在 DIP 基本机制基础之上进行相应的增量设计以适配不同业务场景，限于篇幅，此处不再一一展开。

另外，网络演算理论近年来逐渐成为学术界和工业界共同关注的研究热点，基于现有的网络演算理论可以为确定性方向的研究提供指导和思路。例如，学术界有人提出过基于网络演算理论的 Damper 调度模型，如图 7-17 所示。该调度模型利用网络演算理论计算每一跳的排队时延上界，并根据报文在上一跳队列系统中实际停留的时间，将报文在下游设备的 Damper 调度模型中进行主动时延（如图 7-17 所示），使得总时间对齐到该时延上界，从而保持流量波形逐跳不变，解决突发度逐跳增长带来的问题。

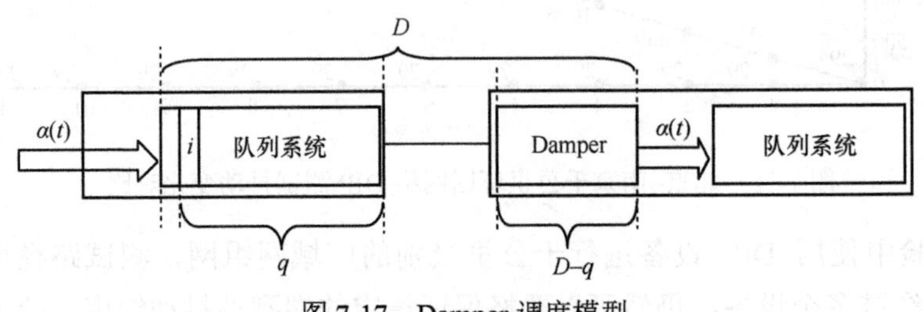

图 7-17　Damper 调度模型

再如，可以根据网络演算理论作为指导，设计每跳的截止时间（Deadline），然后在逐跳设备上基于截止时间进行最早截止时间优先（Earliest Deadline First，EDF）调度。EDF 的基本思想是以报文携带的绝对截止时间作为调度优先级标准，截止时间更紧迫的报文调度优先级更高。基于此思路可以在保证绝对时延上界的前提下，同时尽可能地降低平均时延。

此外，学术界也在研究另一种新的网络演算理论，即随机网络演算（Stochastic Network Calculus）。传统的网络演算通过确定的到达曲线和服务曲线描述数据流和节点服务模型，因此也称为确定性网络演算。其分析的是最坏情况下的网络性能，尽管这种情况发生的概率可能极低。相比之下，随机网络演算则通过概率模型描述网络中的数据流和节点提供的服务特性，能够提供端到端概率性的时延上界。在音频/视频等应用场景中，并不关注最坏情况下的时延上界，而更关注大多数情况下网络能够保证的时延性能，因此随机网络演算更有优势。近年来，随机网络演算在实际网络中的使用正成为一个研究热点，对网络 QoS 的研究具有重要的理论意义和应用价值。

7.2 网络自组织协议

7.2.1 网络自组织需求

在园区的企业数字化转型过程中，IT 与 OT 融合，用户终端从数量有限的办公设备扩大到海量的物联网（Internet of Things，IoT），大量 IoT 终端接入园区网络，使得园区网络规模越来越大，且无线化和移动化接入成为常态，园区网络典型拓扑如图 7-18 所示。未来单园区须实现网络节点数超 4 万、终端节点数超 40 万的超大规模组网，对网络自组织协议和架构带来挑战。

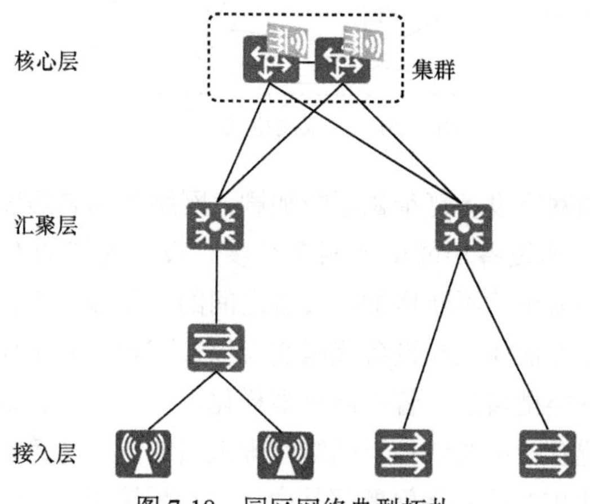

图 7-18　园区网络典型拓扑

在数据中心，随着企业业务上云以及高性能计算、人工智能、分布式存储业务的普及，云的计算和存储需求呈现爆发式增长，大量的服务器在公有云中部署，超大规模的数据中心网络（其典型拓扑如图 7-19 所示）一般需要数千台交换机将十万级数量的服务器高速连接入网。

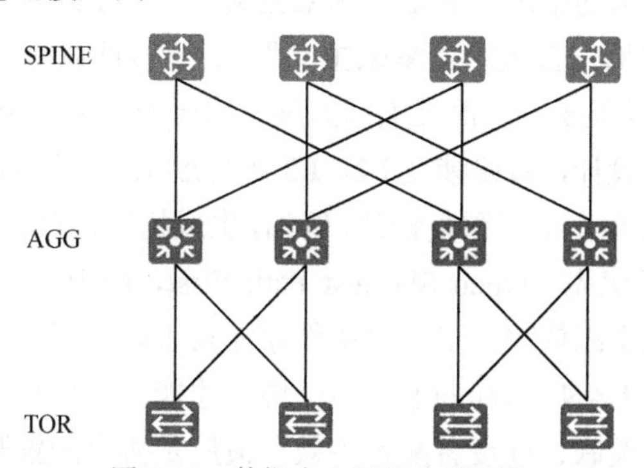

图 7-19　数据中心网络典型拓扑

对于广域网络，在园区网络和数据中心网络不断膨胀的趋势下，园区和数据中心之间的流量也越来越大，作为连接园区网络和数据中心网络的高速公路，需要更高带宽的连接来应对这样的趋势，因此广域网络（其典型拓扑如图 7-20 所示）规模也逐渐扩大。

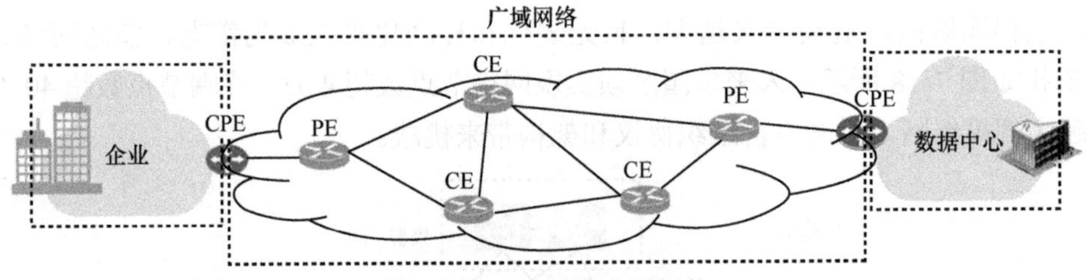

图 7-20　广域网络典型拓扑

随着网络规模和网络设备复杂化不断加剧，网络的部署难度也越来越大，主要体现在设备数量增加和设备功能增加两个维度。设备的增加不仅体现在数量的增加，还体现在种类和需求的不断增加，设备之间的协作和干涉也更加复杂不受控。网络设备功能的不断增加体现在设备代码实现以及配置的复杂化，以及网络管控的维度增加，管控业务类型增加，管控需求多样化，可达性占比越来越小。

当前的网络配置管理主要依赖于网络管理人员的人工决策和配置，人工配置容易造成误配置，超过 95%的网络问题都是由于错误配置引起。同时，网络时刻处于动态调整中，配置修改频繁，网络的复杂性在不断加剧，一个网络的搭建需要多个设备协同配置才能完成，缺乏全局观和多维度协同。对于网络配置是否达到预期的不确定性，网络管理人员之间缺乏沟通和信息共享，复杂的网络结构可能出现各种故障，对于网络人员的技术和素质要求在提升。网络管理人员配置面临着瓶颈。

当前网络协议复杂的根因主要是“拿来主义”、“补丁式”发展。例如，由于园区网络内协议体系架构一直采用“拿来主义”，随着时间累积，其协议体系变得规模较大、协议混杂、功能臃肿，很难支撑大规模园区组网的需求。首先是协议众多，未有针对性协议体系设计，协议涉及 L2、L3 等超过 15 个控制协议。其次是功能冗余，不同协议、层次间存在很多重复设计，例如，生成树协议（Spanning Tree Protocol，STP）、开放最短路径优先（Open Shortest Path First，OSPF）协议都有生成树的过程。协议之间还存在交织依赖，多协议协作才能实现单一组网需求，如需要同时使用 LLDP、DHCP、VLAN、Netconf 等多个协议才能实现拓扑管理；业务与网络部署无明显界限，耦合关联、逐设备配置生效。最后是协议配置开局需要深度人工参与，多协议独立配置，烟囱式管理，用户深度参与从业务到底层网络的规划、管理、控制的管理模式不可持续。

随着网络和网络设备的复杂化加剧，网络设备功能和数量不断增加，业务类型多样化，运营商管理需求增加，这导致运维的成本增加远高于收入的增加，因而网络运维方有强烈的降低或者转移网络复杂性的需求。网络运维需要的是管理简单、易于维护，但能满足各种特定需求的网络设备和网络。下一代网络自组织的演进趋势需要让设备实现尽量多的自组织、自管理的技术，把网络运维管理的复杂性降低。把网络的复杂性留在网络内，网络对外（包括对网络管理员）简单易用。因此网络自组织技术需要提供如下能力。

（1）网络自发现能力：网络要实现自组织，需要具备自我发现拓扑的能力，包括链路、设备，发现的拓扑可以是局部的或者整网的。

（2）网络自路由能力：根据自动发现的拓扑，构建从中心到达各个非中心节点以及非中心节点间的独立通道，该通道与业务路由通道完全独立。

（3）网络自配置能力：根据整网拓扑和最小化配置的预设信息，自动生成整网逐设备配置，通过永远在线的独立通道下发配置与使能。

（4）网络安全接入能力：任何接入网络的设备都必须经过认证，保证安全可靠。

7.2.2 网络自组织研究进展

以太网从发明之初就天然携带自组织属性，传统的以太交换基于媒体接入控制（Media Access Control，MAC）地址寻址，当网络设备通过目的 MAC 查 MAC 表时，若表项不存在，则判断为未知单播报文，进行广播复制，从广播域内的所有端口发送该报文，只要该目的 MAC 对应的终端有报文发送到设备，该设备即可学习到目的 MAC 对应的 MAC 表，因此无须进行任何配置即能实现数据面的互通。但随着网络规模的扩大以及网络业务的增加，通常网络设备需要进行配置才能实现业务目标，例如，为了限制广播域范围配置 VLAN 子网；为了互访控制配置访问控制列表（Access Control List，ACL）等。网络设备的配置管理一般有两种方式：一种是网络设备提供物理管理网口，接入管理网络，通过静态配置或者 DHCP 的方式获取管理 IP，然后再通过 Telnet、简单网络管理协议（Simple Network Management Protocol，SNMP）、Netconf 等管理协议进行带外管理；另一种是业务网络和管理网络合一，通过为管理面创建独立管理 VLAN，在满足与业务网络隔离的条件下实现带内管理。由于后者无须专门部署物理管理网络，成本相对低廉，因此逐渐成为主流部署方式。

LLDP+VLAN+DHCP 方式网络自组织如图 7-21 所示，是当前带内管理的一种主流网络自组织方法。管理员首先登录核心设备通过命令行界面（CLI）配置控制器的地址。其次登录控制器，通过图形化界面添加设备，指定设备角色，配置管理 VLAN，Underlay 使用的 IP 地址段、VLAN 段。然后控制器和核心设备建立连接，并向核心设备下发配置，包括基于管理 VLAN 的 DHCP 服务器以及用于发现汇聚设备的管理 VLAN；核心设备与汇聚设备协商，发送 LLDP 报文，携带管理 VLAN 通知汇聚设备，汇聚设备基于管理 VLAN 使能 DHCP 客户端，获取管理地址和控制器地址；控制器和汇聚设备建立连接，并下发配置，核心和汇聚上报连接关系拓扑，控制器自动编排 Underlay 配置，包括端口需要加入的互联 VLAN，所需配置的 VLANIF 和 VLANIF IP，所需配置的 Loopback 口和相应 IP。最后汇聚设备发送 LLDP 给下层接入设备，重复上述流程，直至所有设备上线并完成配置。

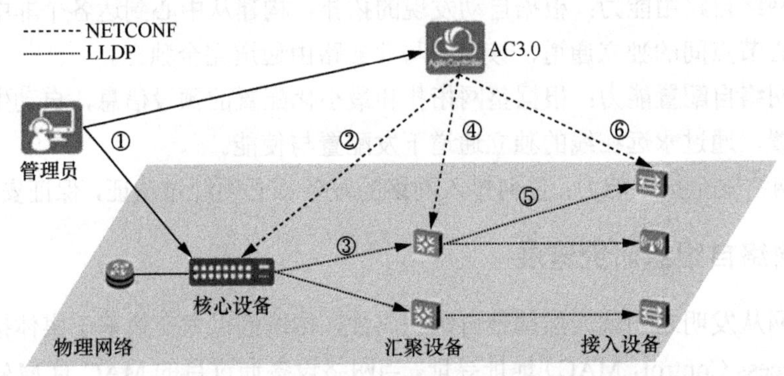

图 7-21　LLDP+VLAN+DHCP 方式网络自组织

L2 管理平面的问题是组网规模受限，其通过配置独立管理 VLAN，当组网规模较大时，管理网络广播域过大，无法支持大规模组网。因此后续业界又提出了基于 L3 的管理网络，也就是通常大家了解的零配置部署（Zero Touch Provisioning，ZTP）方案。ZTP 通过强规划的拓扑连接设计好每个端口的 IP 地址、设备的管理地址、路由以及每层的 ZTP 端口，最上层设备预先手工上线与纳管，已上线和完成配置的设备通过 DHCP Relay 的方式为下层设备的端口分配临时管理地址，下层待上线设备通过 DHCP Option 获取控制器地址，用临时 IP 与控制器连接，被控制器纳管，通过逐层上线的方式实现整网设备上线和配置完成。ZTP 流程示例如图 7-22 所示。ZTP 的主要不足首先是其需要拓扑强规划：不支持灵活拓扑即插即用，即需要严格强规划拓扑连接；导入控制器，控制器根据强规划的拓扑连接生成配置；组网时，物理连线需要与规划完全一致，否则设备无法上线。其次，ZTP 业务网络适配性差：由于 ZTP 依赖业务网络为 L3，当业务网络为 L2 时，ZTP 不支持；ZTP 设备端口默认 L3 启动，用于 L2 网络时，需要手工中断 ZTP。此外，由于 ZTP 依赖多个组件、多个协议强时序依赖协同工作，任何环节出现问题都可能导致 ZTP 失败，且难定位。最后，需要分层开局，下层设备依赖上层设备路由打通，导致开局时间长。

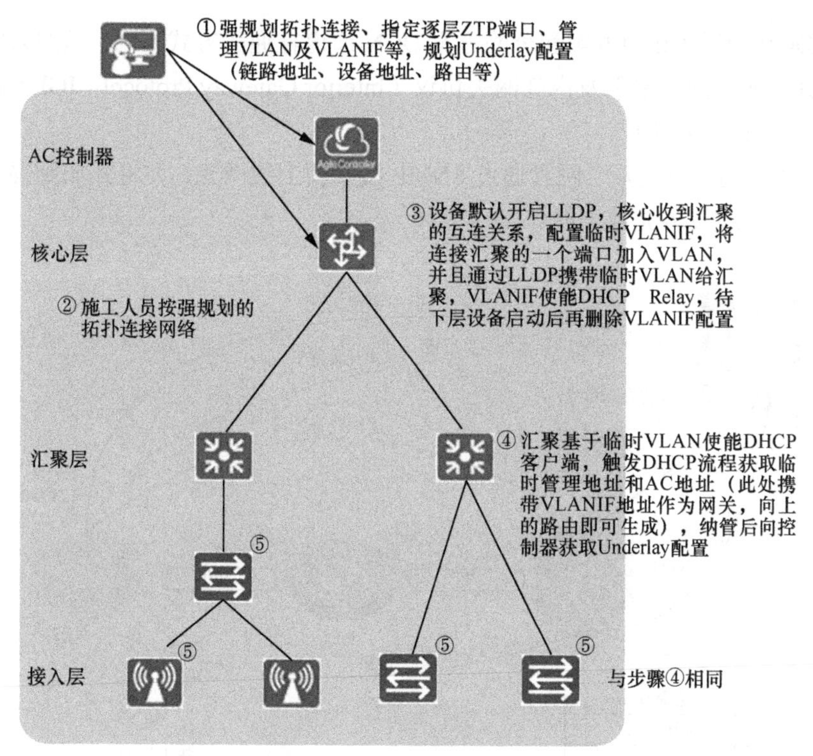

图 7-22　ZTP 流程示意

在其他场景，也产生了相应的网络自组织技术，如接入传送网（Access Transport Network，ATN）接入场景的数据通信网络（DCN）自通技术。DCN 主要解决大规模设备上线时，开局需要进站软调问题。DCN 自通流程如图 7-23 所示。

（1）用户在网管上选择网关网元（GNE）。网关网元需要选择在网管上可管理的，且和待上线网元可以通过 DCN 自通协议通信的设备（GNE）到待上线设备之间的所有设备，包括网关网元和待上线设备，都可以使能 DCN 自通协议。

（2）待上线设备上线后，网关网元的 DCN 自通核心路由表通过 DCN 自通协议（私有扩展的 OSPF 协议），学习新上线设备的路由。

（3）网关网元通过 Trap 向网管通知有新设备上线。

（4）网管收到消息后，通过远程登录网关网元，再在网关网元上远程登录新上线网元，然后通过核心路由表以及 LLDP 发现新上线网元的拓扑关系，并将该设备显示在 DCN 视图上。

（5）用户在 DCN 拓扑上看到新上线网元后，通过网管触发打通网管到新上线网元的 DCN 通道（私网方案和公网方案 DCN 通道打通的方式不同，私网只需要下发网元 IP，而公网需要下发内部网关协议（Interior Gateway Protocol，IGP）路由配置以及接口 IP 地址等）。

（6）管理通道打通后，网管通过 SNMP 搜索新上线网元，并将其加到物理拓扑上，到此新上线设备完成上线。

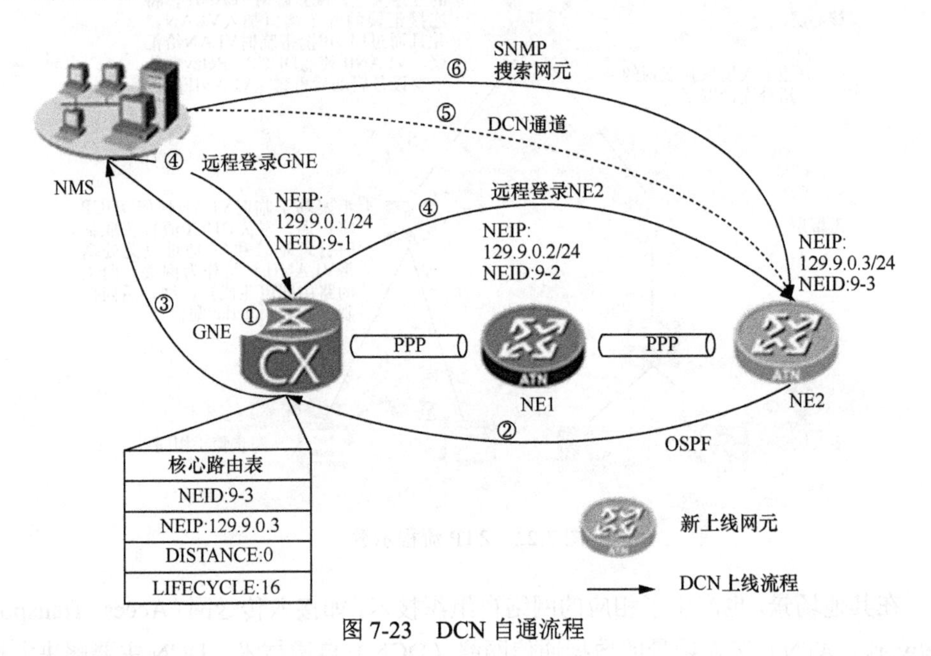

图 7-23 DCN 自通流程

7.2.3 网络自组织架构

7.2.3.1 网络自组织基本架构

网络自组织协议 Self-X 是面向网络基础设施自组织和服务代理自组织的协议体系。网络自组织通过增加设备智能，降低人工运维的复杂度。网络自组织希望事件可以自动触发，网络内部对于事件可以做到闭环决策，仅保留最小抽象人工干涉能力。自组织网络内的路由器设备支持采取分布式的方式传递、交换更多的信息，同时支持多点协商决策的方式替代单点独立决策，解决分布决策的一致性问题。

Self-X 遵从自主网络集成模型和方法（Autonomic Networking Integrated Model and Approach，ANIMA）框架采用双层架构实现，Self-X 自组织网络架构如图 7-24

所示。ANIMA是IETF制定的一个新的协议族，主要目的是解决网络自主化的问题，主要由华为和思科共同推进。Self-X技术主要是基于ANIMA架构进行开发，是ANIMA协议族的一个落地实现。ANIMA中的“网络自组织”主要包括3个方面：首先是分布式网元具有自管理特性（自配置、自保护、自愈、自优化等），能够动态适应不可预知的网络变化；其次是自组织网络能够形成闭环控制，来完成整个网络（功能）的生命周期（如安装、运转、操作等）；最后，自组织功能以分布式的方式、通过标准协议在多个网元之间运作。ANIMA框架支持与现有的自组织模式共存/协作，主要是自组织功能可以接受集中式方式产生并下发的指令/策略；并且能够给集中式的管理系统上报信息；同时自组织功能要能够与非自组织的管理模式共存。

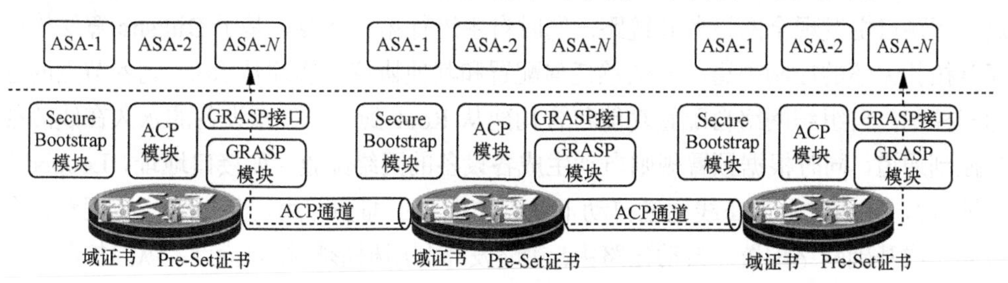

图7-24　Self-X自组织网络架构

Self-X的目标是通过网络自动化手段，使用自组织拓扑构建用以降低运营开销；使用自组织网络配置，降低运维操作复杂度；使用自动化路由与策略发布，优化服务质量；使用自动化用户接入，优化用户体验。Self-X根据组网特征和业务特征，通过颠覆式创新，将传统15+网络侧控制协议变为唯一控制协议，真正做到协议在管理面、控制面、数据面的最精简设计。

Self-X的上层是自主服务代理（Autonomic Service Agent，ASA），相当于交换机内置的App，基于通用自组织信令协议（Generic Autonomic Signaling Protocol，GRASP）用分布式交互的方式完成网络管理任务。ASA之间的内容交互使用GRASP。Self-X的下层是自组织网络基础设施（Autonomic Network Infrastructure，ANI），包括以下3个功能。

- 远程安全自启动秘钥基础设施（Bootstrapping Remote Secure Key Infrastructure，BRSKI）：安全启动，完成新设备加入域的认证，并给其分配域证书。对于安全入网，也可采用内生安全的极简入网机制。
- 自动控制平面（Autonomic Control Plane，ACP）：设备之间建立hop-by-hop的加密IP隧道，形成一个稳定的管理VPN，在该VPN里面使用RPL实现多跳设备之间的互通。

- GRASP：ASA 之间交互的标准信令协议，默认在 ACP 管理面内运行，保证安全性。

Self-X 技术通过两层功能协作，实现网络自组织与自配置、差错自发现、自诊断及自修复，简化管理，减少人为错误，降低运维成本。分布式 Self-X 技术具有高扩展性、高稳健性和局部性能优势，适用于大规模园区、数据中心、广域网等需要网络高度自动化的场景。

Self-X 主要用于四大基础功能，自组织拓扑构建、自组织网络配置、自动化路由&策略发布和自动化用户接入。自组织拓扑构建支持指定 Root 设备，以 Root 为根节点，逐跳自主发现全网设备和链路；同时自主进行拓扑计算，基于 Dijkstra 算法构建任意拓扑无环的控制通道，不依赖任何配置和其他协议，实现从 Root 到各节点的互通和控制。自组织网络自配置功能包含构建从 Root 到全网任意设备的永久在线的独立控制通道，同时根据预置规则自动生成各设备的网络配置（如接口地址、Loopback 地址等），并通过永远在线通道自动下发，实现真正即插即用，免规划、免配置，全自动完成基础网络配置。自动化路由&策略发布利用树形拓扑的特点，纵向扩散用户信息（如 ID、安全组等），每个网络节点仅存储其子树范围内的用户信息。基于用户 ID 路由，ID/Loc 分离，用户上线自动生成用户路由和策略，免传统 Underlay 控制协议，O/U 合一，两层变一层，协议极简。自动化用户接入功能支持用户上线接入节点自动学习用户所有相关信息，包括 ID、路由（Next Hop）、安全组以及对应策略，形成映射，基于 ID 即可查到路由、安全组、策略信息。随着用户移动，ID 不变，基于用户 ID 路由，无须向其他虚拟隧道端点（Virtual Tunnel End Point，VTEP）同步用户位置，只需更新上游设备的 ID 转发表，实现用户自动化极简接入。

7.2.3.2 网络自组织技术优势

L2 管理 VLAN 自组织技术存在的问题如下。

（1）组网规模受限

- 组网需要配置管理 VLAN，由于单 VLAN 广播域受限，无法支撑大规模组网。
- 通常采用树形组网，拓扑受限。

（2）网络扩容和设备故障替换场景无法 ZTP

管理子网无法穿透已有的 3 层网络，无法自动打通管理面，设备无法自动上线和配置，需要人工干预。

（3）控制器和设备交互依赖多，易出错

- 控制器和设备交互时，时序存在依赖，故障点多。
- 开局强依赖控制器，场景受限。

ZTP 自组织技术方案的缺点如下。

（1）无法支持拓扑免规划和灵活拓扑即插即用

- 需要严格强规划拓扑连接，导入控制器，控制器根据强规划的拓扑连接生成配置。
- 依赖控制器强规划拓扑，物理连接需要与规划完全一致，否则设备无法上线。

（2）无独立管理平面，设备脱管风险高

业务通道与管理通道耦合，当业务通道协议层断开时，设备脱管，需要频繁上站，成本高。

（3）多组件、多协议依赖，稳健性差，开局时间长

- 多组件、多协议、多脚本强时序依赖协同工作，任何环节出现问题都可能导致 ZTP 失败，且难定位。
- 多组件、多协议强时序协同工作，下层设备依赖上层设备路由打通，必须分层开局，时间长（小时级）。

DCN 引入园区网络和数据中心网络的问题如下。

（1）当园区网络规模较大时，单 OSPF 域无法支持（一般单域支持 500 个节点），需要分域，但设备尚未纳管，无法分域。

（2）工作在三层，需要发起子接口、建设独立虚拟专用网路由转发（VPN Routing and Forwarding，VRF）、生成接口地址等，依赖多种配置和协议，IGP 本身故障会导致 DCN 不通。

总结而言，Self-X 相较于其他自组织方面，技术优势主要有以下 3 点。

（1）独立通道，永远在线：不依赖于业务 3 层路由，不依赖于额外的控制面网元，高可靠、高稳健性。独立于业务通道的基于物理端口源路由的第二通道，实现类似远程串口的能力，最大可能减少上站，降低成本。

（2）真正即插即用，免规划、免配置、全自动打通基础管理：不预设拓扑，不依赖任何配置获取真实物理拓扑，根据物理拓扑生成配置。真正任意拓扑即插即用，可灵活调整拓扑，避免场景限制（如施工限制、设备物理端口无法 UP 需要调整端口等）。

（3）多模式支持，高扩展，高稳健性：支持有无控制器场景，支持 L2/L3 业务模式，支持复杂场景、复杂拓扑。Root 可根据自动收集的整网拓扑自动生成与下发

Underlay 配置，设备自生成配置，单一协议，网络设备可自身完成 Underlay 使能工作，并且设备上线无先后依赖关系，可同时自组织上线，开局时间短。

7.2.4 网络自组织技术实现

7.2.4.1 ACP

ACP 的目标为定义自组织网络的管理平面，该管理平面应该尽可能实现自管理而不依赖配置。ACP 除了作为自治网络的控制面外，同时提供一个 hop-by-hop 的、基于 IPv6 自配置的安全加密的独立带外运行、管理与维护（Operation, Administration and Maintenance，OAM）通道，其与数据面无关，永久可达，在数据面失效或路由变更时，对管理通道毫无影响，使得管理平面稳健性更强。

ACP 服务目标如下：

（1）为自动化 Functions 提供安全通信，如 GRASP；

（2）控制器/网络管理系统（Network Management System，NMS）使用 ACP，能够远程的、安全的 Bootstrap Network，即使数据面（Data Plane）没有配置；

（3）通过 ACP，使用 SSH、Netconf 对设备进行连接与管理，可无视设备数据面的配置正确或错误。

ACP 设计需求如下：

（1）可靠连接，尽可能与地址配置、路由配置无关；

（2）独立的自主管理的地址空间，与数据平面不相关，且不可修改；

（3）与任何协议解耦，足够通用；

（4）提供安全方式，实现节点认证和通道加密。

ACP 主要包括以下过程（包括部分 BRSKI 流程）。

（1）新设备加入自动网络（Autonomic Network，AN）。

1）新设备发送一个 Hello 消息给邻居，此时邻居刚好是一个 AN 的一部分。

2）Hello 消息中包含了新设备的统一设备标识（Unique Device Identifier，UDI）；

3）已经加入域的邻居作为代理，允许新设备加入这个 AN Domain。邻居将 Domain 信息通告给它的 L3 邻居。

4）一旦接收了来自邻居的 Hello 消息，且检测到 UDI 信息，那么新设备就已经通过了 Registrar 的验证。

5）新设备将它的域信息通过 Hello 消息通告给所有的邻居。

（2）Registrar 分配 Domain Certificate。

1）验证新设备以及允许自己管理的设备加入 Domain。

2）任何使用 UDI Certificate 与 Registrar 通信的设备将会被邀请加入这个 Domain。

3）Registrar 会给设备派发一个利用 Domain Name 生成的 Domain Certificate。

4）Registrar 会给每个设备维护状态 Accepted/Pending/Quarantine。

（3）当一个新设备收到 Domain Certificate 后，就会与邻居通过 Hello 消息交换 Domain Certificate。如果在同一个 Domain 中就会建立 ACP。ACP 利用如下机制建立。

1）节点为 ACP 创建一个 VRF 实例。ACP 的上下文需要和数据平面隔离，隔离提高了安全性，数据平面的配置错误也不影响 ACP。ACP 采用 VRF 作为上下文的隔离技术。

2）当节点发现同域内的另外一个节点，与其完成认证并协商一条安全隧道（相邻节点间使用 IPv6 Link Local Addresses 建立通道，该通道是 hop-by-hop 的，收到信息时先解密然后再加密发送），并将该隧道加入提前创建的 VRF，即形成了包含多条 hop-by-hop 隧道的 Overlay 网络。

3）节点分配单播本地地址（Unicast Local Address，ULA）IPv6 地址给一个 ACP 环回口，并将该接口加入 ACP 的 VRF。该 ULA 地址从 ACP 证书中的 ACP 域名通过计算获得，ULA 地址格式如图 7-25 所示。

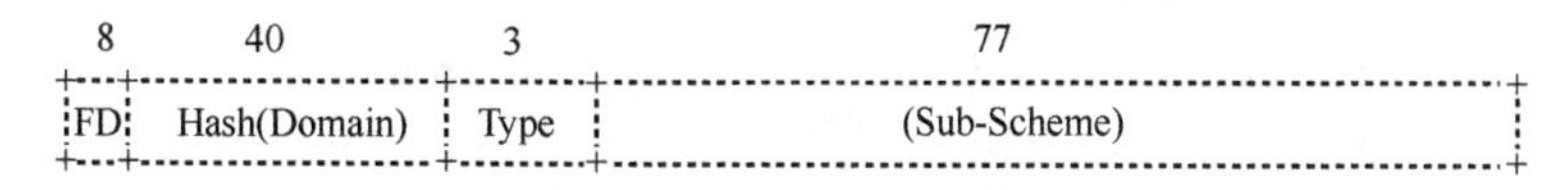

图 7-25　ULA 地址格式

前 8 位：ULA 前缀 Prefix FD00::/8。

Hash(Domain): 由域名通过 MD5 Hash 得到 40bit 伪随机数。

Type: 3 位 000，供以后不同地址的 Sub-Schemes 的扩展使用。

Sub-Scheme：有两种，ULA Sub-Scheme 1 如图 7-26 所示，ULA Sub-Scheme 2 如图 7-27 所示。

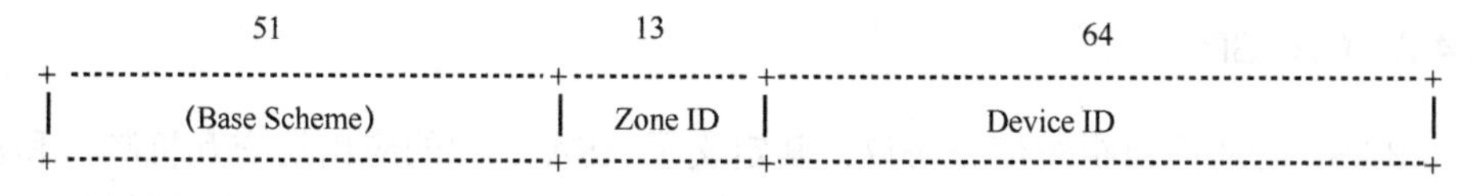

图 7-26　ULA Sub-Scheme 1

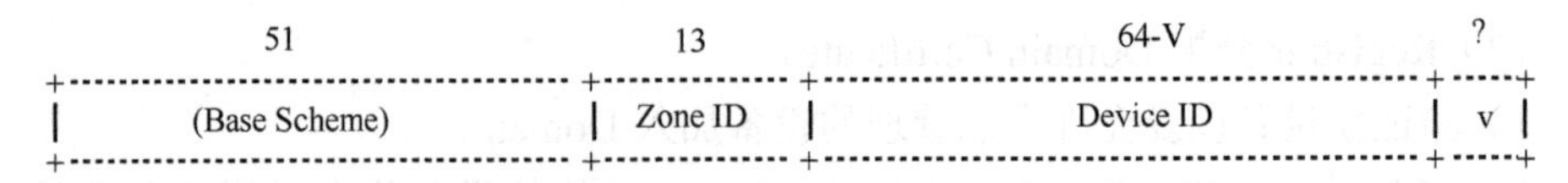

图 7-27　ULA Sub-Scheme 2

Zone ID：为 0 是自主域内的默认地址，每个自主节点必须回应这个 ACP 地址，非层次结构的地址；为 8191 是用于汇聚的层次结构；还可以通过自主方法或配置学到 Zone ID。

Device ID：共 64bit，其中 48bit 被注册到 Registrar 分配，可以使用 Registrar 的 MAC 地址；16bit 设备编号（Device Number），在给定的 Registrar 中是唯一的，可顺序分配；Device ID 在域中是唯一的。

Zone ID：同 Sub-Scheme 1；

Device ID：同 Sub-Scheme 1；

V：Virtualization bit(s)，1bit 或多 bit 表明自主节点的虚拟环境。

4）每节点均运行一轻量级的路由协议（推荐 RFC 6550 RPL），在 ACP 域内通告 ULA 地址的可达性。ACP VRF 和安全通道如图 7-28 所示。

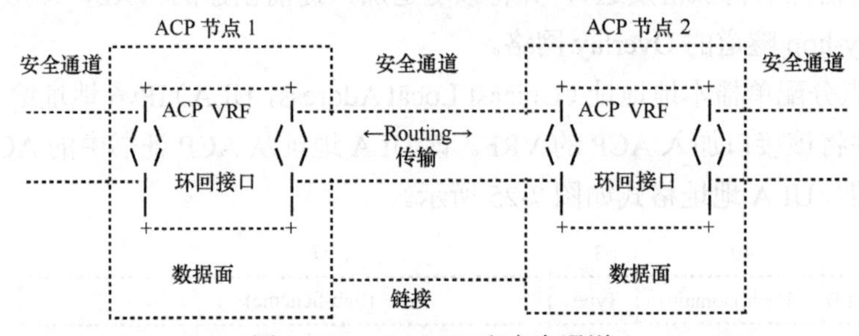

图 7-28　ACP VRF 和安全通道

以上操作均无须人工配置，但对于不支持 ACP 的网管系统或者 SDN 控制器，必须通过显式的配置连接到 ACP。

ACP 创建了一个具有逐跳安全隧道的 Overlay 网络。由于采用自生成的 IPv6 link-local 地址，因此整个过程不需要预先的配置，且完全与数据平面独立，不受数据平面错误和缺陷的影响。

7.2.4.2　GRASP

GRASP 为通用自组织信令协议，其定义了 ASA 之间的应用层交互机制，和具体业务解耦，理论上覆盖绝大多数的协议动作，可以认为是一个万能的轻量级信令协议。由 ASA 使用的 GRASP 机制是围绕着定义包含管理信息（例如，目标的唯一名称和当前值）数据结构的 GRASP 目标而构建的。GRASP 对目标值的格式和大小并不做限定，但要求必须要能使用精确二进制对象表示（Concise Binary Object Representation，CBOR）序列化（Serialize，即编码）。

GRASP 提供了如下几个机制。

- Discovery 机制（M_DISCOVERY、M_RESPONSE）：ASA 可以用来发现之前指定目标的其他 ASA。
- Negotiation Request 机制（M_REQ_NEG）：ASA 用来开始与伙伴 ASA 进行目标协商。一旦协商开始后，协商过程就是对称的，每个协商 ASA 都可以相互使用协商消息（M_NEGOTIATE ），此外，还存在其他两个协商相关的消息：M_WAIT 和 M_END。
- Synchronization 机制（M_REQ_SYN）：ASA 用来向伙伴 ASA 请求目标的当前值。与之对应的同步响应消息为 M_SYNCH。
- Flood 机制（M_FLOOD）：ASA 可以通过洪泛机制，将目标的当前值主动推送给所有愿意接收的 AN 节点上的 ASA 伙伴。

GRASP 简单交互过程如图 7-29 所示。

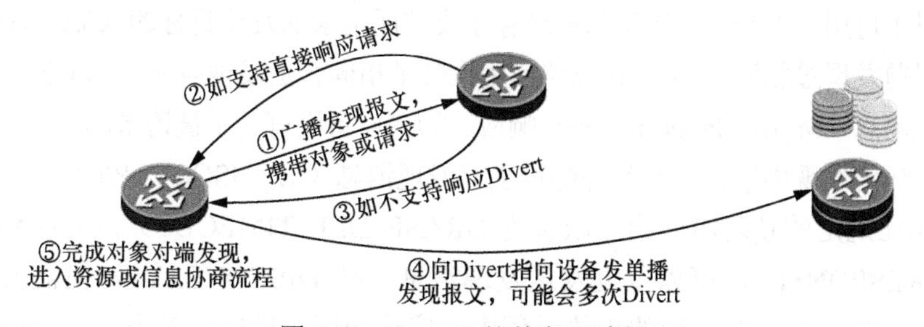

图 7-29　GRASP 简单交互过程

（1）发现机制

一个完整的发现过程将会以 link-local 范围内的多播开始（M_DISCOVERY）。支持发现目标的直连（on-link）邻居将会直接响应（使用 M_RESPONSE 消息）。具有多个接口的邻居将会使用缓存的发现响应进行响应（如果存在的话）。然而，发现和缓存的发现响应不应该基于同一个接口（注：为避免环路，应该遵循水平分割的原则）。如果没有缓存的响应，它应该将收到的发现消息中继给其他接口，例如，在分层网络中中继给更高层次的网关。如果收到“被中继发现消息发送”的节点支持发现目标，它将会对中继发现进行响应（可能使用当前缓存的响应）。如果不支持发现目标，它应该继续中继发现消息，这就形成了一个递归过程。发现目标中的循环次数（Loop Count）和分析发起方的超时将会确保这个过程结束。

M_DISCOVERY 消息可以发送单播（UDP 或 TCP）给对等体节点，该消息会按照与多播消息完全相同的方式进行处理，除了在使用 TCP 时，响应方将使用与查询时相同的 Socket。然而，在通常情况下，这种方式不能保证成功的发现结果（注：因为对等体只有一个，不能保证该对等体一定支持发现目标；在二者多播的情况下，对等体的数量则是大量的）。

发现是以直连（on-link）操作开始的。Divert 选项可以发现发起方连续发现目标的非直连（off-link）的 ASA。每个发现消息（M_DISCOVERY）都由发现发起方通过 UDP 发送给 link-local 范围的多播地址（ALL_GRASP_NEIGHBOR）。每个支持 GRASP 的网络设备都会在 UDP 知名端口号（GRASP_LISTEN_PORT）上监听发现消息。因为这个端口在设备范围内是唯一的，这是 GRASP 核心模块的功能，但并不是 ASA 所独有的(而是被相关 ASA 共有的)。因此，每个 ASA 都需要向 GRASP 核心模块注册它所支持的目标类型。

如果邻居设备的 ASA 支持被请求的发现目标，该设备应该使用携带了 Locator 选项的单播发现响应消息（M_RESPONSE）对 link-local 范围内的多播报文进行响应，除非它临时不可用。否则，如果该邻居缓存了支持所请求的发现目标的 ASA 信息（通常是由于以前发现过相同目标），它应该使用携带了指向合适发现响应方的 Divert 选项的发现响应消息（M_RESPONSE）进行响应。如果设备没有关于被请求的发现目标的信息，也不作为发现中继，它必须静静地丢弃发现消息（M_DISCOVERY）。

如果在规定的超时时间内（缺省为 GRASP_DEF_TIMEOUT）没有收到发现响应（M_RESPONSE），可以重复发送发现消息（M_DISCOVERY），但需要使用新生成的 Session ID。在后续的重传过程中，应该使用指数回退的方法，以限制网络流量。频繁的重传可能导致拒绝服务（Denial of Service，DoS）攻击。

在 GRASP 设备成功发现支持指定目标的发现响应方的 Locator 选项之后，它必须缓存这个信息，包括接收到响应消息的接口 ID。这个缓存信息可以用于将来的协商或同步过程，在适当的时候，这个 Locator 选项应该用于嵌套在 Divert 选项中被传递给另一个发现发起方。

（2）协商机制

协商发起方向伙伴 ASA 发送包含指定协商对象的协商请求。它可以向协商伙伴请求完成指定的配置。此外，它可以通过发送演练（Dry Run）配置来请求一定的模拟或预测结果。具体的细节，包括在演练和实际配置变更之间的区别，基于协商目标类型分别定义。如果协商伙伴可以立即应用被请求的配置，它将立即进行正面的应答（使用 M_END 消息，并携带 O_ACCEPT 选项）。这将立即结束协商过程。否则，就会进行相互协商（使用 M_NEGOTIATE 消息）。协商伙伴将使用它可以应用的配置建议替代配置（典型地，是比协商发起方所请求的需要资源更少的资源配置参数）进行响应。为了在两个 ASA 之间达成一致，就需要启动双向的协商（使用 M_NEGOTIATE 消息）。

当其中一个协商对等体发送协商结束消息（M_END）的时候，协商过程就结束了。在 M_END 消息中包括 O_ACCEPT 或 O_DECLINE 选项，如果收到该消息，就不再需要来自协商对等体的响应消息。如果出现超时或 Loop Count 被减至 0，协商过程有可能会识别（等同于拒绝（Decline））。

协商过程涉及一个目标和一个伙伴。发起方和伙伴都可能同时协商不同的 ASA，或者同时协商不同的目标。因此，GRASP 被期望使用多线程模式运行。某些协商目标可能对多线程有限制，例如在为避免过度分配资源时。

发现消息（M_DISCOVERY）可以包含协商目标选项。此时，它就像是发送方先发送 M_DISCOVERY 消息，然后再立即发送 M_REQ_NEG 消息一样。GRASP 核心模块必须要能处理这种情况，它需要将协商选项的内容分发给 ASA，以便 ASA 可以直接对目标进行评估。当存在协商目标选项时，ASA 使用 M_NEGOTIATE 消息（或者，如果它直接对协商建议表示同意，使用携带了 O_ACCEPT 选项的 M_END 消息），而不是 M_RESPONSE 消息进行响应。然而，如果接收节点并不支持快速模式（Rapid Mode），会按通常的方式继续发现过程。

在接收到 M_NEGOTIATE 消息之前，ASA 可能从不支持 Rapid Mode 的响应方接收到发现响应消息（M_RESPONSE）。此时，将不会出现 Rapid Mode（注：后到的 M_NEGOTIATE 消息会被忽略掉）。

Rapid Mode 可以减少节点间的交互，因而可以提升效率。然而，对于部分节点支持 Rapid Mode、而部分节点不支持 Rapid Mode 的网络中，这会使节点行为对时间有依赖，会变得更为复杂。因此，协商的 Rapid Mode 在缺省情况下应该是配置关闭的，并且可以由意图（Intent）打开或关闭。

（3）同步与洪泛机制

发现消息（M_DISCOVERY）可以包含同步目标选项。此时，如果发现接收方支持相关的同步目标，发现消息也用作请求同步消息（M_REQ_SYN），以向发现响应方表明它可以直接使用携带了同步数据的同步消息（M_SYNCH）直接响应，以便可以快速处理。这个设计思想是与发现/协商连接的 Rapid Mode 类似。有可能在同步消息（M_SYNCH）到达之前，不支持 Rapid Mode 的发现响应方对 M_DISCOVERY 消息进行了响应。此时，就不存在 Rapid Mode 了（注：后到的 M_SYNCH 消息会被忽略）。Rapid Mode 可以减少节点间的交互，从而可以提升效率。然而，对于部分节点支持 Rapid Mode 而部分节点不支持 Rapid Mode 的网络中，这会使节点行为对时间有依赖，变得更为复杂。因此，协商的 Rapid Mode 在缺省情况下应该是配置关闭的，并可以由 Intent 打开或关闭。

在通常的同步过程中，使用的是单播报文，只涉及一个同步目标。对于要求相同数据的大量节点组，可以使用同步洪泛。此时，洪泛发起方可以发送非请求洪泛同步消息（M_FLOOD），其中包含了一个或多个同步目标对象，当且仅当这些目标允许洪泛的情况下。M_FLOOD 消息需要发送到知名多播地址（ALL_GRASP_NEIGHBOR）。所有支持 GRASP 的网络设备总是会在知名的 UDP 端口（GRASP_LISTEN_PORT）上监听洪泛消息。因为这个端口是设备范围内唯一的，因此这是 GRASP 核心模块的功能。为确保洪泛不会导致循环，M_FLOOD 消息的发送方必须将目标的 Loop Count 设置为合适的值（缺省为 GRASP_DEF_LOOPCT）。此外，也需要适当的机制以避免过量的多播流量。这个机制必须作为所涉及同步目标的规范中的一部分进行定义。这可以是简单的速率限制，或者是更为复杂的机制（如在 RFC 6206 中定义的 Trickle 算法）。

具有多个链路层接口的 GRASP 设备（通常是路由器）必须在所有接口上支持同步洪泛。如果在某个接口上收到多播的 M_FLOOD 消息，它必须将该消息向其他接口进行中继。被中继的 M_FLOOD 消息必须具有与收到的消息相同的 Session ID，并使用初始发起方的 IP 地址作为标记（Tag）。通过将 Loop Count 设置为 1，并使用 link-local 源地址，GRASP 就可以支持链路层洪泛。具有 link-local 源地址但 Loop Count 不等于 1 的 M_FLOOD 消息是非法的，必须被丢弃掉。

中继设备必须将第一个目标选项中的 Loop Count 减 1，如果结果为 0，禁止继续中继 M_FLOOD 消息。此外，它必须将中继速率限制到一个合理值，以避免 DoS 攻击。它必须缓存每个被中继的 M_FLOOD 消息的 Session ID 和发起方地址，缓存时间不小于（2×GRASP_DEF_TIMEOUT）。为防止循环，禁止中继已经存在于缓存中的 M_FLOOD 消息（以（Session ID, Initiator Address）为 Key）。这些措施可避免同步循环、缓解潜在的过载。

这种机制在如下节点上是不可靠的：存在休眠节点、加入网络的新节点、在故障后重新加入网络的节点。发起洪泛的ASA应该以适当的频率重发M_FLOOD消息，也应该作为相关目标的同步响应方进行响应。因而，通过洪泛获取目标信息的上述节点或者是等待下次洪泛，或者是向目标的持有方请求单播同步。

用于同步洪泛的多播消息依赖运行环境自动控制平面（ACP）提供安全保证。在实现中，如果没有ACP或与ACP对等的安全机制，禁止发送多播洪泛消息（M_FLOOD），在收到多播M_FLOOD消息时必须忽略掉。然而，由于link-local多播存在的安全不足，被洪泛的同步目标不应该包含未加密的私有信息，ASA接收方应该对其进行验证。

发现消息（M_DISCOVERY）可以包含同步目标选项。此时，如果发现接收方支持相关的同步目标，发现消息也用作请求同步消息（M_REQ_SYN），以向发现响应方表明它可以直接使用携带同步数据的同步消息（M_SYNCH）直接响应，以便快速处理。这个设计思想是与发现/协商连接的Rapid Mode类似。

（4）GRASP传输层协议

GRASP的Discovery和Flood消息被设计为用于link-local范围的多播报文（UDP），禁止分片，因而禁止超出链路MTU（Link MTU）。所有其他类型的GRASP消息都是单播报文，因而，原则上可以使用任何传输协议（注：不限于UDP/TCP）。实现方必须支持TCP，也可以支持其他传输协议。然而，GRASP自身并不提供错误检测或重传，因而不建议使用不可靠的传输协议。

尽管在基于可靠的基础设施的ACP中运行时，对于不超出IPv6最小MTU（1280byte）的单播消息可以使用UDP；然而，对于更长的消息，必须使用TCP。换言之，需要避免IPv6分片。如果AN节点接收UDP报文，但响应报文太长了（超过link MTU或1280），它必须为这个响应报文打开TCP连接。

当网络处于重载或故障条件下时，UDP的不可靠性会更加突出。在这种情况下，使用TCP而不是UDP正体现了Autonomic的思想。当然，最简单的实现是只使用TCP。

对于link-local多播报文，GRASP是在知名端口（GRASP_LISTEN_PORT）上监听。对于用于Discovery Response、Synchronization和Negotiation的单播传输会话，相关的ASA通常是在动态分配的端口上监听，这个动态端口是在Discovery过程中会发布给对等体。然而，对于这些报文，最小实现可以直接使用GRASP_LISTEN_PORT。

GRASP被设计为与同步和协商内容无关的通用平台，并给ASA提供GRASP API。在实现时，通常期望GRASP模块作为单个实例存在，并且与ASA独立出来。也可出于安全原因而部署多实例。GRASP 本身不提供内建（built-in）的安全性，而是依赖 ACP 提供。同步和协商目标需要遵循统一的模式，即采用 CBOR（参见 RFC 7049）格式进行表示。

7.2.4.3 Self-X 二层适配技术方案

ANIMA 在典型中小型企业（Small and Medium-sized Enterprise，SME）、家庭办公（Small Office and Home Office，SOHO）等场景部署，存在协议厚重、成本较高的问题。中小型园区是相对封闭、规模有限、单一运营的管理网络，其特点是只能支撑轻量级的组网安全（入网认证+拓扑校验）、网络中的设备成本低、弱控制面 CPU 以及使用低规格商业套片（即 IPSec 规格较低甚至没有）。据此，ANIMA 需要针对该类场景作轻量化的设计。二层自动控制平面（Layer-2 Automatic Control Plane，L2ACP）可实现非 IPv6 和泛在 IP 混合场景下的轻量化自组网自配置。基于 L2ACP 的自组织网络架构如图 7-30 所示，其由图 7-24 延伸而来。

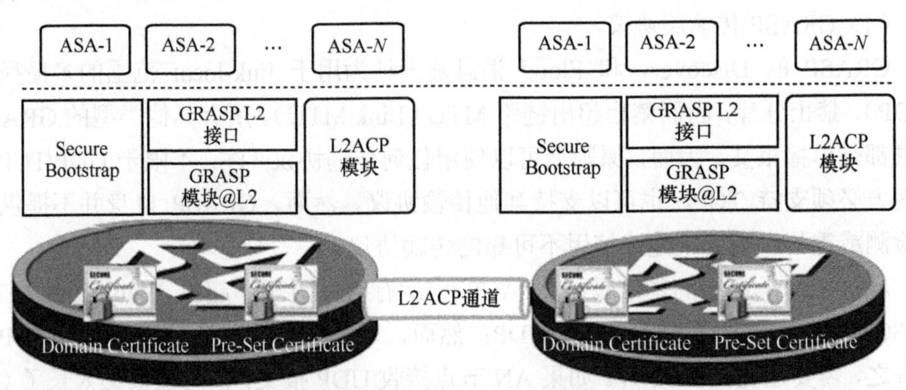

图 7-30　基于 L2ACP 的自组织网络架构

L2ACP 是基于轻量化的总体设计思路，设备具备 Secure Boot 功能，入网认证功能可选，采用极简入网/认证轻量化安全机制，裁剪 ACP Node 间的 hop-by-hop 安全隧道。L2ACP 是一个 L2/2.5 的 ANIMA 技术框架。该框架是一个对于现有 ANIMA 框架的扩宽和延伸，对于已有的 GRASP 和 ACP 进行二层适配改造，其中包括 GRASP L2 接口增强、GRASP 模块@L2 和 L2 ACP 模块 3 个部分。GRASP L2 接口增强：原 GRASP 接口功能不变，新增 ACP L2 扩散类型选择，用于区分 L3/L2.5 转发；GRASP 模块@L2：原 GRASP 模块定义以及功能不变，增加 GRASP L2 的发现、同步、协商、泛洪等机制；L2 ACP 模块：与原 ACP 模块类似，提供自动化构建的 L2 转发管理平面（如自动拓扑收集、拓扑计算、L2 破环、设备地址标识自动分配、L2ACP 内无表 L2.5 源路由生成/转发/封装与维护）。

L2ACP 提供自组织 L2 转发管理平面，该管理平面是一个无环、非广播、无表源路由 L2 通道。它的基本功能主要有两点：第一，自动竞争定义 Root/非 Root 角色，其中 Root 完成全网拓扑收集/路径计算，非 Root 节点接收 Root 节点通道等配置信息、邻居发现、链路状态上报等；第二，自动生成 Root 节点到其他节点的 L2 源路由表，对于未知目的流量，不进行广播，直接发送给 Root 节点进行代理转发等。

L2ACP 支持使用 L2ACP Tunnel 进行信息沟通交互。L2ACP Tunnel 使用范围包括自组织域组网初始打通、应用指定使用场景、部分故障情况下（例如 IP 通道失效、路由失效情况下）告警信息，配置恢复使用该通道。L2ACP 中路由能力集中拓扑/算路/源路由等机制在标准层面可选。

L2ACP 基本原理主要是通过指定或选举的 Root 节点发起整网拓扑发现，收集全网拓扑信息，并根据算法计算 Root 到其他节点最短路径（备用次优路径等）。对于上行控制信令，走根节点指定的根端口；对于下行流量，采用端口源路由模式，根节点在 L2 ACP 中的管理报文会携带到目的节点的转发端口列表。例如，（Port_3，Port_5，Port_2）代表该报文依次在当前节点的 Port_3 转发，到下一跳后再从 Port_5 转发，再到下一跳后从 Port_2 转发。

基本流程如下：

（1）每设备互相发现自己的邻居，形成邻居表；

（2）根设备直连邻居发现，获取直连邻居设备基本信息（包含设备类型、角色类型、端口信息、状态等）；

（3）根设备非直连邻居发现，与前者的区别是发现过程携带了转发路径的物理出端口，获取的信息与前者一致；

（4）获取完整拓扑后进行拓扑计算，并作 ACP 相关配置，如设置非 Root 节点根端口，该根端口指明响应消息如何返回 Root，以及计算下行 Root 到非 Root 的路径。

具体实现时，采用 GRASP 机制，GRASP L2 Discovery 分布式发现链路/邻居，L2ACP Root 基于 GRASP Sync（底层使用端口源路由）机制收集各节点邻居，构建整网拓扑，进行拓扑计算，形成上下行转发通道。Root 通过 L2ACP 通道配置各节点管理 IP，形成管理 IP 的转发表，后续管理报文（任意位置接入，指定走 L2ACP 通道）上行至 Root，再查管理 IP L2ACP Path 通道，源路由转发到待管理设备。L2ACP 构建流程如图 7-31 所示。

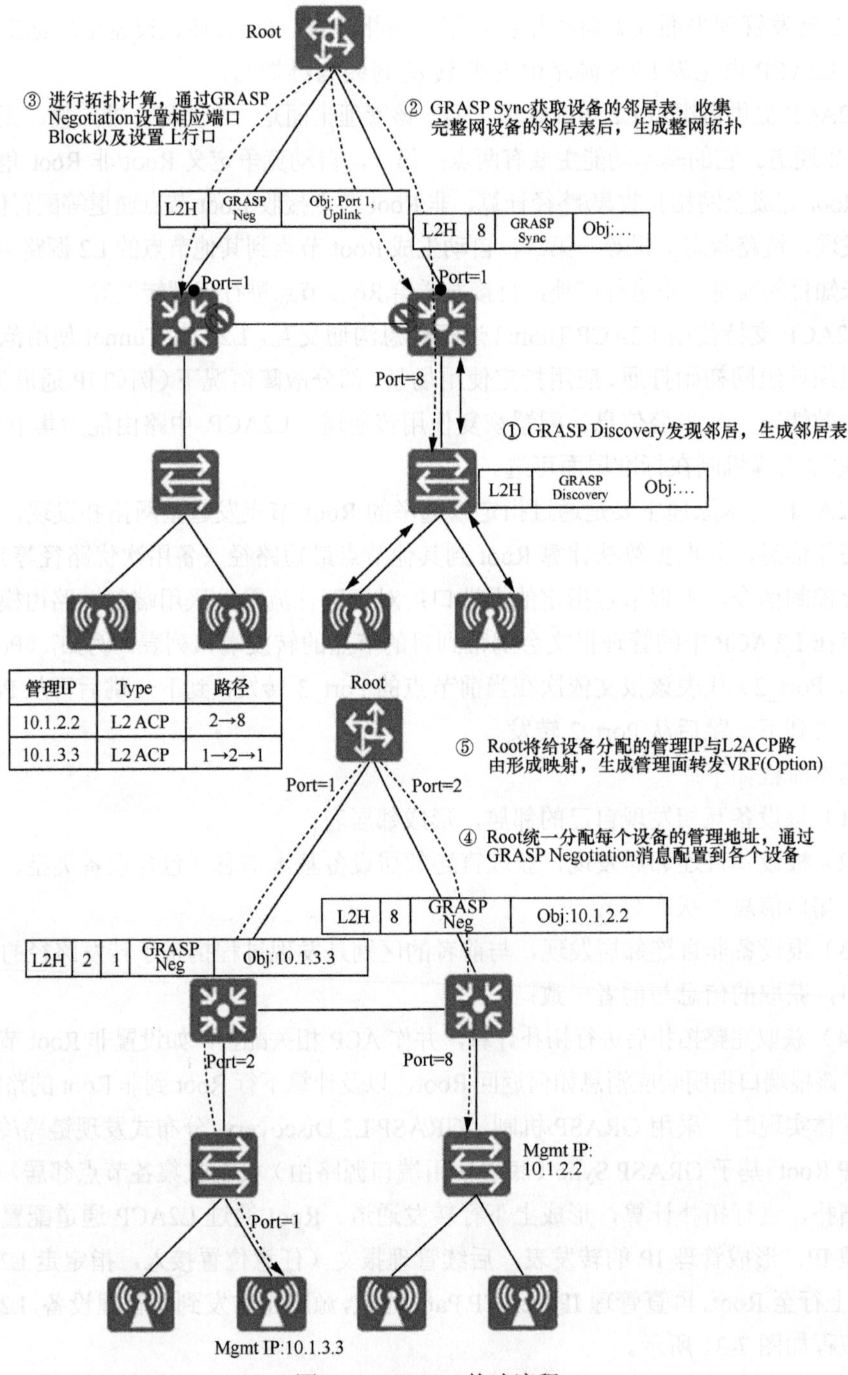

图 7-31　L2ACP 构建流程

控制器下发到设备的管理报文，在 Root 节点用设备的管理 IP 查 L2ACP 通道表，获取转发路径，将转发路径对应的除 Root 以外的出端口封装到报文以太头部，用于指示后续节点的发送端口，沿途非 Root 节点逐跳从以太头中获取本跳出端口号，并从该端口发送报文，当接收的消息无出端口时，表示该消息需要本地处理，即上送上层协议处理。对于上行发往控制器的报文，在非 Root 节点，直接上行口转发，报文到达 Root 节点后，终结 L2ACP，转化为传统路由转发发送到控制器，通过这种机制在园区内部实现 IP over L2ACP，L2ACP 不依赖传统 IP 路由，零配置打通，独立通道，永久在线。通过 IP over L2ACP，传统管理协议（如 Netconf、FTP 等）无须做任何修改，无缝衔接。独立于业务路由的管理通道如图 7-32 所示。

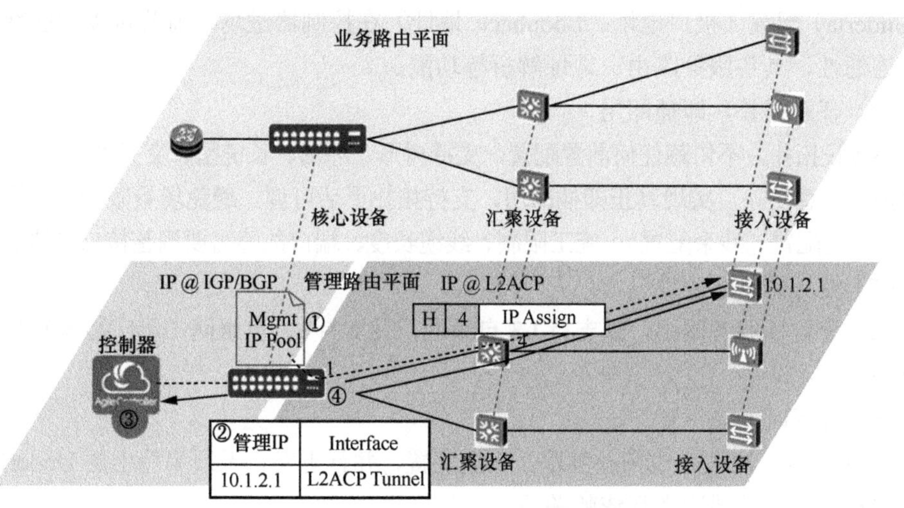

图 7-32 独立于业务路由的管理通道

GRASP over L2ACP 报文格式参考设计如图 7-33 所示，采用新以太类型，新增知名多播地址、Type 以及配套控制信息消息。

如端口源路由list，分片，上层是RAW GRASP, RAW IP…

GRASP消息结构采用CBOR编码

格式:	MAC_DA 0X0180-XXXX-XXXX	MAC_SA (6B)	ETYPE 0x88xx(2B)	L2ACP PDU	GRA SP MESSAGE(DISC/FLOOD/SYN/NEG):ASA Objectives…

图 7-33 GRASP over L2ACP 报文格式参考设计

L2ACP 在实际应用中主要有以下几个优势。

（1）永远在线

泛在发现协议基于物理端口源路由转发，不依赖于任何其他协议，也不依赖于额外的控制面网元，只要物理端口连接良好，时刻处于在线状态。独立通道支持诊断和配置，类似远程串口功能，当设备脱管或者无法纳管时，可用泛在发现协议进行远程调测与配置。

（2）协议极简，稳健性强

泛在发现协议能够独立完成 Underlay 自动化，不依赖其他控制面网元，替代传统多协议、多组件（DHCP/DHCP Relay、LLDP、VLAN、IGP、STP）协同配合，能够从根本上消除多协议的时序依赖和耦合，稳健性强。

（3）无控制器/控制器后进场能力

泛在发现协议以 Root 节点为锚点集中拓扑发现，并可以根据整网拓扑自动生成 Underlay 配置（接口地址、Loopback 地址）在控制器进场之前就可以实现网络初始连通性，具备服务路由、地址解析等功能。

（4）任意拓扑，即插即用

不预设拓扑，不依赖任何前置配置，支持树形、环形、长链型、交叉型、三角形、口字型等任意拓扑，实现真正即插即用，支持拓扑灵活可调，避免场景限制（如设备限制（非空配置、残余配置）、施工限制、线缆长度、端口故障需要调整接口等情况）。

（5）业务网络适应性

独立于目标业务网络，既支持 L3 自组网，又支持 L2 自组网（无广播风暴与环路风险）。

（6）开局时间短

Root 节点一次性完成拓扑发现，生成配置，并行下发，无须等待上层 Underlay 先配置和生效，无层次串行依赖关系。

（7）兼容性强

泛在发现协议不仅可以用于网络节点，也适用于主机节点，主机终端可以通过软件升级的方式支持泛在发现，支持内在安全属性、地址属性、设备配置等多种属性交互等，兼容性强。

7.2.4.4 ASA 相关技术拓展

ASA 是在自动化网络节点上实现自动化功能的实体，其可能运行于单独一个节点上，也可能分布式运行于多个节点上，通过调用 ANI 提供的能力实现自身的自动化服务目标，通常包括调用 GRASP 与其他 ASA 进行交互。ASA 至少分为 3 类：资源消耗小的简单 ASA，可以在任何节点运行；复杂的多线程 ASA，有较大的资源需求，且只能运行在某些选定节点；基础 ASA，使用 ANI 自身的特性来支持 ANI，其必须在所有自动化节点上运行，BRSKI、ACP 和 GRASP 均由特定的基础 ASA 作为组件来创建。

Self-X 是一个开放的架构，其 ASA 可作为其他自动化特性的扩展模块，基于实际业务需求进行针对性的开发和部署，给出了如下两个扩展示例。

（1）IP 和 Group 自动映射 ASA

随着园区内部网络的建设和发展，以及 VPN 等远程接入技术的成熟应用，园区网的网络边界在消失，企业员工的办公位置变得更加灵活。员工接入位置的大范围移动，一方面提高了企业的生产效率，另外一方面也带来了企业网络管理和网络安全上的挑战。移动办公使得员工主机的 IP 地址经常发生变化，而传统园区中基于 IP 地址进行员工权限控制和流量体验保障的方法无法适应这种变化。

在传统园区网络中，控制用户网络访问权限主要是通过 VLAN/Subnet 和 ACL 技术实现的。这些技术要求用户从指定的交换机、VLAN 或网段接入上线，才能一致化网络权限。对于用于控制权限的 ACL 需要管理员提前配置好，而且其中需要至少配置禁止或允许访问的目的 IP 地址范围。因此，在用户使用的 IP 地址范围不固定的前提下，ACL 不能用于流量的源和目的都是因为用户主机的控制。ACL 与用户的关联只在认证点设备上生效。因此，对于非认证点设备（例如部署在企业园区边界的防火墙设备），必须基于 IP 地址配置策略。并且 VLAN 和 ACL 需要在大量的认证点交换机上提前配置，存在很大的部署和维护工作量，在需要对配置进行变更时，对企业网络管理员是一个很大的负担。

用户移动办公打破了这一局限性，允许用户从网络中的任意位置、任意 VLAN、任意 IP 网段接入的同时还可以始终控制其网络访问权限。传统的做法是使用 QoS 来对网络流量进行带宽保证和转发调度。但是 QoS 通常只关注流量的业务类型（通过目的 IP 地址或目的端口来识别），而不能基于流量的用户身份来实施。如果用户主机的 IP 地址不能固定在某一网段的话，就无法实现保证特定用户（如某部门、某岗位，或某项目成员）的流量在园区内和园区出口得到优先的转发。

所以，基于访问控制组（Access Control Group）的策略配置和执行正在被广泛采纳和部署，从而使得业务策略与 IP 地址解耦。即用户的权限和 QoS 保障与用户的组（Group）角色相关，而与接入点和分配的 IP 地址无关。基于 Group 的策略管理可以确保用户无论在何处访问园区网，都能获得相同的网络访问权限和 QoS 保障。

在此策略配置下，定义两类节点——接入认证点（Access Authentication Point，

AAP）和策略执行点（Policy Enforcement Point，PEP）。接入认证点在用户接入认证时动态获得用户 IP 地址以及其所属的 Group 信息，并把该信息传递到 PEP 从而使得 PEP 可以执行基于 Group 的策略。用户设备接入网络时会在接入认证点对于自身设备进行注册，定义用户设备的 IP 地址及所属 Group 的信息并将其发送给相关节点。策略执行点预先收集存储基于 Group 的策略，在执行限制控制策略时，根据 Group 的策略进行执行，使得策略不再和 IP 地址绑定。

在自组织框架下，部署 IP 地址和 Group 自动映射的 ASA，使得管理员能够快速和简单地完成与网络拓扑和 IP 地址分配无关的策略管控方法。在不同的网络拓扑中，由于 AAP 和 PEP 的数量和分布位置各不相同，IP 地址和 Group 映射关系的分发可以采用分布式的 ASA 完成。IP 地址和 Group 自动映射的 ASA 之间采用 ANIMA 定义的 GRASP 进行信息交流。AAP 通过 GRASP 把用户的 IP 地址和 Group 信息传递给 PEP，PEP 也可以从其他 PEP 的保存信息中获得这些映射信息，这些信息同时也可以通过 GRASP 进行更新和撤回。PEP 可以周期性地或者基于特定触发条件来发送对于 IP 地址和 Group 映射的请求消息。这种基于分布式 ASA 的方法，使得 PEP 和 AAP 部署位置不受拓扑限制并更加灵活，从而适应多变的园区场景。

（2）资源自动协商部署 ASA

业务部署是由业务系统和网络配合共同完成。业务系统和网络如图 7-34 所示，业务系统进行业务定义，其中包括业务名称、流量模型（必选，如服务对应的目的 IP 地址等）和资源信息（可选，如带宽、时延、抖动），然后将这些信息作为合同传递给网络；网络拿到这些信息后，会根据业务合同的流量模型和资源信息（可选）为该业务配置 VPN 和 Tunnel，并路由计算生成路径，如果这些信息在网络设备上被成功激活，则本次业务部署成功。

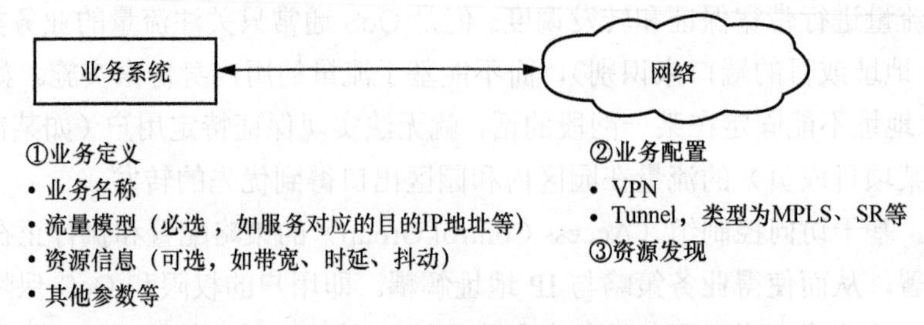

图 7-34 业务系统和网络

目前，业务系统和网络的交互方式有两种：一种是人工方式，另一种是集中系统方式。人工方式，就是指业务系统和网络之间没有联络通道，都是通过人和人的交流展开进行，如业务方人员把合同通过各种方式传给网络方人员，网络方人员根据合同进行手工的业务配置，如 VPN 配置、Tunnel 配置。集中系统方式，需要有独立于网络设备之外的控制器部署，控制器方式实现业务的网络配置如图 7-35 所示，虽然自动化程度提高，但缺点也很明显：一旦控制器托管，全网瘫痪；业务节点要和网络联动，必须经过控制器处理，实时处理效率低。

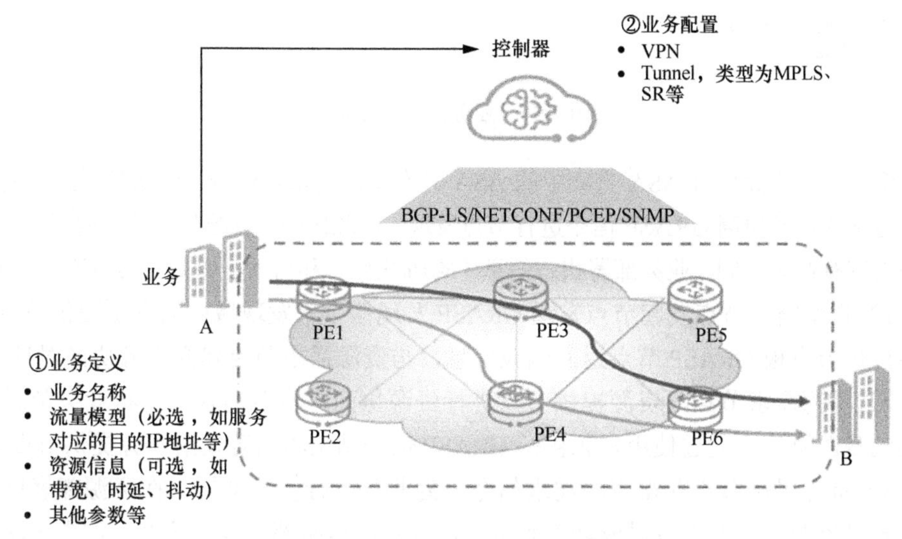

图 7-35　控制器方式实现业务的网络配置

资源自动协商部署 ASA 方案就是一种基于 ANIMA 框架的网络节点资源协商方案，能够支持业务节点和网络节点之间进行业务自部署，可在节点层面形成管控闭环，减低免手工配置的复杂度和对集中式系统的依赖，业务部署自协商如图 7-36 所示。业务节点和网络节点具备业务部署自协商机制，提升业务部署效率和成功率。业务节点可将业务合同自动同步给网络节点，业务节点可按照业务要求发现路径，也可自动发现网络资源现状，业务节点可获取网络资源现状自动调整业务适配网络。

资源自动协商部署 ASA 方案主要是要解决 3 个问题。首先是业务节点和网络节点分属于不同的管理域，由人工进行部署协商，整个过程低效且容易出错。其次是网络节点发现路径资源满足不了业务诉求，但实际上路径存在可用资源，但无法记录可用资源详细信息。最后是业务节点，只能单方面根据网络节点的部署信息，判断业务部署失败还是成功，没有机制能够适应网络资源以便提高网络部署成功率。

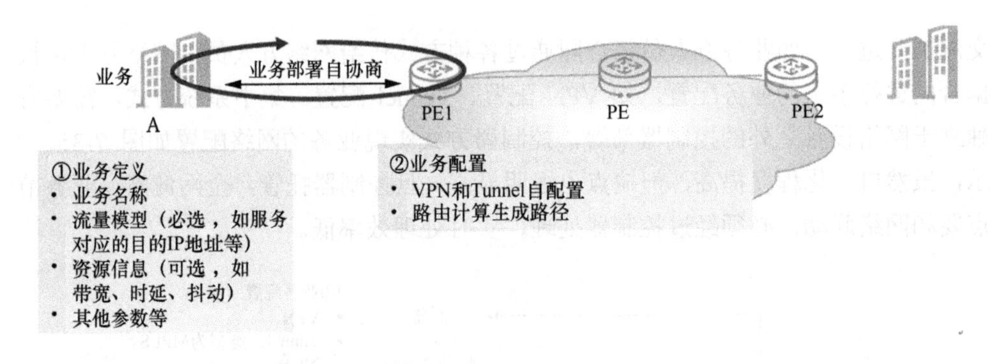

图 7-36 业务部署自协商

资源自动协商部署 ASA 方案中的 ASA 具有资源需求及资源提供两种模式。两者使用定义的资源协商 GRASP 信令进行节点发现、资源协商、资源部署及域内通告，传递的内容有业务合同、业务部署状态信息（成功/失败）和自适应参数。具体流程如下。

1）资源需求节点发起节点发送 GRASP 发现信令来发现域内的资源提供节点。资源提供节点根 GRASP 节点返回响应信息，与资源需求节点建立资源协商对话。

2）资源需求节点与资源提供节点进行资源协商，资源需求节点将业务部署所需要的资源协议，通过使用资源协商 GRASP 信令结构将内容发给资源提供节点。

3）资源提供节点获得资源需求信令，为业务进行资源部署。在资源部署过程中，若是资源提供节点可以成功部署资源，则正常返回部署成功信令。如果无法满足业务诉求，则记录当前的路径资源信息（不为 0）且记录为第二状态，向资源需求节点回送部署失败和路径第二状态的资源现状。

4）资源需求节点若是收到业务部署成功信息，则结束本次部署流程；如果业务节点收到业务部署失败的消息且无路径第二状态信息，则结束本次部署流程，将业务部署状态置为失败；如果业务节点收到业务部署失败的消息且有路径第二状态的信息，则启动自适应机制，按照路径第二状态的资源信息使能业务自适应机制。如果调整成功，则告知网络节点，自动生成 Tunnel 配置；如果调整不成功，则直接结束本次服务，将业务部署状态置为失败。

5）业务部署成功后，资源提供节点会发送 GRASP 同步消息，将提供的资源信息同步给域内其他 ASA 节点。

资源自动协商部署 ASA 方案的收益点主要可以概括为以下几点：首先，业务部署自动协商机制，可以实现业务节点和网络节点的业务部署协商的自动化。其次，利用 GRASP 信令中的第二状态信息，当路径发现的实际资源小于业务需求的时候，给业务部署带来二次协商机会。最后，自适应功能单元，有能力接收资源需求节点的业务部署二次协商的请求和路径资源详细信息，可调整业务灵活适配网络要求。

7.2.5　网络自组织技术发展趋势

未来的网络必然是高度智能化的网络，网络是可以满足网络高效、高度自治并且减少人工干预的网络。网络需要从自组网、自配置、自优化和故障自愈 4 个角度来建立一套统一且完善闭环的网络自治能力。

未来的网络自治能力需要支持万物互联的海量异构网络，自治能力的场景变得更加丰富且复杂，同时自组织能力需要有较高的网络可扩展性。未来网络的构成会更加复杂，复杂主要体现在接入设备数量和类型的增多。自治场景需要考虑大量的低功耗设备，也需要考虑大量的移动端设备。

自组织技术本身就是一种具有较高智能化要求的能力，未来的发展趋势必然和人工智能相关算法相结合，提高网络自治的效率。现阶段的网络配置和优化大多是基于一些人工经验或是优化算法，缺少利用实时信息进行智能计算和自主决策的能力。例如，可以利用网络规划作为约束性输入，将历史配置信息当作数据集，利用人工智能相关算法，建立决策知识和智能，实现配置数据的自动决策。利用人工智能的相关能力，可以优化网络内的拓扑结构，提高资源的利用率，加快网络的传输能力，实现流量自优化。

自组织技术在未来的发展主要是增强网络的故障自发现和自愈能力，使网络可以动态适应不可预知的网络变化，网络内发生故障可以快速切换路径实现网络传输能力自我修复。现阶段的自组织技术主要集中在自组网和自配置的角度，网络故障自发现和自愈相关研究较少。网络自愈不仅体现在网络面临故障时的快速修复和告警，还体现在网络整个系统的长期恢复和调优。

7.3　内生安全协议

传统 IP 网络通过连接全球大量的网络设备给人类生产生活带来了便利，在构建万物互联的世界中扮演着重要角色。但 IP 网络在设计之初缺乏对安全需求的考虑，导致网络安全事故频发，如 IP 地址伪造是当前 IP 网络面临的重大安全问题之一，攻击者常通过伪造 IP 地址隐藏身份、发动攻击。应用网络数据分析中心（Center for Applied Internet Data Analysis，CAIDA）数据显示，23.5%的 IPv4 和 25.4%的 IPv6 自治系统依然允许携带虚假 IP 地址的数据包流出。除此之外，暴露在头部的 IP 地址使用户面临较大的隐私泄露风险，已成为各网站识别用户身份、关联用户行为的重要“指纹”，WebRTC 的数据显示，80%以上的主流网站会通过提取用户数据包中的 IP 地址追踪用户。基于 IP 地址伪造的各类 DDoS 网络层攻击依然是网络安全的一大顽疾，时常导致服务中断，严重破坏了网络服务的可用性。针对传统 IP 存在的安全问题，相关学者与企业提出了大量安全增强方案，试图弥补这些安全漏洞。但这些基于传统 IP 的补丁式方案难以从根本上解决 IP 的安全隐患，构建网络协议内生的安全能力是治理未来网络安全的重要趋势。

在网络安全问题日益严峻且难以根治的背景下，第 7.3 节从内生安全的角度出发，分析传统 IP 存在的弊端，并进一步提出新型的互联网内生安全架构，最后介绍园区场景下内生安全协议的应用实例。

7.3.1 IPv4/IPv6 安全分析

本节将从端到端通信的角度对当前 IP 的安全脆弱性展开分析。端到端通信安全脆弱性分析如图 7-37 所示，展示了一个端到端的数据包传输需要满足的安全需求。具体而言，安全特性需求要求保证源端发出信息的真实性，防止攻击者发出伪造的数据包。数据包在网络中的转发过程中需要保证用户的隐私性，同时权衡可审计性的需求。此外，数据包的机密性与完整性也是重要的安全需求，防止数据包被窃听与篡改。对于提供特定网络服务的目的端，还需要保证服务的可用性，防止基于伪造地址的 DDoS 攻击导致正常用户无法正常请求目的端的服务。本节接下来将分别从真实性、隐私保护与可审计性、机密性与完整性、信息可用性和权限可控性 5 个角度分析 IP 存在的弊端，以及现有解决方案的不足与改进方向。

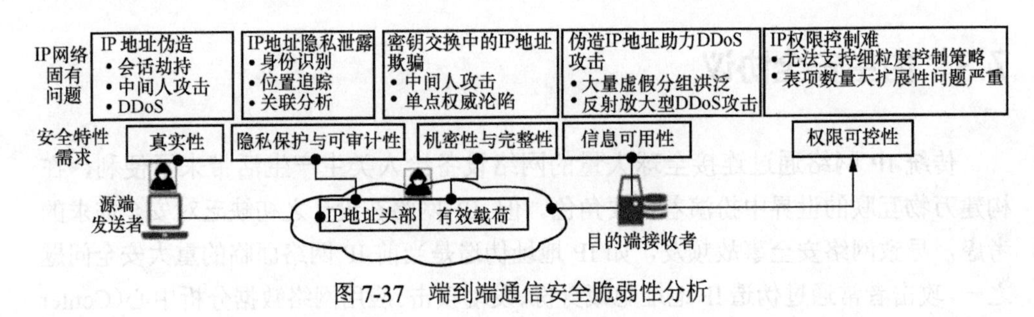

图 7-37 端到端通信安全脆弱性分析

（1）真实性

通信真实性要求从源端发出的数据包所携带的信息是真实、不被伪造的，具体到网络层的 IP 地址，主要体现在源 IP 地址的真实性。IP 地址伪造是当前破坏通信真实性的持久性威胁。IP 地址伪造常被攻击者用于发动会话劫持、中间人攻击和 DDoS 攻击等网络攻击，也是反射放大型 DDoS 攻击的必要手段。在缺乏有效验证的情况下，攻击者可以轻易地生成大量包含虚假 IP 地址的攻击流量，欺骗无辜接收者，逃避过滤和审计追踪。

为了对抗 IP 地址伪造，多种防御技术被提出，主要分为源域的流出过滤、目的域的流入过滤及基于合作的跨域过滤 3 类技术。流入权/流出权过滤等技术是防御 IP 地址伪造的主要技术，但依然无法完全消除 IP 地址伪造的威胁，如 uRPF 技术通过核实是否有通往源 IP 地址的路由验证源 IP 地址的真伪，但难以识别来自同一个源域的伪 IP 地址流量。SAVI 机制通过绑定源 IP 地址、源 MAC 以及接入设备端口实现源过滤，但到 2022 年 8 月，有 20%以上的自治系统（Autonomous System，AS）没有部署源过滤机制，允许其流出的流量伪造 IP 地址，原因主要在于 AS 在没有遭受攻击时，部署自滤机制的动力不足。除此之外，基于密码学的路径验证技术在理论上有效，但由于缺乏激励多个 AS 协作的机制，难以在现网上实现快速部署。

（2）隐私保护与可审计性

提供以真实性为基础的可审计性是确保网络可信的必要条件，但可审计性的实现也给用户隐私保护带来了巨大挑战。通过验证标识符是否合法可以判断报文的合法性，但不一定能合法权威地实现对非法流量进行快速精准的在线追踪和溯源。在真实性保障的前提下，可审计性需要一个静态且可验证的持久实名身份标识符，来实施非法流量的在线快速追踪溯源。然而，持久实名身份标识符的使用又会给合法用户的隐私带来威胁。近年来，隐私的关注率一直在上升，将别是随着欧盟《通用数据保护条例》（General Data Protection Regulation，GDPR）和我国网络安全法的发布。用户为了限制非授权的设备、链路窃听者以及访问的网络服务，根据数据包中携带的持久标识符，识别发送者的身份、跟踪位置和关联发送者的网络行为。因此，未来网络需要平衡隐私保护与可审计性的关键技术。

尽管网络隐私保护与可审计性被研究了多年，但依然缺乏十分有效的解决方案。Passport 和 ISP 隐私方案能够提供源 IP 地址的隐私，但是不能隐藏发送者 ISP 的位置信息。Mailbox 通过提供多个代理位置来为多个 IP 地址接收数据包，可以隐藏接收者的真实 IP 地址，但并没有提供发送者的隐私保护。洋葱网络被认为是一种有效的隐私保护技术，但在支持高速数据包转发方面存在性能弱势。虽然 IETF 也有多项针对 IPv6 地址隐私保护的工作，但是大部分工作（如临时地址、SLAAC）聚焦在后 64bit 的接口标识符隐私，没有考虑前缀隐私。实际上，5G 网络的 IPv6 PDU Session 使用唯一的前缀作为发送者的标识符，并且在共用同一 IPv6 前缀的用户比较少的情况下，前缀隐私同样需要提供保护。为了提供可审计性，学术界也提出了多种方案，如 AIP、APIP、APNA 等。然而，AIP 仅考虑可审计性，却忽略了隐私保护；APIP 仅考虑源 IP 地址隐私，由于没有对所有数据包进行验证，伪造的数据包依然可以绕过审查；APNA 通过引入临时 ID 及证书，能够很好地平衡隐私保护和可审计性，但是需要频繁地请求、计算、颁发临时 PKI 证书来抵御长时间的关联分析。

（3）机密性与完整性

人们普遍认为 IP 数据包有效负载的机密性和完整性可以采用基于密码技术的安全协议保证。例如，TLS/SSL 或其他上层安全协议提供机密性和完整性，通过 IPSec 隧道模式甚至还可以实现 IP 报头信息的机密性。但是，这些协议的安全性都建立在安全的密钥协商基础上，如果密钥协商过程不可信，数据安全性也无法保障。

在端到端通信场景中，动态的密钥交换协议被广泛应用在密钥协商过程中，然而动态密钥交换又面临诸多安全威胁。静态的密钥配置方法复杂且不灵活，难以适用于大量连接下的密钥交换需求。因此，基于 Diffie-Hellman 的动态密钥交换协议得到了广泛的应用。然而，在缺乏对 IP 地址与密钥进行绑定和验证的情况下，Diffie-Hellman 密钥交换过程容易遭受中间人攻击，中间人可以使用伪造的 IP 地址欺骗合法实体与其进行密钥交换，从而可以解密、窃听甚至篡改合法实体之间的加密流量。虽然通过 PKI 证书机制可以将 ID 与身份公钥进行绑定，来防止中间人攻击，但是又会引入单点中心化权威作恶或者单点故障问题。由于 IP 缺乏内生的密钥生成和验证机制，现有外附的多级中心化 PKI 机制又存在可信和多级证书链验证带来的大计算开销等问题，难以满足大量多样化异构设备之间的安全通信需求。

（4）信息可用性

DDoS 攻击依然是破坏网络可用性的顽疾。在 2018 年，DDoS 攻击流量已突破 1.7Tbit/s 量级。2016 年广为人知的 Mirai 僵尸网络通过攻陷大量 IoT 设备，给网络带来了多起巨大安全风暴。随着越来越多的异构 IoT 设备的接入，DDoS 攻击威胁将加剧，并且会打破现有基于防火墙的安全防御基线。作为 5G 的目标，未来 5G 网络将支持每平方千米百万量级的设备连接，因此，来自同一管理域内部的 DDoS

攻击流量也不容小觑。由于网络在设计之初缺乏对安全需求的考虑，现有的主流 DDoS 防御思想类似于一场基于网络资源的“军备竞赛”。广泛应用的黑洞技术虽然将攻击流量引入了黑洞，同时也导致合法流量不能被处理。并且，大部分外附的 DDoS 防御技术通常实施在昂贵的专用硬件设备上（如部署在企业内部的 DDoS 防火墙设备或部署在云中的 DDoS 流量清洗设备），依赖于对深层数据包的解析，滞后产生时延，无法在网络层精准快速过滤。虽然，基于 BGP Spec Flow 的方案使得受害主机能够通过协议消息请求其他的 AS 协助 DDoS 流量过滤，但缺乏有效的激励机制促动或约束非受害 AS 来主动部署和协助 DDoS 防御。此外，现有的大多数易于部署的 DDoS 防御方案无法独立于攻击流量规模，也难以做到有效的近源阻断，当大量的 DDoS 流量汇聚到受害主机侧时，正常的服务已受到影响。虽然 SIBRA 提供的 DDoS 防御能力可以独立于攻击流量规模，但是其预留带宽的机制依赖于复杂的分级层次化的 AS 关系设计，难以被广泛接受。总而言之，如果没有大量的计算或带宽等资源优势，现有的补丁式防御方法仍然难以对抗压倒性的 DDoS 攻击流量。

（5）权限可控性

对网络中重要的资源和数据设置访问权限，防止未授权对象访问和篡改受保护的资源或数据是保证网络服务安全的基本要求。实现访问控制的基本步骤包括识别身份、权限查询、授权或拒绝访问。当前网络层访问控制方案大多采用访问控制列表 ACL，通过匹配报文的源地址、目的地址、端口号等关键字段来区分不同的流量，执行相应的权限策略。传统 IP 不够灵活，难以支持细粒度的控制策略，同时基于表项的方案存在严重的扩展性问题，当列表数量较大时，维护工作将变得困难。

7.3.2　内生安全是未来网络安全的重要趋势

从构成网络的基本元素的角度来看，网络安全技术主要可分为网络设备的安全以及设备间的通信安全，本节重点关注通信安全，通过分析设备通信过程中存在的安全隐患，结合密码学工具设计相应的安全协议来保障网络安全。第 7.3.1 节已经从真实性、隐私保护与可审计性、机密性与完整性、信息可用性、权限可控性 5 个核心安全需求的角度对现有的 IPv4/IPv6 安全脆弱性以及现有的解决方案进行了分析与总结，可以看到，由于 IP 网络设计之初缺乏对安全需求的考虑，大多安全增强方案都是以“补丁”的形式来完善已经暴露的安全问题，很难从根本上解决 IP 网络存在的安全隐患、为网络通信提供完备的安全保障。主要原因可以总结为如下几个方面。

（1）IP 地址耦合了地址、身份等多种语义，现有方案难以平衡地址伪造带来的真实性破坏和 IP 地址追踪带来的隐私泄露问题，隐私保护与可审计性矛盾重重。

（2）IP 缺乏可信的自验证机制，虽然密码技术可为通信内容提供机密性和完整性保护，但作为安全锚的密钥交换过程本身就存在欺骗的威胁与风险。

（3）IP 缺乏协议层内生的防御机制，第三方辅助软件的防御方案无法低成本自适应迅速增长的攻击流量规模，联合作战也难以在现网部署。在边缘计算、雾计算、5G 等技术兴起的未来，基于安全域内部设备可信的假设更加难以立足，依靠安全域隔离的防御方案已无法应对内部攻击。

网络技术与各类垂直行业的不断融合，催生物联网、工业互联网等新型网络场景。随着大量异构设备接入，终端设备的类型日益丰富、数量日益庞大，网络环境将变得更加复杂，给网络安全技术带来的重大挑战。例如，IoT 设备本身资源受限，难以支撑较强的安全能力，但又具有一定的安全需求。因此，缺乏灵活性的、常用于保护强计算能力的传统服务器“筑墙式”安全方案，难以适应条件各异的海量终端设备。实现万物互联的愿景必然要求网络具有内生的安全能力，不强依赖于终端设备自身和第三方辅助式安全设备的安全能力，这要求在协议设计之初就将安全视为重要的需求，从根本上提高网络自身的防御能力，实现端网协同的安全防护。同时，网络内生安全能力的构建依赖于灵活的网络协议，新 IP 技术是实现网络内生安全的优秀土壤。

总的来说，传统的 TCP/IP 架构解决了基本的互联互通问题，随着网络技术与国计民生的不断融合，并深入人类生产生活的方方面面，网络安全问题是未来网络技术必须攻克的难题，传统的安全技术难以从根本上解决安全问题，构建内生网络安全是未来网络技术的重要发展趋势。

7.3.3 互联网内生安全架构

7.3.3.1 需求分析

第 7.3.1 节从真实性、隐私保护与可审计性、机密性与完整性、信息可用性、权限可控性 5 个方面分析了当前 IP 存在的安全弊端和现有补丁式方案的不足，基于此，本节进一步分析未来网络的安全需求。

（1）真实性

对于持续的 IP 地址伪造威胁，未来网络需要从顶层来设计真实性验证机制。一方面，随着网络规模的进一步扩大和网络接入设备倍增，不仅需要防止外部虚假流量在受害主机侧汇聚，也需要验证来自内部的虚假数据包。另外，在目的网络边界甚至近源对流出、流入数据包进行多级验证，可以免受单点验证失效威胁，大大削减基于 IP 地址伪造的 DDoS 攻击流的破坏力。另一方面，在真假流量混杂的大量数据包转发背景下，网络层真实性验证机制不仅应做到准确，且需要实现高效的验证。在确保准确性的前提下，需要考虑采用高效轻量级的密码验证技术以支持高速大吞吐的数据包转发能力。

（2）隐私保护与可审计性

由于当前 IP 网络固有的设计缺陷，耦合了身份（身份标识）和位置（定位符）语义的 IP 地址，使第三方辅助式安全方案很难兼顾隐私保护与可审计性。出于路由寻址目的，一方面需要在报文头部暴露精确的定位符；另一方面，移动性也使得定位符会动态变化。因此，使用一种必然要暴露、动态变化的定位符以唯一标识用户，显然是不合适的。原因有两点：出于网络提供商对可审计性的考虑，需要一个可被合法实体唯一识别、静态持久的标识符，而定位符不满足静态持久特性；出于用户的隐私考虑，需要一个非授权实体无法识别、足够匿名、动态不可关联的标识符，暴露在头部的定位符不满足匿名不可关联特性。显然，对于耦合了定位符语义的 IP 地址而言，难以身兼身份标识符语义，无法满足可审计性和隐私保护需求。因此，需要打破当前 IP 地址的安全设计缺陷，为未来网络提供一个动态不可关联、可审计追踪的隐私 ID 机制。

（3）机密性与完整性

未来网络需要解决当前密钥交换中的欺骗问题，保障数据包有效负荷的机密性和完整性。针对单点权威失效问题，去中心化的公钥基础设施已成为构建安全信任锚的必然选择，具体方案需要结合场景设计以满足性能和安全的差异化需求。在此基础上，未来网络还需要具备内生的密钥自验证功能，以根治密钥交换过程中的欺骗问题。

（4）可用性

在未来的网络架构及协议设计中，需要内嵌多层次的 DDoS 防御技术，在可能的攻击流量路径上，尽可能早地发现攻击流量，在靠近攻击源侧进行阻断，同时使目的端具备区分合法和非法流量的能力，使得网络节点或实体具备对 DDoS 攻击免疫的特性，从而确保网络服务或节点的可用性。

（5）权限可控性

开放式的互联网对合法用户和非法用户互联的无差别对待是网络安全事故频发的重要因素之一，未来网络需要根据资源的重要程度和访问群体的身份和状态，实施不同网络信任域的差别式“先授权后访问”控制机制。对网络流量实施最小化权限管理和持续动态验证，部署支持细粒度策略且具备可扩展性的动态访问控制策略，能够有效应对网络安全风险，减小网络攻击威胁。

7.3.3.2 架构设计

基于需求分析，本节通过重新设计 IP 网络协议及安全机制，提出了一种内生安全网络架构（Network Architecture with Intrinsic Security，NAIS）。NAIS 基于最小信任模型，不完全信任管理域内部和外部的实体。所有来自外部流量的真实性都将被验证。仅根据功能需要向少部分网络节点揭露 IP 地址头部的隐私信息，对于内部不可信的网络节点同样采取保护措施避免隐私泄露。NAIS 充分利用了以下内容。

- 身份标识符和位置标识符分离技术：将身份标识符（ID）与位置标识符（Loc）从当前 IP 地址中解耦，以兼顾真实性、可审计性和隐私性。
- 临时身份标识：短期有效的主机标识符和身份凭证，用于对抗标识符伪造攻击和身份隐私泄露。
- 动态的位置标识符：频繁变化、部分信息加密的 Loc 以防止识别、关联分析和位置追踪。

为了确保端到端通信安全，NAIS 提供了 5 类安全功能组件：身份管理者（Identity Manager，IDM）、审计代理（Accountability，AA）、本地 DHCP 服务器、ID 验证者和边界路由器。身份管理者负责管理 AS 内的身份以及签发动态临时的匿名身份标识符（Ephemeral and Encrypted Identifier，EID）及其凭证给终端主机。审计代理负责对非法流量进行追踪审计。ID 验证者是一种具备真实性验证功能的路由器，负责验证发送者的真实性，过滤虚假或恶意的数据包。本地 DHCP 服务器管理和分发动态变化的位置标识符（ELoc）给终端主机。内生安全网络架构如图 7-38 所示，数据包在源端主机生成、经网络传输、到达目的主机的过程中，发送者数据包中的标识符信息会被 ID 验证者检查，以确保流量的真实性和合法性；源 AS 边界路由器在转发数据包到互联网时同样会校验源的真实性，并添加一个 $HMAC_{AS}$ 作为可验证的域标记（ASID）；数据包在到达目的 AS 边界路由器时，AS 边界路由器通过验证 $HMAC_{AS}$ 可以过滤掉虚假来源的数据包。

为了确保端到端通信安全，NAIS 通过设计和修改具备安全特性的网络协议，新增和部署具备安全功能的网元，提出了 5 种核心技术，具体如下。

（1）动态可审计的隐私 ID/Loc

具有迷惑攻击者的动态 ID 和 Loc 可用于防止隐私泄露和关联追踪。源 AS 外部的网络节点仅能揭露数据包来源于哪个 AS，而无法获知发送者所在的子网、具体位置信息以及长久标识符。路由器仅能从 IP 地址头部获得最小必要信息进行数据包转发。当攻击发生时，受害主机可以追溯非法流量到其所属的源域，只有源 AS 的 AA 才能打开发送者的真实身份，根据其安全策略，发送控制命令进行流量过滤。NAIS 通过对永久 ID 和真实 Loc 进行加密，生成的 EID 和 ELoc 不仅具有匿名性，并且通过动态变化标识符可以防止关联分析和追踪。

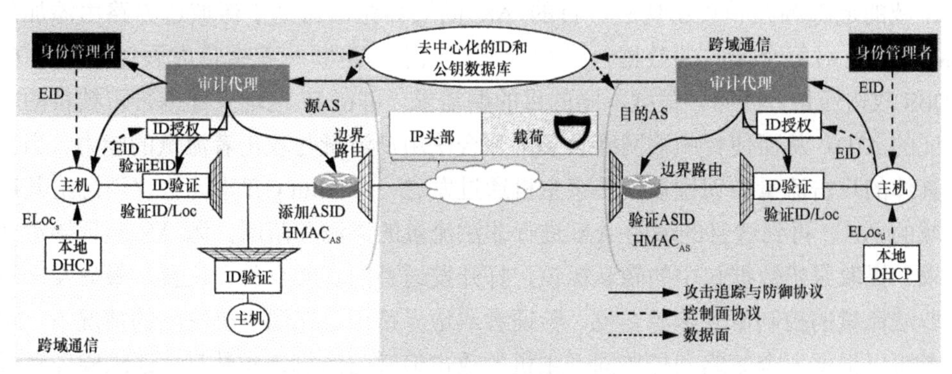

图 7-38　内生安全网络架构

（2）去中心化的 ID 内生密钥

本安全架构采用了去中心化的公钥基础设施确保信任锚的安全域可信，AS 级别的 ID 及密钥管理基于去中心化的基础设施，可以防止单点权威失效或作恶带来的安全问题。终端主机的密钥管理可被隔离在一个管理域内，即域密钥的沦陷仅会影响域内终端主机的可信性。而实际上，当前 PKI 权威在分发和撤销证书时，缺乏具体且清晰的边界，某个权威 CA 的沦陷带来的安全问题具有蔓延扩散特性。在 NAIS 中，用于协商会话密钥的身份公钥内生于主机标识符，即接收端可以根据主机 ID 直接派生出信息验证公钥，赋予了 ID 自验证公钥的特性，从而能够防止密钥交换过程中的欺骗。

（3）基于最小信任模型的真实性验证

去除安全域划分机制中对域内流量的信任弊端，域间和域内流量都将被验证。对于需要跨域传输的网络流量，当数据包从源端发送后，源 AS 的 ID 验证者和边界路由器均会对其流出流量进行验证。NAIS 不假设 ID 验证者完全可信，根据不同场景，通过部署不同的匿名验证方法，如零知识证明技术、盲签名技术等，可以在 ID 验证者处实现匿名验证功能，兼顾真实性和隐私保护。当域间流量到达目的 AS 时，目的端的边界路由器根据域间共享的密钥，对流入流量进行验证。因此，跨域传输流量的真实性可以通过流出和流入权多步验证得到保障。对于来自 AS 内部的网络流量，接收者侧的 ID 验证者同样需要验证其来源真实性，从而使得当 AS 内部发生故障和攻击时，网络管理员能够快速定位错误并进行恢复。

（4）跨域联合审计和多级攻击阻断

本方案赋予了目的域区分合法流量和非法流量的能力，设计的审计协议可以实现跨域的追踪溯源和攻击切断。目的 AS 的边界路由器基于源域边界路由添加的 $HMAC_{AS}$，对每个流入的数据包进行验证，识别和阻断所有携带虚假域 ASID 的 DDoS 攻击流量。同时，根据不同的目的端需求，可在 IP 地址头部携带可被目的端验证的 AID，从而使目的端网络具备区分合法用户流量与攻击者流量的能力。当一个具体的攻击流量被识别后，受害主机通过发送一个 Shut Off 审计协议消息给其所在域的 AA，再到达目的域的 AA 进行非法流量的溯源和阻断。源 AS 验证该审计请求、提取原始数据包中的隐私标识，打开发送者的真实身份和位置，最后发送过滤非法流量的控制命令给源主机、验证者或边界路由。在源主机沦陷的情况下，审计者可以根据安全策略和指控同一主机的攻击追踪与防御请求数量，请求验证者过滤掉虚假流量。即使在验证者沦陷的情况下，边界路由器也具备过滤非法流量的能力。对于源 AS 不诚实执行攻击阻断的情况，目的端依然可以通过限流等措施减轻 DDoS 攻击的危害。

（5）基于随路令牌的精细化访问控制

除了对流量位置与身份真实性的验证，其访问权限也需要进行灵活控制。本方案设计了一种细粒度的随路访问控制机制，鉴别与授权服务器根据特定报文字段生成令牌值，该值与报文字段的取值是强绑定的关系，该令牌值被插入原报文中，用于后续的验证。鉴别与授权服务器同时将基于令牌的权限配置下发到边缘接入设备和汇聚/核心转发设备，分别实现了源与目的自相关动态属性验证和随路访问控制。基于令牌的访问控制机制中，访问权限按需授予与使用，消除了历史权限误用，防止攻击者利用过期权限进行攻击，同时也规避了无关权限滥用。基于令牌的访问控制机制既支持粗粒度组（Group）规则，也支持细粒度属性规则，访问权限可以实现自撤销，完全消除了传统 ACL 方案中表项腐化的问题。

7.3.3.3 优势分析

本节提出的互联网内生安全架构以解决顽固安全问题为出发点，从安全视角重新设计通信协议和安全机制，旨在为未来网络提供内生安全特性。相较于其他 IP 安全方案，新型的内生安全架构的先进性与优势可以总结如下。

（1）动态可审计的隐私 ID/Loc 技术面向隐私保护和可审计性平衡难题，使用动态变化的隐私 ID 支持真实性验证和审计追踪，使用非对称的最小隐私揭露 IP 地址进行路由寻址。

（2）去中心化的 ID 内生密钥技术构建了去中心化信任锚点，为域级身份及密钥管理提供可信保障，免除单点权威沦陷危机。基于 ID 内生密钥技术，规避了 ID 与密钥脱绑带来的中间人攻击问题。

（3）基于最小化信任模型的真实性验证技术实现域内、域间多步快速验证，过滤虚假流出/流入流量。基于最小化信任模型，防止接触网络流量的内部节点作恶，可辅助快速定位失效节点。

（4）跨域联合审计和多级攻击阻断技术新增了安全审计组件，通过审计协议实现跨域追溯、源域定位和多级阻断非法流量。在源域过滤失效的情况下，依然可赋予目的域有效的攻击防御能力。

（5）基于令牌的访问控制权限技术增强了权限控制的灵活性，实现了精细化、动态灵活的访问控制，同时具备高可扩展性。

7.3.4　内生安全相关技术

本节将介绍面向网络层的内生安全协议技术，从跨自治系统和自治系统内两个维度展开讨论，具体内容安排如下。

跨自治系统的内生安全协议技术将承接第 7.3.3 节互联网内生安全架构的设计理念，首先基于动态可审计的隐私 ID/Loc 技术思想，介绍一类 IP 隐私保护技术。然后面向真实性验证和跨域审计的需求，介绍一类可验证的 BGP 技术。关于自治系统内的内生安全技术，本节将以企业园区为具体场景，讨论面向 IoT 新需求的一类域内安全技术给当前安全协议带来的挑战，以及新的解决方案。

7.3.4.1　IP 隐私保护技术

IP 隐私的重要性已经在第 7.3.1 节进行了介绍，总的来说，IP 地址作为网络层的唯一标识符，已经成为网络追踪和隐私关联分析的基础信息。当前有众多的 IP 地址隐私保护方案，具体如下。

（1）Mailbox 代理方案通过提供多个代理地址为多个 IP 地址接收数据，从而隐藏接收者的真实 IP 地址，但需要维护多个代理地址。

（2）NAT 技术对所有流经 NAT 设备的出向流量进行处理，将数据包源地址字段的地址（内网地址）替换成公网可路由的外部地址，并分配一个源端口号、替换掉数据包的源端口号。NAT 需要维护逐流的状态，即需要维护转换前的内网地址、端口号以及转换后的外网地址及端口号的映射关系，以便在收到返回数据包时，能够正确转换。

（3）洋葱路由的 Tor 匿名网络对数据包的源和目的 IP 地址进行了隐藏，洋葱网络的每一个节点只知道传输数据包的上一个节点和数据包将被转发的下一个节点。仅洋葱网络的入口节点知道源主机的 IP 地址，但是不知道目的 IP 地址。仅出口节点知道数据包的目的 IP 地址，但是不知道源 IP 地址。洋葱路由依赖于洋葱网络的节点对数据包进行层层加密和解密。

（4）IPv6 地址隐私保护的工作聚焦在后 64bit 的接口标识符隐私，没有考虑前缀隐私。

针对现有方案的不足，本节提出一种新型的保护源 IP 地址的隐私，防止不可信网络设备或者窃听者分析出终端主机隐私的方案。本方案主要涉及终端主机、路由器、服务器 3 类设备，IP 地址隐私保护方案涉及的设备如图 7-39 所示，通过这 3 类设备相互合作达到保护源 IP 地址隐私的目的，具体工作如下。

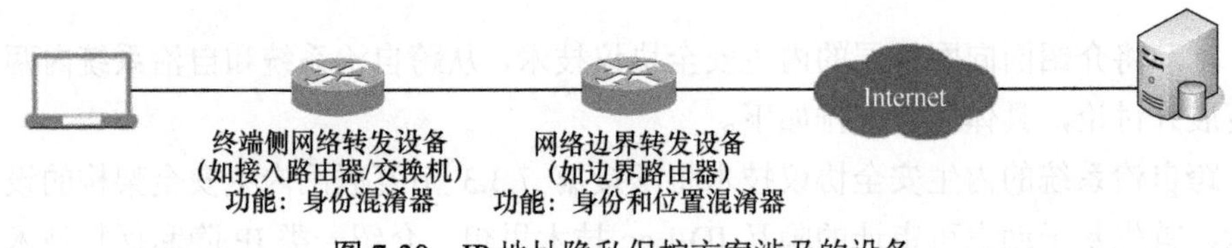

图 7-39　IP 地址隐私保护方案涉及的设备

（1）源主机与终端侧路由器建立安全连接，加密传输数据包，如采用二层加密，数据包的 IP 地址被隐藏，从而防止源终端主机到终端侧路由器这段链路的窃听者分析终端隐私。

（2）终端侧路由器在收到数据包时，对源主机的主机标识符进行混淆，从而防止终端侧路由器到边界路由器之间的链路窃听者识别终端并进行关联。

（3）边界路由器在收到数据包时，对源定位符和主机标识符同时进行加密隐藏，从而防止边界路由器到达目的服务器链路上的窃听者以及目的服务器识别主机、获取终端主机的位置信息、对主机网络活动进行关联。

本文的核心设备主要是路由器，但不限于路由器，也可以是具备数据包转发功能的交换机、接入网关等网络设备。核心装置需要增加支持常用的密码算法，能够使用密码算法对 IP 地址进行处理。接下来以核心设备是路由器为例具体介绍。流程主要体现在 IP 数据包的转发过程中。方案中将数据包的主机标识分成定位符和主机标识符，定位符和主机标识符可以作为数据面的主机标识。数据面的数据包头部字段包括源定位符（SrcLoc）、源主机标识符（SrcID）、目的定位符（DstLoc）和目的主机标识符（DstID）。对于终端主机发出的数据包，由数据包途经的源域的网络设备对 IP 数据包头部进行处理，大致分为 3 个部分：主机构造数据包发送数据包给终端侧路由器 Router1，终端侧路由器转发数据包给边界路由器 Router2，以及边界路由器转发数据包。数据包转发流程如图 7-40 所示。

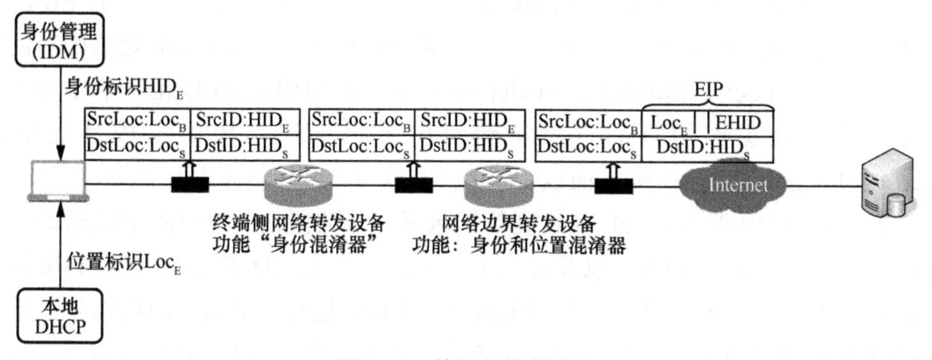

图 7-40　数据包转发流程

（1）终端主机构造数据包，其中 IP 数据包头部含 4 个字段，即 SrcLoc、SrcID、DstLoc 以及 DstID。其中，源定位符 SrcLoc=LocE，长度为 *x*bit，可以根据 SrcLoc 找到连接终端主机的路由器。SrcID=HIDE 是主机标识符，长度为 *y*bit，可以由靠近主机的终端侧路由器根据该标识符确定对应的主机。DstLoc=LocS 是目的主机的定位符，DstID=HIDS 是目的主机的标识符，DstLoc 和 DstID 连接起来可以是目的主机的 IP 地址（即 LocS||HIDS）。终端设备发送构造的数据包给终端侧路由器 Router1。

（2）当终端侧路由器 Router1 收到终端设备发送的数据包时，终端侧路由器 Router1 会对出向流量中数据包的处理如下：终端侧路由器 Router1 收到数据包后，提取出 IP 数据包头部中的源主机标识符 SrcID=HIDE，利用秘密参数 SK1 以及 DstLoc 和 DstID 对 SrcID 进行混淆从而得到混淆后的主机标识符 EHID，EHID 的长度也是 *y*bit；使用 EHID 替换掉数据包中的 SrcID 字段的数值；转发数据包。

（3）当边界路由器 Router2 收到 Router1 转发的终端设备发送的数据包时，边界路由器 Router2 对出向流量中数据包的处理如下：边界路由器 Router2 收到数据

包后，提取数据包中的源定位符 SrcLoc 和源主机标识符 SrcID（即 EHID），利用其秘密参数 SK2 对 SrcLoc||SrcID 进行混淆从而得到 EIP，其中 EIP 的长度为 $x+y$bit；添加外部定位符 OutLoc，从而构造新的源标识符=OutLoc||EIP，将 OutLoc 和 EIP 作为新的源标识符（定位符和主机标识符）放在数据包头部对应的字段；转发数据包。

对于目的服务器返回给终端主机的数据包，主要包括两个部分：边界路由器 Router2 转发数据包给终端侧路由器，终端侧路由器 Router1 转发数据包给终端主机。

（1）边界路由器 Router2 在收到数据包后，提取目的主机标识字段的 EIP，使用 SK2 对 EIP 进行解混淆，得到解混淆后的消息，并从中提取出 $x$bit 数值作为目的定位符 DstLoc=LocE，提取出目的主机标识符 DstID=EHID，将 DstLoc 和 DstID 分别放在数据包头部的目的定位符和目的主机标识字段中组成目的地址 innerLoc=LocE||EHID，根据 innerLoc 标识转发数据给终端侧路由器 Router1。

（2）终端路由器 Router1 在收到数据包后，从数据包中提取源主机标识字段 SrcLoc=LocS、SrcID=HIDS，以及目的主机标识字段 DstID=EHID；接着利用秘密参数 SK1 以及辅助输入 LocS 和 HIDS 对 DstID 进行解混淆从而可以得到新的 DstID=HIDE。将数据包中目的主机标识字段更新为计算得到的 HIDE；转发数据包。

最后，与现有的 IP 地址隐私保护方案进行比较：本方案与 Mailbox 代理方案相比，不需要维护多个代理地址；与 NAT 技术相比，不需要维护映射关系表，只需要维护一个秘密参数，对 IP 地址进行混淆；与 Tor 网络相比，只需要对源地址中的部分字段进行加密，对数据不加密；与 IPv6 地址隐私保护的相关工作相比，本方案对接口标识符隐私和前缀隐私都进行了保护。

7.3.4.2 可验证的安全 BGP 技术

现有网络设备在路由安全控制能力方面存在不足，不断涌现的域间路由安全威胁（如前缀劫持攻击、BGP 会话重置攻击、路径篡改攻击、雪崩攻击等），对网络信息系统基础设施提出了严峻挑战，确保域间路由的安全可信和可验证性是构建内生安全新型可信互联网体系结构的通信基础。

（1）可验证技术需求

一般来说，BGP 中存在两类攻击：前缀劫持和路径伪造攻击。

- 前缀劫持：前缀劫持包括完全前缀劫持和部分前缀劫持。一般来说，实施一个完全前缀劫持比较容易，而且很难被检测出来。例如，当一个 AS 把一个不是自己合法拥有的前缀通告出去，该 AS 的所有邻居 AS 会把到达这个目的前缀的流量转发到攻击者，此时就发生了一个完全路由劫持。BGP 中正常路由和恶意路由通告示例如图 7-41 所示，其中攻击①就是一个完全攻击的例子，在这个例子里，AS6 中的一个恶意路由器申明 AS6 是前缀 12.34.8.0/24 的所有者，并且把 AS 路径（AS_Path）{6}通告给 AS4。部分前缀劫持和完全前缀劫持类似，但部分前缀劫持仅仅通告一个已经被声明前缀的一个子前缀。

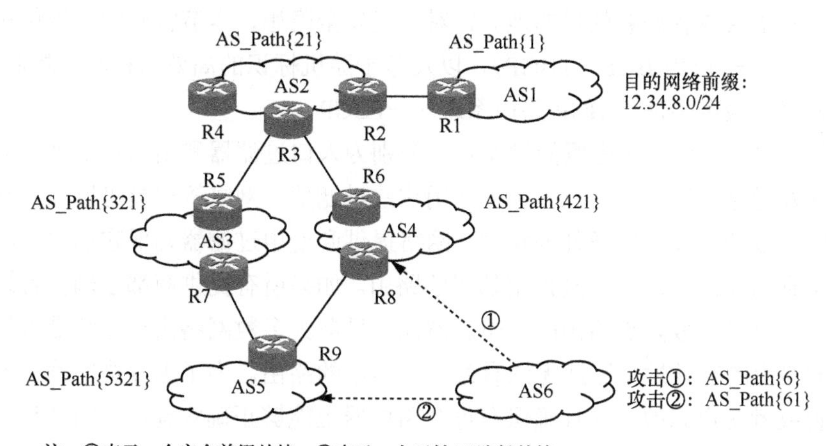

图 7-41　BGP 中正常路由和恶意路由通告示例

- 路径伪造：当一个 BGP 通告所包含的 AS 路径包含无效的 AS 号时，此时一个路径伪造攻击发生了。例如，图 7-41 的攻击②就是一个路径伪造攻击。当 AS6 向 AS5 通告一个伪造 AS_Path{61}，如果 AS5 采纳了这个路由，则任何到 AS1 的流量都将被重定向到 AS6。由于 BGP 是一个路径向量协议，协议无法检测不同 AS 之间的关系。因此，一般很难检测出路径伪造攻击。

通过分析各类 BGP 攻击的发生原理可以发现，基于网络环境安全且各 BGP 路由器可信的前提实现的 BGP 存在以下固有局限性。

- 缺乏对 BGP 会话消息完整性、新鲜性和源认证的保护。完整性保证消息不被篡改，新鲜性保证接收者收到的是最新消息（非重放），源认证保证路由更新的发布者不会被冒充。
- BGP 中没有安全机制可以确认一个 AS 宣告的网络层可达信息（NLRI）的权威性和有效性。如果攻击者能够从另一协议中修改或者插入路由信息，并由 BGP 重新分配，则运行 BGP 的路由器将无法辨别。

- BGP 中没有规范机制来保证一个 AS 宣告的路径属性的真实性。因此可以在窃取 BGP 网络中信息之后，进行非法路径属性宣告。

由此，BGP 的设计缺陷可以归结为其缺乏一个安全可信的路由认证机制，无法对传播路由信息的真实性和完整性进行验证。一个 BGP 路由器可以通告任何不属于这个路由器所在 AS 的前缀。类似地，一个 BGP 路由器也无法验证一个收到路由通告中 AS 路径的有效性。因此，一个通告的路由可能是无效的，并且会导致流量被重定向到错误或者恶意的目的地。针对上述安全隐患，本节将介绍轻量级可验证的 BGP 系统——可信 BGP（TBGP），以及基于随机标识的高效路径验证机制。

（2）轻量级可验证的 BGP 路由系统——TBGP

传统 BGP 提供了可配置的过滤器，分别为入口过滤器和出口过滤器，以实现对收到和发送路由通告的过滤。通过使用这些过滤器，网络管理员可以配置路由器过滤规则来过滤违反一定条件的路由。网络提供商使用过滤器确保它们仅接收从指定邻居学到的路由以及声明到指定邻居的路由。如果所有提供商都正确执行这些操作，则网络可以有效防御路由的攻击。然而，目前大多数网络由于无法准确推断不同 ISP 的路由的有效性，因此无法有效过滤异常的路由。为了确保这些路由没有被错误配置或者恶意修改，并且确保在每个路由器上能够正确实施，本团队设计了一个安全轻量级的 BGP 路由系统：TBGP。

首先，TBGP 通过路由通告路径上的所有路由器的入口和出口过滤器引入路由验证服务，通过这个验证服务的接口，一个邻居路由器可以验证路由器的运行状态，其中包括路由器的协议状态、路由规则以及验证服务的状态，从而确保路由通告是严格遵循 BGP 标准的，这样就可以建立路由器之间可传递的信任关系。和传统的 BGP 安全方案相比，TBGP 通过建立这种可传递的信任关系可以有效地降低计算开销和网络资源消耗，实现轻量级的目的。

但是，上面所提到的验证服务不能防止一个恶意的路由器申明拥有一个 AS 号并产生一个伪造路由。为了有效验证 AS 所有者的身份和使用 AS 号的授权，TBGP 要求在每个路由更新成功通过验证服务后从验证服务获得一个数字签名。在这种情况下，一个路由可以被所在的路由器成功签名，当且仅当这个路由已经在 BGP 的出口过滤器上成功验证。这个签名由邻居路由器通过它们的验证服务验证。由于路由的私钥仅由合法的路由器拥有，因此路由验证过程可以确保一个真实路由所通告路由的真实性。

下面，本节将从 3 个方面介绍 TBGP 方案的设计。

1）路由验证规则

一个 BGP 系统的可信度依赖于系统中每个路由器在选择或者通告路由信息的行为。在 TBGP 中定义了各种不同的路由验证规则，通过实施这些路由验证规则确保所通告路由信息的真实性和正确性。

首先，考虑 TBGP 中不同 AS 之间不同 BGP 会话的基本路由验证规则，这里假设每个 AS 仅有一个 BGP 路由器。一个 BGP 路由器的出口过滤器根据入口过滤器检测的信息验证一个将要通告的路由是否符合路由验证规则。若这个路由通告通过规则验证，则这个路由将获得正确签名并且进一步通告出去。当邻居路由器收到这个路由通告，首先邻居路由器将验证路由通告是否由拥有前缀密钥或者 AS 号的路由器所发送。如果验证成功，则意味着收到的路由通告是可信的，并且该路由可以被接受。因此，这两个路由器建立了信任关系。这个操作可以沿着路由通告的一个 AS 路径不断迭代执行。因此，在 TBGP 中，路由器不需要检测和验证 AS 路径中的每一跳信息，即 AS 路径中的每一跳的前缀验证和 AS 路径的验证。一个邻居路由器仅需要验证前缀密钥的签名或者 AS 号密钥的签名。所有这些操作由一个 BGP 路由验证服务执行。通过在路由器和 AS 之间建立信任关系，可以有效消除路由的累计和聚集签名。

2）建立信任关系

如果路由验证规则能正确地在每个路由器上实施，则路由验证规则可以确保 BGP 路由通告的有效性。本节将详细介绍如何在每个 BGP 路由器的入口过滤器和出口过滤器上实施这些路由规则从而验证路由通告。

正如前面所述，当 AS1 中的 BGP 路由器收到一个路由通告时，路由验证服务将在路由器的入口过滤器检测和验证这个通告。当收到的路由通告是直接由前缀的所有者产生时，则前缀的字符串可以直接用来验证路由通告的签名。不同的 AS 和路由器建立可传递的信任关系如图 7-42 所示，通过路由验证，AS1 中通告路由前缀的路由器身份和 AS1 的前缀所有权将被 AS2 中的路由器验证。由此，AS1 和 AS2 建立了针对前缀 12.34.8.0/24 的第一层信任关系。如果这个路由通告由 AS2 中的 BGP 路由器转发到 AS3，则需要验证 AS2 的 BGP 路由器是否被授权通告这个路由。此时，AS2 的 AS 号码将被 AS3 用来验证 AS2 是否是该 AS 号的合法通告者。如果这个路由通告在 AS3 的入口过滤器中成功验证，则说明收到的路由通告的 AS_Path 信息是由可信的 AS 号组成并且是真实的，因而 AS3 可以信任这个通告。此时，收到的路由通告将被称为一个激活的路由通告，并被存储在路由可信数据库中以进行出口过滤器的路由验证。同样，AS4 可以通过验证 AS2 的路由通告建立和 AS2 的信任关系。

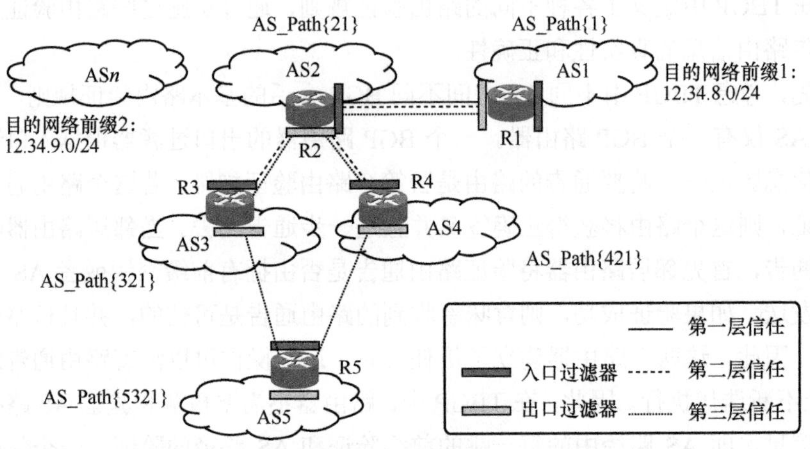

图 7-42　不同的 AS 和路由器建立可传递的信任关系

当 BGP 路由器完成了一个路由选择过程后，如果路由器选择的最佳路由发生变化，则所选择路由将进一步通告出去。此时，将要通告的路由通告在出口过滤器中检测：首先，在路由通告记录中查找触发这次重新路由选择和通告的路由通告记录（R）。如果不存在这个记录或者记录无法匹配，这意味着路由通告是由前缀的所有者通告或者这个通告没有包含一个有效的 AS 路径。此时，需要在所有路由通告的数据库中查找相关记录。路由验证服务将根据路由验证规则，检测该路由通告是否可以被通告。如果这个路由通告是合法的，则路由验证服务将对这个路由通告进行签名操作并且发送给邻居路由器。如果这个 AS 是前缀的所有者，则路由器将使用前缀 f_i 对应的私钥，即 $sQ_{\mathrm{ID}_{f_i}}$，进行签名操作，否则路由器将使用 ASn 的 AS 号对应的私钥，即 $sQ_{\mathrm{ID}_{\mathrm{AS}n}}$，进行签名操作。图 7-42 中，当 AS3 和 AS4 在出口过滤器成功验证了路由以后，如果 AS5 采纳了这个路由通告，则路由信任关系就扩展到了 AS5。

3）扩展及增量部署

一般来说，每个 AS 可以包含多于一个的 BGP 路由器，不同的路由器通过使用 iBGP 会话相连接，并通告各自从 eBGP 会话中学到的路由通告。很显然，由于 iBGP 会话所通告的路由 AS 路径不会发生改变，所以上面所讨论的基本路由验证规则无法直接应用在互联网路由中，采用下面几个验证规则解决这个问题。

① 如果一个路由是通告给 iBGP 邻居路由器的，则该路由的所有属性都没有发生改变，因此这个路由器不需要在出口过滤器中验证该路由通告，仅需要直接将路

由通告转发出去。

② 如果路由通告是来自 iBGP 邻居路由器，并且路由通告的下一跳属性是回路地址，这意味着这个路由通告是由 AS 本地产生的，路由器不需要在入口过滤器中验证这个路由通告，仅需要直接接受这个通告。

③ 如果路由通告是来自 eBGP 邻居路由器，或者路由通告来自 iBGP 邻居路由器并且通告的下一跳属性不是回路地址，则路由器需要在入口过滤器验证这个路由通告。

④ 如果路由通告是通告给 eBGP 邻居路由器，则路由器需要在出口过滤器使用出口过滤算法验证这个路由通告。

（3）基于随机标识的高效路径验证机制

1）需求背景

目前的互联网几乎无法提供路由器或终端主机的源认证和路径验证，因此数据包在转发过程中容易受流量劫持、重定向攻击等安全威胁。例如，前文提到，由于 BGP 路由协议的安全性缺陷，导致不同 AS 域间的路径易被恶意劫持。除了 AS 域间路径劫持，攻击者还可以通过中间网络节点（如路由器、交换机等）恶意篡改数据包转发路径，非法的路由节点违反转发策略来更改数据包的实际转发路径，这使得实际的转发路径与期望的转发路径不一致，如路径片段增加或转发路径迂回导致路径片段缺失或者乱序。

对数据传输的真实路径进行验证，即确保数据包按照既定路线进行传输，是构建安全可信数据传输通道的重要保障，对于有效抵抗流量劫持攻击等安全威胁、保护用户及运营商的隐私具有重要意义。针对现有基于逐跳逐包的安全验证机制具有较大的验证开销以及较低的网络转发效率等问题，本节介绍了一种基于数据包随机标识的路径真实性高效验证机制 PPV（Probalistic Packet Verification），通过路由器随机标识技术，以较小的验证开销和较低的网络时延，保证数据包在实际转发过程中路径的可靠、可信。

为了保证转发路径的真实性，在 PPV 机制中，中间路由节点以一定的概率对每个收到的数据包进行随机标识，该标识是通过执行基于共享密钥的消息认证码（Message Authentication Code，MAC）操作计算而来。通过使用 PPV 机制，每个数据包最多被两个相邻的中间路由节点标识，而不会记录所有中间路由节点的标识，从而大大减少了因安全验证需求带来的数据包头部额外的字节长度，降低了中间路由节点和目的端的验证开销。根据安全需求粒度的不同，PPV 机制可以分别应用于域内和域间的真实路径验证。

PPV 机制采用基于转发路径恢复的方法进行错误定位。目的端根据数据包中的标识，使用并查集算法对数据包实际转发路径进行恢复，实现路径验证，并通过比较实际转发路径和期望转发路径，以及比较重新计算的标识与收到的标识两组关系，准确定位数据包转发过程中存在的异常网络节点，有利于保障数据包在整个转发过程的安全可信。

2）基于随机标识的高效路径验证机制设计

在数据包转发过程中，转发路径（Path）具体包含期望的转发路径 Ψ 和实际的转发路径 Φ 两种形式。转发路径可理解为由多个路径片段依次连接形成，如式(7-19)所示，每个路径片段具体由相邻的两个路由节点唯一确定，如 L_0、L_i、L_n 分别是由 S 和 R_1、R_i 和 R_{i+1}、R_n 和 D 唯一确定的。

$$\text{Path}=\langle L_0,L_1,\cdots,L_i,\cdots,L_n\rangle \tag{7-19}$$

PPV 机制的目标是使每个数据包在从源端 S 到目的端 D 的转发过程中，每次只收集一个路径片段 L_i，而不是所有的路径片段。因此，通信源端 S 只需要在数据包中预留两个用于存储路由节点标识的字段即可，这样可以最大限度地减少数据包头部额外的字段长度，降低网络通信开销，而这两个预留字段用于存储相邻两个路由节点的标识。PPV 机制工作示意图如图 7-43 所示。

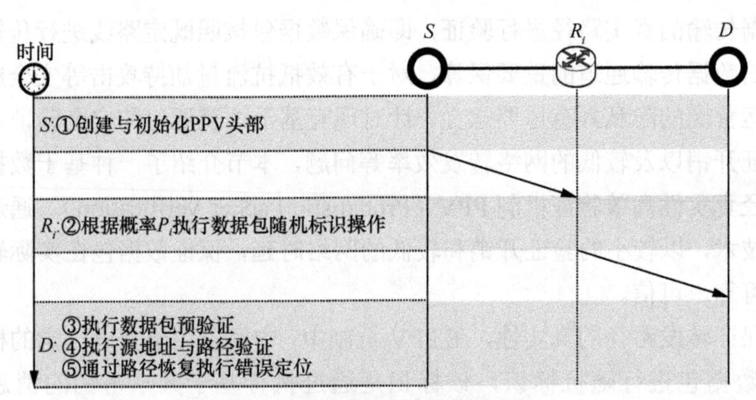

图 7-43　PPV 机制工作示意图

步骤 1　创建与初始化 PPV 头部。在数据包发送之前，通信源端 S 首先在网络第 3 层（IP 头部）和第 4 层（TCP 头部）之间创建一个新的 PPV 头部，然后初始化 PPV 头部中的 7 个字段，便于数据包转发全过程的标识和验证。

步骤 2　根据概率 P_i 执行数据包随机标识操作。在收到数据包之后，相邻的两个路由节点以一定的概率在 PPV 头部执行加密标识操作。PPV 机制通过设计每个路由节点的标识概率，降低目的端验证数据包时的收敛时延。

步骤 3　执行数据包预验证。数据包预验证在目的端执行，主要用于验证数据包中数据的完整性和标识的有效性，从而确保收到的数据包数据及 PPV 头部中的标识没有被恶意伪造或篡改。

步骤 4　执行源地址与路径验证。在 PPV 机制中，每个数据包在经过转发全过程之后会记录两个相邻路由节点的标识，目的端通过验证这些标识判断数据包的转发是否存在异常。若验证失败，则说明转发过程中存在源地址哄骗或路径篡改现象。

步骤 5　通过路径恢复执行错误定位。如果上述验证失败，目的端 D 通过收集多个接收到的数据包中记录的路径片段 L_i 对实际转发路径进行恢复，从而定位错误节点。通过比较期望转发路径 Ψ 和实际转发路径 Φ 定位网络错误节点的位置。

以下将详细介绍提出的用于实现数据包转发全过程的源地址与路径高效验证的 PPV 机制。对于数据包传输，通信源端首先初始化 PPV 报头，中间路由节点以一定的概率对数据包进行标识，目的端执行数据包预验证、源地址与路径验证和错误定位。

7.3.4.3　面向园区的极简安全协议

第 7.3.4.1～7.3.4.2 节介绍了两项跨自治系统的内生安全技术，分别解决了 IP 地址的隐私性问题和 BGP 的真实性验证问题。本节将针对单个自治系统内的企业园区场景，解决面向 IoT 设备的真实性验证的关键安全需求。随着 IoT 终端设备的普及，园区传统的安全协议难以适应 IoT 设备特性（如资源受限）带来的挑战。基于此背景，本节将以 IP 层的角度介绍应用于企业园区的内生安全协议，共涵盖了两个维度、3 个安全阶段、3 项安全协议。根据安全策略的主要执行位置，IP 安全协议分为控制面协议与数据面协议，若安全认证发生在专用的服务器中，则为控制面协议，若发生在转发设备中，则为数据面协议。本节将分别介绍以可信数字身份为核心的极简安全协议，包括控制面的轻量自动化极简入网、轻量极简接入认证协议，数据面的随路 ID 验证。上述 3 项安全协议涵盖了园区设备主要需要经历的 3 个安全阶段：新设备入网时的安全认证、入网后的接入认证和报文发送时的随路验证。

（1）轻量自动化极简入网

设备入网是指新的设备在被新所有者的网络纳入管理之前，所有者的网络需要对新的设备进行安全配置，分发统一的身份及凭证、基础配置给该设备，以便后续能够对该设备进行安全管理。身份及凭证的分发需要确保安全，避免将安全配置信息下发到错误的设备（如非园区拥有的设备），并且需要防止链路上的窃听者获取敏感的密钥信息。

现有设备入网方案可分为人工式和自动化两种类型。人工式方案是在物理通信环境可保障的条件下，通过人工的方式下发配置，以确保安全。然而，在新的设备较多的情况下，人工配置效率低、成本高，不是理想的入网方案。自动化方案则是针对人工式方案的弊端，设计无须人工参与的新设备入网方案，需要解决的基本问题是如何实现安全的双向认证。具体来说，在开放非受控的物理环境中，设备无法判断接入的网络是否正确，即其通信的身份认证注册服务器是否是其真正的拥有者。设备出厂时只信任制造商，只有制造商植入的密钥，并且无法预测其未来所有者的身份，因此很难验证通信的对象是否为其合法的所有者。并且，设备的拥有者（园区网络）也无法判断该设备是否为其购买的设备。因此，在园区下发安全配置之前，需要一种面向开放环境的双向认证协议，以确保通信的设备与园区网络之间满足正确的所有权关系。思科公司提出了一种零接触的自动安全密钥的基础架构 BRSKI，BRSKI 基于 TLS 协议保证入网交互会话的安全，通过制造商 MASA 提供实时的在线求证服务，采用非对称厚重证书机制进行验证。

具体到 IoT 场景，除了基本的双向认证安全挑战，还需要解决 IoT 设备的性能挑战。对于资源十分受限的 IoT 设备而言，非对称的密码机制需要较高的芯片成本，相对于对称密码机制，对设备的计算能力、内存大小、传输数据层的 MTU、能耗都有更高的要求，有些设备可能无法支持灵活的非对称密码机制。在 BRSKI 架构中，整个入网过程需要终端、网络以及制造商 MASA 等多方参与，且强依赖制造商提供实时的在线求证服务，非对称证书机制计算和传输量重，难以适配 IoT 的场景。因此，需要一种极简、轻量的安全协议完成认证和配置安全下发。

针对现有设备入网方案难以适应 IoT 场景的问题，本节介绍了一种基于纯对称的极简入网协议。极简入网流程示意图如图 7-44 所示。该协议仅需要两方参与，不依赖于第三方 MASA，注册设备信息存在可信标识系统中，或通过在线/扫码的方式自动录入资产库，园区的管理服务器通过上述两种方式提前获取设备的出厂 ID 和内置密钥，并通过内置在设备出厂密钥的方式建立用于双向认证的安全通道，无须通过 TLS 协议建立的会话安全。新设备与园区建立互信后，注册服务器再分发园区本地的新身份。极简入网的纯对称实现能适配轻量 IoT 场景，终端无须支持复杂的证书维护和非对称密码的计算。

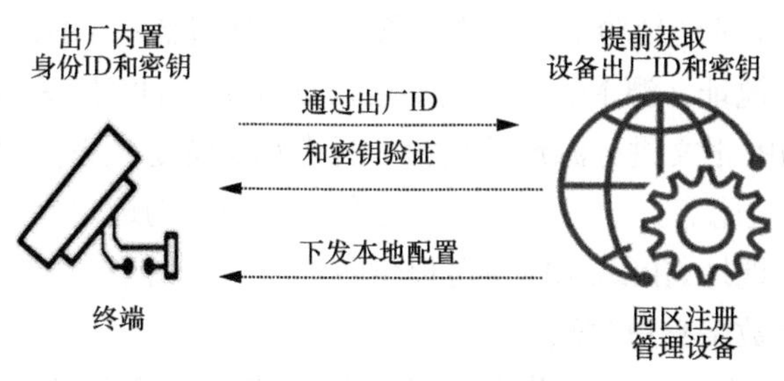

图 7-44 极简入网流程示意图

（2）轻量极简接入认证

设备在园区内进行许多网络业务交互时，其本地合法身份都需要进行认证。传统园区的身份认证方案通常采用 IEEE 802.1X+EAP 的架构，整个过程涉及 IEEE 802.1X、EAP、RADIUS 等多个协议，交互过程相对复杂，至少经历 5 个 RTT 后才能完成一次身份认证的过程，难以适应 IoT 场景的需求。

本节介绍了一种基于对称密钥的极简认证方式，极简身份认证示意图如图 7-45 所示。承接自前文的极简入网方案，新设备在接入园区网络后，获得了园区本地的身份标识，即 ID 和对应的对称密钥。设备在园区内进行身份认证时，可直接在请求首包中携带认证信息，通过园区 ID、对称密钥以及 Index 值防止身份伪造、篡改和重放。无须认证服务器收到认证请求后，对设备的园区身份进行校验并返回认证结果。极简身份认证过程只用 1RRT 完成安全上下文（密钥）的下发，交互数据量极小，天然支持带宽受限场景，且极简身份认证纯对称实现，在不依赖非对称密码的情况下保持前向安全性，

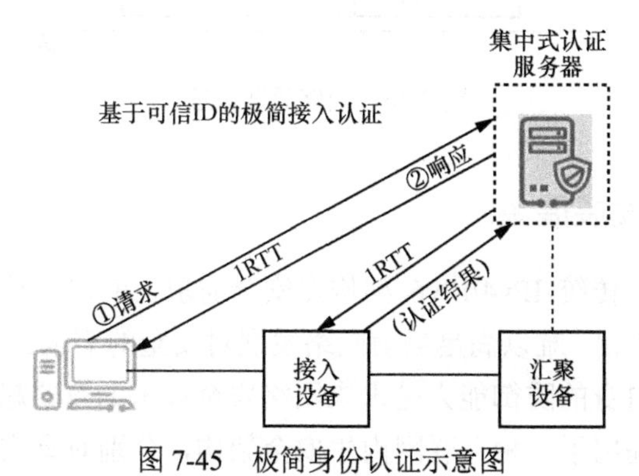

图 7-45 极简身份认证示意图

（3）随路 ID 验证

针对在网络转发层面的认证，当前的解决方案主要有 SAVI 源地址验证以及 IPSec AH。在 SAVI 源地址验证方案中，接入设备通过监听 DHCPv6、NDP 等控制类报文建立基于源地址、源 MAC 地址及接入设备端口的绑定关系。通过该绑定关系对指定端口的 IP 报文进行源地址校验，只有满足绑定关系的报文才能被转发。SAVI 存在两大安全隐患，一是绑定建立过程中的身份伪造问题，二是绑定建立后攻击者复用已认证地址。IPSec AH 也可提供数据源认证，但存在认证过程复杂度高、灵活性差且报文无数字身份等缺点。

针对传统方案的不足，本节介绍了一种随路 ID 验证机制，随路验证原理如图 7-46 所示，承接自上文所介绍的极简身份认证方案，每个数据包携带了用于随路认证的设备园区 ID、序列号以及验证码，接入设备也被提前获取/更新了相关用于验证设备身份的安全配置。通过给数据包内嵌验证信息，实现了随路验证。基于内嵌可信 ID 的逐包随路验证保护过程更长，可以保护 SAVI 监听控制报文建立绑定表之前的源报文真实性。其保护粒度更细，安全性更强，密码逐包防伪验证、密钥等身份凭证不传输可以防止中间人攻击、私接入网及高级仿冒。同时也更灵活，头部部分字段、全部字段、Payload 的保护方式可灵活定义。

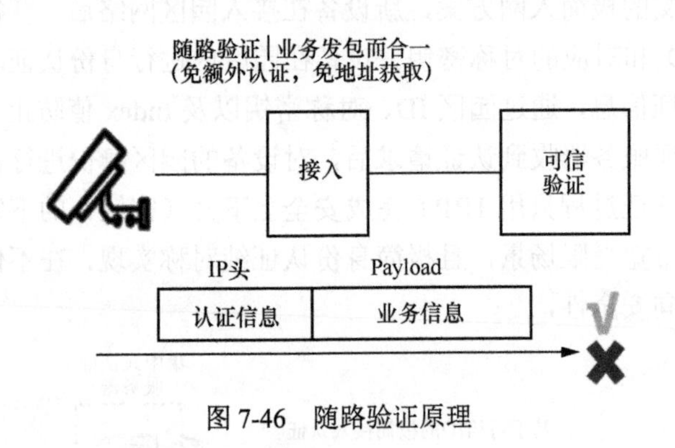

图 7-46　随路验证原理

7.3.5　内生安全发展展望

本节首先分析了传统 IPv4/IPv6 架构在安全需求上的内在缺陷，并分析了现有补丁式方案存在的不足，难以满足当前网络发展对安全的需求。发展内生安全技术，从根本上提高网络自身的防御能力是未来网络安全技术的重要趋势。并基于内生安全的思想，进一步提出了一种互联网内生安全架构，分别对真实性、隐私保护与可审计性等多个方面的安全需求提出了解决思路与架构。在内生安全架构下，介绍了一类IP隐私保护技术，以及可验证的BGP技术。最后在具体的园区网络场景以及IoT设备需求的背景下，介绍了一组极简安全协议。

内生安全是未来网络安全技术的必经之路，有着广泛的领域可以进行探索，具体如下。

（1）赋予网络更强的安全能力，随着万物互联的网络发展趋势不断推进，网络终端的类型日益丰富，对于计算存储网络能力较弱的设备，难以在终端部署完善的安全策略。赋予网络更强的安全能力，减轻终端设备的安全压力将是极具意义的探索方向。

（2）按需制定灵活的安全策略，不同网络场景对安全的需求不同，在第7.3.4.3节面向园区网络的场景中，针对IoT设备的特点，对极简安全协议进行了一定的探索，仍有广泛的网络场景（如车联网等）的安全问题需要因地制宜，设计契合具体需求的内生安全协议。

（3）权衡安全需求与性能需求，安全协议不能仅停留在设计方案中，当前许多安全协议因为与性能问题的冲突导致难以得到大范围推广落地，如何有效权衡安全需求与性能需求也是未来内生安全技术需要攻克的主要难点。

7.4 运营级优简多播协议

在泛在全场景新IP中，多播是不可或缺的一部分。本节主要介绍泛在全场景新IP体系中对于多播技术的优化和改进。本节主要分为5个部分：第一部分以多播业务发展现状为切入点，介绍多播业务目前的场景需求以及局限性；第二部分介绍网络多播研究现状，帮助读者了解多播学术界的发展前景；第三部分介绍优简多播技术的基础原理，帮助读者更深层次地理解优简多播的设计思路及框架模型；第四部分介绍基于新多播技术的高可靠性优简多播的详细设计案例；第五部分阐述新多播业务的应用场景以及对供应商带来的主要商业价值。

7.4.1 多播业务发展需求

当今视频多播流量已成为互联网主体。据中国互联网信息中心（China Internet Network Information Center，CNNIC）统计，截至2020年6月，我国网络视频用户规模已达到 8.88 亿，占网民整体数量的 94.5%，其中短视频用户数量约 8.18 亿；我国网络直播用户规模已达到 5.62 亿，占网民整体数量的 59.8%，其中电商直播用户数量约 3.09 亿。新冠肺炎疫情爆发以后，全球有几亿人需要在家办公或学习，以视频会议和在线教育为代表的网络视频应用出现井喷式的发展。

产业技术升级也给各垂直产业带来了多播需求新场景。

预计到 2023 年，全球将有超过 6 亿家庭拥有 4K/8K 超高清电视。传统的 SDI 设备已无法满足大规模、超高清视频制作及传输需求，全面 IP 化的制播网需要有高可靠、可规划的多播技术进行媒体资源调度分发。

基于公平、正义原则，金融证券行情推送采用多播技术已成为业界惯例。但随着交易量的不断上升，如何解决核心节点多播表项规格受限，如何保证行情信息在弱网场景下丢包重传，以及故障发生时如何使交易网络快速恢复，都是当前多播技术在金融网络中面临的重大挑战。

视频监控系统广泛应用于平安城市、交通、教育和城市管理等视频专网中。随着视觉技术的快速发展，越来越多摄像机视频不再是送给人观看，而是交给机器进行 AI 分析。当前摄像机视频流的转发、复制都依赖于视频服务器进行。受限于服务器性能的限制（几百路视频/台），城市中大量的、归属于不同单位或组织的摄像机视频联网困难、扩容成本高、无法进行大规模视频共享，同时也抑制了 AI 服务器对前端视频的需求。

自动驾驶已成为新的蓝海市场。5G 第一个演进版本 Release 16（Rel-16）中已引入了多播技术，主要面向 V2X 场景，例如协同驾驶、自动驾驶辅助、车辆编队等都需要可靠的多播技术作为通信保障。

工业生产领域中以英特尔为首的国际半导体制造厂商更青睐采用分布式的 Tibco 总线架构，其生产自动化系统 EAP 和其他系统之间也需要通过广播或多播技术进行订阅和发布消息。

由此可见，多播业务需求广泛存在，但传统多播技术应用长期低于预期，如何提高多播技术的应用范围和用户体验是未来网络亟须解决的问题。

7.4.2 网络多播研究现状

7.4.2.1 传统网络层多播技术

网络层多播从 1988 年被提出到现在已经经历了多年的发展，许多国际组织对网络层多播的技术研究和业务开展进行了大量的工作。根据协议的部署和作用范围，可以将多播协议大致分为以下两类。

- 作用于多播主机与其接入网络设备之间的协议，即多播成员管理协议。多播主机包括多播数据发送的源端、多播数据接收的宿端。典型的组成员关系协议如互联网组管理协议（IGMP）。
- 作用于多播转发网络设备之间的协议，主要是各种路由协议。多播路由协议又分为域内多播路由协议、域间多播路由协议两类。域内多播路由协议包括稀疏模式协议无关多播（PIM-SM）、密集模式协议无关多播（PIM-DM）、距离向量多播路由协议（DVMRP）等。域间多播路由协议包括 MBGP、MSDP 等。为了解决多播转发过程中的一些特定问题，如有效抑制多播数据在二层网络中的扩散，引入了 IGMP 监听（IGMP Snooping）等二层多播协议。

概括来说，通过多播成员管理协议建立网络设备与多播组成员关系信息，即多播组的成员的接入多播网络信息。域内多播路由协议根据多播组成员关系信息，运用一定的多播路由算法来构造多播分发树，在网络设备中建立多播路由状态，网络设备根据这些状态进行多播数据包转发。域间多播路由协议根据网络中配置的域间多播路由策略，在各 AS 间发布具有多播能力的路由信息以及多播源信息，使多播数据能在域间进行转发。

（1）多播成员管理协议

1）IGMP

典型的多播成员管理协议——IGMP，运行在多播主机、与多播主机直接相连的多播网络设备之间。IGMP 实现的功能是双向的：一方面，通过 IGMP 多播主机告知其接入网络设备希望加入并接收某个特定多播组的信息；另外一方面，多播网络设备通过 IGMP 周期性地查询下连局域网内的给定多播组中是否有处于活动状态的成员。通过 IGMP 完成多播网络设备和多播组成员关系的映射。

IGMP 有 3 个版本：IGMPv1（参见 RFC 1112）定义了基本的组成员查询和报告过程；目前通用的是 IGMPv2，由 RFC 2236 定义，在 IGMPv1 的基础上添加了组成员快速离开的机制；IGMPv3 中增加的主要功能是成员可以指定接收或指定不接收某些多播源的报文。

IGMPv2 的工作原理如图 7-47 所示。

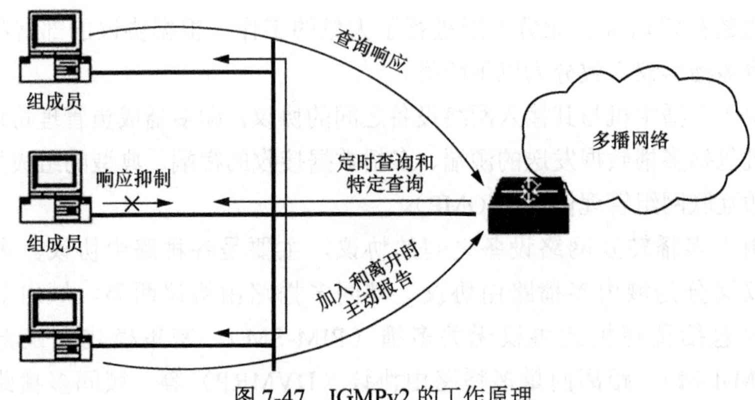

图 7-47　IGMPv2 的工作原理

IGMPv2 的主要处理流程如下。

- 查询器的选举：当同一个网段内有多个多播路由器时，IGMPv2 通过查询器选举机制从中选举出唯一的查询器。
- 多播组成员查询：查询器周期性地发送通用组查询消息进行成员关系查询；主机发送报告消息来响应查询。
- 成员查询消息抑制：主机发送报告消息的时间有随机性，当检测到同一网段内有其他成员发送同样的消息时，则抑制自己的响应报文。
- 成员加入：新的主机要加入多播组，不必等待查询器的查询消息，而是主动发送报告消息。
- 成员离开：多播组成员主机离开多播组时，主机发送离开组消息；收到离开组消息后，查询器发送特定组查询消息确定是否所有组成员都已离开。

2）IGMP Snooping

IGMP 多播成员管理机制是针对网络层设计的。在第三层，多播网络设备，即路由器，可以对多播报文的转发进行控制，只要进行适当的接口配置和对 TTL 值的检测就可以。但是在很多情况下，多播报文要不可避免地经过一些二层交换设备，尤其是在局域网环境里。如果不对二层设备进行相应的配置，则多播报文就会转发给二层交换设备的所有接口，这将浪费大量的系统资源。IGMP Snooping 则是为解决这个问题而诞生的多播成员管理技术。

IGMP Snooping 的主要处理流程如下。

- 多播主机发出 IGMP 成员报告消息，该消息发给多播网络设备路由器。
- 在 IGMP 成员报告经过多播网络设备交换机时，交换机对这个消息进行监听并记录下来，形成组成员和接口的对应关系。

- 多播网络设备交换机在收到后续多播数据报文时，根据组成员和接口的对应关系，仅向具有组成员的接口转发多播报文。

IGMP Snooping 可以解决二层环境中的多播报文泛滥问题，但要求多播交换机解析并获取数据报文携带的三层信息，并且需要对所有多播报文进行监听和解析，这会产生一定的额外开销。

（2）多播转发路由协议

1）DVMRP

DVMRP 是第一个在 MBONE（Multicast Backbone）上得到普遍使用的多播路由协议，在 RIP 的基础上扩充了支持多播的功能。DVMRP 通过发送探测消息进行邻居发现，之后通过路由进行单播寻径和确定上下游依赖关系。

DVMRP 采用反向通路多播（Reverse Path Multicast，RPM）算法进行多播转发。当多播源第一次发送多播报文时，使用截断反向通路多播（Truncated RPM）算法沿着源的多播分发树向下转发多播报文。

当叶子路由器不再需要多播数据包时，它朝着多播源发送剪枝消息，对多播分发树进行剪枝，借此除去不必要的通信量。上游路由器收到剪枝消息后将收到此消息的接口置为剪枝状态，停止转发数据。剪枝状态关联着超时定时器，当定时器超时后，剪枝状态又重新变为转发状态，多播数据再次沿着这些分支流下。

当剪枝区域内出现了多播组成员时，为了减少反应时间，下游不必等待上游剪枝状态超时，而是主动向上游发送嫁接报文，以使剪枝状态变为转发状态。

DVMRP 是由数据触发驱动，建立多播路由表，而路由树的建立过程可以概括为“扩散与剪枝”（Broadcast and Prune），转发特点可以概括为“被动接受，主动退出”。

2）PIM-DM

在 PIM-DM 域中，运行 PIM-DM 协议的路由器周期性地发送 Hello 消息，发现邻接的 PIM 路由器，进行叶子网络、叶子路由器的判断，并且负责在多路访问网络中选举指定路由器（Designated Router，DR）。

PIM-DM 协议使用下面的假设：当多播源开始发送多播数据时，域内所有的网络节点都需要接收数据，因此采用“扩散/剪枝”的方式进行多播数据包的转发。多播源开始发送数据时，沿途路由器向除多播源对应的反向通路转发（Reverse Path Forwarding，RPF）接口之外的所有接口转发多播数据包。这样，PIM-DM 域中所有网络节点都会收到这些多播数据包。为了完成多播转发，沿途的路由器需要为组 G 和源 S 创建相应的多播路由表项（S,G）。（S,G）路由项包括多播源地址、多播组地址、入接口、出接口列表、定时器和标志等。

如果网络中某区域没有多播组成员，该区域内的路由器会发送剪枝消息，将通往该区域的转发接口剪枝，并且建立剪枝状态。剪枝状态对应超时定时器。当定时器超时后，剪枝状态又重新变为转发状态，多播数据得以再次沿着这些分支流下。另外，剪枝状态包含多播源和多播组的信息。当剪枝区域内出现了多播组成员时，为了减少反应时间，协议不必等待上游剪枝状态超时，而是主动向上游发送嫁接报文，以使剪枝状态变为转发状态。

PIM-DM 的扩散–剪枝过程如图 7-48 所示。

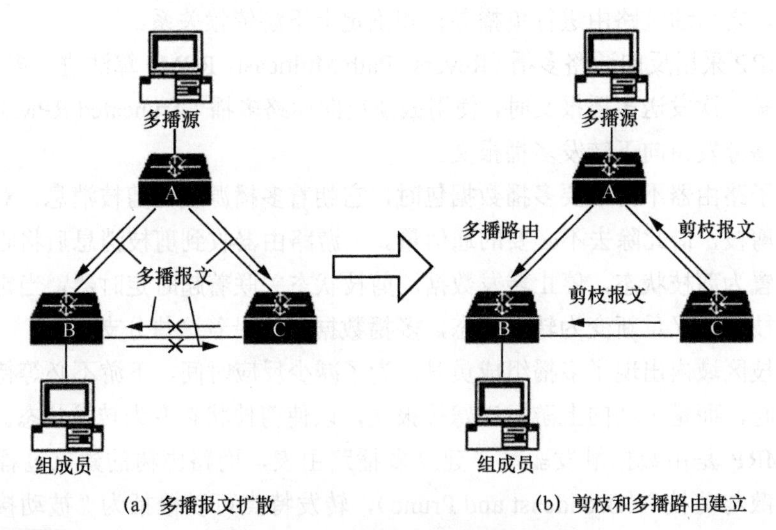

图 7-48 PIM-DIM 的扩散–剪枝过程

多播源发出的数据在全网内扩散，路由器在转发报文时要进行 RPF 检查，因此路由器 B 和 C 向对方发送的扩散报文都会因为 RPF 检查不通过而被拒绝转发。由于路由器 C 所在的区域中没有组成员，所以向多播数据的到来方向（A 和 B）发送剪枝报文。路由器 A 和 B 会将相应的接口设置为剪枝状态，多播数据沿着正确的路由发送到所有组成员。

PIM-DM 在多路访问网络中，除了涉及 DR 的选举外，还使用断言（Assert）机制选举唯一的转发者以防止向同一网段重复转发多播数据包；使用加入/剪枝抑制机制减少冗余的“加入/剪枝”消息；使用剪枝否决机制否决不应该的剪枝行为。

3）PIM-SM

在 PIM-SM 域中，运行 PIM-SM 协议的路由器周期性地发送 Hello 消息，用以发现邻接的 PIM 路由器，并且负责在多路访问网络中进行 DR 的选举。这里，DR 负责为与其直连的组成员向多播树根节点的方向发送“加入/剪枝”消息，或是将直连多播源的数据发向多播分发树。PIM-SM 不同于 PIM-DM 的“扩散/剪枝”的密集模式协议，采用了“加入/剪枝”的显示加入模型。

PIM-SM 通过建立多播分发树进行多播数据包的转发。多播分发树分为两种：以组 G 的汇聚点（Rendezvous Point，RP）为根的共享树，或以多播源为根的最短路径树。PIM-SM 通过显式的加入/剪枝机制完成多播分发树的建立与维护。PIM-SM 的路由建立过程如图 7-49 所示。

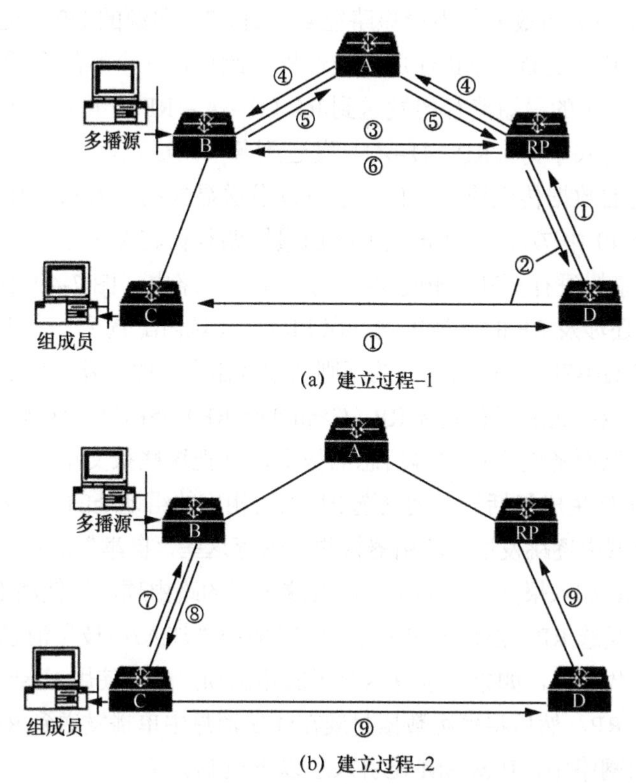

图 7-49　PIM-SM 的路由建立过程

当 DR 直连的网络中具有组 G 的活动成员时，则向着组 G 的 RP 方向逐跳发送多播加入消息，加入共享树（图 7-49 中①）。当本次加入沿着树上行进行时，沿途的路由器建立多播转发状态（图 7-49 中②），即路由项。路由项中包括源地址、组地址、多播数据包的入接口和多播数据包的出接口列表、定时器、标志位等字段，以使路由器在收到多播数据后可以沿着树向下转发。当不再希望接收多播数据时，DR 向着组 G 的 RP 逐跳多播剪枝消息用以剪枝共享树。剪枝沿着树上行进行时，沿途的路由器更新它的路由项，如删除出接口等。转发树上的路由器要向着这个组的 RP 周期性地发送"加入/剪枝"消息，用以维护多播分发树状态。

源主机向组发送多播数据时，源的数据被封装在注册消息内，并由 DR 单播至 RP（图 7-49 中③），RP 再将注册消息解封装成数据包，沿着共享树转发到各个组成员。之后，RP 可以朝着源方向发送对特定源的加入/剪枝消息（图中④），加入这个源的最短路径树。这样，源的数据包将沿着最短路径树不加封装地发送到 RP（图 7-49 中⑤）。当多播数据包沿最短路径到达时，RP 向源的 DR 发送注册–停止消息（图 7-49 中⑤），使 DR 停止注册封装过程。此后，这个源的多播数据不再注册封装，而是先沿着源的最短路径树发送到 RP（B→A→RP），再由 RP 将数据包转发到共享树上，沿着共享树（RP→D→C）发送到各个组成员。

若达到一定的数据传送速率，DR 也可以发送显式的加入消息加入到源的最短路径树上（图 7-49 中⑦），多播报文就经由最短路径树转发下来（图 7-49 中⑧）。之后，DR 对共享树进行更新，删除相应的共享转发路由（图 7-49 中⑨）。

PIM-SM 中还涉及 RP 的选择机制。在 PIM-SM 域内配置了一个或多个候选自举路由器（Candidate-BSR）。使用一定的规则从中选出自举路由器（Bootstrap Router，BSR）。PIM-SM 域中还配置有候选 RP（Candidate-RP）路由器，这些候选 RP 将包含它们的地址及可以服务的多播组等信息的报文，并把这些报文单播发送给自举路由器，再由 BSR 定期生成包括一系列候选 RP 以及相应的组地址的"自举"消息。"自举"消息在整个域中逐跳发送，路由器接收并保存这些"自举"消息。若 DR 从直连主机收到了 IGMP 加入报文后，如果它没有这个组的路由项，将使用 Hash 算法将组地址映射到一个候选 RP。然后朝 RP 方向逐跳多播"加入/剪枝"消息。若 DR 从直连主机收到多播数据包，如果它没有这个组的路由项，也将使用 Hash 算法将组地址映射到一个候选 RP，然后将多播数据封装在注册消息中单播发送到 RP。

在多路访问网络中，PIM-SM 还引入了以下机制。

- 使用断言机制选举唯一的转发者，以防止向同一网段重复转发多播数据包。
- 使用加入/剪枝抑制机制减少冗余的加入/剪枝消息。
- 使用剪枝否决机制否决不应有的剪枝行为。

7.4.2.2 新兴网络层多播技术

传统的多播技术中，通过为每条多播流量建立一棵多播分发树，使多播流量沿着特定的树状多播路径进行复制，以完成多播流量传输，节省网络带宽。传统的多播技术存在如下特点及不足，难以满足多播业务快速发展的需求。

- 需要为每条多播流量单独建立一个 P2MP 树状转发路径，如 PIM 技术中的 RPT/SPT 多播分发树或 MPLS 技术中的 mLDP/RSVP-TE LSP 等。拓扑中的每一个网络节点都需要为每个转发路径维护相关状态，Overlay 和 Underlay 技术存在深度耦合。随着多播业务量的扩大和多播分发树数目的增加，网络中的每个节点都需要维护大量的多播协议状态，资源消耗大。当网络发生故障时，单播路由先收敛，多播后收敛，端到端业务收敛缓慢。
- 新增多播用户需要逐跳加入到多播分发树中，当网络拓扑规模较大跳数较多时，用户加入时延加大，难以满足多播用户加入低时延的诉求。
- 故障多出现在网络层，业务层独立运维困难，难以满足多播业务快速部署的诉求。

（1）基于比特索引显式复制（Bit Index Explicit Replication，BIER）技术

近年来业界提出基于比特索引显式复制技术，BIER 采用一系列新的方法解决传统多播中的突出问题，其核心思想如下。

- 只将叶子节点（接收者节点）而不是中间节点作为一个比特位封装在报文头。
- 使用特定封装技术，在根节点将代表所有叶子节点的比特串封装在报文头。
- 通过对基于最短路径转发的单播路由信息表（Routing Information Base，RIB）进行扩展，在每个节点创建出一张比特转发表（Bit Forwarding Table），用于指导封装了比特串的多播报文转发。

相对于传统多播，BIER 技术具有以下特点。

- Underlay 整网共用一个转发路径，网络中间节点无须为每一条多播流（Per-Flow）建立单独的 P2MP 转发路径，减少网络设备的多播状态维护负担，与 Overlay 实现了解耦。且 Underlay 直接使用 IGP 扩展，网络中出现故障时只需要一次 IGP 收敛，端到端业务收敛速度高。
- 多播业务 Overlay 可以通过 BGP/SDN 等技术实现用户加入直达，避免逐跳加入，减少加入时延。
- 网络承载与业务层解耦，在 SDN 场景下与控制器亲和度高，部署简单。

使用 BIER 构建多播网络，可以应用于以下场景。

- 大规模的多播业务场景：BIER 不需要为每条多播流量建立多播转发树及保存多播流状态，减少对资源的占用，可以支持大规模的多播业务。
- SDN 场景：多播用户不再需要逐跳加入多播树，只需要从叶子节点发送给头节点，从而提高多播用户的加入效率，更适合 SDN 中控制器收集多播业务流量的目的地后直接下发。

伴随着 BIER 协议的演进，出现了两种多播报文承载 BIER 的封装方式：BIERin6 和 BIERv6，二者均为一种非基于 MPLS 协议的封装方式。从标准推动进展来看，IETF 于 2021 年 7 月决定 BIERin6 多播方案成为 IETF 工作组草案，其类别为 IETF 标准（Proposed Standard）。在技术特征层面，BIERin6 为 BIER 在数据报头的封装位置提供了多种选择，BIERin6 允许 BIER 被封装在以太帧头之后，以太网类型设置为“0xAB37”，并且 BIERin6 也允许 BIER 被封装在 IPv6 数据报头之后，Next Header 字段被设置为 BIER。而 BIERv6 以 IPv6 扩展头的形式将 BIER 信息携带在报头中，通过舍弃封装位置的灵活性而获得免入网 BIER 设备标识规划和支持 IPv6 报文分片的特性。

（2）基于树的段标识（Tree Segment Identifier，Tree SID）

Tree SID 是一种基于 Segment Routing 构建多播树的解决方案，它基于路径计算单元通信协议（Path Computation Element Communication Protocol，PCEP）使用 Segment Routing 控制器计算点对多点多播树，适用于现有数据平面（MPLS 和 IP）。控制面上，在多播树的每个节点，转发状态由若干 Tree SID 表示，一个 Tree SID 标识一组相邻的叶子节点以及各叶子节点对应的 Tree SID。Segment Routing 控制器根据多播业务计算生成多播树，分配每个转发节点的 Tree SID，并下发至各相关节点，完成多播策略部署。数据面上，数据报文从多播源起携带 Tree SID，在每个节点基于当前 Tree SID 查询转发状态以获取叶子节点的 Tree SID，然后复制数据报文，并将当前 Tree SID 置换为叶子节点的 Tree SID，同时转发至对应叶子节点，完成当前节点的转发。通过逐节点基于转发状态的复制转发，多播报文通过多播树从多播源转发至各多播成员。

Tree SID 作为基于 Segment Routing 协议的 P2MP 解决方案，虽然实现了 Segment Routing 从单播转发向多播转发的跨越，并且提供了一定程度的 TE 能力，但同时也继承了 Segment Routing 集中式控制器和依赖 Segment 转发的特征，导致在多播转发中的水土不服。例如，每个节点需要基于不同的邻居组合下发不同的 Tree SID，并且同一个 Tree SID 也难以复用，因为不同的多播业务在同一节点即使对应相同的邻居叶子节点组合，也无法保证这些邻居的邻居叶子节点组合相同。所以，几乎每个多播业务都需要在全网部署一套唯一的 Tree SID，每个节点所需要维护的转发状态是数据流级别的，多播业务数量受转发设备表项规格上限的影响，极大地限制了扩展性，导致 Tree SID 难以在大规模网络进行部署。

7.4.2.3 应用层多播技术

网络层多播，在网络设备（路由器）上实现，发送的同一份数据报文在同一物理链路中只传输一次，减少了数据在网络中传入的冗余，节约网络带宽资源，提升网络的数据传输效率。

不同于网络层多播，应用层多播技术提供了一种新的思路，将多播复杂的功能部署在端侧节点或端侧系统实现，如多播组成员的管理、多播数据报文的复制与转发、多播树的构建和维护等。端侧节点/系统自组织成一个叠加在传统 IP 互联网络之上的逻辑重叠网络，即 Overlay 网络，并使用单播在该 Overlay 网络上进行数据传输构建应用层多播。该 Overlay 网络是由多播组成员自组织而成，架构在物理网络之上的逻辑 Overlay 网络。

因此，由于应用层多播沿用现有的 IP 互联网络模型，具有较强的可应用性。虽然相对于网络层多播来说，应用层多播牺牲了带宽和时延，但从应用的角度来看，其仍有显著的传输效率，可支持时间同步、空间分布的应用，或时间异步、空间分布的应用，所以被视频点播、流媒体视频等应用广泛使用。

网络层多播与应用层多播示意图如图 7-50 所示，展示了网络层多播和应用层多播的基本差别，网络层多播的数据沿着物理链路在路由器上进行复制和转发，而应用层多播的数据则在端侧主机/系统中实现了复制和转发，数据沿着逻辑链路转发，多跳逻辑链路可能经过同一条物理链路。

应用层多播协议通常把多播成员分成两个拓扑：控制拓扑、数据拓扑。控制拓扑主要用于应用层多播的端侧节点之间的控制信令交互，通过周期性地交换控制信息，发现或者恢复因多播组成员加入、离开而导致的拓扑更新。数据拓扑主要用于应用层多播数据的转发，构建数据包的传输路径。通常来说，控制拓扑为 Mesh 拓扑结构，而数据拓扑则为树状结构。

应用层多播系统的技术根据拓扑构建的分层方式可分为 3 种类型，分别是基于 Mesh 网优先建立方案、基于树优先方案和基于隐含多播转发拓扑结构的方案，具体如下。

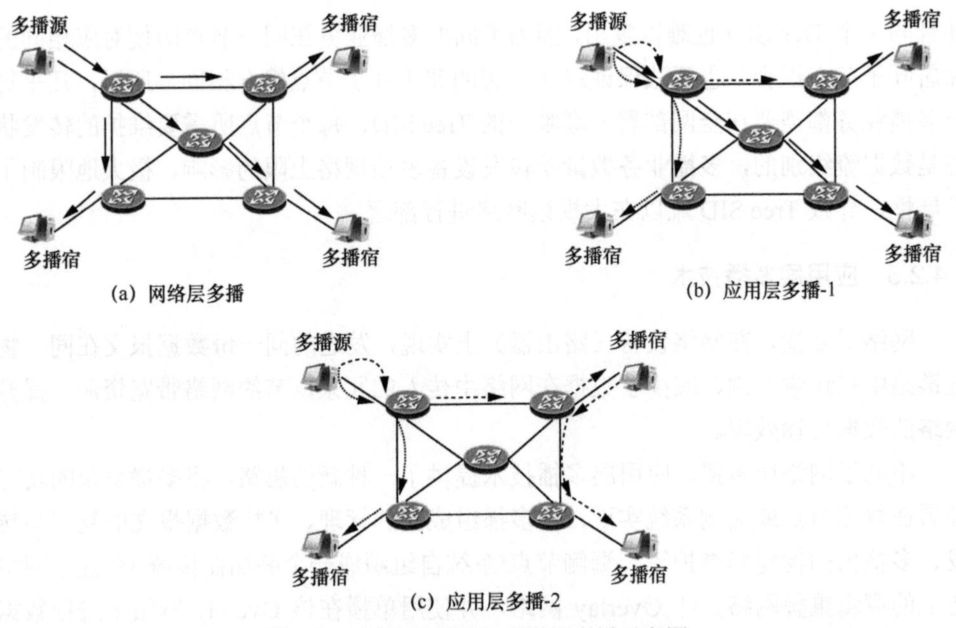

图 7-50　网络层多播与应用层多播示意图

（1）网优先

所有多播组成员之间建立一个网状 Mesh 拓扑，该网状拓扑中每对多播组成员之间至少有一条路径，并且这个组中的每个成员会保存其他成员的状态信息，这个信息会进行周期性的刷新。在该连通的 Mesh 网络中，使用一定的路由算法，如 DVMRP，构建一个指定多播源的多播分发树。网优先方法的典型代表有 Narada 和 CMU 的组网协议。Narada 为多播组成员建立一个 Mesh 网状链接的 Overlay 网络，然后在 Overlay 网络中运行多播路由协议，构建多播转发树。通过多播组成员加入、退出等动态的网络状态探测，Narada 对 Overlay 网络进行动态的维护和改良。其他的代表方法还有 XOMR、Gosssamer、dbMeshTree、MeshTree 和 MSTP 等。

（2）树优先

协议现根据各节点的局部信息建立一个共享树，作为共享的数据传输拓扑。然后多播组的各个成员之间通过交换信息发现其他的非邻居成员，并建立与这些非邻居多播组成员之间的链接，从而构造网状的控制拓扑。树优先方法典型代表有 Overcast、YOID、HMTP、ALMI 和 TBCP 等。

（3）隐式法

协议在定义控制拓扑和数据拓扑时没有严格的先后次序。隐式协议创建具备某些特殊属性的控制拓扑，这些特殊属性隐式地定义了数据传递的规则，从而隐式地确定了多播路径。通常隐式协议会基于层次结构，把所有多播组成员组织到一个层次化的拓扑结构中，构建应用层多播。典型的隐式法有 NICE、Zigzag、SCRIBE 和 CAN 等。

7.4.2.4　多播可靠性保障技术

网络中由设备或链路变化触发的拓扑变化会使数据转发受到影响，严重的会导致大量丢包，路由收敛和快速重路由是两种主流的转发保护手段。路由收敛是路由表重新建立到发送再到学习直至稳定，并通告网络中所有相关路由器都得知该变化的过程，也就是网络拓扑变化，引起的通过重新计算路由而发现替代路由的行为。从网络的拓扑结构发生变化，到网络中所有路由设备中路由表重新保持一致的过程，根据网络的规模和复杂程度耗时可从几秒至几分钟，这个过程中可能会出现路由环路和路由振荡等问题，数据传输无法获得良好的保护。而快速重路由是一种多协议标签交换（MPLS）和 IP 弹性技术，可在链路或路由器故障时为关键任务服务提供快速流量恢复。通过在故障感知节点上维护备份路由实现在任何单个链路或节点出现故障时，在 50ms 的级别内恢复受影响的流量。

目前，主流的快速重路由技术有无环备份（Loop-Free Alternate，LFA，又称 IP FRR（IP Fast Reroute））技术、远端无环备份（Remote Loop-Free Alternate，RLFA）技术和拓扑无依赖的无环备份（Topology-Independent Loop-free Alternate FRR，TI-LFA）技术等。

（1）LFA

LFA 技术基于最短路径算法预计算出备份路径，当网络节点或链路故障时，快速切换流量到备份路径，无须等待路由收敛。LFA 考虑防止路由微环的情况，在被保护节点的邻居节点中基于式（7-20）寻找备份节点。

$$\text{Distance\_opt}(N, D) < \text{Distance\_opt}(N, S) + \text{Distance\_opt}(S, D) \tag{7-20}$$

其中，S 为被保护节点，D 为目的节点，N 为备份邻居节点。通俗来说，LFA 向所选的备份邻居节点转发被保护的流量时，该流量不会从备份节点绕回被保护节点形成环路。例如，LFA 备份邻居节点示意图如图 7-51 所示，其中节点 A 为被保护节点，D 为目的节点，原始流量到达 A 后通过最短路径向 D 转发。若需保护 A 而寻找备份邻居节点形成对链路 A-D 故障的备份，节点 B 满足 LFA 不等式

$$\text{Distance\_opt}(B, D)=3 < \text{Distance\_opt}(B, A) + \text{Distance\_opt}(A, D)=4 \tag{7-21}$$

因此，节点 B 是节点 A 去往目的节点 D 的有效备份节点。

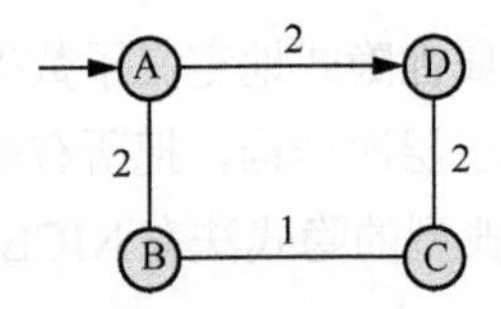

图 7-51　LFA 备份邻居节点示意图

然而，LFA 存在局限性，其只能在被保护节点的邻居内寻找备份节点，例如，LFA无法寻找备份节点示意图如图7-52所示，由于Distance_opt(B, D)=5> Distance_opt(B, A) + Distance_opt(A, D)=4，LFA 无法为 A 找到备份节点。

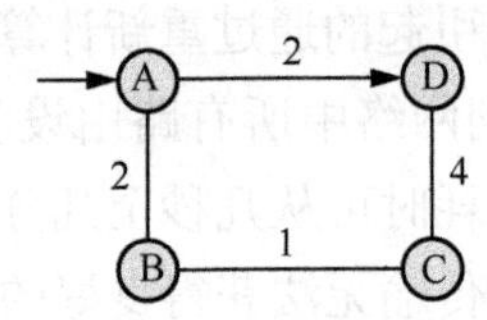

图 7-52　LFA 无法寻找备份节点示意图

（2）RLFA

为解决 LFA 保护范围有限的问题，RLFA 技术通过隧道技术（一般为 MPLS 隧道），将远端的非邻居的远端节点作为备份下一跳，使得更多的节点有备份下一跳。RLFA 算法引入 P-Space、Q-Space 和 PQ 交集等概念，寻找远端备份节点，具体如下。

- P-Space。被保护节点 S 所能到达的节点集合，该集合内节点满足条件：从 S 到达该节点的最短路径不经过故障链路或节点。
- Q-Space。能到达目的节点 D 的节点集合，该集合内节点满足条件：从该节点到达 D 的最短路径不经过故障链路或节点。
- PQ 点。P-Space 和 Q-Space 的交集为 PQ 点。当算不出 PQ 点时，需要计算 Extended P-Space 进一步寻址备份节点。
- Extended P-space。被保护节点 S 的所有邻居所能到达的节点集合，即 S 所有邻居的 P-Space 的并集。该集合内节点满足条件：从 S 的邻居到达该节点的最短路径不经过故障链路或节点。

图 7-52 中，A 的 P-Space 为{B,C}，D 的 Q-Space 为{C}，则 PQ 点为 C，作为被保护节点 A 的远端备份下一跳，RLFA 在 A 与 C 间建立隧道，当链路 A-D 故障时，A 将流量切换至隧道转发给备份下一跳 C，流量至 C 后会通过最短路径转发至目的节点 D。

（3）TI-LFA

RLFA 虽然大幅提升了备份路由覆盖率，但仍然无法解决找不到 PQ 点的情况。RLFA 寻找备份节点失败示意图如图 7-53 所示，A 的 P-Space 为{B}，无 Extended P-space，D 的 Q-Space 为{C}，无 PQ 点，因此 RLFA 无法找到备份下一跳实现保护。

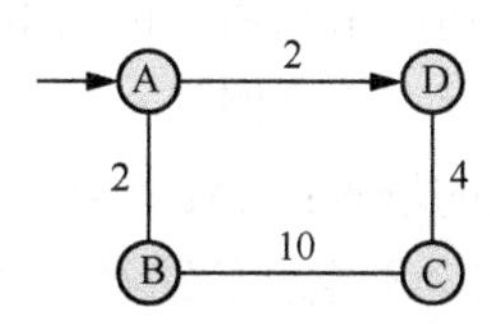

图 7-53　RLFA 寻找备份节点失败示意图

究其原因，RLFA 无法实现 P-Space 和 Q-Space 无交集情况保护的根本原因是 MPLS 隧道无法严格约束一条转发路径，随着 Segment Routing（SR）的出现，Adjacency Segment 能够指定数据包从特定链路转发，TI-LFA 技术应运而生。

TI-LFA 基于 SR 利用显式路径建立备份路径，无拓扑约束。在为被保护节点基于某链路或节点故障计算备份路径时，TI-LFA 先假设故障发生，在故障后的拓扑中计算一条从被保护节点到目的节点的最短路径，作为备份路径，通过 SR 标签栈即可描述这条路径作为显式路径，使得流量在故障发生后严格按照该备份路径转发。TI-LFA 为优化备份路径的标签栈深度，采用了 P-Space 和 Q-Space 的概念，通过在备份路径上寻找 PQ 点或最远 P 点和最近 Q 点的组合以减少所需携带的标签数量。

在图 7-53 中，TI-LFA 假设 A 链路 A-D 出现故障，计算 A 至 D 的备份路径为 A-B-C-D，然后 TI-LFA 计算 A 的 P-Space 为{B}，D 的 Q-Space 为{C}，则该备份路径的标签栈可以由 B 的节点标签（Node Segment[B]）和 BC 间链路的邻接标签（Adjacency Segment[B-C]）组成，流量到达 C 后会基于原始路由由最短路径转发至目的节点 D。

随着快速重路由技术的演进，单播数据传输的可靠性保障获得了大幅提升。如今，由网络发展和用户需求牵引的各种多播业务种类日益增加，对网络多播流量的可靠性保障也提出了更高的要求，多播流量需要和单播一样在小于 50ms 的时间内完成业务的倒换。

（4）PIM

协议无关多播（Protocol Independent Multicast，PIM）技术作为传统的多播协议被广泛应用，其故障快速倒换技术 MoFRR（Multicast-only FRR）提供了 50ms 内的业务倒换能力。MoFRR 实际上是一种端到端双发选收保护方案，每边缘节点通过完全不重合的两条路径向多播源发送加入信令，上游逐跳生成表项，建立备份路径。多播源向边缘设备同时发送主备流量，边缘设备优先选择主流量，当时间阈值（50ms）内未收到主流量时，切换使用备份流量。这种基于 PIM 的快速倒换技术存在若干局限性，具体如下。

- 设备维护大量备份状态：继承了 PIM 协议设备维护逐流状态的特性，每个多播业务和每个目的边缘节点，在其备份路径上的每个节点维护额外状态。
- 带宽浪费：每个业务每个边缘节点占用网络双份带宽。
- 拓扑强依赖：端到端必须存在正交路径。
- 无法覆盖所有不重合路径的场景：PIM 不重合路径示意图如图 7-54 所示，即使 S 与 D 之间存在两条完全不重合的路径，由于链路开销的设置，D 向 S 发出的主备流量加入信令延反向最短路径会在节点 B 重合，S-E-F-D 无法通过加入信令生成为备份路径。

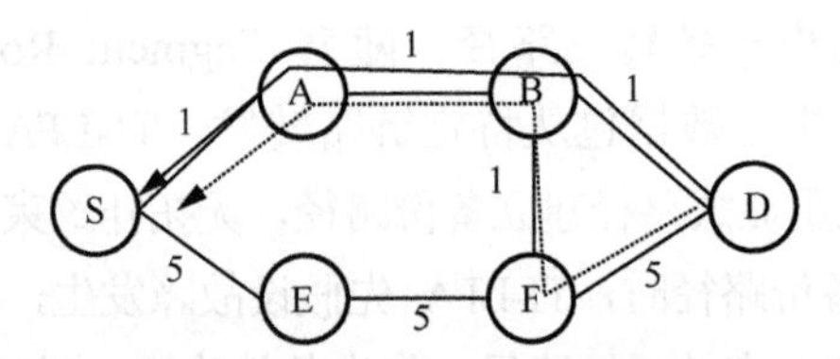

图 7-54　PIM 不重合路径示意图

BIER 是一种新型多播协议，采用一种新的思想解决传统多播的逐流状态问题，将多播报文要发送到目的节点的集合以字位串（Bit String）的方式封装在报文头部发送。BIER 的故障快速倒换机制也被 IETF 提出，其通过为每个节点转发表项维护备份下一跳的方式实现快速倒换，该方法的局限性如下。

- BIER 原始多播表项数量为边缘节点数量级，由于备份信息的加入表空间翻倍，增加设备负荷。
- 当前 BIER 的故障快速倒换机制实现的效果类似单播的 LFA，只能实现在邻居中寻找备份下一跳，保护范围局限。需要依赖部署隧道或 SR 扩大保护范围，而为使能故障快速倒换机制而引入其他协议则会导致 BIER 协议过重。

7.4.3　优简多播技术框架

7.4.3.1　多播业务面临的问题

现有的多播技术，包括有状态和无状态的网络层多播技术，以及应用层多播技术，都存在一些关键技术问题。

（1）有状态网络层多播的问题

有状态多播存在如下不足，难以满足多播业务快速发展的需求。

- 需要为每条多播流量单独建立一个 P2MP 树形状发路径，如 PIM 技术中的 RPT/SPT 多播分发树或 MPLS 技术中的 mLDP/RSVP-TE LSP 等。拓扑中的每一个网络节点都需要为每个转发路径维护相关状态，Overlay 和 Underlay 技术存在深度耦合。随着多播业务量的扩大和多播分发树数目的增加，网络中的每个节点都需要维护大量的多播协议状态，资源消耗大。当网络发生故障时，单播路由先收敛多播后收敛，端到端业务收敛缓慢。
- 新增多播用户需要逐跳加入多播分发树中，当网络拓扑规模较大、跳数较多时，用户加入时延加大，难以满足多播用户加入低时延的诉求。
- 故障多出现在网络层，业务层独立运维困难，难以满足多播业务快速部署的诉求。

（2）无状态网络层多播的问题

BIER 技术虽然消除了“状态”，但仍然存在其他关键问题，具体如下。

- 在大规模网络稀疏多播场景下，BIER 多播容易退化为单播。
- BIER 本身不具备路径规划能力，在流量调优、重路由等场景下需要依赖 MPLS、SR 等路径控制技术。
- BIER 虽然不维护逐流状态，但仍然需要维护逐比特状态，在大规模网络中，仍然会出现表项规格庞大的问题。

（3）应用层多播的问题

应用层多播通过灵活地构建 Overlay 网络，构建不同的通信模型，满足应用的多样性需求，但仍有如下关键问题。

- 转发时延增加。应用层多播数据报文的复制和转发需要通过端侧节点完成，转发节点的转发处理，引入额外的转发时延。此额外时延包括两个部分，第一部分是从协议栈处理中引入的传输层和应用层的处理；第二部分是包处理时延，终端主机非专用网络设备无相关硬件加速特性，包处理时延大大增加。在从源端到目的节点的应用层的多播转发路径中经历多跳转发者时，新额外引入的转发时延更为明显。
- 链路时延增加。应用层多播数据在 Overlay 网络中的转发路径映射到物理网络中时，会导致在物理网络中的传输路径增长（如应用层的评价指标、展度），这样由于路径的增加而导致链路时延的增加包含两部分，其一是额外链路导致的传输时延，其二是额外的转发者导致的额外转发时延。

- 端侧节点稳定性差。主机的稳定性远不如专用的网络设备，因此端侧主机节点的稳定性对应用层多播树的稳定性影响巨大。
- 带宽使用效率较低。应用层多播使用 Overlay 网络，不感知底层的物理网络，会导致同一网络路径上多次发送相同的数据报文。

7.4.3.2 基本原理

当前运营业务中传统多播技术应用较少，通常是由于部署困难、运维烦琐这两大技术难题导致。新多播技术目标是在网络传输设备中提供真正大网可运营的多播技术，不仅满足广泛存在的多播业务需求，提供更好的业务体验，还能促进相关产业升级发展。新多播技术应用架构如图 7-55 所示。

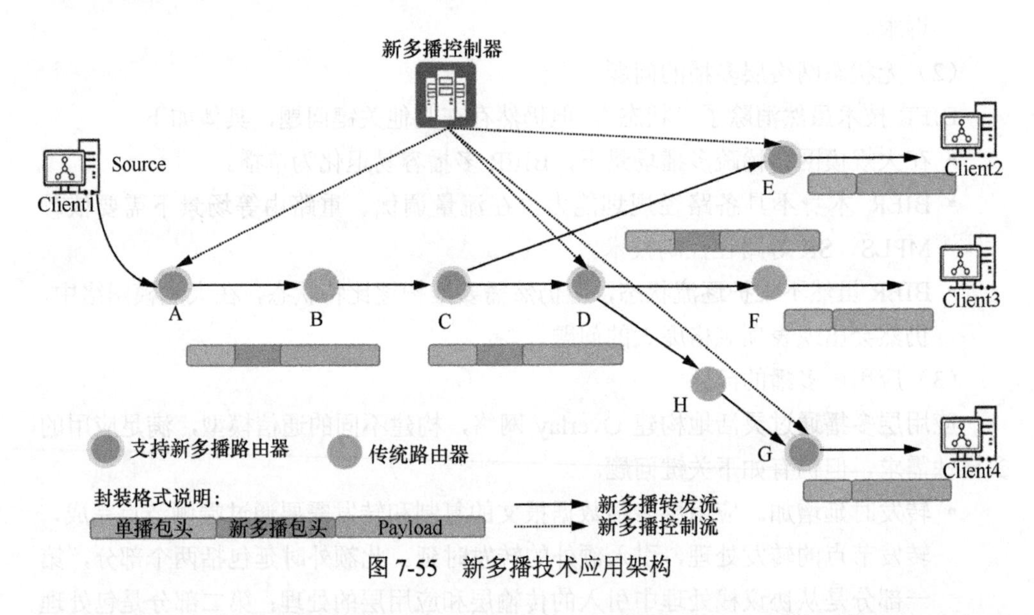

图 7-55　新多播技术应用架构

新多播技术使用 Bitmap 形式的本地化多播路由标识控制网络设备的多播转发行为。Bitmap 中的每比特对应一个多播邻居，也就是对应于多播邻居表中的一条表项，多播邻居表如图 7-56 所示，表项中的 Next Hop 字段即为该多播邻居。多播设备会向 Bitmap 中所有置“1”的比特所对应的多播邻居进行复制转发。

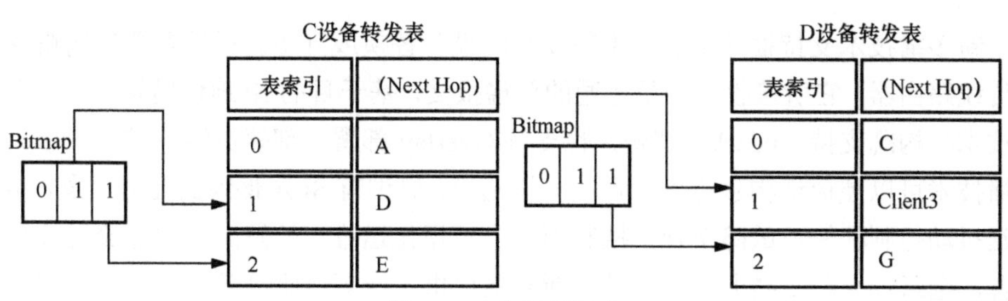

图 7-56　多播邻居表

新多播技术通过控制器计算多播路径上所有节点的多播路由标识，并按照树状结构的形式把它们组织成一个完整的 Bitmap 形式的多播封装，并将该封装下发至多播路径的首节点（可能是多播源或第一跳多播设备）。

携带有 Bitmap 形式多播路由标识的报文在设备间传递，新多播报文封装示意图如图 7-57 所示。每台多播设备基于报文中对应于本节点的多播路由标识，查找多播邻居表并进行多播转发。由此可见，新多播技术不需要设备维护逐流的多播转发表项，同时新多播技术具备多播路径可规划的能力。

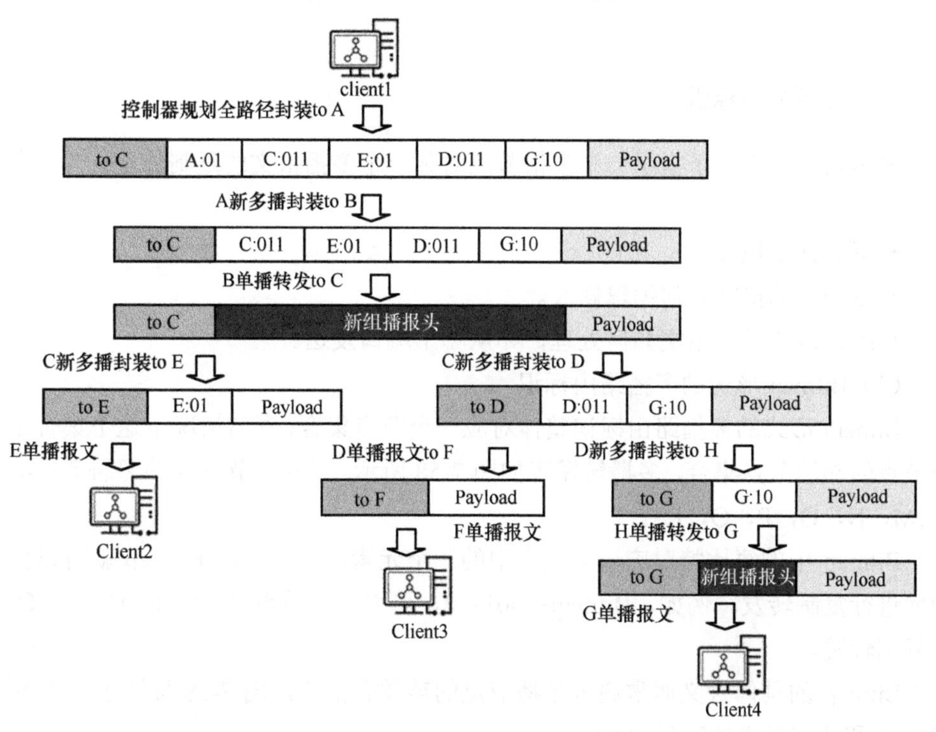

图 7-57　新多播报文封装示意图

新多播技术支持插花部署，不需要全网设备替换或升级。对于多播传输路径中的传统路由器，它所接收的仍是普通的单播报文，基于目的 IP 地址转发即可。新多播技术架构既支持 Underlay 部署，也支持 Overlay 部署，部署灵活、扩容简单。新多播技术可以便捷地构建点到多点的传输通道，提供有 SLA 保障的业务分发，实现时延抖动控制和快速故障倒换。控制面集中可视化运维，转发面无须逐流进行多播配置，全路径设备多播业务免维护。新多播提供了一套运维高效、保障可靠的运营级多播技术。新多播的技术原理主要有以下 3 点。

- 多播报文中携带树状多播路径信息。
- 多播路径信息由多播路径经过的各个非叶子节点的多播路由标识（Multicast Routing Identifier，MRID）组成。
- 多播路径上的多播路由器解析多播路径信息中对应的多播路由标识，并进行多播转发。

7.4.4 优简多播关键使能技术

7.4.4.1 多播路由标识

多播路由标识用于指示一个多播节点对某一个多播报文的复制转发行为，有以下几种。

- 复制几份报文。
- 复制后的报文如何编辑修改。
- 编辑修改后的报文如何处理，如从哪个端口发送。

（1）Bitmap 形式的多播路由标识

Bitmap 形式的多播路由标识整体对应一个节点集合，通常情况下这个集合是某个节点的邻居节点集合，多播转发表如图 7-58 所示，其中，节点 S 的邻居节点集合为{M，N，O，P，Q，R}。

Bitmap 中的每比特对应一个集合中的一个元素，通过设置 Bitmap 就可以控制如何进行复制转发。例如，Bitmap：001110，可以指示节点 S 分别向 O、P、Q 进行复制转发。

Bitmap 的具体含义通常通过多播节点的转发表描述，图 7-58 描述了节点 S 的 Bitmap 和邻居节点的映射关系。

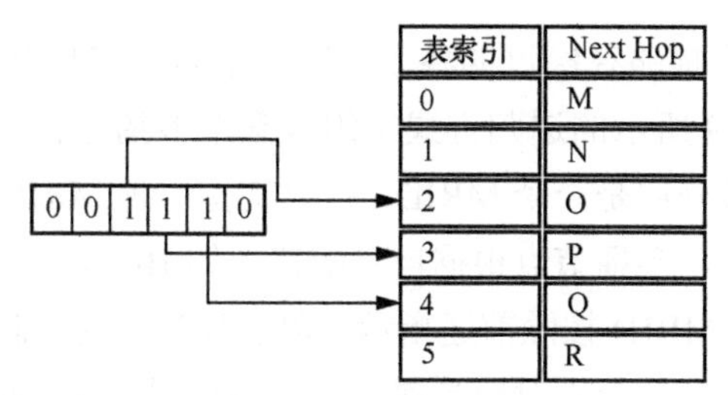

图 7-58　多播转发表

（2）其他形式的多播路由标识

在某些特殊的场景下，Bitmap 形式的多播路由标识可能会造成比较大的开销。

1）索引序列

高密度接口交换机稀疏多播场景下，一个 128 个接口的交换机，仅向两个邻居复制转发，用 Bitmap 标识，绝大多数比特为 0，存在大量的报头空间浪费。此时可以引入一种索引序列形式的多播路由标识。

索引序列标识至少包含以下两部分信息。

- 索引个数 C。
- 索引序列。索引序列由 C 个索引值组成，索引值是可用于指示邻居的本地唯一值，如图 7-58 中的表索引。

2）组标识

常用的多播行为（如广播或常用邻居组合）可以用特殊的编码进行描述，这些特殊的编码就是组标识。

7.4.4.2　多播路径信息

本节描述在第 7.4.3.2 节中提及的多播路径信息的详细结构和相应的处理逻辑，且全部以 Bitmap 形式的多播路由标识为例。多播路由标识示例如图 7-59 所示。

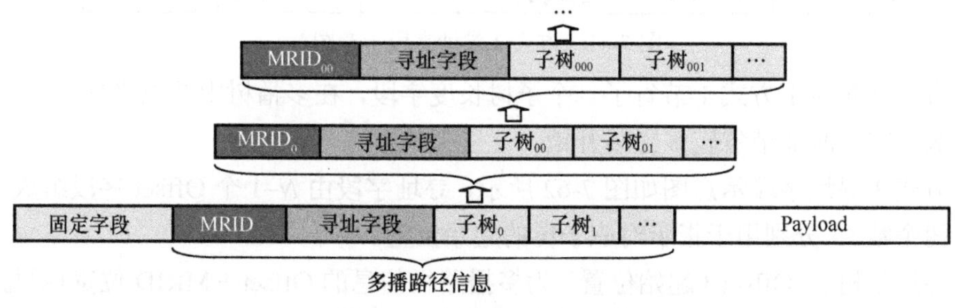

图 7-59　多播路由标识示例

多播路径信息由多播路径经过的各个非叶子节点的多播路由标识组成。各个多播路由标识按照图 7-59 所示的递归方式组织成整个多播路径信息。

多播路径信息的最外层是一个 MRID，在仅支持一种 MRID 的情况下，MRID 本身不需要任何长度指示，多播节点根据自身配置（如 Bitmap 位宽）即可解析得到正确长度的 MRID，这个 MRID 按照前述指示当前多播节点的复制转发。多播路径信息的最内层是一串子树序列，分别对应当前节点在多播树中的子树的多播路径信息。

MRID 和子树序列之间是寻址字段，用于在整个路径信息中寻址各个子树结构。新多播技术存在多种可能的子树寻址方式。具体寻址字段定义如下。

方式 1 寻址字段示意图如图 7-60 所示，寻址字段由 N 个长度字段组成（N 为子树个数），每个长度字段指示对应的子树长度。

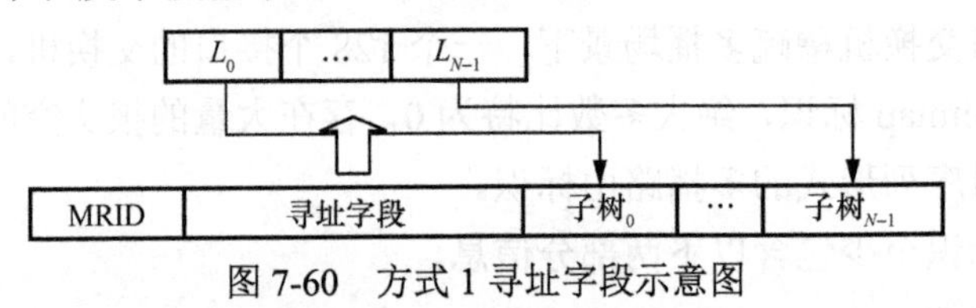

图 7-60　方式 1 寻址字段示意图

寻址子树 $_0$：Offset（起始位置）为多播路径信息的 Offset + MRID 位宽+寻址字段长度，在子树长度字段定长的情况下不难算出子树 $_0$ 的 Offset。

寻址后续子树：Offset 为前一棵子树的 Offset + 前一棵子树的长度。

方式 2 寻址字段示意图如图 7-61 所示，是对方式 1 的改进，子树长度序列中保留前 N–1 个，同时还在多播路径信息之外增加了一个总长度字段（即图 7-59 中的固定字段），总长度用于指示整个多播路径信息的长度，或者子树序列的长度。最后一棵子树的长度可以通过总长度和前 N–1 个子树的长度推算得到。

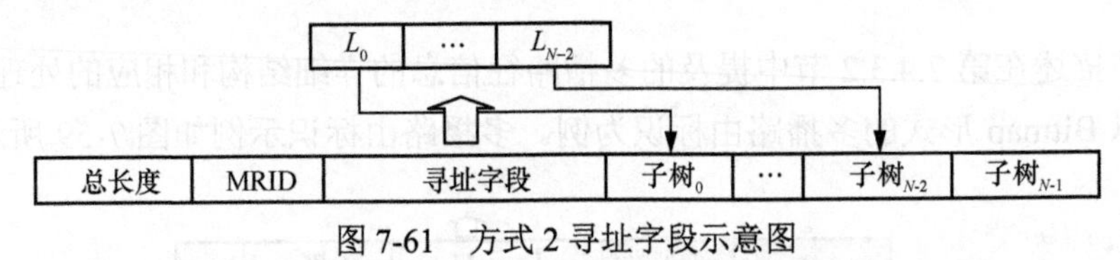

图 7-61　方式 2 寻址字段示意图

方式 2 相对于方式 1 节省了一个子树长度字段，在多播树中节点平均度数（子树个数）较少时能节省较多封装开销。

方式 3 寻址字段示意图如图 7-62 所示，寻址字段由 N–1 个 Offset 字段组成（N 为子树个数），分别用于指示对应子树的起始位置。

寻址子树 $_0$：Offset（起始位置）为多播路径信息的 Offset + MRID 位宽+寻址字段长度。

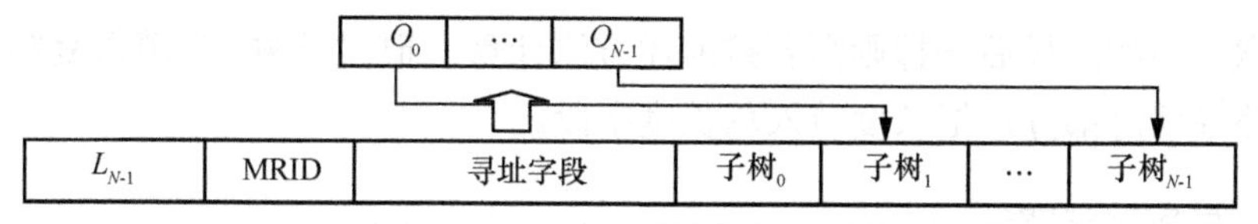

图 7-62 方式 3 寻址字段示意图

寻址后续子树：用子树序号（Bitmap 中的比特位置减一）在 Offset 序列中偏移，获取对应 Offset 后直接寻址。

子树长度可以通过后一棵子树的 Offset 减去前一棵子树的 Offset 计算得到。

最后一棵子树的长度通过多播路径信息之外的长度字段（即图 7-23 中的固定字段）直接指示。

方式 3 相对于前两种方式的优势在于寻址效率更高，但在 Offset 字段和子树长度字段位宽相同的情况下，前两种方式能表达的多播树规模更大。

7.4.4.3 多播转发

本节按照第 7.4.4.2 节中的方式 2 的寻址方式为例，介绍如何进行逐跳的多播转发。基于本方案，多播节点在进行多播复制时，复制出的报文可能是不同的。图 7-59 中的报文复制效果如图 7-63 所示。

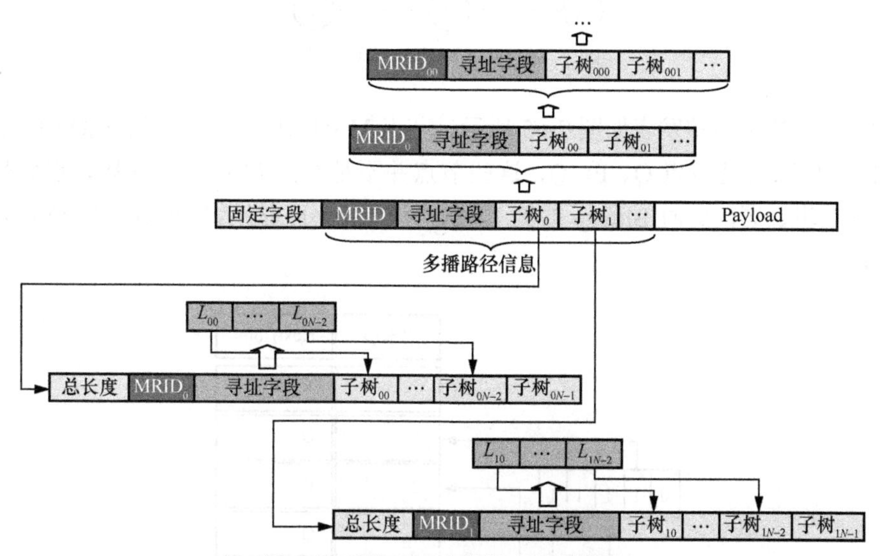

图 7-63 图 7-59 中的报文复制效果

以子树 0 为例：当前多播节点向子树 0 根节点复制时，在当前多播路径信息中寻址“子树$_0$”，同时获取子树$_0$的长度，假如子树$_0$不是最后一棵子树，长度可以直接获取，假如是最后一棵则需要按前述方法计算。把“子树$_0$”填入复制后报文的多播路径信息部分，把长度填入总长度字段。

7.4.4.4 异质网络穿越

在新建网络上容易做到所有节点同时支持本方案，但在现有网络上升级部署则常常会遇到部分节点支持、部分不支持的情况，此时就需要解决异质网络穿越的问题。

异质网络转发拓扑图如图 7-64 所示，灰色节点不支持本方案，白色节点支持本方案。

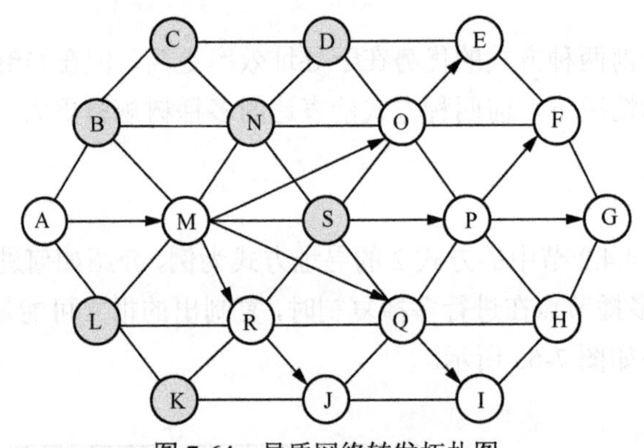

图 7-64 异质网络转发拓扑图

节点 M 的多播转发表如图 7-65 所示。节点 M 的邻居节点集合为{A,O,P,Q,R}。其中比较特殊的是节点 Q、P、Q，这些节点并不是节点 M 的物理邻居，它们是节点 M 的逻辑邻居，此时 Bitmap 的第 1、2、3 个比特分别指示 S 向 O、P、Q 进行复制转发。

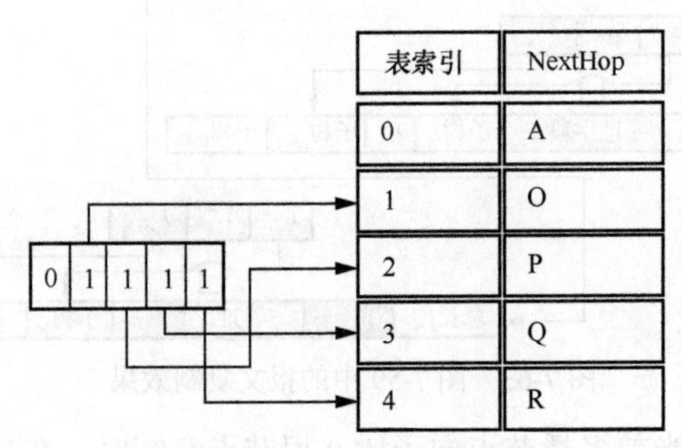

图 7-65 节点 M 的多播转发表

M 收到的报文如图 7-66 所示，M 向 O、P、Q 复制出的报文如图 7-67 所示，这些报文中多播路径信息之外增加了一个 IP 头部（假定基础网络支持 IP），通过这一层 IP 封装多播报文就可以穿越不支持多播的节点到达逻辑邻居。

固定字段	$MRID_M$	寻址字段	$MRID_O$	$MRID_P$	$MRID_Q$	$MRID_R$	Payload

图 7-66　节点 M 收到的报文

IPHDR:M to O	$MRID_O$	Payload

IPHDR:M to P	$MRID_P$	Payload

IPHDR:M to Q	$MRID_Q$	Payload

图 7-67　节点 M 向节点 O、P、Q 复制出的报文

7.4.4.5　快速重路由

运营级优简多播技术具备基于原生数据面的 50ms 内故障快速倒换机制，通过集中控制器下发或分布式设备计算的方式，提前将显式备份路径存储在转发表中，当设备感知故障时立即将流量切换至备份路径。该方案提高了多播运营的可靠性，运营级优简多播技术的总体流程如图 7-68 所示。

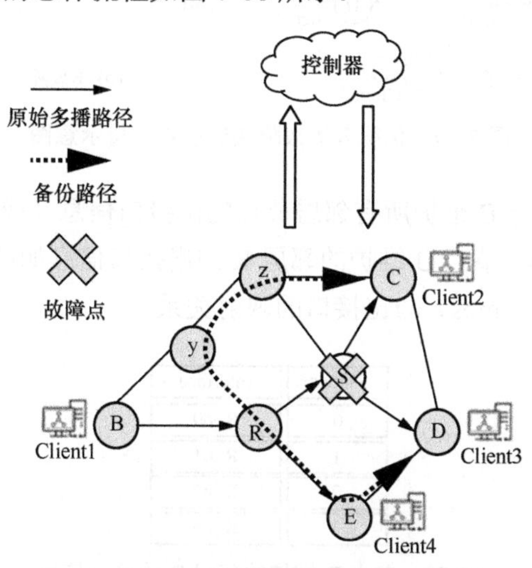

图 7-68　运营级优简多播技术的总体流程

1）控制器保护从节点 R 经过节点 S 的多播流量，假设 S 故障，预计算故障后的 R 去往 S 所有下一跳的备份路径（图 7-68 中仅举例 R 至 C 和 D 的备份路径）。

2）控制器为每条备份路径生成优简多播封装，配置下发给 R 转发表。

3）当 S 出现故障，R 通过故障检测（如 BFD-Bidirectional Forwarding Detection）感知 S 故障。

4）R 识别 S 需要复制转发的下行邻居 C 和 D，R 将去往 S 的多播流量分别倒换到去往 C 和 D 的备份路径上。

（1）数据面

优简多播故障快速倒换流量示意图如图 7-69 所示。优简多播的数据面技术细节使用图 7-69 中的拓扑和流程进行举例，原始多播流量从节点 B 经过节点 R 发往节点 S，然后在节点 S 复制转发至节点 C 和节点 D，多播业务进行过程中节点 R 发生故障，节点 B 感知故障并将去往节点 R 的流量切换至显式备份路径 B-y-z-S 发往节点 S。细节如下。

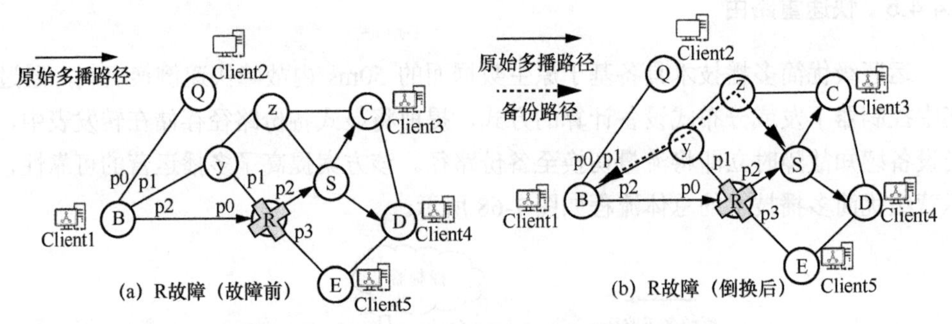

图 7-69 优简多播故障快速倒换流量示意图

在本技术中，节点 B 维护所有邻居节点的出接口信息（或者 Peer 信息），以使能解析邻居的 Bitmap，节点 B 维护的邻居 R 的出接口信息如图 7-70 所示，即 R 的 Bitmap 中每比特位（Bitpos）与出接口的映射关系。

Bitpos	Interface
0	R_p0
1	R_p1
2	R_p2
3	R_p3

图 7-70 节点 B 维护的邻居 R 的接口信息

节点 B 转发表如图 7-71 所示，为邻居设备的所有下一跳维护显式备份路径的优简多播封装。其中，第 1 列表索引和第 2 列 Next Hop 为节点 B 自身 Bitmap 中每比特位（Bitpos）与出接口的映射关系，第 3 列被保护接口、第 4 列备份路径和第 5 列备份 Next Hop 为节点 B 使能故障快速倒换后维护的备份表项。邻居 R 的每个被保护接口都对应一个显式备份路径的优简多播封装或一条备份策略，以及相应的备份 Next Hop。

表索引	Next Hop	被保护接口	备份路径	备份 Next Hop
0	Q	…	…	…
1	y	…	…	…
2	R	R_p0	N/A	N/A
		R_p1	直接B[p1]转发	y
		R_p2	path:y→z→S	y
		R_p3	path:y→z→S→D→E	y

图 7-71 节点 B 转发表

在节点 R 发生故障时，节点 B 通过以下流程进行多播封装的调整。故障前节点 B 收到的原始优简多播封装如图 7-72 所示，故障后节点 B 发出的优简多播封装如图 7-73 所示。

1）节点 B 感知节点 R 故障，基于图 7-70 的表解析节点 R 的 Bitmap，获知节点 R 需要复制转发的出接口 p2。

2）节点 B 再查询图 7-71，获取上述出接口的备份路径封装和备份 Next Hop。

3）节点 B 剥除图 7-72 多播结构中节点 R 的 Bitmap，并封装备份路径如图 7-73 所示，向备份 Next Hop 转发。

B_Bitmap	R_Bitmap	S_Bitmap	Len	C_Bitmap	D_Bitmap

图 7-72 故障前节点 B 收到的原始优简多播封装

path:y→z→S	S_Bitmap	Len	C_Bitmap	D_Bitmap

图 7-73 故障后节点 B 发出的优简多播封装

（2）控制面

为使能优简多播的故障快速倒换机制，各设备需要维护所有邻居节点的出接口信息（或者 Peer 信息）。可以通过集中控制器分别为各设备下发信息，或者设备通过分布式协议学习获取。分布式学习方式可以采用优简多播的邻居信息学习协议，每个设备将自己的出接口信息（或者 Peer 信息）广播至邻居节点。或者，将学习行为承载至内部网关协议（Interior Gateway Protocol，IGP）的洪泛过程中。设备间通告的详细信息有：本设备所有启用优简多播功能的接口、各优简多播接口对应 Bitmap 中的 Bitpos。节点 R 向邻居通告接口信息如图 7-74 所示。

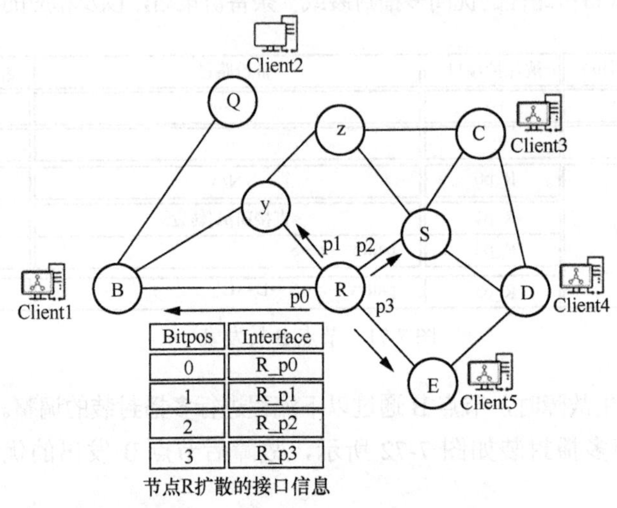

图 7-74　节点 R 向邻居通告接口信息

7.4.4.6　运营级部署方案

传统网络层多播技术依赖专门的网络协议作为多播业务用户（包括多播源和多播接收者）的接入手段，这类协议包括需要端侧（个人计算机、手机等）协议栈支持的 IGMP 和需要网络支持的 PIM 协议等。这些协议的特点是分布式和去中心化，多播成员的加入和离开都是静悄悄的，无法对多播流量进行有效的管理和优化，也就无法提供更好的用户体验。

本节描述的部署方案让网络层的优简多播技术对外呈现为一种易获得（无须协议栈特殊支持）的点到多点的高可靠传输服务，运营者通过该部署方案可以掌握和控制全局的多播业务接入情况。快速路由切换方案示意图如图 7-75 所示。

整个方案系统由终端（多播源、接收者）、多播路由器、接入点（Point of Presence，POP）、控制器组成，方案提供一系列 API 作为点到多点业务的接口，终端调用 API，API 生成信令并发送到控制器，控制器进行路径计算后下发到多播路由器、接入点或终端，每个 API 对应一套业务流程，以下是最常用的几个 API。

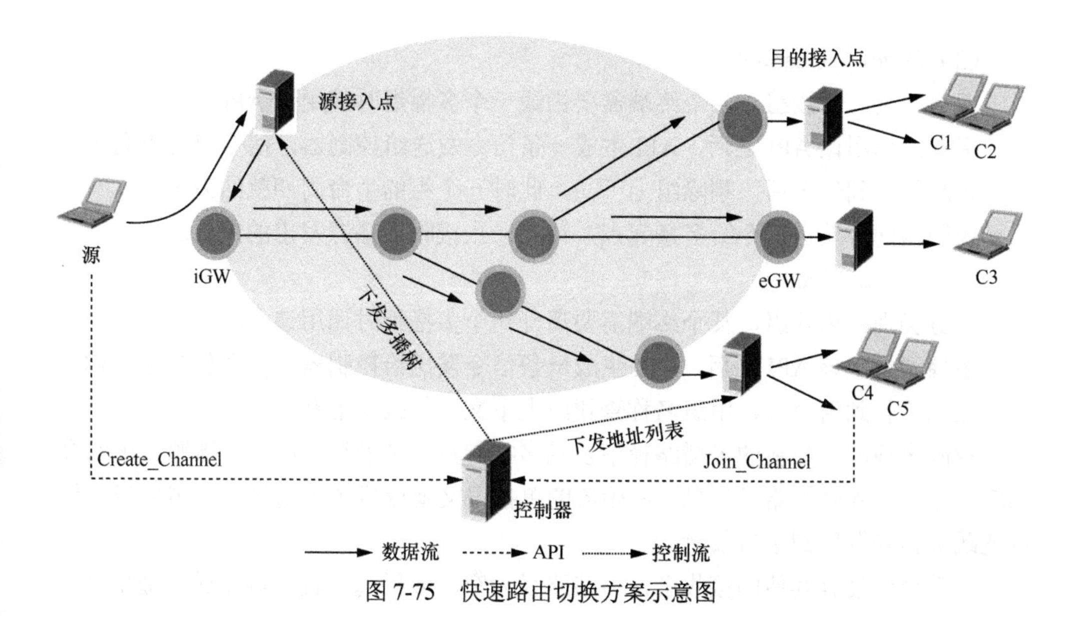

图 7-75　快速路由切换方案示意图

（1）Create_Channel

业务类别：创建组，某个终端需要创建一个多播组时调用该 API。

多播源调用该 API 之后，API 生成一条信令发送给控制器，信令包含组名称、创建者地址、流量带宽等信息。

控制器收到信令后，建立组上下文，此时一个组的生命周期就开始了。

若多播起点（多播报文的构造者可以是多播源、源接入点或网关）不是多播源，控制器需要控制多播源把多播流引到多播起点，控制器把多播起点的单播地址发送给多播源，多播源以单播的方式把多播流发送到多播起点。

控制器同时需要把多播源发出的流特征发送给多播起点，多播起点依据流特征识别流量。

（2）Join_Channel

业务类别：加入组，某个终端需要加入一个多播组时调用该 API。

接收者调用该 API 之后，API 生成一条信令发送给控制器，信令包含组名称、接收者链路带宽等信息。

控制器收到信令后，用组名称查找组上下文，计算或修改多播路径。

控制多播源把最新的多播路径下发到多播起点，多播起点识别多播源发出的多播流，逐包加入多播路径信息，原始流的单播报文就变成了多播报文，多播报文经过逐跳多播转发后到达接收者。

（3）Destroy_Channel

业务类别：销毁组，某个终端需要销毁一个多播组时调用该 API。

多播源调用该 API 之后，API 生成一条信令发送给控制器，信令包含组名称。

控制器收到信令后，删除组上下文，此时一个组的生命周期就结束了。

控制器同时发送信令给多播起点，让其停止接收多播源发出的流量。

（4）Leave_Channel

业务类别：离开组，某个终端需要离开一个多播组时调用该 API。

多播源调用该 API 之后，API 生成一条信令发送给控制器，信令包含组名称。

控制器收到信令后，用组名称查找组上下文，修改多播路径。

控制多播源把最新的多播路径下发到多播起点，多播起点识别多播源发出的多播流，逐包加入多播路径信息，原始流的单播报文就变成了多播报文，多播报文经过逐跳多播转发后到达接收者。

若整个组没有其他的接收者，多播路径为空，多播起点就不再发送多播报文。

7.4.5 优简多播应用场景

7.4.5.1 视频监控

网络摄像机（IP Camera，IPC）的普遍应用使得视频监控系统全面步入 IP 时代。以“平安城市”“天网”“雪亮工程”等项目为代表的平安项目规模建设完成，我国大部分城市的视频监控系统都已完成专网部署和基础平台建设。前端高清网络摄像机通常部署在城市街道、公路卡口、楼宇四周等地理位置，并经由光纤或网络专线的方式接入就近的视频服务器。同一个区域内的视频服务器和摄像机会注册到对应的视频管理软件平台。视频专网内的用户可以通过本地客户端向软件平台发起对某路摄像机的实时浏览或录像查询请求。软件平台会下发指令给该摄像机对应的视频服务器，由视频服务器向前端摄像机或录像存储服务器请求相应的视频流，并复制（当有多个用户存在时）转发给发起请求的用户。视频专网外的用户则需要先向本地视频管理平台发起请求，由该平台与视频专网内的软件平台协商交互，并通过视频服务器级联的方式调度视频，即专网内的视频服务器仅把视频流复制给专网外的视频服务器，再由其复制给专网外的最终用户。视频服务器的共享能力是两张网之间视频流的“瓶颈”。视频服务器在整个视频调阅过程中起到了视频代理的作用，以满足视频流共享给多个观看者的需求。

随着城市视频监控网络规模的不断扩大，通过传统视频服务器共享视频的方式已无法有效满足用户对大规模视频流调用和共享的诉求。主要存在如下问题。

（1）视频调阅通过视频服务器单播复制完成，流量迂回且浪费带宽，服务器级联调度时容易产生卡顿。视频单播复制示意图如图 7-76 所示。

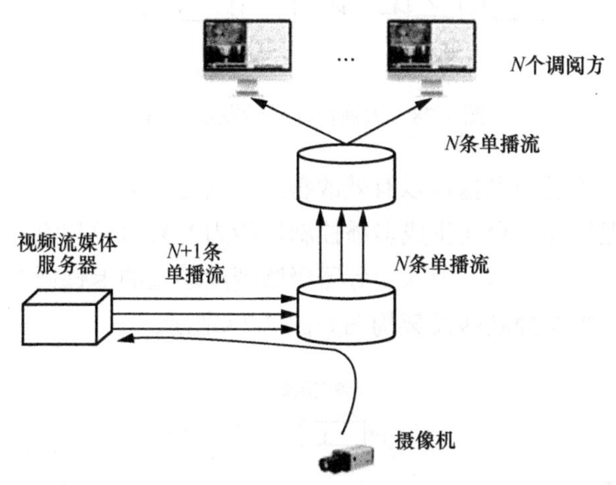

图 7-76　视频单播复制示意图

（2）网络的高速转发性能在视频流传中无法体现，转发路径存在瓶颈，且网络无法提供端到端 SLA 保障。网络高速转发示意图如图 7-77 所示。

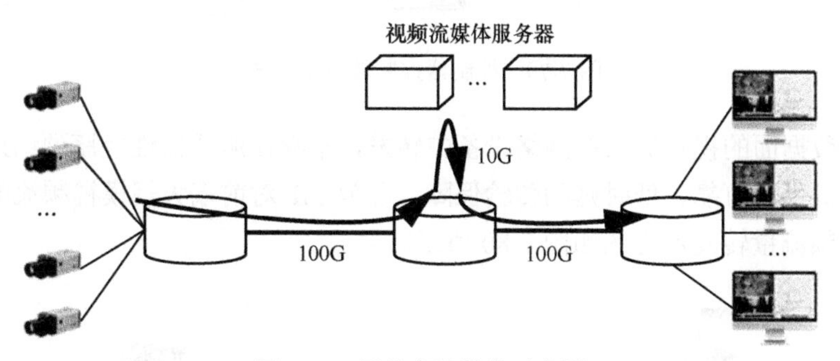

图 7-77　网络高速转发示意图

（3）视频联网并没有做到转发面的真正互通，共享互通的能力取决于视频服务器，大规模视频转发或扩容需要通过堆砌服务器群来实现，扩容成本高。大规模视频转发示意图如图 7-78 所示。

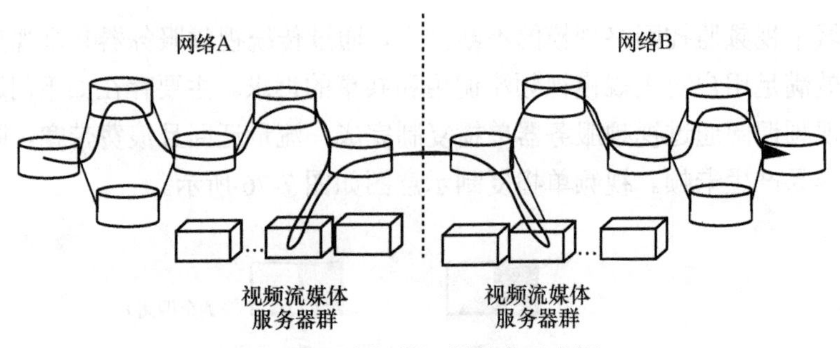

图 7-78　大规模视频转发示意图

通过部署运营级优简多播可以有效改善上述问题。方案如下。

（1）视频管理软件平台（集成多播控制器能力）只对视频流路径进行规划，转控分离、高效转发，从根本上消除服务器级联调度场景的卡顿问题，有效提高网络带宽的利用率。控制器控制转发架构图如图 7-79 所示。

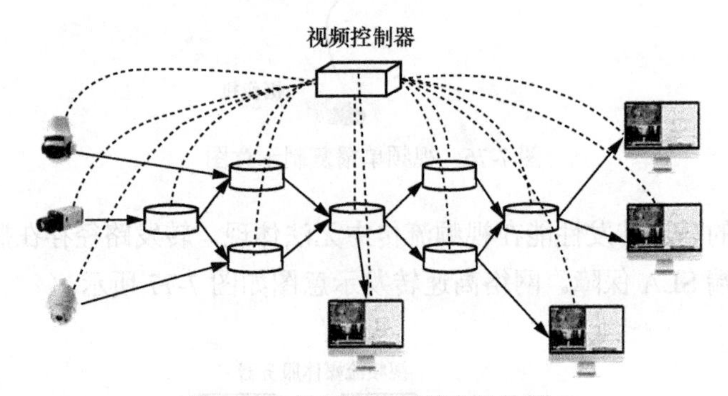

图 7-79　控制器控制转发架构图

（2）数据面的视频流只在网络设备中转发，不存在服务器性能瓶颈约束；网络设备可以提供高可靠、低时延的传输保障，释放 AI 对前端大规模视频流的需求。数据面视频流量转发示意图如图 7-80 所示。

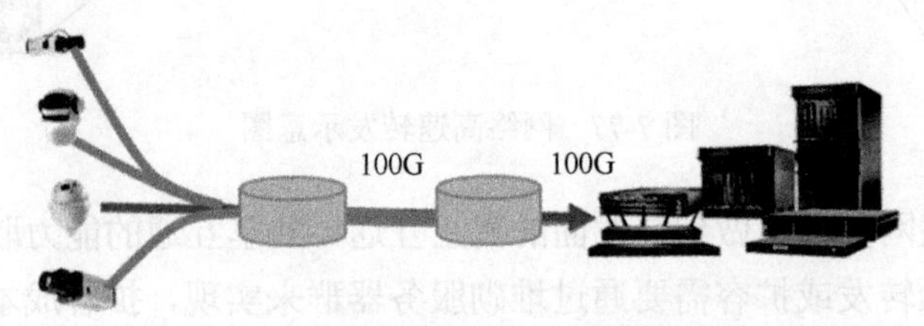

图 7-80　数据面视频流量转发示意图

（3）视频专网内外做到真正互联互通，视频共享能力只取决于网络的互通带宽大小，符合城市未来视频大联网的趋势。内外网互通转发示意图如图 7-81 所示。

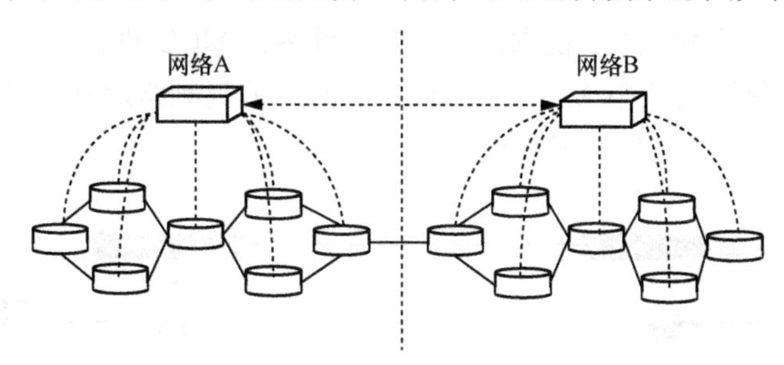

图 7-81 内外网互通转发示意图

需要说明的是，运营级优简多播方案并不是替代当前的视频服务器和视频管理软件平台，而是升级视频专网中网络设备对视频流的转发能力，用更高性能的转发方式替代视频服务器中复制、转发功能模块，更好地满足网络间大规模视频共享的需求。

7.4.5.2 视频会议

新冠肺炎疫情爆发以来，全球有数亿人需要通过视频方式进行远程办公和学习，视频会议应用规模得到前所未有的提升，已成为人们日常基本通信活动之一，其重要性越来越高。当前视频会议架构方式一般分为高级视频编码（Advanced Video Coding，AVC）和可伸缩视频编码（Scalable Video Coding，SVC）两种模式。

AVC 模式一般应用于政府、集团企业等具有大型专网的内部会议场景，其核心设备称为多点控制单元（Multi Point Control Unit，MCU）。所有与会者把本地的音视频流上送给 MCU，并由 MUC 进行合流转码，按照每个与会者的终端显示需求，以点到点的单播方式推送音视频流到每个与会终端。AVC 模式转发组网如图 7-82 所示。

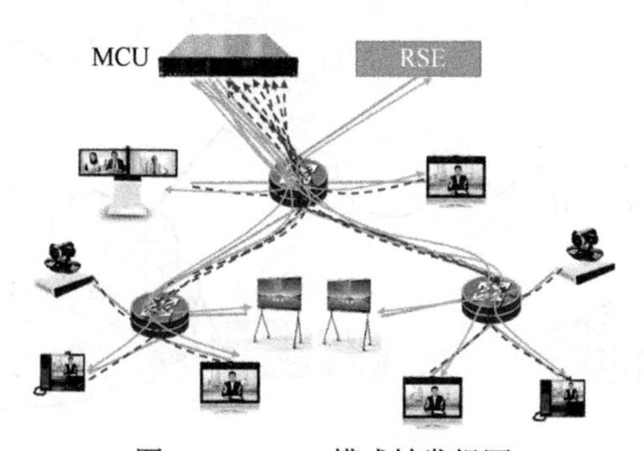

图 7-82 AVC 模式转发组网

MCU 端口带宽规格有限，AVC 模式下 MCU 与骨干网络之间的出口带宽浪费严重（几乎是入会方数量两倍的带宽）。在级联会议场景下，当归属不同 MCU 的与会终端需要调阅对方视频时，视频流量需要经过两台 MCU 进行传递，占用了 MCU 端口带宽。因此级联会议中 MCU 可以供级联共享的视频路数有严格限制，无法灵活调度。视频流量经 MCU 转发如图 7-83 所示。

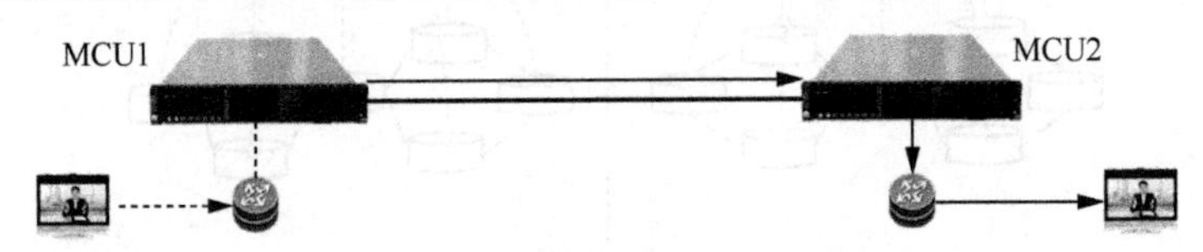

图 7-83　视频流量经 MCU 转发

SVC 模式一般应用于互联网视频会议场景，其核心设备称为选择性转发单元（Selective Forwarding Unit，SFU）。所有与会者会把本地的音视频流上送给离本地终端最近的 SFU，但 SFU 不会进行视频流的合并或转码处理，而是按照其他与会者的观看诉求，把每路视频流送给其他相应的 SFU，再由后者复制给其所在区域对该路视频有观看需求的与会终端。视频流的编解码操作是由各与会终端自己完成的。

会议中各与会者的视频需要经过不同 SFU 媒体单元级联转发，这种多个服务器调度处理模式不可避免地存在时延和性能瓶颈；当会议高峰期时各媒体单元还需要动态扩容服务器硬件资源，导致部分会议请求无法得到及时响应，用户会议体验更差。多 SFU 媒体单元级联转发组网图如图 7-84 所示。

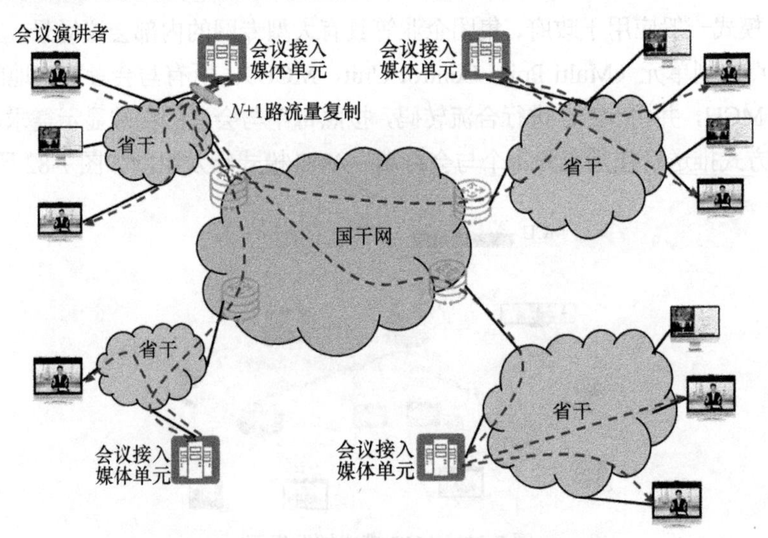

图 7-84　多 SFU 媒体单元级联转发组网图

针对 AVC 模式，所有与会终端的本地视频流仍然上送到 MCU，经过合流处理后，从 MCU 发送一路主视频到网络，通过优简多播技术分发给所有与会终端，MCU 端口宽降低 50%，网络带宽利用率显著提升。优简多播 AVC 模式组网图如图 7-85 所示。

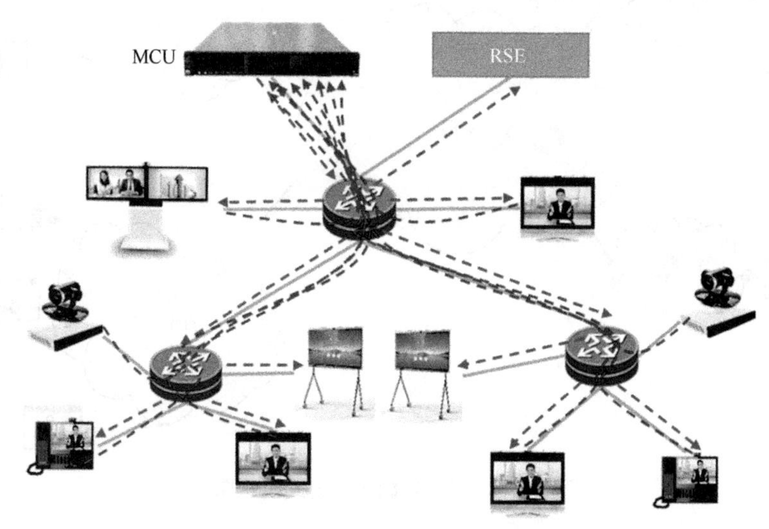

图 7-85　优简多播 AVC 模式组网图

在 MCU 级联场景下，不同归属 MCU 的会议终端之间视频流可以通过网络直接转发，MCU 场景下优简多播转发图如图 7-86 所示，不占用 MCU 端口带宽资源，级联 MCU 直接可任意共享视频。

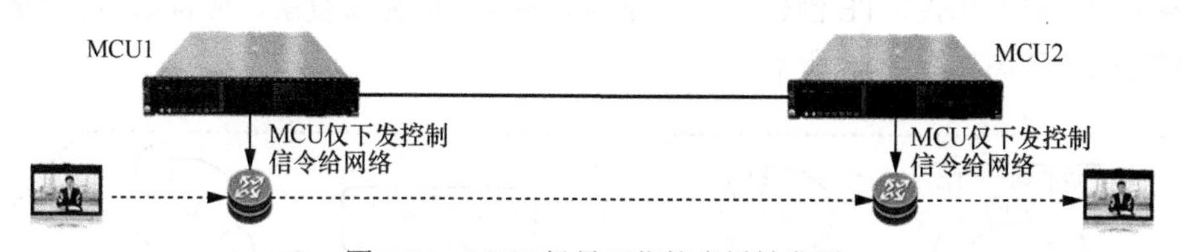

图 7-86　MCU 场景下优简多播转发图

针对 SVC 模式，所有与会终端的视频流送往本地接入路由器后，上层会议管理系统集成新多播控制器能力，在头节点路由器通过优简多播技术，通过网络把视频流传递给所有需要观看该视频的终端，减少了多个媒体单元服务器端级联调度，转发性能高、时延低，节省骨干网络带宽。无论会议高峰期还是低谷期，在网络带宽满足时，均无须动态扩容资源，用户会议体验得到提升。基于该方案，优简多播路由器部署的节点位置越低，性能和带宽优势越明显。优简多播 SVC 模式组网图如图 7-87 所示。

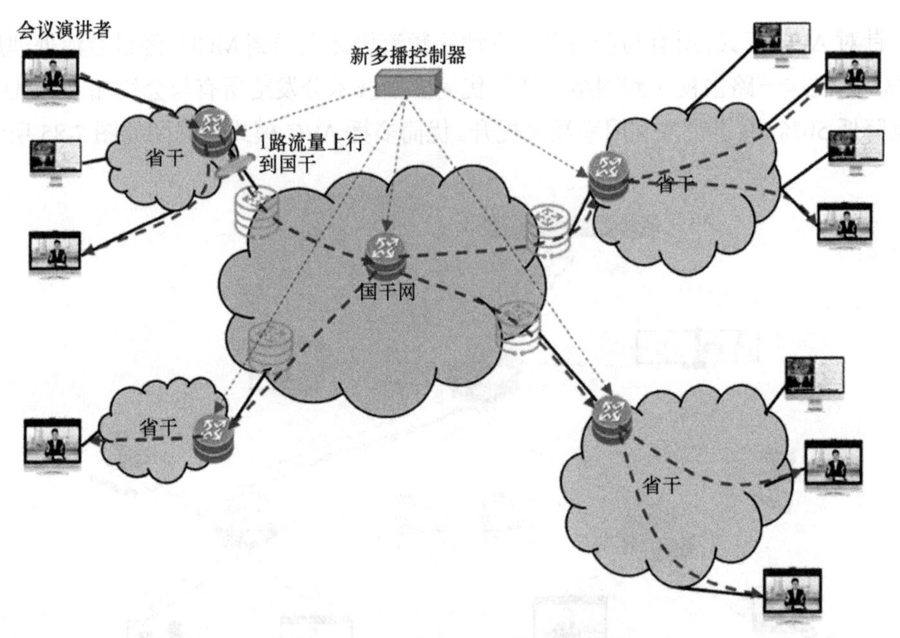

图 7-87　优简多播 SVC 模式组网图

7.4.5.3　P2MP 隧道

面对中小企业的点到多点（P2MP）业务场景，由于传统多播技术无法提供有 QoS 保障和流量规划能力，运营商一般会采用 P2MP 隧道方式解决。但 P2MP 隧道普遍基于 MPLS RSVP-TE 创建，整个业务需要关联的协议复杂、配置烦琐。P2MP 组网对比示意图如图 7-88 所示。

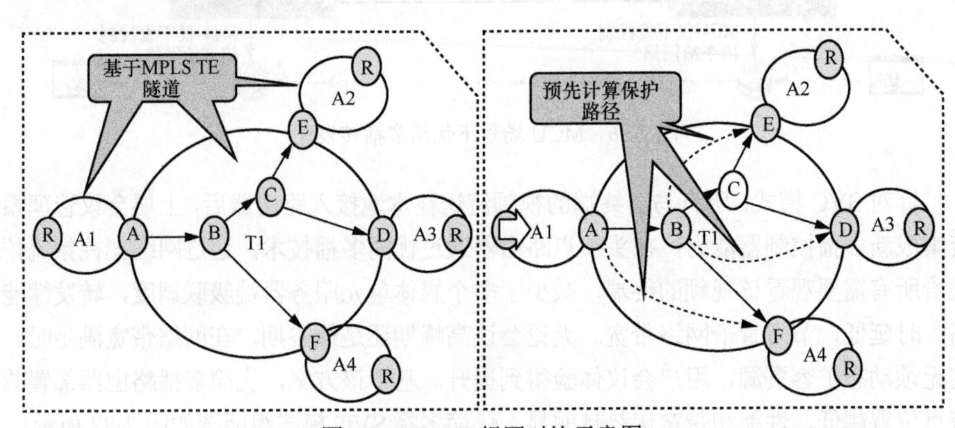

图 7-88　P2MP 组网对比示意图

运营级优简多播可以更加便捷地（不需要创建 VPN 和 TE 隧道）提供点到多点的高可靠传输通道，同时具备故障保护和路径规划能力。

7.4.5.4 证券交易

证券业对网络有 3 个关键诉求：高性能、高可靠、多播化。证监会对券商业务有明确的可靠性要求：证券业务中断大于 5min 需要上报证监会，并进行行政处罚和交易赔偿。因此，券商在追求网络高可靠的同时，还要求故障必须能够迅速恢复。证券网络中有两个与多播相关的场景：一是行情信息网，基于规则公平、正义的要求，交易所以多播方式把行情信息推送给各券商机构；二是核心交易网，新型分布式架构下的组件间消息通信需要采用多播的方式。生产者组件会通过多播的方式向所有订阅的消费者组件发送消息。

当前，券商核心交易网络中采用 PIM 多播技术满足“两地三中心”DC 之间组件消息传递。但随着交易业务的不断增长，传统多播的技术局限性有所显现，业界领先的券商客户已经开始着眼于未来技术架构的演进研究。总体来说，传统多播技术在证券核心交易网络中还有以下待改进的地方。

- 核心交换机多播表项规格有限：业务快速增长会伴随着多播表项的增加，而核心交换机会维护全网的多播表项，其规格上限会成为未来业务的发展瓶颈。
- 故障发生时多播收敛恢复性能差：多播技术本身不具备算路能力，多播树的恢复时间依赖于 IGP 的算路收敛时间。秒级故障中断会给客户带来更多的损失。
- 多播业务路径不可控、不可见：多播成员的加入和退出是静默的，多播业务流量本身是不可视。
- 多播流量在拥塞时无法调优：核心交易网络一般都是双归组网，但业务高峰时期无法人工调整拥塞的流量到备用链路。
- 业务丢包基本上无法定界定位：由于多播报文是面向无连接的传输，业务丢包时无法界定是服务器和机架交换机（Top of Rack，TOR）之间丢包，还是网络内部丢包。

运营级优简多播方案可以最大限度不改变已有交易系统。传统及优简多播交易系统方案示例图如图 7-89 所示。图 7-89 右图中，业务接收端服务器通过 Igmp Join 命令加入相应的多播组，保留原始的业务订阅方式。业务发送端服务器仍然通过发送报文到特定多播地址的方式产生多播源。而优简多播头节点网络设备会把原始多播报文前嵌入新多播报文头，用于后续网络传输。各中间节点网络设备仅根据报文中新多播 Bitmap 表转发，无须维护多播流状态。而多播树的尾节点会剥掉新多播报头，还原成业务原始报文。

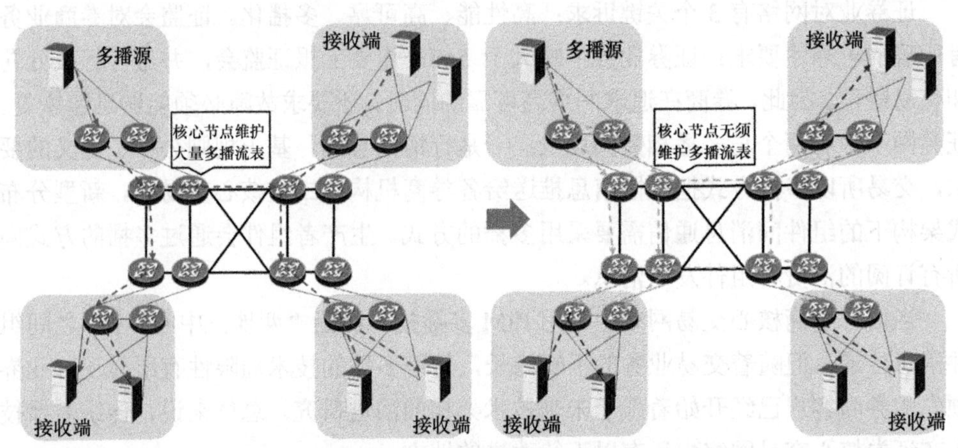

图 7-89　传统及优简多播交易系统方案示例图

优简多播方案具有如下优势。

- 核心网络设备（中间节点）无多播流表项规格瓶颈，不会因为交易业务快速增长而被动扩容。
- 多播业务流支持双发选收，可提升业务高可靠性。
- 多播业务路径可规划、可调优、可视化运维、减少拥塞，可提升故障定位效率。
- 通过预保护路径，对中间网络节点或链路故障可提供毫秒级故障恢复。

7.4.5.5　制播网

制播网是电视台由摄像机录制、总控分发、播出域播出所组成的业务生产网络。制播产生的视频节目先经过深压缩，再发送给广电系统和电信运营商，进一步输送到千家万户。传统制播网采用串行数字接口（Serial Digital Interface，SDI）矩阵实现，它是一个多路输入、多路输出的无压缩专业媒体设备，是一个纯物理连接的交换单元。SDI 采用同轴电缆作为连线，每根线缆带宽为 3Gbit/s，正好是一路高清视频无压缩信号的传输容量。央视新台址具有全国最大的 SDI 矩阵（576 路），用来承载 33 个演播室、15 个频道、100 多个外联机构的 SDI 视频信号交换。

随着我国广电产业的不断升级，4K/8K 等高清视频节目的需求越来越广泛。4K 无压缩视频信号需要 12Gbit/s 带宽，也就是需要 4 根同轴电缆承载一路 4K 信号，这就导致 SDI 矩阵的承载能力大大降低。以中国中央电视台为例，如果生产域全部切为 4K 信号，则 SDI 只能承载 144 路视频节目，无法满足基本的生产需求。同时，4K 部署也加大了布线难度和运维复杂度。因此，对于 4K 内容生产来说，传统制播网已成为制约瓶颈，SDI 设备限制了 4K/8K 超高清视频的规模商用，制播网全面走向 IP 化已成为行业共识。

网络设备制造商针对媒资行业的高价值空间，参考互联网和运营商超大数据中心的经验，提出了基于 Spine-Leaf 架构的 IP 化矩阵解决方案。音视频及数据信号在制播网中由 SDN 控制器调度传输方向，并由路由器通过传统多播技术完成多路信号的输入、输出。IP 矩阵的超强转发能力（单端口 100GB，单槽位最高可支持 4TB）有效地解决了 4K 无压缩信号的承载，并可以扩展演进支持未来的 8K 等新兴视频业务需求。

但当前的 IP 化矩阵仍然存在以下不足。

- 配置和管理复杂：控制器需要逐跳对每一路音频、视频、数据信号进行配置转发和多播切换；每条业务流在制作域、总控域、播出域传输过程中需要多个控制器协同，上下游网络设备调度分离。
- 总控域 Spine 设备存在可扩展瓶颈：Spine 作为核心节点，需要维护整网所有业务的逐流多播状态（10K 量级），随着业务的发展，网络设备存在超出流表规格上限的风险。
- 净切换：视频信号在不同路径传输，由于 IP 数据包的特点，其不是同步传输的，当主备信号需要进行切换时，可能出现黑屏或画面重叠。

优简多播制播网架构示意图如图 7-90 所示，优简多播作为网络新型技术，同样可以用于制播网 IP 矩阵中，具有如下优势。

- 集中控制管理：数据流的转发、复制、切换等操作无须逐跳配置，由总控控制器在头节点修改报头中封装的 Bitmap 即可。
- 总控域 Spine 设备无流表规格：端到端的新多播转发，仅在报文中携带多播结构，Spine 及各中间设备基于 Bitmap 复制转发，不需要逐跳维护流级状态。多播流表项分布在边缘节点，易扩容。
- 可控的报文同步：头节点多播报文中携带“定时器”信息，可以实现相同视频主备信号同步；不同信号可以基于帧边界报文标识实现无缝净切换。

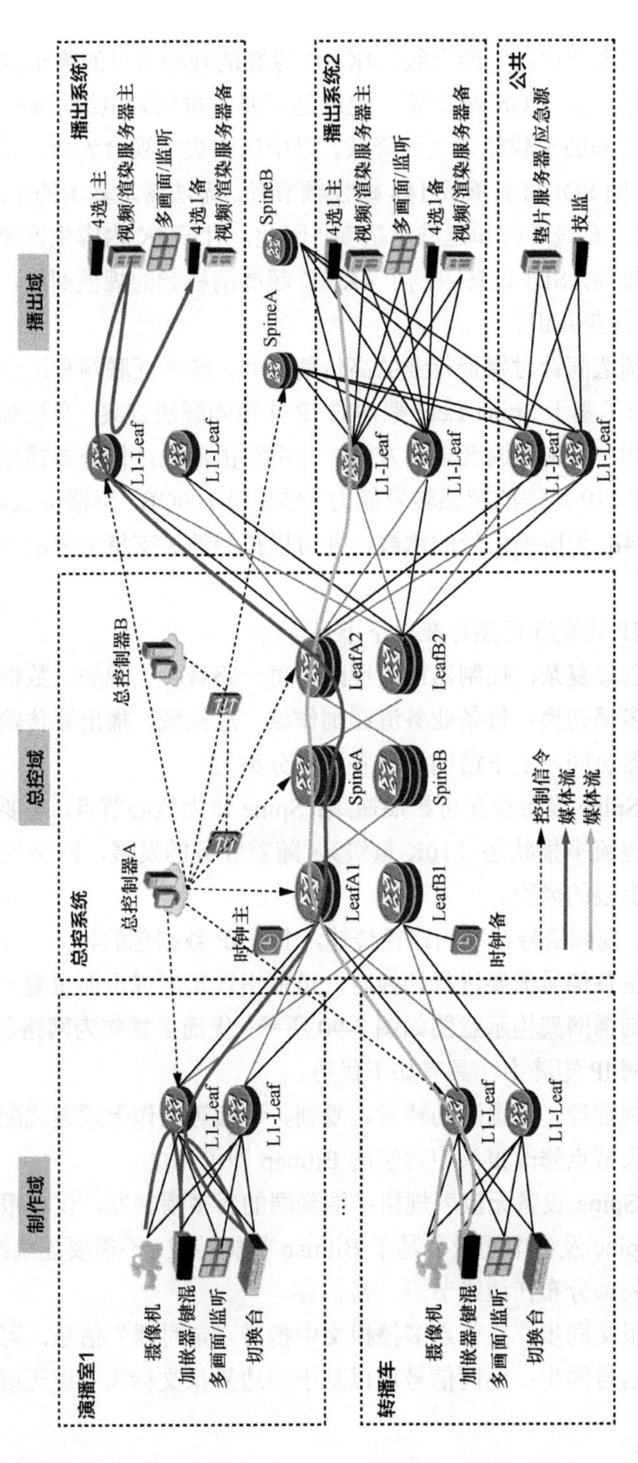

图 7-90 优简多播制播网架构示意图

7.5　新传输层协议

随着应用技术的发展，未来网络将承载更加丰富多样的业务。传输层协议作为网络传输的关键技术，面临着前所未有的巨大挑战。当前最通用的传输层协议 TCP，已有接近 50 年的历史。TCP 最早就是为了实现可靠的字节流传输，从而可以作为底座技术支持早期的网络应用，如 E-mail、文件传输、远程登录等。但是随着当今以及未来网络业务的发展，应用对网络传输的需求也越来越多样、越来越严格。例如，视频业务对实时性的需求，工业互联网应用对高可靠、低抖动的需求，AR/VR 和全息通信等未来业务对高带宽、低时延的需求等。

传统的基础传输协议难以满足日益发展的应用业务的传输需求。这需要有新的传输层协议，既能够深入地解决当前与未来应用业务的痛点，又能够保有一定的灵活性，让应用从业人员可以根据需要调优。显然，像 TCP 这样完全基于数据流，严格保证每个报文可靠传输的传输协议，只拥有很小的调整空间（仅限于拥塞控制算法，超时重传的判断等），显然难以满足这些需求。为解决此类问题，新传输层协议需要应用感知的能力，从而可以根据应用需求进行传输方法的调整；还要有丰富的传输功能，能够在可靠性、低时延和高带宽等方面进行权衡，实现最优的传输效果。

7.5.1　网络应用的传输需求

大规模科学实验和观测产生的数据量巨大，支持海量科学数据传输需要很高的带宽。而数据量仍在快速增长，对网络带宽的要求也越来越高。与普通的互联网应用流量比较，科学数据流就像“大象流”，而普通数据流像“老鼠流”。海量科学数据传输对带宽的需求目前已经达到 100Gbit/s 级，未来将达到 Tbit/s 级，并且还将继续增长。例如，2019 年，人类第一次直接“拍摄”的震撼世界的黑洞照片，采用 VLBI 观测产生，动用了分布在全球的 8 座毫米/亚毫米射电望远镜。观测过程中，每晚产生的原始数据高达 5PB，现有的互联网技术尚无法支持如此海量的数据传输，只能存放到硬盘中，用飞机来运输，再利用超级计算机将原始数据合成为大家看到的人类首张黑洞照片。人类首次“拍摄”的黑洞照片如图 7-91 所示。在天文、高能物理、基因组学等很多学科领域，都有着海量的科学数据传输需求。

图 7-91　人类首次"拍摄"的黑洞照片

海量科学数据的传输，一方面需要超高的吞吐率，另一方面，在可靠性要求方面，许多应用并不需要 100%的可靠性保证，而是能容忍一定量的数据包丢失，因为许多原始的数据是没有用的，如果少量有用的数据被丢失，也可以通过插值等方法弥补。

传统的 TCP/UDP 一般强调起点和终点的概念，采用流式架构传输。数据对于传输层协议来说是一个整体大对象，而上层应用会把它分成多个小对象进行处理，流式架构传输示意图如 7-92 所示。

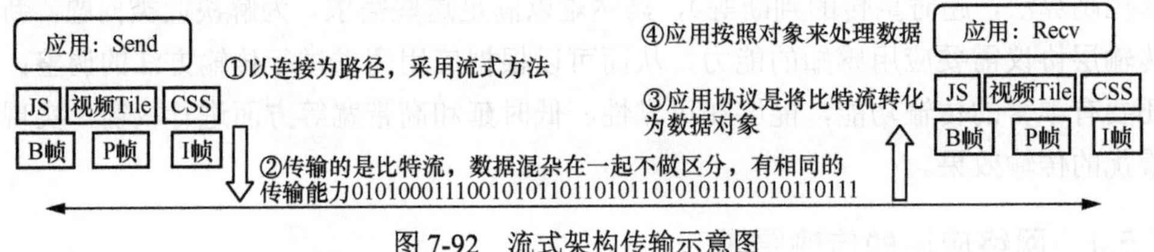

图 7-92　流式架构传输示意图

这样的设计接口清晰明了，传输功能简洁，只需要维持连接状态，是最基础、最通用的传输需求。在网络上主要承载文本、小文件、图片等业务时，基础的传输功能完全可以支撑上层应用。

总的来说，流式架构传输会使用统一的数据保障方法，强调普适性和通用性。然而，对于不同应用而言，细分的应用内容天然具有差异化的传输性能需求。尤其是随着 HTTP 业务、媒体应用的飞速发展，在支持多数据并行传输的场景，当前的传输协议面临越来越多的挑战。流式架构传输示意图如图 7-93 所示，显示了一个完整的 HTTP 服务所包含的数据类型。显然，各个数据的传输需求很难用简单的 TCP 流式传输处理。不同的数据对象具有并发传输的需求；对于复杂的业务（如视频应用），传输的全部数据还可以做更精细的区分，各个部分的要求也是不同的。

图 7-93　流式架构传输示意图

以媒体应用为例，通常来看，I 帧数据是必须要保证其可靠性，并且需要尽可能快地完成整个 I 帧数据的传输。视频帧的解码过程如图 7-94 所示。I 帧后续的 P 帧、B 帧数据，需要依赖 I 帧数据进行播放的解码。从 I 帧开始到下一个 I 帧前，所有的视频帧组成一个画面组（Group of Pictures，GOP）。如果 I 帧不能迅速、完整地传输给用户，就会导致很长的视频加载时间。此时即使有后续的 P/B 帧传输完，视频也不能正常播放。假如 I 帧有数据丢失，那么整个 GOP 的视频播放都会受影响。HTTP 会承载很多流媒体业务，它们往往会下载 200ms~2s 的视频段文件。在保障可靠的前提下，如何降低首个 I 帧的完成时间？传统的 TCP 并不能给出相应的手段，因为它不感知应用业务的需求，不知道 I 帧的数据区间。更进一步地，假如在实时通信类应用上，TCP 调控手段单一的问题会进一步凸显。它在传输实时应用的数据时，必须保证每个报文依次连续接收的特性，这会导致非常高的数据时延。虽然视频数据是完整的，每一帧的画面显示质量较好，但是会有严重的时延卡顿、音画不同步问题。所以业界一般采用 UDP 承载实时应用的业务，这是因为时延是比可靠性更优先的选项。当然，完全不可靠的原始 UDP 传输也会导致视频质量急剧下降，所以仍然需要应用进行传输逻辑的编程，从而保证关键视频帧、时间轴同步消息、播放控制消息等关键信息能够被用户完整接收。

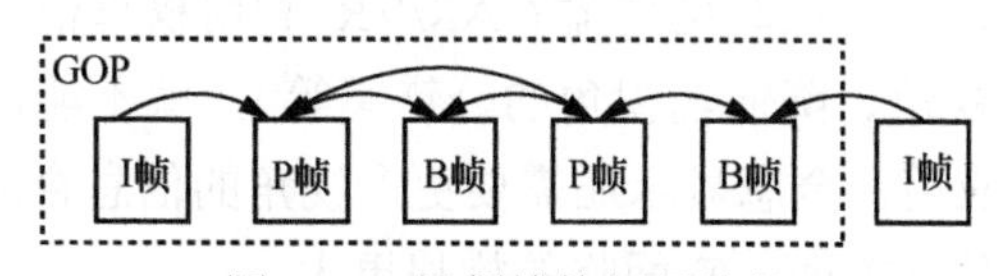

图 7-94　视频帧的解码过程

在传统视频业务之外，新兴的 AR/VR 等沉浸式媒体技术也在飞速发展。AR/VR 等沉浸式媒体具有明显的分层/分区域传输的特性。AR/VR 式应用的传输方式如图 7-95 所示，头戴式显示设备的播放区域实际上会根据用户的注意力集中度在做不同的优先级区分，并进行分段式流传输。图 7-95（b）显示有自己独立的视频分段，依次按照时间传输。单看某路视角，与传统的 HTTP 流媒体业务没有区别；多路并行传输时，AR/VR 业务面临极大的挑战：需要等待同一时间轴的所有视角数据都到达后，才能进行完整的 AR/VR 显示。假如在 T1 时刻的视频播放，辅视角的视频帧都到达，但是主视角的视频帧还没有到。如果不等待主视角的数据，直接进行画面刷新，那么用户会感觉当前的画面基本没有变化；如果等待主视角的数据，那么就会有明显的卡顿、时延感。这意味着，多个视频流中，最慢的视频流会决定业务的端到端时延。要知道，AR/VR 有着比传统视频更低的时延要求。显然，传统的传输协议缺乏有效的手段提升 AR/VR 式应用的业务性能与用户体验，只能依赖网络基础设施能力的提升。

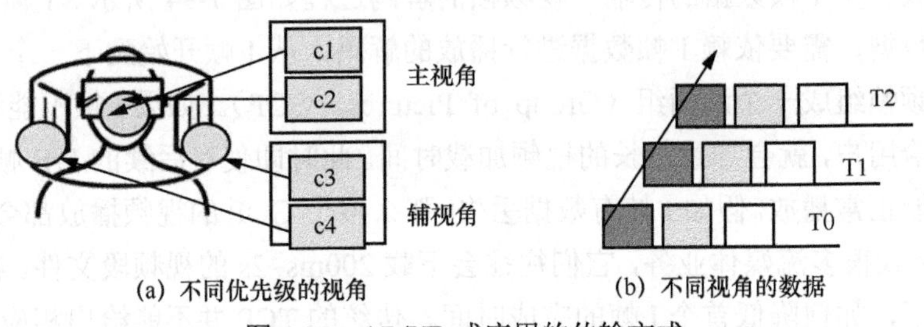

图 7-95　AR/VR 式应用的传输方式

另一种沉浸式媒体技术是全息显示，它有具有震撼感的用户体验，也有更高的网络传输需求。当前先进的全息显示技术，可以利用特殊的功能屏投射出裸眼的 3D 全息投影。显示图像分辨率高、立体感强，并且有很好的离屏感。裸眼 3D 全息显示效果如图 7-96 所示，给出了利用全息显示技术展示虚拟心脏图像的效果。与头戴式设备不同，任意多个用户在合适的角度观看全息显示屏，都能获得 3D 投影的图像。与 AR/VR 相似的是，全息显示仍然需要多路视角的信息进行图像合成；不同的是，各路视角的数据没有明确的优先级关系，每个视角的重要性都相当。在没有权重信息的情况下如何实现低时延传输？AR/VR 利用权重信息进行差异化传输的技术（如优先保障主视角、降低辅视角的分辨率等），就不能在全息显示场景下应用。相比 AR/VR 等应用，全息显示还需要更多视角的信息合成高质量图像。在多流传输同步和低时延传输方面，它面临的挑战更大。

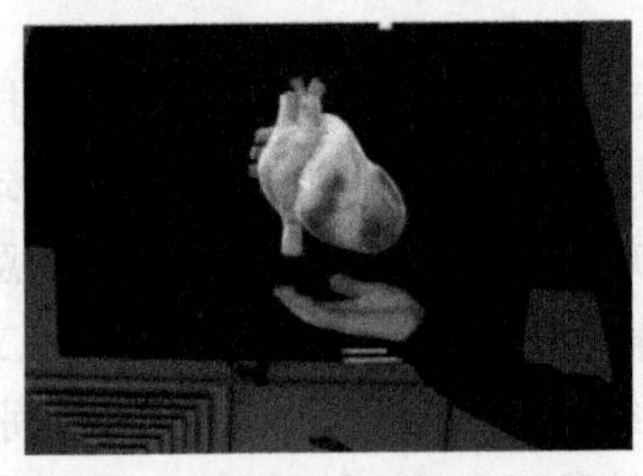
图 7-96　裸眼 3D 全息显示效果

除了新兴媒体应用的网络传输需求，随着边缘云、MEC 等技术的发展，云端协同计算也提出了更严苛的标准。端侧设备产生计算任务，让云端利用自己的超高算力完成计算并返回结果。在此过程中，协议要承载数据块高频次地传输，如果利用长连接复用拥塞窗口，那么将具有明显的忙、闲周期，云端协同计算场景如图 7-97 所示。由于没有数据边界的概念，假如“忙”时发生尾包丢失，只能等待超时恢复，大大增加传输时延。在交互应用的指令数据传输场景中，指令类的数据量较小，甚至可能 1 个 RTT 内就可以传完所有数据，同时它也会有忙、闲周期的概念。利用重传恢复保障它的可靠性会增加额外的 RTT，利用网络编码难以设置最佳的编码长度（跨数据对象的编码），也会产生额外的等待时间。

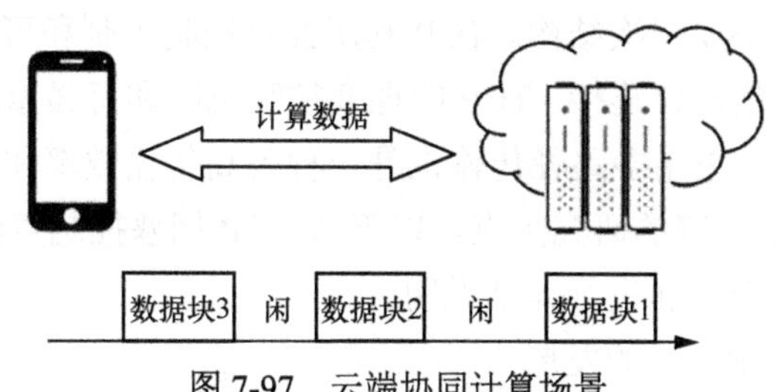

图 7-97 云端协同计算场景

综上所述，传统的流式架构鲜有差异化服务能力。它既不感知应用数据需求，也不识别数据边界。虽然提供通用的传输功能，但是也缺乏根据网络条件智能设置传输策略的手段。例如，在 AR/VR 和全息显示应用中，可以把各路视频在相同时间戳的视频帧看成一组数据，利用数据组的调度实现低时延传输。另外，视频媒体业务在可靠性方面是可以牺牲的，而在传输时延上具有很高的要求。传统协议只能进行可靠传输，不能在数据损失度、低时延传输和高带宽传输等维度上进行取舍，较难适配复杂应用的需求。要解决这些问题，新传输协议要突破流式框架，既感知应用数据与传输需求，又能灵活编排传输功能，从而实现最优的传输效果。

7.5.2 传输层协议发展综述

传输层是计算机网络体系结构中关键的一层，它向高层屏蔽了下层数据的通信细节，使用户完全不用考虑物理层、数据链路层和网络层工作的详细情况。传输层主要为用户提供端到端（End-to-End）服务，处理数据报错误、数据包次序等传输问题。传统传输层协议主要有两种 TCP 和 UDP 类型，TCP 即传输控制协议，是一个可靠的、面向连接的协议；UDP 即用户数据报协议，它采用无连接的方式传送数据。随着底层网络环境不断地发展变化以及上层应用的快速发展，传输层的传输机制和算法需要不断适应底层网络环境的变化及上层应用需求的变化，因此得到了大量研究，涌现出大量基于 TCP 和 UDP 的改进协议。此外，还出现了许多针对某些应用需求专门设计的新型传输协议。以下主要从基于 TCP 的传输协议的发展、基于 UDP 的传输协议的发展和应用专用的传输协议的发展等 3 个方面总结分析传输层的发展状况。

7.5.2.1 基于 TCP 的传输协议的发展

TCP 是一种面向连接的、可靠的、基于字节流的传输层通信协议，旨在适应支持多网络应用的分层协议层次结构。TCP 利用拥塞控制机制和可靠重传机制，向应用程序提供高效可靠的通信连接。TCP 的拥塞控制机制和可靠重传机制得到了大量的研究和改进。此外，采用多路径传输也是一种提高传输效率和可靠性的途径，因此多路径 TCP 也是近年来的研究热点。以下从 TCP 拥塞控制算法、TCP 可靠重传机制和多路径 TCP 3 个方面进行详细说明。

（1）TCP 拥塞控制算法的发展

传统 TCP 存在的主要问题是其加性增、乘性减（Additive Increase Multiplicative Decrease，AIMD）的窗口调整策略不适应高速网络等新型网络环境，过于保守，难以充分利用带宽资源。因此对 TCP 的研究改进主要集中在拥塞控制窗口（Congestion Control Window）的管理机制上。根据拥塞检测机制的不同，改进协议可以分为以下几类：基于丢包反馈的改进协议（Loss-based Congestion Algorithm，LCA）、基于时延反馈的改进协议（Delay-based Congestion Algorithm，DCA）、基于 LCA 和 DCA 的混合反馈改进协议（Compound Congestion Algorithm，CCA）、基于可用带宽测量的改进协议、基于链路容量的改进协议、基于机器学习（Machine Learning）的改进协议和基于路由器显式反馈（Explicit Notification）的改进协议。

1）基于丢包的拥塞控制算法

最传统的拥塞控制主要是基于丢包的拥塞控制，当出现丢包时，将拥塞窗口减小。不同的算法有不同的窗口调整策略，在避免丢包的同时，也要保证 TCP 的公平性。主要代表的算法有 Reno、HSTCP、BIC、CUBIC 等。

Reno 将拥塞控制的过程分为 4 个阶段：慢启动、拥塞避免、快重传和快恢复，是现有的众多拥塞控制算法的基础。慢启动阶段，在没有出现丢包时每收到一个 ACK 就将拥塞窗口大小加一，每轮次发送窗口增加一倍，呈指数增长，若出现丢包，则将拥塞窗口减半，进入拥塞避免阶段；当窗口达到慢启动阈值或出现丢包时，进入拥塞避免阶段，窗口每轮次加一，呈线性增长；当收到对一个报文的 3 个重复的 ACK 时，认为这个报文的下一个报文丢失了，进入快重传阶段，立即重传丢失的报文，而不是等待超时重传；快重传完成后进入快恢复阶段，将慢启动阈值修改为当前拥塞窗口值的一半，同时拥塞窗口值等于慢启动阈值，然后进入拥塞避免阶段，重复上述过程。

HSTCP 采用高/低速模式切换的工作方式，通过 $\alpha(\omega)$ 和 $\beta(\omega)$ 调整窗口变化速率。当拥塞窗口较小时，HSTCP 采用类似于传统 TCP 的窗口增长和丢包递减方式，当拥塞窗口较大时，采用更加积极的窗口增长和更加缓和的窗口减少算法。

BIC 的主要特点是它独特的窗口增长函数，它由二进制搜索增长和线性增长两部分组成。二进制搜索类似于经典的折半查找算法，首先假设拥塞窗口的最大值（max）和最小值（min），并取其中值 TW（Target Window = (max +min)/2）作为目标窗口增长（cwnd）。如果没有发生丢包，则取当前窗口作为 min 继续进行二进制搜索增长 cwnd；如果发生丢包，则更改当前窗口为 max，并重新进行二进制搜索增长 cwnd。如果当前窗口距离 TW 过大，则采用线性增长辅助增加 cwnd。

CUBIC 是 BIC 的一个改进版本，试图在保留 BIC 的优点的基础上，简化窗口控制并增强它的 TCP 友好性和 RTT 公平性。

2）基于时延的拥塞控制算法

由于时延的高低容易影响网络的状况，所以将时延作为判断网络拥塞的标准。当时延增高时，视为网络出现拥塞。时延增高时，增加网络拥塞窗口；时延降低时，减小网络拥塞窗口。由此产生的基于时延反馈的一系列网络拥塞算法主要代表有 Fast TCP、Vegas、Hybrid Slow Start TCP 等。

Fast TCP 以队列时延作为反馈因子，利用发送端检测到的 ACK 时延变化调整拥塞窗口。其拥塞窗口调整算法为

$$w(k+1)=\frac{1}{2}\left(\frac{w(k-1)\times \text{baseRTT}}{\text{RTT}}+\alpha+w(k)\right) \tag{7-22}$$

其中，baseRTT 表示所观测到的最小 RTT，α 表示一个非负的修正因子。

Vegas 是基于时延反馈协议的代表。它通过观测 TCP 连接中的 RTT 时延变化调节拥塞窗口。如果发现 RTT 变大，则认为网络发生拥塞，相应的减小拥塞窗口。如果发现 RTT 变小，则认为拥塞已经解除，并增加拥塞窗口。如果 RTT 保持不变，则不改变拥塞窗口的大小。

Hybrid Slow Start TCP 利用了网络测量技术中的 packet-pair 测量技术和 packet-train 测量技术，通过“ACK Train Length”和“Delay Increase”决定 TCP 何时从慢启动阶段转换到拥塞避免阶段。

3）基于丢包和时延混合的拥塞控制算法

在基于丢包和基于时延的拥塞控制算法都取得了一定的成效时，可以自然地将两者结合起来共同判断网络拥塞状况，能够更加精确地判断网络何时出现拥塞，根据具体原因采取不同的调整策略。这一类算法主要有复合 TCP（Compound TCP，CTCP）、TCP Africa（Adaptive and Fair Rapid Increase Congestion Avoidance）、Illinois 和 YeAH（Yet Another High-speed TCP）等。

CTCP 将基于丢包的拥塞避免算法（Congestion Avoidance Algorithm，CAA）和基于时延的 CAA 相结合，在保证了较高的带宽利用率的情况下，又获得了较好的公平性。基于时延的 CAA 是通过引入 dwnd（Delay Window）实现的，协议中的发送窗口为 win=min（cwnd+dwnd，awnd），其中 awnd 是来自接收端的广播窗口。相应地在拥塞避免阶段，每收到一个 ACK，窗口大小调整为 cwnd=cwnd+1/win，而在慢启动阶段，CTCP 保留了 Reno TCP 的慢启动策略。

TCP Africa 将网络状态分为拥塞和无拥塞两个状态，并且利用 Vegas 的 RTT 延时判断这两种状态。当网络无拥塞时，协议进入类似于 HSTCP 的快速增长模式；在网络逼近拥塞时，TCP Africa 进入类似于传统 TCP 的慢速增长模式。

Illinois 同样考虑 LCA 和 DCA 的局限性，提出了采用两者相结合的算法。与 CTCP 和 Africa 类似，都是将网络状态分为拥塞和无拥塞两种状态，但是在这两种状态下对拥塞窗口的调整策略不同。对于 Illinois 而言，在拥塞避免阶段，每个 RTT: $\mathrm{cwnd} = \mathrm{cwnd} + \alpha$，而当检测到丢包时，$\mathrm{cwnd} = \mathrm{cwnd} - \beta \cdot \mathrm{cwnd}$。

YeAH 将网络划分为“Fast”和“Slow”两个状态。在“Fast”状态下，拥塞窗口使用更加迅速的方式增加（STCP），在“Slow”状态下，拥塞窗口使用较温和的方式增加（Reno TCP），以避免网络拥塞的产生。在此基础上，当网络拥塞超过阈值时，将路由器缓存中的包取出，来进一步缓解拥塞。

4）基于可用带宽测量的拥塞控制算法

可用带宽测量是网络业务中十分重要的资源，对可用带宽的实时测量能够最大程度地利用网络中的带宽，保证网络中的服务质量。对于网络拥塞控制方面，最直接的方法就是利用当前网络的可用带宽来调整窗口变化和发送速率，能够在保证带宽利用率的同时，避免拥塞的发生。

Westwood 和 Westwood+是典型的基于网络带宽测量的 TCP。Westwood 通过计算最近过去（Recent Past）的带宽调整拥塞窗口的变化。网络带宽是通过记录一段时间之内（以 ACK 为标准）所发送的数据来得到的。Westwood+改进了网络带宽的测量机制，分别用“被确认了”的数据代替发送的数据，用 RTT 代替 ACK 获得传输时间，这一改进大大提高了网络带宽测量的准确性。

ARENO（Adaptive Reno）是一个基于带宽测量的 TCP 改进协议，旨在改进 TCP 的效率和 TCP 的友好性。它具有两个窗口增加机制：W_{base} 和 W_{probe}。在 W_{base} 阶段，每个 RTT 增加一个 cwnd，在 W_{probe} 阶段，每个 RTT 增加的 cwnd 根据所测量的网络带宽动态调整。ARENO 的带宽测量机制类似于 Westwood。

Fusion 与 ARENO 类似，结合 Westwood 的带宽测量和 Vegas 的网络缓存预测机制。Fusion 定义了 3 个线性增长函数，根据不同的队列延时，动态切换在这 3 个增长函数。另外，当网络丢包时，根据 RTT 的不同，将拥塞窗口减小到相应的程度。

5）基于链路容量测量的拥塞控制算法

BBR 是谷歌在 2016 年提出的一种新的拥塞控制算法。BBR 算法不将出现丢包或时延增高作为拥塞的信号，而是认为当网络上的数据包总量大于瓶颈链路带宽和时延的乘积时才出现了拥塞，所以 BBR 也称为基于拥塞的拥塞控制算法。BBR 算法周期性地探测网络的容量，交替测量一段时间内的带宽极大值和时延极小值，将其乘积作为拥塞窗口大小（交替测量的原因是极大带宽和极低时延不可能同时得到，带宽极大时网络被填满造成排队，时延必然极高，时延极低时需要数据包不被排队直接转发，带宽必然极小），使得拥塞窗口的值始终与网络的容量保持一致。

6）基于机器学习的拥塞控制算法

随着人工智能和机器学习的流行，一种基于学习的拥塞控制方案应运而生。这种拥塞控制没有特定的拥塞信号，而是借助评价函数，基于训练数据，使用机器学习的方法形成一个控制策略。

Remy 也称为计算机生成的拥塞控制算法，采用机器学习的方式生成拥塞控制算法模型。通过输入各种参数模型（如瓶颈链路速率、时延、瓶颈链路上的发送者数量等），使用一个目标函数定量判断算法的优劣程度，在生成算法的过程中，针对不同的网络状态采用不同的方式调整拥塞窗口，反复修改调节方式，直到目标函数最优。最终会生成一个网络状态到调节方式的映射表，在真实的网络中，采用根据特定的网络环境从映射表直接选取拥塞窗口的调节方式。但是 Remy 适用于特定网络环境，如果真实网络与训练网络差异大，其性能表现会非常差。

PCC-Vivace 的出现解决了 Remy 的问题，它结合了 PCC 的基本框架以及机器学习中在线场优化（Online Convex Optimization）的原理，通过调整发送端速率的调整方向、调整步长和调整阈值，来解决网络的拥塞控制问题。Vivace 使用了一个新的学习框架来保证多个 Vivace 流可以收敛到有一个公平和有效率的状态。同时 Vivace 使用了一个基于梯度的 no-regret 在线优化算法来调整发送速率，它会计算步长，对 TCP 更加友好，对动态网络反应更加迅速。

Aurora 是一个由 Deep RL 驱动的拥塞控制协议。它使用 Stable Baselines 中的 PPO 算法在 Emulator 进行了训练，模拟了变化参数的网络链路中的单一流，并且使用 Mininet 和 Pantheon 进行了性能的测试。在实现方面，Aurora 的 RL 输入分别为时延梯度、时延比和发送比率，输出为发送速率，并且定义了神经网络的结构和奖励机制。

7）基于显式通告的拥塞控制算法

当发生网络拥塞时，发送主机应该减少数据包的发送。TCP 虽然也能控制网络拥塞，但是它是在网络拥塞已经发生的情况下采取一定的策略，这种方法并不能在拥塞之前减少数据的发送量。因此，人们在 IP 层新增了一种显示拥塞通知的机制，即 ECN。基于显式拥塞通告的改进协议的代表主要有 XCP 和 VCP。XCP 为数据包增加了拥塞报头，由发送端写入当前的窗口大小和 RTT 估计值，为路由器计算可用带宽提供信息。VCP 采用 IP 报头的冗余位作为负载因子向发送端传递网络拥塞状况。基于显示反馈的 TCP 还有 JetMax、EVLF-TCP、CLTCP，这类协议的最大问题就是可扩展性差。

（2）TCP 可靠重传机制的发展

所谓可靠传输，就是保证数据的正确性、无差错、不丢失、不重复，并且按序到达。TCP 的可靠机制是通过应答机制来明确数据包是否到达，保证数据包能够及时传输，保证可靠性。例如，NAK 是否定应答机制，明确告诉发送端哪个包没有收到。这样 TCP 发送端可以确切知道重传哪个包，而不需要等待重复 ACK 或重传定时器 RTO 超时（Timeout）。NAK 每次只能通告一个需要重传的包，在高时延的 FLDnet 上，ACK 传输时延较大，这种一次通知一个重传包的效率不高。

SACK 是肯定应答，在选项中明确收到了的数据块，发送端根据接收的 SACK 指示，可以知道这些块中间缺少的块，每个 SACK 可以指示 3 个洞（Hole，即缺失块）。这样，发送端也能确切知道需要重传哪些块，而不需要等待很长时间。但是，SACK 仍然依赖快速重传算法来检测包丢失和触发重传。对于 FLDnet 来说，由于

RTT时延很高，在收到4个重复ACK之前，RTO可能超时，触发快速重传算法，清除SACK信息。

SNACK结合了NAK和SACK的优点。SNACK选项中采用比特向量（Bit Victor）标识收到的报文段，用“1”表示正常报文段，“0”表示需要重传的报文段，这样建立起比特向量与报文段之间的映射关系，仅用一个位就能标识一个洞，其效率有了很大的提高。SNACK 最初是针对高时延的卫星网络提出的，后来也有研究人员将SNACK应用于无线网络，以提高TCP在无线网络中的性能。

（3）多路径TCP传输协议的发展

在TCP会话中同时使用多条路径可能会提高网络内的资源使用率，从而通过更高的吞吐量和改进的网络故障恢复能力改善用户体验，因此提出了多路径TCP。良好的拥塞控制算法更是多路径传输协议成功的关键，多路径传输协议的研究和改进主要是在拥塞控制算法方面的改进。

较早提出的多路径TCP（如pTCP（parallel TCP）、cTCP（concurrent TCP）等），旨在解决端到端 TCP 只进行一条最优链路传输的效率低下的问题。pTCP 是由Hung-Yun Hsieh和Raghupathy Sivakumar率先提出的一种端到端的传输层多路传输控制协议。它主要由两个部分组成：一个是负责给各子流分配数据和聚合带宽的功能模块SM（Striped Connection Manager），另一个是彼此负责独立传输数据的子流模块 TCP-v。TCP-v 在拥塞控制上面各子流采用传统的 TCP 拥塞控制算法。这就导致在多个流并发的时候，TCP-v具有很强的侵占性，对单路径TCP的公平性很差。cTCP是一种在传输层实现多路径负载均衡（Multi-Path Load Balancing，MPLB）的方案。cTCP 采用了单窗口机制，各子连接采用联合式增加，独立式减少，但是缺乏理论依据。

早期提出的多路径 TCP 算法一般采取独立的拥塞控制机制，这导致其在 TCP 公平性上表现很差。IETF 从 2009 年开始推动一个关于多路径 TCP 的规范，截至2022 年 8 月已通过一些草案，在拥塞控制算法方面已经有了很大的改进。MPTCP的每个子流通过设置权重控制公平性，对此提出了EWTCP（Equal Weighted TCP）算法，EWTCP 克服各子流独立增长带来的侵占性，对每个子流的拥塞窗口增长提供了参数限制，保证其不过多地抢占其他单路径TCP。为了更有效地选择路径，满足多路径TCP提出的目标，产生了COUPLED算法：MPTCP的目标是要保证在传输过程中对单路径TCP的公平性，同时保证各个子流之间拥塞窗口的增大更倾向于轻度拥塞的子流。在此基础上，提出了LINKED、INCREASES算法等。

7.5.2.2 基于 UDP 的传输协议的发展

由于 UDP 无可靠传输保证，主要适用于对数据传输可靠性要求不高而又需要有很高传输速率的应用。由于采用 UDP 传输速率很快，因此，研究人员在 UDP 的基础上，增加可靠性保证机制，提出了一些基于 UDP 的改进协议。这些改进协议通常是将数据信息和控制信息分开传输，采用 UDP 传输数据，用 TCP 传输控制信息。基于 UDP 的改进协议主要有 RBUDP（Reliable Blast UDP）、Tsunami、UDT（UDP-based Data Transfer Protocol）、QUIC（Quick UDP Internet Connection）和 PQUIC（Pluginizing QUIC）等。

RBUDP 主要存在 3 个问题：第一，RBUDP 需要用户手动设定发送速率。用户在使用 RBUDP 传输数据之前，必须测量链路可用带宽。但是，由于应用流量在变化，链路可用带宽通常是动态变化的，RBUDP 采用固定的发送速率，不能动态适应可用带宽的变化，无法充分利用链路带宽。而且，由用户设定发送速率，大大减少了 RBUDP 的可用性。第二，RBUDP 完全没有拥塞控制机制，如果发生拥塞，将导致大量丢包，尤其是当设定的发送速率较大时。第三，对传输文件大小有限制。因为只有在发送完所有数据之后才能收到接收方的确认，发送端必须保留所有已经发送的数据，以备重传之需。这样，如果文件太大，而内存不足以存储时，就无法传输。

Tsunami 协议，其基本原理与 RBUDP 类似。Tsunami 协议主要对 RBUDP 做了两点改进。首先，Tsunami 协议接收方不是等待所有数据发送完成，而是周期性地反馈发送方一个重传请求，并计算当前的错误率发送给发送方。第二，Tsunami 协议增加了基于丢包率的拥塞控制机制。发送方根据接收方反馈的错误率，通过调整包间时延控制发送速率，实现拥塞控制。另外，如果需要重传的块太多，发送方将从指定的块号处重新发送。

UDT 协议比 RBUDP 和 Tsunami 协议更复杂，它与 TCP 比较相似。基于 UDP，除了增加可靠性外，UDT 还增加了拥塞控制和流量控制机制。在可靠性方面，UDT 接收方以固定的时间段发送 SACK，并且只要检测到包丢失，就发生否定式确认（NAK）显式反馈给发送方。在拥塞控制方面，UDT 采用所谓的 DAIMD（AIMD with Decreasing Increase）算法调整发生速率（但不是像 TCP 那样的拥塞控制窗口）。UDT 采用了 TCP 的许多机制或类似机制，如拥塞控制和流量控制，而且像 TCP 一样采取了保证“公平性”的措施，这些机制使得 UDT 协议本身变得复杂，而且很大程度上限制了其传输速率。

QUIC 是谷歌提出的一种基于 UDP 的低时延的互联网传输层协议。QUIC 默认使用 TCP 中的 CUBIC 拥塞控制算法，同时也支持 RENO、BBR、PCC 等算法，并且对多方面进行改进，不需要更改操作系统和内核。单个程序的不同连接也能支持配置不同的拥塞控制。TCP 通过滑动窗口机制来保证可靠性以及进行流量控制。QUIC 更新了其滑动窗口机制，并在 Connection 和 Stream 两个级别分别进行流控。QUIC 主要有以下几个优点：无队头阻塞的多路复用，QUIC 的多路复用，在一条 QUIC 连接上可以发送多个请求（Stream），一个连接上的多个请求（Stream）之间是没有依赖的；0RTT 连接，QUIC 的连接将版本协商、加密和传输握手交织在一起以降低连接建立时延，这个特性对于直播来说，使首帧更快，时延更小；QUIC 把 TLS 1.3 协议等效加密，几乎每个 UDP 包都加密；向前纠错（FEC），QUIC 采用向前纠错方案，即每个数据包除了本身的数据以外，会带有其他数据包的部分数据，在少量丢包的情况下，可以使用其他数据包的冗余数据完成数据组装而无须重传，从而提高数据的传输速度。

PQUIC 是利用 QUIC 的独特特性提出的一个新的可扩展模型。一个 PQUIC 的实现由一组协议操作组成，这些操作可以通过协议插件进行丰富或替换。PQUIC 基于 QUIC，是一种新的传输协议，它加密了包的大部分头部和所有有效载荷；也是一种允许 QUIC 客户端和服务器动态交换协议插件的框架，这些插件可以在每个连接的基础上扩展协议。此外，协议插件在一个环境中运行，监控它们的执行并阻止恶意插件。

7.5.2.3 应用专用传输协议的发展

随着应用需求的差异化发展，针对语音、视频等多媒体流传输等具体应用的差异化性能需求，提出了各种专用传输协议。

例如针对 IP 网上的多种需要实时传输的多媒体数据（如语音、图像、传真等）提供端到端的实时传输服务而设计的协议，如 RTP 等。RTP 为 Internet 端到端的实时传输提供时间信息和流同步，但并不保证服务质量，服务质量由 RTCP 提供。RTP 为实时传输协议，一般用于多媒体数据的传输。RTCP 为实时传输控制协议，同 RTP 一起用于数据传输的监视、控制功能。

例如可用于电话的信令传输的流控制协议——SCTP。与 TCP 一样，SCTP 提供了可靠的传输服务，确保数据在网络上无误地按顺序传输。SCTP 是一种面向会话的机制，这意味着在 SCTP 关联的端点在数据传输之前创建关系，保持这种关系直到所有数据传输成功完成。与 TCP 不同的是，SCTP 提供了许多对电话信令传输至关重要的功能，同时还可以潜在地使需要传输的其他应用程序受益，从而提高性能和可靠性。

例如为媒体和电话等应用而设计的数据拥塞控制协议——DCCP，它是一个可以进行拥塞控制的非可靠传输协议，并同时提供多种拥塞控制机制。它更倾向于及时性而非可靠性。DCCP 提供了一个实现拥塞控制的框架，而不是一个单一的固定算法。目前，拥塞控制机制的实现有 TCP-Like 和 TFRC 两种。TCP-Like 的锯齿波速率特性可快速利用可用带宽，TFRC 可实现更稳定的长期速率。

针对视频传输应用，多种传输协议已经被提出。比如，近年来，为了系统地量化真实世界的吞吐量可预测性或开发良好的预测算法，一个吞吐量预测系统——CS2P 被开发了，它使用数据驱动的方法学习相似会话的集群。CS2P 使用跨会话状态预测模型，这些模型可以很容易地插入客户端和服务器端自适应算法的比特率选择逻辑中，因此，CS2P 在复杂的集中控制架构和纯粹去中心化的自适应算法之间提供了一个可立即部署的中间地带。Pensieve 是基于深度强化学习进行端到端码率决策的 ABR 算法，用于视频传输。Pensieve 的训练方案用的是 A3C 的快速异步算法，能自适应地通过低码率补充 Buffer，然后用 Buffer 补偿带宽，从而请求最大码率。Pensieve 根据客户端视频播放器收集的观察结果进行学习，观察过去的结果表现，选择合适的比特率，大大提升了视频的 QoE 指标。

对于传输层协议的研究非常活跃，大量新型传输协议已被提出或仍在发展中，以上仅是大致分类、总结、介绍了典型的传输协议，难以全面总结所有的传输协议。总的来说，随着底层网络环境和上层应用的发展变化，传输层协议仍在不断的发展中。

7.5.3 应用感知的协议设计

从第 7.5.2 节可知，能感知应用数据是新传输层的关键能力。如果不感知应用数据大小和传输需求，那么利用传输协议优化传输效果的能力就大大减弱。面向数据对象块感知的新传输层架构——面向对象的传输（简称对象传输）协议（Object-Oriented Transport Protocol，OTP）是泛在 IP 体系在传输层上的重要创新。它的首要工作，就是通过识别应用数据的属性，实现差异化传输，从而提升业务性能与用户体验。

对象传输协议要素如图 7-98 所示。网络中的实体包括连接、通道、路径、对象、对象组、报文等。核心的属性特征包括带宽、时延、可靠性、完成时间等。所谓对象，就是一个应用需要完整处理的数据结构。对于 Web 网页来说，对象可以是 JS/HTML 文件、图片、音频段和视频段等；对于视频流媒体业务来说，每个视频帧天然就是一个对象。当然，实际业务中也有存在一个超大对象的情况，如文件下载。对于这种情况，可以把它拆分成多个小对象进行传输。由于完整的文件才具有意义，所以拆分的小对象可以根据实际网络情况随意定义，如以 100KB 大小数据作为一个对象。

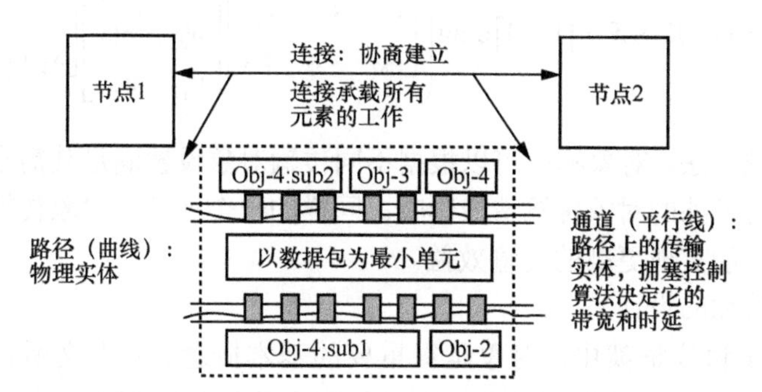

图 7-98 对象传输协议要素

下面说明对象传输协议如何提升传输性能，以及对象传输的设计。

（1）对象传输的效用

对象传输的根本不同，是它能区分一个连接的数据流中，各个数据单元的传输需求。对于应用来说，它的传输需求体现在 3 个方面：可靠性、时延和带宽。不同的应用数据，在这 3 个方面的要求程度也是不一样的，例如一些指令应用就要求高可靠、低时延，但是对于带宽就没有什么需求，而一些视频应用需要高带宽、低时延，并不要求 100%的可靠性。利用效用函数模型可以描述传输效果。$\boldsymbol{C}$ 代表方法在带宽、时延和可靠性的能力，$\boldsymbol{W}$ 代表数据对三要素的敏感程度，$\boldsymbol{S}$ 代表传输的数据量。基本表达式是 $\boldsymbol{U}=\boldsymbol{C}\times\boldsymbol{W}\times\boldsymbol{S}$。在流式框架下，同一流的传输方法是固定的（$\boldsymbol{C}$ 是固定）的，但是数据分为不同对象，每个对象的 $\boldsymbol{W}$ 是不一样的。假设在流式框架下，它要传输两个不同的对象，那么效用函数为：

$$\boldsymbol{U}=\boldsymbol{C}\times\boldsymbol{W}\times\boldsymbol{S}=\begin{bmatrix}c_{\mathrm{b}} & s_{\mathrm{d}} & c_{\mathrm{r}}\end{bmatrix}\begin{bmatrix}w_{\mathrm{b1}} & w_{\mathrm{b2}}\\ w_{\mathrm{d1}} & w_{\mathrm{d2}}\\ w_{\mathrm{r1}} & w_{\mathrm{r2}}\end{bmatrix}\begin{bmatrix}s_1\\ s_2\end{bmatrix} \tag{7-23}$$

其中，$\begin{bmatrix} c_{\mathrm{b}} & c_{\mathrm{d}} & c_{\mathrm{r}} \end{bmatrix}$表示一种传输方法在带宽、时延与可靠性上所能提供的能力。w_{b}、w_{d}和 w_{r}表示对象在带宽、时延与可靠性上的传输需求。两个不同的对象，它们的传输需求不同，却只能用一种传输方法的能力来尽可能地满足。

但是采用对象传输，可以按照对象的偏好设置传输方法，那么传输方法的能力就从向量变为矩阵。此时用对象框架传输两种不同需求的数据对象，效用函数为：

$$\boldsymbol{U}=\boldsymbol{C}\times\boldsymbol{W}\times\boldsymbol{S}=\begin{bmatrix}1 & 1\end{bmatrix}\mathrm{diag}\left(\begin{bmatrix} c_{\mathrm{b1}} & c_{\mathrm{d1}} & c_{\mathrm{r1}} \\ c_{\mathrm{b2}} & c_{\mathrm{d2}} & c_{\mathrm{r2}} \end{bmatrix}\begin{bmatrix} w_{\mathrm{b1}} & w_{\mathrm{b2}} \\ w_{\mathrm{d1}} & w_{\mathrm{d2}} \\ w_{\mathrm{r1}} & w_{\mathrm{r2}} \end{bmatrix}\right)\begin{bmatrix} s_1 \\ s_2 \end{bmatrix} \tag{7-24}$$

相比于传统方法，对象框架可以根据不同传输对象设置满足其需求的最佳传输方法，而不会对另外的对象传输造成影响。同样的一个连接，对象传输协议框架的调节更加精细，能实现更高的传输效益。

（2）对象传输的设计

在对象传输协议框架中，对象是很重要的基本概念。如上文所说，对象是应用计算处理的一个完整的数据结构，比对象还小的就是数据报文。一个对象会由一个或者多个报文承载。同时，对象还承载着应用的传输需求。应用对于报文传输的需求，本质上是希望能提升传输任务数据的性能。即使单个报文传输得很快，应用没有收到完整的数据，也没有进行下一步的处理与计算。应用对于网络传输的需求，也是由对象承载的。例如，Web 网页中 JS/HTML 文件就需要低时延的可靠传输，而图片、视频等就可以采用大带宽传输；实时视频中 I 帧也是要低时延的可靠传输，而后续的 P/B 帧无须保障完全可靠，而是需要尽快按照顺序传完数据。

对象传输协议的设计如图 7-99 所示。不同于传统协议，OTP 向应用提供接口，可以让它提出针对某个对象的传输需求。在收到应用的传输需求与对象数据后，协议可以根据网络状况和传输需求，智能选择传输策略。TCP 在传输方法的调控上，只有拥塞控制（Congestion Control，CC）模块；而对象传输协议具有传输调度（Transmission Scheduling，TS）、可靠性管理（Reliability Management，RM）和拥塞控制共 3 种调控模块。针对不同的传输需求，传输协议可以从多个维度进行传输优化。在传输过程中，传输协议也要统计网络资源信息，包括可用路径和每个路径的带宽、时延、丢包率等信息。下面简单说一下对象传输协议的各个模块的主要功能。

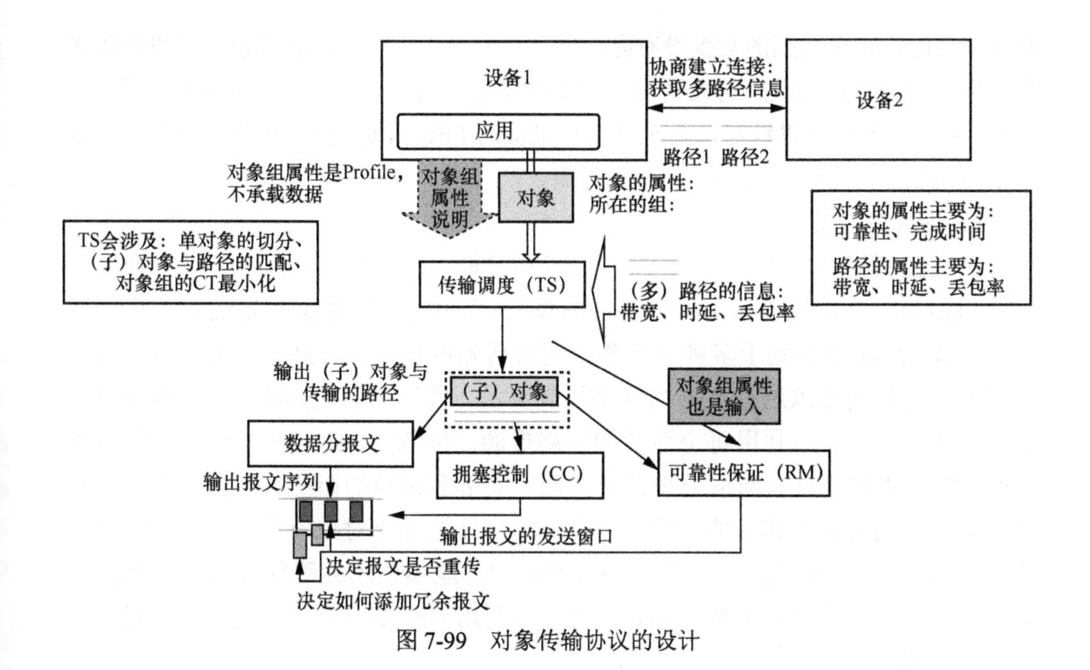

图 7-99　对象传输协议的设计

1）传输调度模块

传输调度模块向上感知应用提出的对象和对象组的传输需求。例如，1 个 GOP 内的视频帧，或者 AR/VR 应用中同一时间戳下的各个视角的视频帧，都可以认为是一个对象组。它们在整体上有联系，单个对象中也有自己独特的传输需求。传输调度在感知到传输需求后，根据协议探测到的多路径、带宽、时延和丢包率等信息，能够做到以下几点：选择合适的路径传输某个对象，例如对低时延数据选用更低时延的路径，为数据较大的对象选择大带宽路径；决定对象传输的先后顺序和是否开始/继续/停止某个对象的传输，这对于实时应用非常重要；将对象更进一步地切分，从而实现对象完成时间的最小化。

2）可靠性管理模块

可靠性管理模块用来设置对象传输的完整性。决定对象传输完整性的影响因素有很多，例如对象的有效时间、数据损失的可容忍度、对象的优先级等。可靠性管理模块的主要手段有两个：重传与前向纠错（Forward Error Correction，FEC）。因此，它的首要任务是实现重传队列与正常队列的合理调度。重传队列，是指发送端收到丢包信息后，需要重传的数据组成的队列；正常队列，是指发送端缓存下来，还没有发送的数据组成的队列。TCP 的重传队列相比正常队列是绝对优先的。丢包数据变多时，正常队列的数据没有办法发送。相对地，可靠性管理模块可以采用多种调度原则，让正常队列的数据可以持续地发送。这有利于实时业务的性能提升。另外，可靠性管理可以针对每个对象设置最优的 FEC 策略，在不增加太多编码数据开销的情况下，实现低时延、高可靠传输。

3）拥塞控制模块

拥塞控制模块的主要功能与传统协议相同，就是避免在网络上产生拥塞。TCP 只能为 1 个连接选择 1 种拥塞控制算法，而不会根据数据传输的需要进行相应的更改。这显然不利于多种业务数据同时传输的场景。对象传输协议能够根据对象不同的传输需求选择不同的拥塞控制算法。另外，拥塞控制模块在多路径场景下，可以尽可能地利用每个路径的网络资源。传统的 MPTCP 考虑连接的可管理性、传输数据缓存和网络公平性等问题，采用多路径均衡的拥塞控制算法，没有办法充分利用各个路径的带宽。对象传输协议的各个对象没有联系，可以进行独立的内存管理，因此，当它在多路径传输时，能够采用各路径独立的拥塞控制算法而不用担心内存过大等问题，从而充分利用网络多路径的传输能力，减少传输完成时间。

总而言之，与传统协议相比，对象传输协议能够提供更加丰富的传输能力，如指定拥塞算法、指定可靠性保障等级、指定多路调度的对象边界等。对象传输协议的框架如图 7-100 所示，它不仅能感知数据对象，多个对象之间也可以形成对象组，设定统一的传输需求。比如，多个独立的摄像机在同一时刻形成的帧数据经过多路协同传输；多个数据包可以形成一个对象组，使得网络设备可以提供统一的数据传输策略，简化应用层缓存、重组的压力，进而节省传输时间，提升传输效率。此外，该新协议还可以根据不同数据的可靠性需求，进行相应的传输优化，例如将同一个连接传输的数据拆分成不同的可靠性等级，具体示例如下。

同一个视频数据流的 I 帧必须进行可靠传输，可靠性为 100%，编码冗余和重传开销是必需的，承受大部分的重传/冗余时延。而对 P 帧、B 帧进行差异化可靠，容忍部分数据丢失，设置数据有损度百分比，减少冗余和重传的开销，进而减少大部分的传输时延。在云网协同计算的场景中，计算数据必须可靠，时延必须低，但由于数据量小，可以增加更多的冗余，即结合网络编码，实现无重传的传输保护。与此同时，在数据传输尾部设计定时器，快速重传无法恢复尾部数据，消除因尾部数据丢失造成的任务完成时间开销。

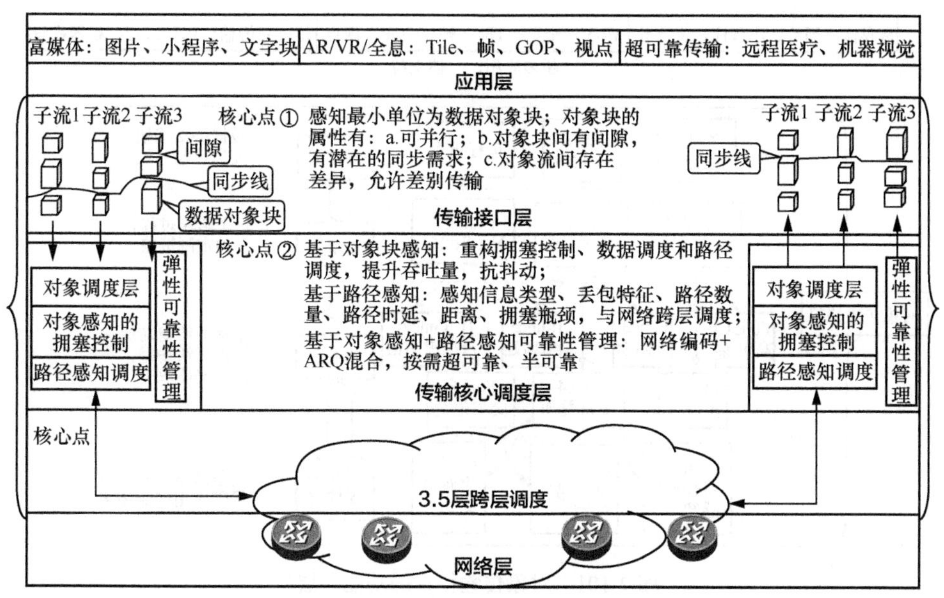

图 7-100　对象传输协议的框架

7.5.4　灵活智能的传输功能

对象传输协议与传统协议最大的不同，就是它能根据应用的需要进行策略化的传输。TCP 一味地要求可靠传输，所有丢包必须重传，只能用一种拥塞控制算法。对象传输却可以根据不同对象的需求进行灵活的功能选择。对象传输协议的功能分层如图 7-101 所示，展示了其如何利用各功能模块的配合，实现满足应用传输需求的工作过程。对象传输协议的主要功能有实时无阻塞传输、低时延可靠传输和多路径协同传输。下面将进行详细介绍。

（1）实时无阻塞传输

实时视频业务正在高速增长，而支撑此类业务的关键是保证传输数据的实时性。当前的应用都是采用 UDP 传输此类业务的数据，不用 TCP 的原因是可靠传输会带来极高的时延。可靠传输是采用一个固定的传输管道，因此它的时延是会累加的。这里的时延，不只是网络传输过程的时延，也包括数据产生后在发送端的队列里等待的时延。可靠传输的时延累加如图 7-102 所示，说明了为什么可靠队列会产生严重的时延。由于可靠传输需要把所有丢失的数据都重传，发送端直到收到接收端的确认信息后，才停止发送。在重传的过程中，发送端由于发送窗口的限制，会少发甚至存在不再发送数据的时间段，导致正常数据的发送被不断推后，在发送端产生时延。

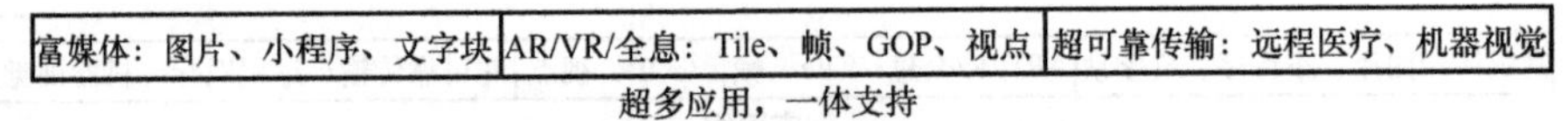

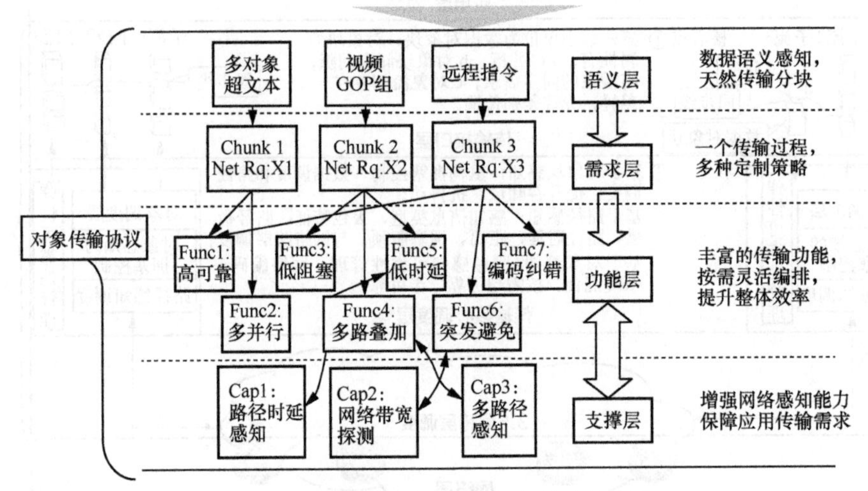

图 7-101　对象传输协议的功能分层

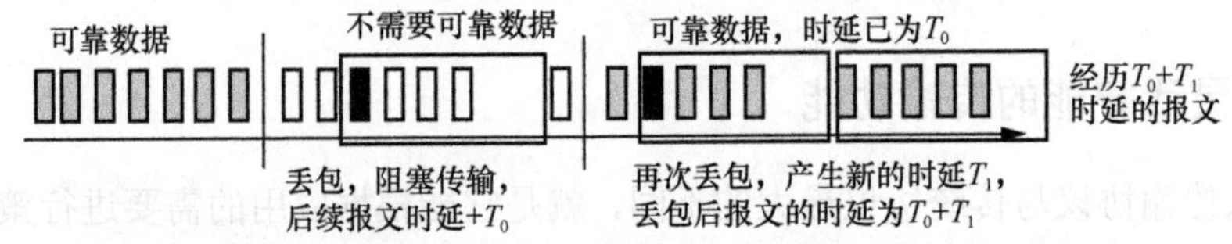

注：丢包产生的阻塞，指丢包后没有办法快速恢复，导致产生RTO；或者频繁丢包，导致窗口过小无法发送新的数据。

图 7-102　可靠传输的时延累加

假如所有的数据都是必须保障 100%可靠的，那么传输协议没有很好的优化空间。不过，在实际业务中，有些数据可以在传输可靠性与实时性之间进行权衡。实时无阻塞传输的改进之处如图 7-103 所示，其中，灰色可靠数据产生的 T_1 时延是不可避免的；但是在白色数据中，由于它们不需要可靠传输，那么其产生的 T_0 时延实际上是可以被优化的。

实时无阻塞传输的核心，就是重复利用那些无须完全可靠传输的数据，来保障业务的流畅性与用户体验。仍然以实时视频业务为例，在 1 个 GOP 中，视频 I 帧是必须保障可靠传输的，同时它的传输完成时间也会影响着整个 GOP 的加载时间。这样的数据显然是不能在发送队列中经历等待的。而对于 GOP 中的视频 P/B 帧，它们只需要“尽力而为”地发送，尽可能地发送较多的完整视频帧；但是当新的视频 I 帧产生后，它们的传输价值就大大下降了。实时无阻塞传输的改进之处如

图 7-103 所示。首先，对于无须可靠传输的数据，协议不会一直等待报文重传，由于重传而导致窗口阻塞的问题数量大大减少了。其次，当新的高优先级数据产生后，它可以立刻抢占不可靠数据的发送队列，从而保证重要数据的零时延发送。

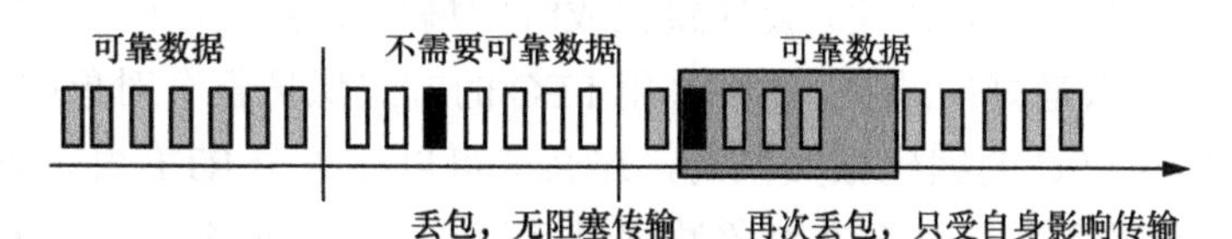

注：不可靠数据丢包无阻塞，因为不可靠传输没有拥塞窗口的限制，它只控制发送速率。发送速率是依靠RTT、ACK数和丢包信息来设计的。

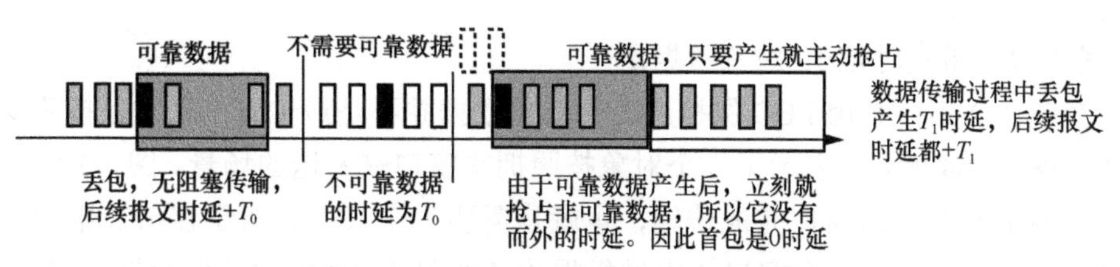

图 7-103　实时无阻塞传输的改进之处

以上两点，先解决了不可靠数据发送中带来的时延累加，又利用高优先级抢占将可靠数据的发送时延清除。它们的代价是不可靠数据的传输质量有可能会大大下降，但是这对于业务来说是可接受的。例如，在 30f/s 帧率的视频中，采用实时无阻塞技术导致每个 GOP（GOP 中有 5 个视频帧）的最后 1 个 P 帧无法发送。对于用户来说，只是帧率从 30f/s 降到 24f/s，但是他不会感到任何卡顿、花屏。相对于卡顿和花屏，视频帧率的变化是非常容易被忽略的，从而保障了用户体验。

（2）低时延可靠传输

随着边缘云技术的发展，端与云之间的交互会变得更加频繁，如云游戏、云计算等场景。这会带动数据量小的指令类和数据计算类应用的蓬勃发展。对于此类要求低时延可靠传输的应用，TCP 没有很好的优化技术，主要原因是它没有办法根据传输数据量与网络条件（如带宽时延积（Bandwidth Delay Product，BDP））进行高效传输。对象传输协议可以根据以上信息，实现最优的网络传输效果。低时延可靠传输需要协议中的传输调度首先做判断，决定是否启用低时延可靠传输；之后，可靠性管理会根据传输调度的判断设置合适的算法。它主要通过考察传输条件来选择重传与网络编码方案，如考虑 RTT、带宽和冗余度，从而最小化对象完成时间，减少重传时延。

低时延可靠传输主要考察以下 3 个条件。

条件 1 带宽时延积>对象数据量

在条件 1 下，对象数据可以在 1 个 RTT 内传输完，也就意味着如果没有丢包，发送端在没有收到 ACK 反馈时，接收端已经收完所有的数据。显然，如果利用丢包重传的方式实现可靠传输，会导致完成时间增加 1 倍以上（一次重传额外增加 1 个 RTT）。那么最好的选择，就是采用 FEC 的方式保护整个对象的数据。假如丢失报文可以用 FEC 的编码报文恢复，那么就可以在 1 个 RTT 内完成数据传输，从而避免额外的重传。甚至在对象数据量远远小于带宽时延积（对象数据量<0.5 倍带宽时延积）时，可以将对象数据连续发 2 次，实现极致的高可靠低时延传输。

条件 2 带宽时延积<对象数据量

在条件 2 下，利用 FEC 保护所有的对象数据并不是最优方法。对象按照窗口发送如图 7-104 所示，表示了一个对象按照拥塞窗口来发送的场景。图 7-104 中的对象需要用 5 个发送窗口完成传输，也就是需要 5 个 RTT。对于窗口 3 中的黑色丢包数据，实际上可以在窗口 4 中进行重传（如图 7-104 中的灰色数据）。对于对象传输来说，这并不会给完成时间带来额外的开销。但是对于窗口 5 中发生的数据丢包，如果依靠重传来恢复，那么就会产生 1 个额外的 RTT，从而导致完成时间增加 20%。显然，对于最后 1 个窗口内的发送数据，应该采用更加高效的丢包恢复方法。

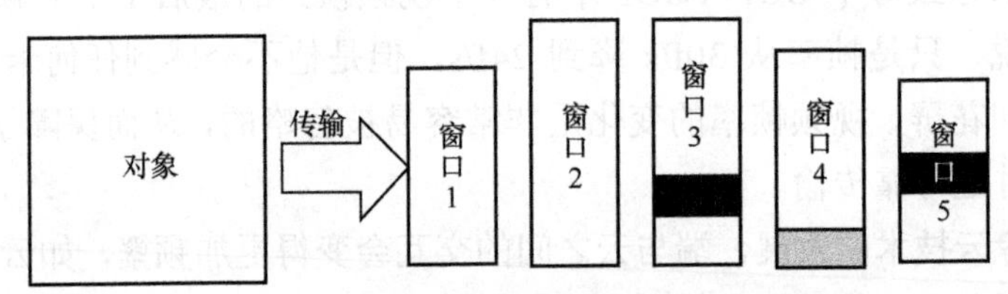

图 7-104 对象按照窗口发送

对于对象传输协议来说，它既感知网络中的 BDP，又知道对象的传输边界，因此能够轻易地定位最后 1 个窗口内的数据，并进行相应的 FEC 计算；然后在发送完对象数据后，紧接着把 FEC 编码报文也发送出去，从而实现无重传的丢包恢复。在对象协议原型上，完成时间收益见表 7-4。实验测试了 100 个对象传输任务，对象大小为 100KB，丢包率为 5%，带宽为 50Mbit/s，RTT 为 10ms。可以看到，低时延高可靠传输在丢包场景下，能够普遍地降低对象的传输完成时间。从百分比上取平均，可以看到完成时间减少接近 30%；从时间上取平均，完成时间也减少接近 20%。

获得提升的代价，只是额外发送占对象数据量约 3%的 FEC 编码报文。可以说，这是非常高效的低时延高可靠传输方案。

表 7-4　完成时间收益

类别	前 1%	前 20%	前 50%	前 70%	前 100%	mean1/per	mean2/sum
减少比	67.30%	42.50%	29.50%	27.80%	18.20%	29.80%	18.90%

条件 3　小任务连续传输

需要注意到，如果一个连接中每次的小数据传输任务间有明显的间隔，那么采用以上的优化基本没有额外开销。但是如果是连续发送多个小数据对象，那么对每个对象都进行额外的 FEC 保护，实际上会消耗很多可用带宽。对于时延不是极度敏感的小数据任务，可以在后续对象数据的传输中，携带重传数据进行丢包恢复。因为如果每个对象都进行 FEC 编码，编程报文消耗的传输时间会导致在后面传输对象的发送等待时间增加。也就是说，利用 FEC 保护所有的小对象，并不能获得最优的完成时间。

更好的方法是，通过判断对象后续是否有待发送数据，来决定当前对象是否添加 FEC。假如有 10 个小任务连续发送，就会组成一个对象流。那么只需要在最后 1 个对象的最后 1 个窗口的数据利用 FEC 进行保护，就能很好地减少传输完成时间。利用对象流优化后的 FEC 实验结果如图 7-105 所示，对象大小为 10KB，每次测试连续发 10 个对象，进行 1000 次测试。网络带宽为 50Mbit/s，丢包率为 1%，RTT 为 10ms。可以看到，每个对象都加 FEC（原始 FEC，灰色实线）会导致在大多数情况下，整体的任务完成时间比无 FEC（灰色虚线）的方法长，而只有在极端的条件下才会少于无 FEC 方法。而基于对象流的 FEC 方法（优化 FEC，黑色实线）大部分情况下任务完成时间会略小于无 FEC 方法的结果，并且在极端情况下会明显降低完成时间。

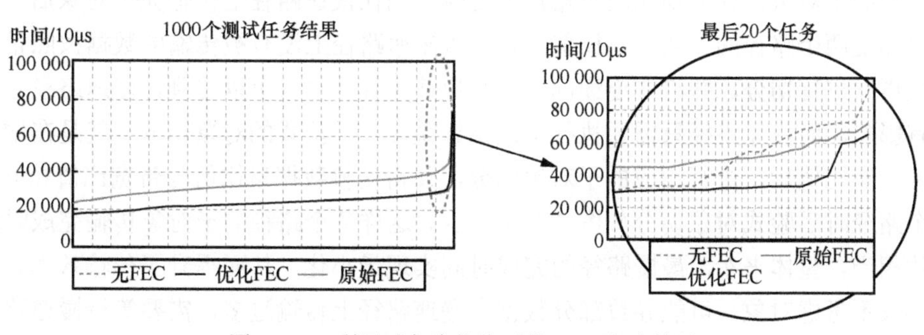

图 7-105　利用对象流优化后的 FEC 实验结果

总而言之，低时延高可靠传输需要依靠对象大小、网络状况和当前待发送数据等信息，选择合适的传输策略，从而在丢包情况下也能实现最少的传输完成时间。

（3）多路协同传输

现有的多路传输方案（如 MPTCP）等只考虑基于流的多路传输，对于数据中某个对象并没有相应的传输优化。MPTCP 只关注不同路径上的拥塞算法协调，避免在瓶颈链路上的过度竞争，并没有考虑如何最小化某个对象的完成时间。而对象传输协议是以数据对象为传输单元，能够感知对象边界和路径信息（如 RTT、带宽和丢包率等），从而可以针对性地优化某个任务的传输。

当对象的尺寸大于各路径的带宽时延积（Bandwidth Delay Product，BDP）时，为充分利用多路径，可以把单个对象切分，在各个路径上分别传输子对象，单对象在多路径上传输示意图如图 7-106 所示。在切分时，可以分为相对独立的两个部分，这样不同路径上的传输数据可以利用独立的缓存管理。相应地，每个路径上的拥塞控制算法也可以进行独立控制，而不用担心由于相互配合而不得不消耗大量的缓存。

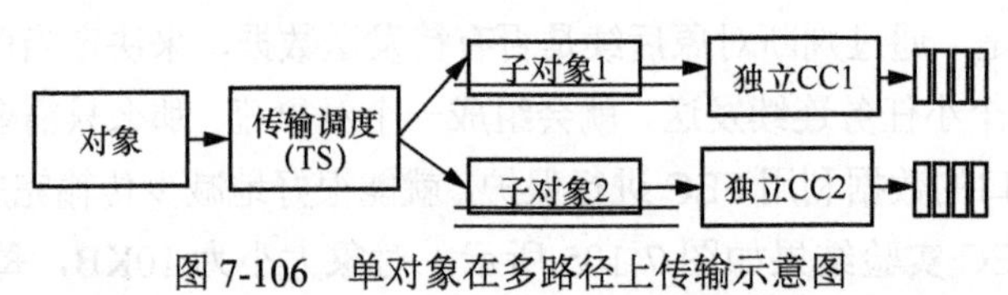

图 7-106　单对象在多路径上传输示意图

在多路径传输时，切分对象的算法决定了对象的传输完成时间，毕竟最慢路径上的对象数据到达，该对象的传输才结束。切分方法可分为两种：在不了解路径的情况下，选择先验式的切分；在了解路径的情况下，选择后验式的切分。两个路径时先验式对象切分方法如图 7-107 所示。在不知道路径信息时，先将对象等分为两个连续的子对象，并分别在两个路径上传输。当在快速路径上传输完子对象后，也可以知晓两个路径的大致带宽比值。此时将慢速路径上没有被传输的数据按照带宽比值再次进行切分，并将非连续部分交给快速路径传输。可以看到，慢速路径基本没有影响，而快速路径只需要执行 1 次指针跳转。后验式的对象切分，就是在知道路径带宽比值后，进行相应的子对象切分，使得传输数据量比值与带宽比值相同，两个路径时后验式对象切分如图 7-108 所示。这样各个路径的子对象传输完成时间大致相当，整体来看，最慢路径的完成时间实现最小化，从而提升了传输效率。传统协议不考虑对象，可能导致部分数据在慢速路径上传输过多，需要等待慢速路径上数据全部到达后才完成对象传输，增加传输耗时。

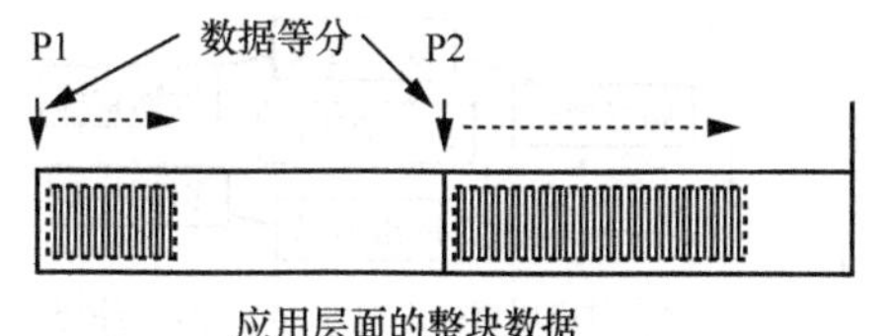

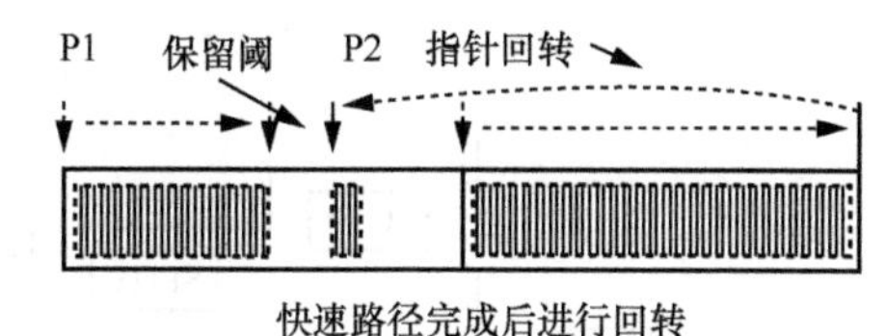

图 7-107　两个路径时先验式对象切分方法

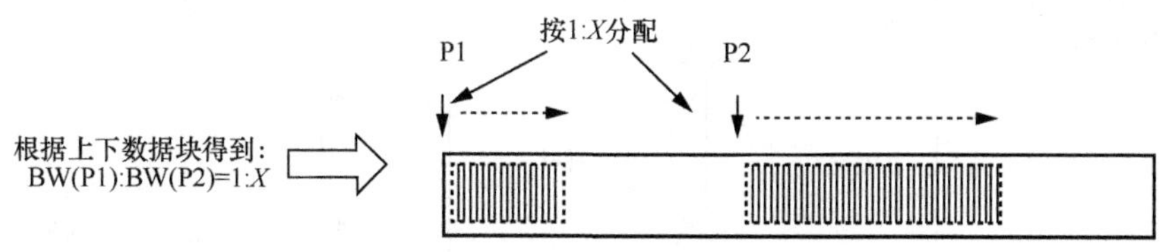

图 7-108　两个路径时后验式对象切分

总之，由于感知到对象信息和路径信息，对象传输协议可以设置最优的传输策略，从而实现对象传输时间的最小化。流式框架既不能实现最优的对象传输效果，又要考虑不同路径拥塞控制算法的协同，不能充分发挥多路径的能力。

7.5.5　新传输层的演进方向

新传输层技术的目标是支撑未来新型媒体通信模式以及超高吞吐、超低时延、多路协同和复合应用等业务需求。虽然本文已经给出了基于对象传输的新传输协议的框架和功能设计，但是面向未来业务新传输协议仍然有需要研究与发展的领域。

大带宽与低时延一直是应用的传输需求，网络基础设施提供着能力的支撑，传输协议负责最大化发挥网络能力。对于传输协议来说，全方位的信息感知和精细化的传输控制是实现最优传输效果的必要条件。传输协议的发展趋势如图 7-109 所示，它在不断地扩展传输的能力维度，提升功能编排的灵活性。

新传输协议的演进方向主要集中在以下 4 个层面。

（1）应用差异化传输：结合上层业务特征进行对传输策略的表达，提升性能与用户体验。

（2）链路自适应/灵活分段传输：感知链路特征，实现自适应的网络编码和拥塞控制选择等功能；采用分段传输，区分不同的链路段，在不同的链路段采用不同的传控机制。

（3）端网协同传输：端侧充分利用网络反馈的状态信息，实现高吞吐、低时延传输。

（4）超高吞吐传输：在长距场景下，支持百 Gbit/s 甚至 Tbit/s 级别端到端吞吐的新型业务。

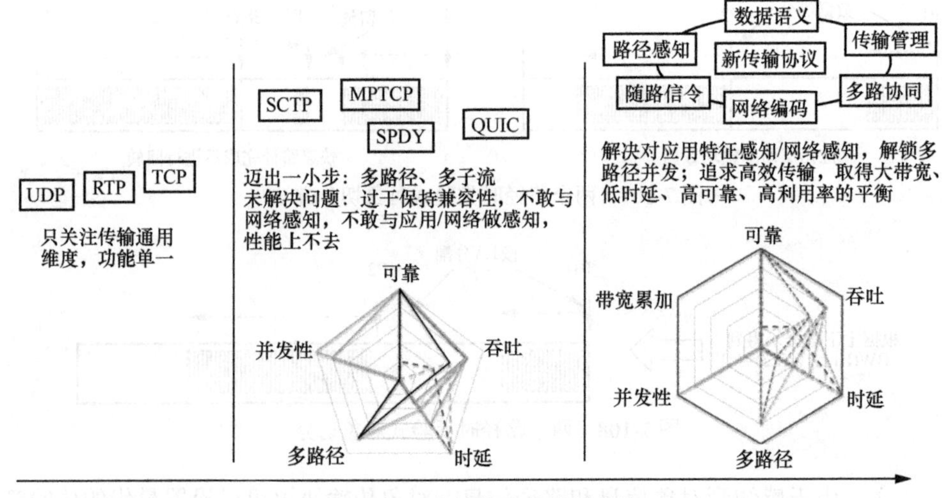

图 7-109　传输协议的发展趋势

新传输层技术框架如图 7-110 所示，新传输层提供向上与向下的能力接口 ALA（Application Layer Assistant）+和 NLA（Network Layer Assistant）+。上层应用结合业务特征，如损失可容忍、服务等级约束等，向传输层表达传输策略的需求。与此同时，终端侧程序通过带内或带外的信令实时获取网络状态与各个链路的关键性能信息，根据链路特征及状态实时调整传控策略。面向泛在 IP 所关注与支持的重点场景及应用需求，新传输层的关键技术主要包括以下内容。

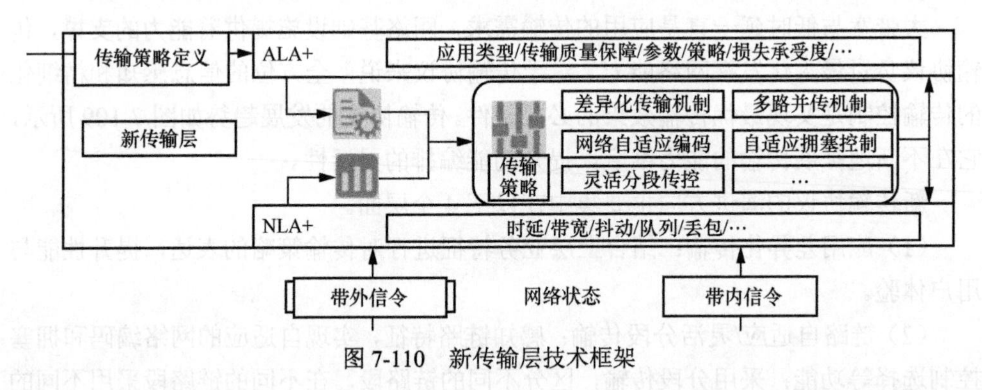

图 7-110　新传输层技术框架

（1）差异化传输机制：根据应用对吞吐率、时延、可靠度等性能偏好的差异，设计差异化的传输控制机制，如差异化可靠传输机制、主动损失机制等，以保证全息通信、海量数据传输、AR/VR 等业务对于高吞吐、低时延等差异化性能需求。

（2）多路并传机制：通过链路实时性能信息，调节多路传输编排，提供帧级或块级的最大有效吞吐率。

（3）自适应网络编码：结合链路情况与业务大小，智能选择网络编码的方式和保护的数据，降低编码冗余，增强链路抗损丢包能力。

（4）自适应拥塞控制：感知瓶颈链路的变化，根据拥塞瓶颈链路的情况，动态调整相应的拥塞控制算法策略，提升异构网络端到端传输的效率。

（5）灵活分段传控：区分底层不同的链路段，根据不同的链路特性，灵活采用与之相适应的传控机制，并进行分段缓存丢包重传，从而实现端到端整体的最优传输。

（6）端网协同传输：通过主动队列管理、网内控速、网内缓存、网内计算、无状态测量、状态反馈等方法，端网协同进行传输控制，提升应用传输性能，提高资源利用率。

（7）超高吞吐协议：通过超高效率处理报文逻辑、端网协同控制等方法，突破 TCP 传输上限，实现高时延或易损网络环境的端到端超高吞吐传输，满足超高吞吐传输业务需求。

参考文献

[1] PARVEZ I, RAHMATI A, GUVENC I, et al. A survey on low latency towards 5G: RAN, core network and caching solutions[J]. IEEE Communications Surveys & Tutorials, 2018, 20(4): 3098-3130.

[2] 3GPP. 3GPP Release 16: TR 22.804[S]. 2018.

[3] 3GPP. 3GPP Release 17: TS 22.104[S]. 2021.

[4] 3GPP. 3GPP Release 17: TS 22.261[S]. 2021.

[5] IETF. Integrated services in the Internet architecture: an overview: RFC 1633[R]. 1994.

[6] IETF. The use of RSVP with IETF integrated services: RFC 2210[R]. 1997.

[7] 王重钢，隆克平，龚向阳，等. 分组交换网络中队列调度算法的研究及其展望[J]. 电子学报，2001, 29(4): 553-559.

[8] LE BOUDEC J Y, THIRAN P. Network calculus[M]. Berlin, Heidelberg: Springer Berlin Heidelberg, 2001.

[9] IETF. An architecture for differentiated services: RFC 2475[R]. 1998.

[10] IETF. Deterministic networking architecture: RFC: 8655[R]. 2019.

[11] IETF. Deterministic networking (DetNet) data plane: IP: RFC 8939[R]. 2020.

[12] IEEE. Time-sensitive networking (TSN) task group[R]. 2012.

[13] IEEE. IEEE standard for local and metropolitan area network: bridges and bridged networks:

IEEE Std 802 1Q-2018 (Revision of IEEE Std 802 1Q-2014)[S]. 2018.

[14] DIAS A L, SESTITO G S, TURCATOA C, et al. Panorama, challenges and opportunities in PROFINET protocol research[C]//Proceedings of 2018 13th IEEE International Conference on Industry Applications. Piscataway: IEEE Press, 2018: 186-193.

[15] ROSTAN M, STUBBS J E, DZILNO D. EtherCAT enabled advanced control architecture[C]// Proceedings of 2010 IEEE/SEMI Advanced Semiconductor Manufacturing Conference (ASMC). Piscataway: IEEE Press, 2010: 39-44.

[16] NGUYEN V Q, JEON J W. EtherCAT network latency analysis[C]//Proceedings of 2016 International Conference on Computing, Communication and Automation (ICCCA). Piscataway: IEEE Press, 2016: 432-436.

[17] ZHANG Z L, DUAN Z H, HOU Y T. Fundamental trade-offs in aggregate packet scheduling[C]// Proceedings of Proceedings Nineth International Conference on Network Protocols, ICNP 2001. Piscataway: IEEE Press, 2001: 129-137.

[18] CHARNY A, LE J Y. Delay bounds in a network with aggregate scheduling[C]//In International Workshop on Quality of Future Internet Services. Berlin, Heidelberg: Springer-Verlag, 2000: 1-13.

[19] SIVARAMAN A, SUBRAMANIAN S, ALIZADEH M, et al. Programmable packet scheduling at line rate[C]//Proceedings of SIGCOMM '16: Proceedings of the 2016 ACM SIGCOMM Conference. New York: ACM Press 2016: 44-57.

[20] SHRIVASTAV V. Fast, scalable, and programmable packet scheduler in hardware[C]// Proceedings of the ACM Special Interest Group on Data Communication. (SIGCOMM'19). New York: ACM Press, 2019: 367-379.

[21] IETF. ANIMA. Bootstrapping remote secure key infrastructure (BRSKI): RFC 8995[S]. 2021.

[22] IETF. ANIMA. An autonomic control plane (ACP): RFC 8994[S]. 2021.

[23] IETF. ANIMA. GeneRic autonomic signaling protocol (GRASP): RFC 8990[S]. 2017.

[24] IETF. ANIMA. GeneRic autonomic signaling protocol application program interface (GRASP API): RFC 8991[S]. 2021.

[25] IETF, ROLL. RPL: IPv6 routing protocol for low-power and lossy networks: RFC 6550[S]. 2012.

[26] Caida spoofer program report[R]. 2019.

[27] ENGLEHARDT S, NARAYANAN A. Online tracking: a 1-million-site measurement and analysis[C]//Proceedings of the 2016 ACM SIGSAC Conference on Computer and Communications Security. New York: ACM Press, 2016: 1388-1401.

[28] IETF. Network ingress filtering: defeating denial of service attacks which employ IP source address spoofing: RFC 2827[R]. 2000.

[29] DUAN Z, YUAN X, CHANDRASHEKAR J. Constructing inter-domain packet filters to control IP spoofing based on BGP updates[C]//Proceedings of 25th IEEE International Conference on Computer Communications, IEEE INFOCOM 2006. Piscataway: IEEE Press, 2006: 1-12.

[30] BREMLER-BARR A, LEVY H. Spoofing prevention method[C]//Proceedings of 24th Annual

Joint Conference of the IEEE Computer and Communications Societies. Piscataway: IEEE Press, 2005: 536-547.

[31] JIN C, WANG H N, SHIN K G. Hop-count filtering: an effective defense against spoofed DDoS traffic[C]//Proceedings of the 10th ACM Conference on Computer and Communication Security-CCS'03. New York: ACM Press, 2003.

[32] IETF. Ingress filtering for multihomed networks: RFC 3704[R]. 2004.

[33] BI J, LIU B. Problem statement of SAVI beyond the first hop[EB]. 2012.

[34] LIU X, YANG X, WETHERALL D, et al. Efficient and secure source authentication with packet passports[C]//Proceedings of 2nd Conference on Steps to Reducing Unwanted Traffic on the Internet. New York: ACM Press, 2006.

[35] LIU X, YANG X, WETHERALL D, et al. Passport: secure and adoptable source authentication[C]//Proceedings of 5th USENIX NSDI. New York: ACM Press, 2008.

[36] RAGHAVAN B, KOHNO T, SNOEREN A C, et al. Enlisting ISPs to improve online privacy: IP address mixing by default[Z]//Privacy Enhancing Technologies, 2009.

[37] CHAUM D. Untraceable electronic mail, return address, and digital pseudonyms[J]. Communications of the ACM, 1981, 24(2): 84-88.

[38] DINGLEDINE R, MATHEWSON N, SYVERSON P F. Tor: the second-generation onion router[J]. Journal of the Franklin Institute, 2004, 239(2): 135-139.

[39] IETF. Report from the IAB Workshop on Routing and Addressing: RFC 4984[R]. 2007.

[40] IETF. A method for generating semantically opaque interface identifiers with IPv6 stateless address autoconfiguration (SLAAC): RFC 7217[R]. 2014.

[41] ANDERSEN D G, BALAKRISHNAN H, FEAMSTER N, et al. Accountable Internet protocol (AIP)[C]//Proceedings of the ACM SIGCOMM 2008 Conference on Datacommunication-SIGCOMM'08. New York: ACM Press, 2008.

[42] NAYLOR D, MUKERJEE M K, STEENKISTE P. Balancing accountability and privacy in the network[J]. ACM SIGCOMM Computer Communication Review, 2015, 44(4): 75-86.

[43] LEE T, PAPPAS C, BARRERA D, et al. Source accountability with domain-brokered privacy[C]//Proceedings of the 12th International on Conference on Emerging Networking Experiments and Technologies. New York: ACM Press, 2016.

[44] US service provider survives the biggest recorded DDoS in history[Z]. 2018.

[45] ANTONAKAKIS M, APRIL Y, BAILEY M, et al. Understanding the Mirai Botnet[C]// Proceedings of 26th USENIX Security. [S.l.:s.n.], 2017.

[46] CloudFlare. Advanced DDoS attack protection[Z]. 2018.

[47] FAYAZ S K, TOBIOKA Y, SEKAR V, et al. Bohatei: flexible and elastic DDoS defense[C]// Proceedings of Usenix Conference on Security Symposium. New York: ACM Press, 2015.

[48] BASESCU C, REISCHUK R M, SZALACHOWSKI P, et al. SIBRA: scalable Internet bandwidth reservation architecture[C]//Proceedings 2016 Network and Distributed System Security

Symposium. Reston, VA: Internet Society, 2016.
[49] 中国互联网络信息中心. 第 47 次中国互联网络发展状况统计报告[R]. 2021.
[50] IETF. Host extensions for IP multicasting: RFC 988[R]. 1989.
[51] IETF. Internet group management protocol, version 2: RFC 2236[R]. 1997.
[52] IETF. Internet group management protocol, version 3: RFC 3376[R]. 2002.
[53] IETF. Considerations for Internet group management protocol (IGMP) and multicast listener discovery (MLD) snooping switches: RFC 4541[R]. 2006.
[54] IETF. Distance vector multicast routing protocol: RFC 1075[R]. 1988.
[55] IETF. Protocol independent multicast-dense mode (PIM-DM): protocol specification (revised): RFC 3973[R]. 2005.
[56] IETF. Protocol independent multicast-sparse mode (PIM-SM) multicast routing security issues and enhancements: RFC 4609[R]. 2006.
[57] 李婧. 应用层多播算法研究[D]. 合肥: 中国科学技术大学, 2007.
[58] IETF. Multicast using bit index explicit replication (BIER): RFC 8279[R]. 2017.
[59] ZHANG E. Supporting BIER in IPv6 networks (BIERin6)[R]. 2022.
[60] XIE J. Encapsulation for BIER in non-MPLS IPv6 networks[R]. 2021.
[61] VOYER D. Segment routing point-to-multipoint policy[R]. 2021.
[62] IETF. Basic specification for IP fast reroute: loop-free alternates: RFC 5286[R]. 2008.
[63] IETF. Remote loop-free alternate (LFA) fast reroute (FRR): RFC 7490[R]. 2015.
[64] LITKOWSKI S. Topology independent fast reroute using segment routing: draft-ietf-rtgwg-segment-routing-ti-lfa-08[R]. 2022
[65] Huawei. Segment routing TI-LFA FRR technology[EB]. 2020.
[66] JACOBSON V. Congestion avoidance and control[J]. ACM SIGCOMM Computer Communication Review, 1988, 18(4): 314-329.
[67] IETF. High speed TCP for large congestion windows: RFC 3649[R]. 2003.
[68] XU L S, HARFOUSH K, RHEE I. Binary increase congestion control (BIC) for fast long-distance networks[C]//Proceedings of IEEE INFOCOM 2004. Piscataway: IEEE Press, 2004: 2514-2524.
[69] SANGTAE H, INJONG R, XU L S. CUBIC: a new TCP-friendly high-speed TCP variant[J]. SIGOPS Operating Systems Review, 2008, 42(5): 64-75.
[70] JIN C, WEI D, LOW S H, et al. FAST TCP: from theory to experiments[J]. IEEE Network, 2005, 19(1): 4-11.
[71] WEI D X, JIN C, LOW S H, et al. Fast TCP: motivation, architecture, algorithms, performance[J]. IEEE/ACM Transactions on Networking, 2006, 14(6): 1246-1259.
[72] BRAKMO L S, PETERSON L L. TCP Vegas: end to end congestion avoidance on a global Internet[J]. IEEE Journalon Selected Areas in Communications, 1995, 13(8): 1465-1480.
[73] HA S, RHEE I. Hybrid slow start for high-bandwidth and long-distance networks[C]//Proceedings of PFLDnet 2008. [S.l.:s.n.], 2008.

[74] TAN K, SONG J S ZHANG Q, et al. Compound TCP: a scalable and TCP-friendly congestion control for high-speed networks[C]//Proceedings of PFLDnet 2006. [S.l.:s.n.],2006.
[75] KING R, BARANIUK R, RIEDI R. TCP-Africa: an adaptive and fair rapid increase rule for scalable TCP[C]//Proceedings of Proceedings IEEE 24th Annual Joint Conference of the IEEE Computer and Communications Societies. Piscataway: IEEE Press, 2005: 1838-1848.
[76] LIU S, BAŞAR T, SRIKANT R. TCP-Illinois: aloss-and delay-based congestion control algorithm for high-speed networks[J]. Performance Evaluation, 2008, 65(6/7): 417-440.
[77] BAIOCCHI A, CASTELLANI A P, VACIRCA F. YeAH-TCP: yet another highspeed TCP [C]// Proceedings of PFLDnet 2007. 2007: [S.l.:s.n.], 37-42.
[78] MASCOLO S, CASETTI C, GERLA M, et al. TCP westwood: bandwidth estimation for enhanced transport over wireless links[C]//Proceedings oft he 7th annual international conference on Mobile computing and networking - MobiCom'01. New York: ACM Press, 2001.
[79] GRIECO L A, MASCOLO S. Performance evaluation and comparison of Westwood+, New Reno, and Vegas TCP congestion control[J]. ACM SIGCOMM Computer Communication Review, 2004, 34(2): 25-38.
[80] SHIMONISHI H, MURASE T. Improving efficiency-friendliness tradeoffs of TCP congestion control algorithm[C]//Proceedings of 2005 IEEE Global Telecommunications Conference, GLOBECOM'05. Piscataway: IEEE Press, 2005.
[81] KANEKO K, SU T F Z, KATTO J. TCP-Fusion: a hybrid congestion control algorithm for high-speed networks[C]//Proceedings of PFLDnet 2007. [S.l.:s.n.], 2007.
[82] CARDWELL N, CHENG Y, GUNN C S, et al. BBR: congestion-based congestion control[J]. Queue, 2016, 14(5): 20-53.
[83] WINSTEIN K, BALAKRISHNAN H. TCP ex machina: computer-generated congestion control[C]//Proceedings of the ACM SIGCOMM 2013 Conference on SIGCOMM. New York: ACM Press, 2013: 123-134.
[84] DONG M, MENG T, ZARCHY D, et al. PCC vivace: online-learning congestion control[C]//Proceedings of 15th USENIX Symposium on Networked Systems Design and Implementation, NSDI 2018. [S.l.:s.n.], 2018.
[85] JAY N, ROTMAN N H, GODFREY B, et al. A deep reinforcement learning perspective on internet congestion control[C]//Proceedings of the 36th International Conference on Machine Learning, ICML 2019. [S.l.:s.n.], 2019: 3050-3059.
[86] KATABI D, HANDLEY M, ROHRS C. Congestion control for high bandwidth-delay product networks[C]//Proceedings of the 2002 Conference on Applications, Technologies, Architectures, and Protocols for Computer Communications, SIGCOMM '02. New York: ACM Press, 2002.
[87] XIA Y, SUBRAMANIAN L, STOICA I, et al. One more bit is enough[J]. ACM SIGCOMM Computer Communication Review, 2005, 35(4): 37-48.
[88] ZHANG Y P, LEONARD D, LOGUINOV D. Jetmax: scalable max-min congestion control for

high-speed heterogeneous networks[J]. Computer Networks, 2008, 52(6): 1193-1219.

[89] HUANG X M, LIN C, REN F Y. A novel high speed transport protocol based on explicit virtual load feedback[J]. Computer Networks, 2007, 51(7): 1800-1814.

[90] HUANG X M, LIN C, REN F Y, et al. Improving the convergence and stability of congestion control algorithm[C]//Proceedings of 2007 IEEE International Conference on Network Protocols. Piscataway: IEEE Press, 2007: 206-215.

[91] IETF. TCP big window and NAK options: RFC 1106[R]. 1989.

[92] IETF TCP selective acknowledgment options: RFC 2018[R]. 1996.

[93] DURST R C, MILLER G J, TRAVIS E J. TCP extension for space communications[C]// Proceedings of ACM MOBICOM'96. New York: ACM Press, 1996: 15-26.

[94] SCPS transport protocol (SCPS-TP)[S]. 2006.

[95] HSIEH H Y, SIVAKUMAR R. pTCP: an end-to-end transport layer protocol for striped connections[C]//Proceedings of 10th IEEE International Conference on Network Protocols. Piscataway: IEEE Press, 2002: 24-33.

[96] PADHYE J, FIROIU V, TOWSLEY D, et al. Modeling TCP throughput: a simple model and its em-pirical validation[C]//Proceedings of the ACM SIGCOMM '98 Conference on Applications, Computer Communication. New York: ACM Press, 1998: 303-314.

[97] RAICIU C, HANDLEY M, WISCHIK D. Coupled congestion control for multipath transport protocols[R]. 2011.

[98] LANGLEY A, RIDDOCH A, WILK A, et al. The QUIC transport protocol: design and Internet-scale deployment[C]//Proceedings of the Conference of the ACM Special Interest Group on Data Communication, SIGCOMM'17. [S.l.:s.n.], 2017: 183-196.

[99] HE E, LEIGH J, YU O, et al. Reliable blast UDP: predictable high performance bulk data transfer[C]//Proceedings of IEEE International Conference on Cluster Computing. Piscataway: IEEE Press, 2002: 317-324.

[100] MEISS M R. Tsunami: a high-speed rate-controlled protocol for file transfer[Z]. 2002.

[101] GU Y H, GROSSMAN R L. UDT: UDP-based data transfer for high-speed wide area networks[J]. Computer Networks, 2007, 51(7): 1777-1799.

[102] DE CONINCK Q, MICHEL F, PIRAUX M, et al. Pluginizing QUIC[C]//Proceedings of the ACM Special Interest Group on Data Communication, SIGCOMM '19. [S.l.:s.n.], 2019: 59-74.

[103] IETF. RTP: A transport protocol for real-time applications: RFC 1889[R]. RFC Editor, 1996.

[104] SCHULZRINNE H, RAO A, LANPHIER R. Real time streaming protocol (RTSP): RFC 2326[R]. 1998.

[105] SUN Y, YIN X Q, JIANG J C, et al. CS2P: improving video bitrate selection and adaptation with data-driven throughput prediction[C]//Proceedings of the 2016 ACM SIGCOMM Conference, SIGCOMM'16. [S.l.:s.n.], 2016: 272-285.

[106] MAO H Z, NETRAVALI R, ALIZADEH M. Neural adaptive video streaming with

Pensieve[C]//Proceedings of the Conference of the ACM Special Interest Group on Data Communication, SIGCOMM'17. [S.l.:s.n.], 2017: 197-210.

[107] IETF. An introduction to the stream control transmission protocol (SCTP): RFC 3286[R]. 2002.

[108] KOHLER E, HANDLEY M, FLOYD S. Designing DCCP[J]. ACM SIGCOMM Computer Communication Review, 2006, 36(4): 27-38.

[109] 王国栋, 任勇毛, 李俊. TCP 改进协议在高速长距离网络中的性能研究[J]. 通信学报, 2014, 35(4): 81-90.

[110] 任勇毛, 唐海娜, 李俊, 等. 高速长距离网络传输协议[J]. 软件学报, 2010, 21(7): 1576-1588.

[111] 刘佩, 任勇毛, 李俊. 多路径 TCP 拥塞控制算法研究[J]. 通信学报, 2012, 33(Z2): 233-238.

[112] 任勇毛, 秦刚, 唐海娜, 等. 高速长距离光网络传输协议性能分析[J]. 计算机学报, 2008, 31(10): 1679-1686.

第8章

泛在全场景新 IP 基础设施

8.1 互联网中心化管控问题分析

8.1.1 互联网基础设施

至今，互联网已经发展成了一张覆盖全球、连接数十亿设备的巨大网络，承载着对生产生活十分重要的通信任务。为了使距离遥远、互不相识的两个节点能够可信、可靠地通信，互联网提供了相应的基础设施，互联网重要基础设施如图 8-1 所示。从网络层到应用层，共有 3 个最重要的基础设施。

- 边界网关协议（Border Gateway Protocol，BGP）通过将 IP 地址前缀关联到自治系统（Autonomous System，AS）和系统间拓扑，计算域间路由，实现了全球互联网的基础连通性。
- 域名系统（Domain Name System，DNS）通过将域名映射为 IP 地址，将应用层服务名与网络层地址关联起来，使得服务能够在网络中被访问。
- 公钥基础设施（Public Key Infrastructure，PKI）通过将企业身份信息和其他信息关联到公钥，将网络通信实体与真实世界的真实身份关联起来，使通信变得可信。

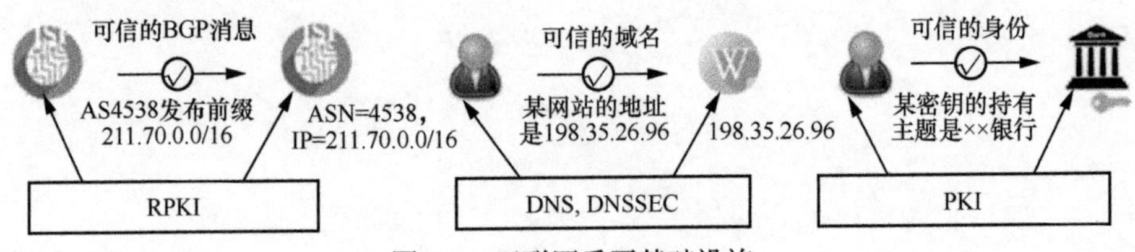

图 8-1 互联网重要基础设施

当前互联网可信基础设施如图 8-2 所示，这些基础设施或其背后所依赖的安全可信系统都采取了如图 8-2（a）所示的中心化的设计。该设计的基本原理是，单一可信根节点为整个系统的信任锚点，它为中间层的可信节点“背书”，中间层节点进而再为叶子节点“背书”，可信关系由根层层传递到叶子。以 BGP 为例，BGP 本身虽然是分布式的协议，但其可信基础是资源公钥基础设施（Resource Public Key Infrastracture，RPKI），用以验证 BGP 地址前缀宣告的合法性、保障 BGP 的安全。RPKI 采用了中心化、层次化的结构，RPKI 的系统设计的具体介绍如图 8-2（b）所示。RPKI 以互联网编号分配机构（Internet Assigned Numbers Authority，IANA）为根节点，以全球五大地区的区域互联网注册机构（Region Internet Registry，RIR）为第二层节点，向下可能还包含国家互联网注册机构（National Internet Registry，NIR）节点，各个运营商为叶子节点。RPKI 自顶向下的信任关系靠逐级颁发的资源证书（Resource Certificate，RC）承载，RC 用于声明某个节点对某个 IP 地址前缀的所有权。最终，拥有资源证书的叶子节点可以通过发布路由源授权（Route Origin Authorization，ROA）授权某个自治系统号，允许该 AS 在发出的 BGP 消息中进行该节点持有的 IP 地址前缀的宣告。相应地，BGP 路由器在收到 BGP 消息后可以利用 PRKI 形成的证书链验证 BGP 前缀宣告的合法性。类似地，DNS 也是以根服务器为中心的层次化系统，各级顶级域名服务器为中间节点，权威域名服务器为叶子节点。DNS 的安全扩展 DNSSEC 仍然依赖 DNS 的系统结构，自上而下逐级进行公钥背书和签名，其基本安全原理仍然是中心化的。而 PKI 系统也同样采取了具有中心根节点的层次化结构。

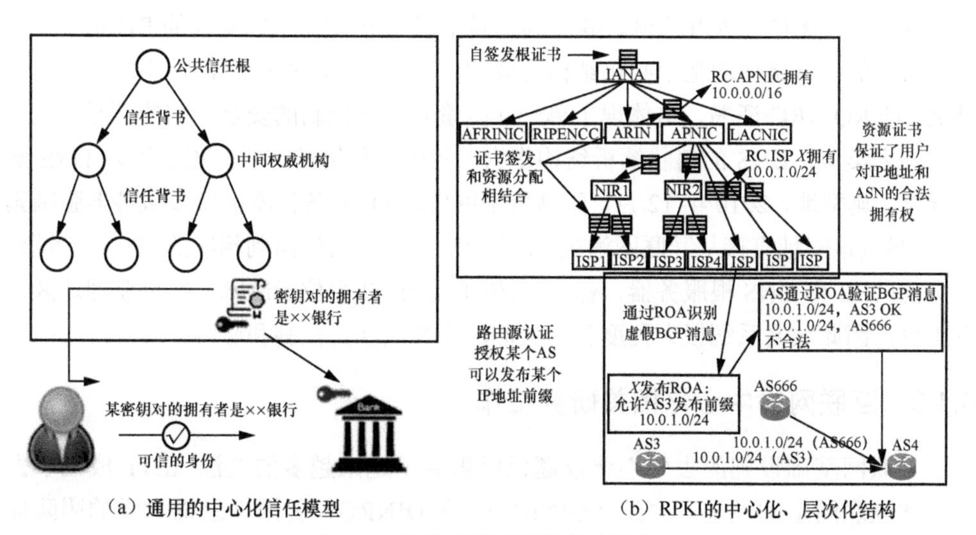

（a）通用的中心化信任模型　　（b）RPKI的中心化、层次化结构

图 8-2　当前互联网可信基础设施

8.1.2 互联网中心化问题

互联网中心化的系统存在一些根本的问题。该类系统中，中心化的权威节点是系统的信任锚点，其权力过大，可以单方面地通过撤销证书或者数字签名，移除对后继节点的信任背书或者给虚假节点授信，从而损害真实节点的利益。由于这些基础设施是全球化的，所以一个中心节点的恶意操作带来的负面影响是全球性的。比如一个中心节点可以为其他国家或地区的节点进行信任背书，撤销授信或者为虚假节点授信，都会对其他国家或地区的可信服务带来破坏性的影响。这些中心权威节点可能有各种各样的原因进行这样的操作，如被黑客控制或者管理员错误配置。一个中心节点也可能无法做到完全中立，由于利益冲突、政治或法律原因而存在偏见。中心化的基础设施和其安全信任模型已经难以适应互联网的全球化属性，甚至有可能阻碍互联网长期可信和健康发展。

举例来说，RPKI 由于中心化结构引发了一系列的域间路由异常现象，影响了互联网的正常运行。仅 2013 年年底至 2014 年年初，就有大量的 RPKI 异常事件发生。2013 年 12 月，授予 AS 51813 的关于前缀 79.139.96.0/24 的 ROA 证书，被颁发机构 RIR 误删，导致俄罗斯境内的部分前缀脱网，处于持续性不可达的状态。同月，负责美国与周边其他地区 IP 地址资源分配及管理的 ARIN，误发布了一个 ROA 证书，允许 AS 6128 宣告本不属于它的前缀 173.251.0.0/24，导致此前缀的真实持有者变为非法，无法进行 Internet 通信。而 2014 年 1 月，尼日利亚的某个网络发生了持续性异常，无法接入互联网，其原因则是上层 NIR 重写了它对应的 RC 证书。以上 RPKI 的异常事件均是中心化结构造成的，上游 RPKI 机构有权限非法篡改其所辖 AS 的 ROA/RC 证书，这体现了单一（少量）实体控制的安全机制的严重问题。

与之类似，DNS 的树状解析结构作为一种中心化管控方式，也会引入 DNS 解析异常。典型地，2010 年 12 月，维基解密网址的 DNS 条目就被权威服务器强制删除，这导致该网址直接从互联网消失，用户无法通过域名访问到相应的 Web 服务器。而当前的 13 台 DNS 根服务器，有 10 台位于美国，2 台位于欧洲，整个亚洲地区只有 1 台，因此域名系统极大程度受到美洲国家及地区的控制和影响。

8.1.3 互联网去中心化相关研究工作

互联网基础设施的去中心化议题已经得到了越来越多的关注。IETF 成立了去中心化互联网基础设施研究组（DINRG）。在 DINRG，美国斯坦福大学的团队提出了适合互联网基础设施的去中心化一致性协议——SCP，加利福尼亚大学伯克利分校提出去中心化的映射系统，去中心化身份基金会推动去中心化身份系统，受到学术界和工业界的广泛关注。

针对RPKI的中心化问题，CloudFlare推出了RPKI Transparency技术和产品，但只是采用事后审计的方式检查中心节点的恶意行为，无法做事前预防。单点问题的本质是中心节点的权威和数据，DII通过分布式共识取代了中心权威节点，通过分布式账本取代了中心数据库，从根本上解决了中心化问题。西班牙UPC大学分析采用Proof of Stake算法管理IP地址空间。西班牙UC3M大学则基于以太坊开展了用区块链管理IP地址空间的实验。

针对域名系统的中心化问题，业界已经有多个去中心化域名项目，如Namecoin、Blockstack Naming System（BNS）、Ethereum Naming Service（ENS）等。这些方案都聚焦在解决中心化问题，但也带来了域名解析过程中的其他问题。Namecoin和BNS中，DNS客户端仍然需要无条件信任某些本地的域名解析器，而无法对解析结果进行验证。这些本地域名解析器仍可通过单方面的信息篡改对客户端和域名持有者作恶。ENS中，客户端虽然可以对解析结果进行验证，但是每次请求都需要付出巨大的验证开销。

针对PKI的中心化问题，谷歌提出了证书透明化方案（Certificate Transparency，CT）。该方案利用一个额外的Log系统记录证书发布的所有历史，同时各网站合法运营者会通过Monitor实时监测和自己相关的证书的发布行为。一旦出现CA作恶的情况，Monitor会向合法的网站运营者进行告警。CT在一定程度上可以缓解PKI体系的中心化问题，但由于它是一种被动式的防御方案，只能在事后进行弥补，无法从根本上阻止中心化问题带来的恶意行为。

8.2　去中心化互联网基础设施架构

为了解决互联网基础设施中心化带来的安全和管理问题，让互联网真正向其诞生之初所拟定的平等自治目标发展，提高网络通信的可用性和稳健性，泛在IP体系以区块链为核心结构，为下一代互联网提供一套去中心化、自主可控、易于扩展的基础设施，支撑各类网络服务及安全应用的部署。去中心化互联网基础设施分层架构如图8-3所示。

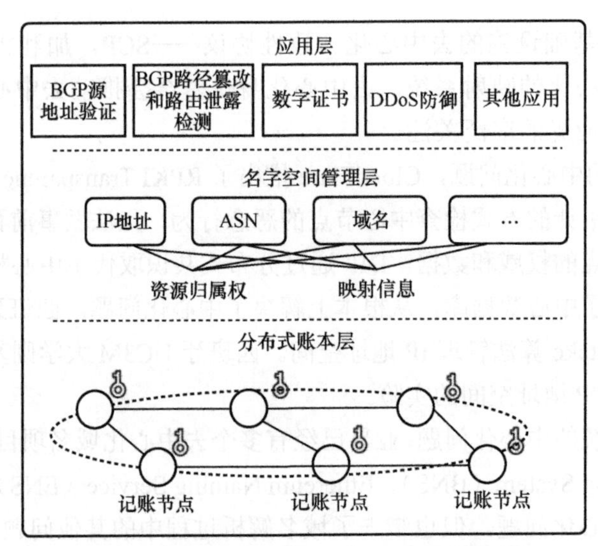

图 8-3　去中心化互联网基础设施分层架构

泛在 IP 体系的去中心化互联网基础设施（Decentralized Internet Infrastructure for UIP，DII）自底向上分为 3 个层次，即分布式账本层、名字空间管理层、应用层。图 8-3 中，分布式账本层利用以联盟链为代表的分布式账本技术，构建基础的去中心化能力，使能上层服务及资源管理；名字空间管理层构建 IP 地址、域名、自治系统号（Autonomous System Number，ASN）、公钥、ID 等互联网基础资源的去中心化可信管理模式，提供对资源归属权和资源间映射关系的表达及维护；应用层则开放对互联网资源进行注册、变更和验证的接口，支持和促进各类互联网应用的形成。

分布式账本层是去中心化互联网技术设施的基础，主要利用以区块链技术为代表的分布式账本技术。分布式账本技术的重要价值就是作为去中心化的平台，克服传统中心化架构易单点失效、管控权限无制约、波及范围广的问题，支撑上层互联网安全认证应用的部署与使用。DII 的参与者是互联网的各个自治系统，具备一定的准入要求，因此应选择适宜的账本技术为联盟链。分布式账本层利用联盟链的特质，提供如下的互联网基础设施能力。

- 去中心化的系统结构：系统中没有恒定的特权节点（尽管在某段时间内有些节点拥有更大的权力，但如果该节点用特权作恶，则会被其他节点替代），长期来看所有节点的地位是平等的。这符合去中心化互联网基础设施的信任模型。
- 分布式共识机制：这是分布式账本技术的核心，所有节点采用去中心化的机制达成共识。DII 需要共识机制实现互联网名字空间等网络资源所有权的唯一性，以及相关应用的一致性。

- 智能合约：运行于分布式账本之上的计算环境，先进的智能合约能够支持图灵完备的计算模型，那理论上可以支持任何应用程序。DII 对于互联网名字空间的管理需要复杂的逻辑，而开放的应用层则需要支撑任意的应用程序，因此需要智能合约技术。
- 可信交易的能力：各个账户之间可以通过交易相互转账，这赋予了分布式账本内在的价值传递能力。利用该能力，DII 不仅可以为第三方的开发者提供技术平台，还能够提供技术变现能力。

名字空间管理层是去中心化互联网技术设施。名字空间管理层建立在分布式账本层之上，该层的主要工作是对网络资源进行注册分发、流转交易的高效管理。在现行互联网中，名字空间既是 TCP/IP 的核心，也是互联网基础设施的核心。互联网中最重要的两大基础设施，即 BGP 和 DNS，就是围绕名字空间展开，保障各个网络的互联及远端服务的可达可用。DII 架构将其作为中间层，既利用分布式账本技术提供的去中心化能力改善了前述的中心化问题，借助分布式共识和可信交易保障资源管理的难以篡改、可验证能力，又为应用层提供了可查可验的服务接口，支撑下一代互联网应用的蓬勃发展与百花齐放。其涉及的技术主要有以下两点。

- 网络资源管理技术：BGP 将 IP 地址前缀映射到 ASN，并据此算出 AS 路径，获得跨域路由。因此，可信的 IP 地址前缀归属权及与 ASN 的映射关系尤为重要，否则将会存在诸如 BGP 前缀劫持和路径修改等网络攻击。
- 域名管理技术：DNS 将域名空间映射到 IP 地址空间，从而让服务被网络层感知可访问。想要避免域名缓存污染等网络威胁，可信的域名归属权及与 IP 的映射关系也十分关键。可信可靠的网络资源归属和关系映射是名字空间管理层要解决的问题，其也是基础设施支撑的安全应用可信与可靠的基础。

DII 架构中最高层为应用层，其利用底层分布式账本的基础能力和中间层可信的名字空间管理，支持多种安全可信的去中心化网络应用的部署和运行，如基于可信 ASN 和在线交易能力的跨域端到端服务质量保障、基于可信 IP 地址和远程可信交易的近源 DDoS 防御服务等。下面简单介绍几种基于 DII 架构的可信互联网应用，及其涉及的网络资源管理技术。

- BGP 源地址验证：基于名字空间管理层的 IP 地址和 ASN 的资源归属权，以及两者之间的安全映射信息，DII 应用层可以开发 BGP 源地址验证应用。该应用可以有效检测 BGP 通告中源地址伪造（误配置）行为，防止前缀劫持事件的发生，提高互联网域间路由安全性。

- BGP 路由泄露检测：基于名字空间管理层的 ASN 的资源归属权以及 AS 的邻居商业关系信息，DII 应用层可以开发 BGP 路由泄露检测应用。该应用可以有效检测 BGP 通告违背默认转发关系的传播现象，防止路由泄露事件的发生，保障域间通信的可达性。
- DNS 安全解析：基于名字空间管理层的 IP 地址和域名的资源归属权，以及两者之间的安全映射信息，DII 应用层可以开发 DNS 安全解析应用。该应用能够明确各域名的真实持有者，对域名解析的映射进行的任何操作需要鉴权，防止非法篡改域名和 IP 的映射关系，保障 DNS 解析流程可信。

8.3 去中心化互联网技术

8.3.1 分布式账本技术

当前的分布式账本主要分为公有链和联盟链两类，然而这两类分布式账本均存在一定问题，不能直接用于 DII 系统。

公有链以比特币和以太坊为代表，运行在公有互联网之上，开放给任意节点加入，具有很好的动态性。但是由于其不对加入节点做任何限制，导致节点数量过于庞大且系统过于暴露，进而导致系统共识效率低下，且恶意攻击层出不穷。DII 作为互联网核心资源（IP 地址、ASN、域名等）的管理平台，从安全的角度考虑，不希望任何人都能不加约束地随意加入；从需求角度讲，也并非任何人都有申请核心资源的需求（例如，只有 ISP 或者较大组织才有申请大块地址的需求）。公有链显然不满足以上要求。

联盟链以超级账本为代表，一般运行在局部网络中，只有被认证准入的节点才能够加入，节点数量较少。相比公有链，联盟链往往具有更高的性能和更好的安全性，即使出了问题也可以通过认证渠道进行追责和解决。但是，联盟链技术也难以直接应用于 DII。这是因为 DII 作为全球互联网的基础设施，参与的节点数量是非常庞大的。而当前联盟链依赖静态配置的准入列表，难以适应庞大系统的动态性。例如，Hyperledger 就需要手动静态配置节点列表，列表的更新需要系统重启，甚至会引入中心化管理配置。

现有公有链没有准入机制，但有很好的动态性，节点可以动态加入和下线。而联盟链拥有准入机制，但是系统扩展性一般较差，容纳节点数有限。为了仅允许合格的组织（如运营商、企业、高校）等动态加入系统申请资源，本书给出一种同时实现背书准入和动态节点管理的机制，该机制允许 DII 系统中的已有背书节点为新节点背书或者停止背书，从而实现节点灵活加入和离开。

基于区块链的资源管理系统在 RPKI 非根节点以外的关键节点间部署一条联盟链，该联盟链通过线下审核的方式予以授权准入，管理的资源包括但不限于 IP 地址前缀及 ASN。潜在部署节点包括 RIR 节点（如 APNIC、LACNIC）、NIR 节点（如 CNNIC）和 ISP（如 AT&T）等。DII 准入控制机制的基本原理如图 8-4 所示，描述了一种使用 Hyperledger Fabric 开源分布式账本框架开发的区块链建立与资源申请的过程。当区块链运行后，区块链中的参与节点即可执行对 IP 地址前缀及 ASN 的增、删、改、查操作。对于未能部署区块链节点但仍希望获取 IP 地址或 ASN 的实体，其可委托一个特有的区块链节点的组织为该实体进行代理操作。在此情况下，该实体必须与被委托节点所代表的组织达成一种线下的信任关系及合作关系。

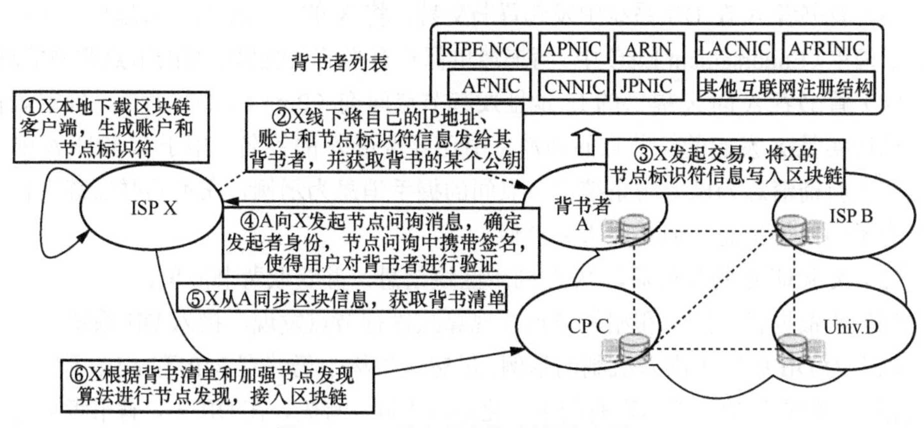

图 8-4　DII 准入控制机制的基本原理

特别对于 IP 地址前缀而言，其分配方式相较于 ASN 分配方式具有特殊考量。由于 IP 地址的分配方式直接影响到域间路由表的规模，因此 IANA 分配 IP 地址时需要进行全局规划，以尽可能提升 IP 地址前缀的可聚合性，减少互联网核心路由器的路由条目。为此，在区块链中申请 IP 地址前缀的过程不应该在未划分的 IP 地址池中随机选择，而是需要定制化设计 IP 地址的分配算法以降低地址分配的碎片化概率。

DII 系统初始化会有一个背书者（Endorser）列表，该列表中记录了 DII 系统内有背书能力的节点信息。所有要加入该基础设施的节点均需要通过一个或多个背书者的背书才允许加入该系统。图 8-4 中以各大地区的互联网注册中心 RIR（AFRINIC、APNIC、ARIN、LACNIC、RIPE NCC）以及各个国家或地区的注册中心 NIR（如 CNNIC、JPNIC 等）作为背书机构，只有被至少一个背书机构准入的组织才有资格加入 DII，其账户信息才被写入由智能合约维护的准入节点列表；而背书者也将为新加入组织的后续行为承担责任。实际使用中，该列表的初始化确定需要通过线下的沟通和协商。背书机构的名单也可以根据历史行为进行扩充或缩减，这由背书机构彼此投票确定。

准入控制机制的具体加入流程如下。

（1）假如某个 ISP X 要加入 DII 系统，X 首先需要在本地下载 DII 系统的区块链客户端，并生成自己的账户（Account）和节点标识符（Node ID）。

（2）X 通过线下的方式向某个背书者（Endorser）申请背书，并将自己的信息（加入 DII 的设备 IP 地址、X 的账户和节点标识符）发送给某个背书者 A。同时 X 还要通过线下方式获取背书者 A 的相关信息（如能证明其身份的某个公钥）。

（3）背书者 A 在 DII 系统中发起背书交易，将 X 的节点标识符信息写入区块链的背书清单（Endorsement List）中。背书清单保存有当前系统里所有的节点背书信息。

（4）背书者 A 向 X 提供的 IP 地址发起节点问询（Ping Node）消息，确定该背书申请确实是 X 发起的；节点问询消息中还要携带 A 的签名，用于 X 验证 A 的身份。节点问询消息为以太坊系统中节点间的握手消息为示例，在不同联盟链平台中可能有不同问询消息，但功能大致类似。

（5）X 验证 A 的身份后，从 A 同步区块信息，并获取背书清单。

（6）X 根据背书清单和相关节点发现算法进行节点发现，接入 DII 系统。

以上为 DII 中账本准入机制的示例，虽然该架构中仍然有 RIR 和 NIR 等作为背书者存在，但它们的职能与现有的中心化系统不同。首先，在 DII 中，背书者只为新成员的身份进行背书审查和准入认证，并不主导其网络资源（IP 地址、ASN、域名等）的分配，账本成员能够独立地申请和管理相关资源，其归属权无法篡改。其次，成员的准入可以从多个背书机构中选择，即便某机构单方面撤销，该成员仍然有渠道合法加入 DII 系统。因此，DII 的准入机制大大消除了中心化带来的权限问题。

以上只是准入控制的一个基本原理，在具体实现过程中，可以依照上述原理对已有的分布式账本技术（如以太坊等）进行改造和增强，也可以按照实际需求实现定制化的分布式账本。此外，也可以根据不同的应用需求设计多个 Endorser 列表，并根据不同的 Endorser 列表实现相应的准入控制实例；而这些 Endorser 列表等信息以及后续所有 DII 系统维护的信息均可以通过智能合约或者类似的方式实现。

8.3.2 名字空间管理层

8.3.2.1 IP 及 ASN 管理模式

在互联网网络资源中最重要的就是 IP 地址和自治系统号（ASN）：前者标识网络主机，用来通告通信对象的身份和位置信息；后者用于跨自治系统的路由传输，让路由信息能够在域内和域间分层，减少互联网的控制信令，降低路由复杂度，是互联网得以正常运作的关键。当前，IP 地址和 ASN 的分发及管理由以 IANA 为代表的互联网数字分配机构运作，其下的五大 RIR：AFRINIC、APNIC、ARIN、LACNIC、RIPE NCC 分别负责非洲、亚太、北美、拉丁美洲（加勒比群岛）和欧洲（中东、中亚）的相关业务，其下又通过各个国家或地区的注册中心 NIR 进行权限划分，形成树状结构。而 IP 地址和 ASN 的映射关系则由 RPKI 进行管理。RPKI 沿用了 IANA 进行地址分配的中心化树状结构，一方面通过中心权威保障 IP 地址和 ASN 归属权的唯一性，另一方面评估申请者的使用需求，防止名字空间耗尽和资源碎片化。

在 DII 架构中，通过去中心化的方式对 IP 地址及 ASN 进行了管理。概括来说，IP 地址和 ASN 可以视为 IANA 持有的一种特殊的数字货币。IANA 首先将相关资源分配给某个组织，并将资源名称及其初始持有者写入区块链交易中，共识节点能够根据该资源是否已分配并具有合法持有者对初始分配进行验证；其后续的流转就采用与货币交易相似的方式进行，资源的当前持有者可以将 IP/ASN 等资源继续交易给其他网络，区块链共识节点可以对资源所有权及使用周期进行验证（判断交易发起者是否拥有该资源的处理权限），因此本节主要对其初始分配过程进行描述。

基于上述以区块链为基础的 IP 地址和 ASN 管理系统可以实现路由起源认证 ROA，进而代替 RPKI 作为 BGP 路由验证系统的信息源。IP 前缀分配流程如图 8-5 所示，描述了基于区块链的路由起源认证的案例。当某段 IP 地址前缀持有方期望发起此段 IP 地址的 ROA 时，其可在区块链上发布 ROA 声明。其他区块链节点在验证发布方为 IP 地址前缀的持有方后，将 ROA 绑定关系计入账本。此后，RPKI 系统中的依赖方（Relying Party，RP）通过兼容性工程改造的方式读取区块链中的 ROA，并将 ROA 推送至与之关联的边界路由器中。

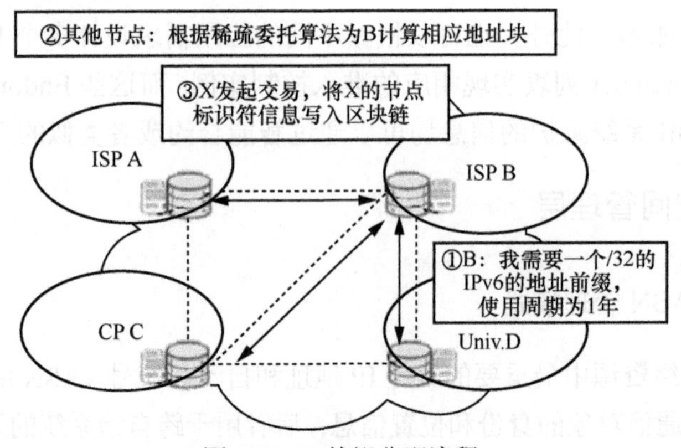

图 8-5　IP 前缀分配流程

已准入的组织可以发起对网络资源的申请。以 ISP B 为例，它首先发起一个分布式账本交易，内容是申请一个/32 IPv6 地址的一年使用权，并支付地址使用年费。其他节点收到该交易后，通过智能合约检查申请者的合法性和年费，并采用稀疏委托（Sparse Delegation）算法为 ISP B 计算出一个适合它的地址前缀。该算法的基本功能是为每个申请者计算连续的地址空间，从而防止地址碎片化及路由膨胀。稀疏委托算法本身能够尽量避免地址碎片化问题，同时由于前缀分配过程仍然是按照 Internet 拓扑逐层拆分下发的，因此能够基于实际拓扑进行一定程度的地址聚合，避免路由膨胀发生。由于算法是确定的，全网对地址的分配也就是一致、唯一的。使用权到期之前，申请者要发起一个续约的交易并续交年费，否则该前缀将被智能合约重新放回地址池。对 ASN 的分配也可以通过类似的方法得以实现，不再赘述。

8.3.2.2　域名管理模式

域名的管理与 IP 地址有所不同。首先，域名是层次化的，IP 地址空间是扁平的；其次，在现实中域名空间是不可耗尽的，而 IP 地址空间是有限的。对于 DII 来说，最应关心的是属于全人类共同资产的域名空间，而非归属于某个国家、地区或机构的域名空间。

域名管理逻辑可以在单独的智能合约中实现。不同于 IP 地址申请者（以大型组织结构为主），域名申请者包括大量的个人和小微组织，其部署分布式账本、承担维护开销的意愿较低。因此，可以利用当前域名管理体系中的域名中介代替申请者参与去中心化域名申请过程，同时要避免权力的集中化。

域名申请及交易过程如图 8-6 所示，以二级域名（SLD）的申请与转移为例，对域名管理模式进行了说明。申请者首先要生成一对公私钥（公钥 pk_*X* 和私钥 sk_*X*）。它将自己的公钥 pk_*X* 和要申请的**某域名**提交给某个域名代理 A。A 先检查该域名是否仍然闲置，如果闲置，则在分布式账本中发起一个交易，内容是 pk_*X* 申请**某域名**。其他节点收到交易后，同样要检查域名的可用性，如果可用，则写入"**某域名**的所有者是 pk_*X*"。域名的申请与 IP 地址不同，前者采取"先到先得"的办法，后者需要用算法防止地址碎片化。域名使用年费以及续期和逾期的处理办法与 IP 地址类似，不再赘述。

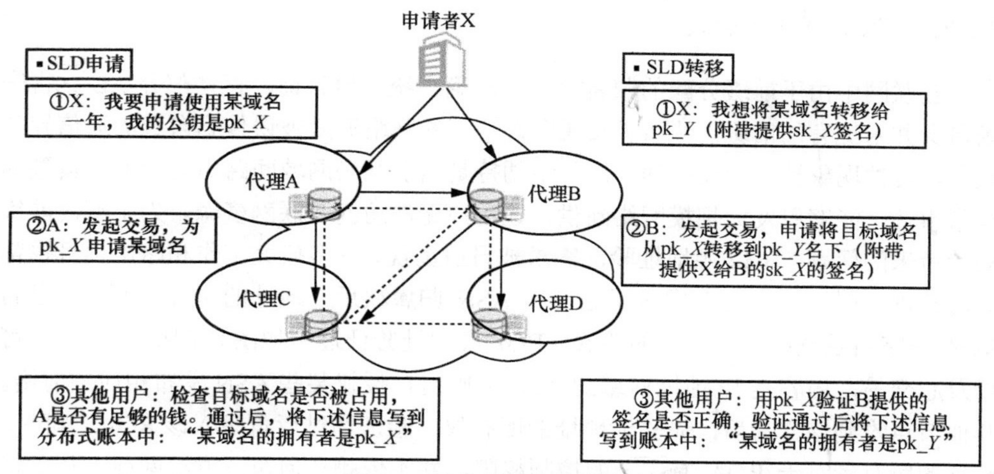

图 8-6　域名申请及交易过程

虽然 DII 采用了域名中介在分布式账本上代替申请者管理域名，但域名的所有权仍然受申请者自身控制，不存在中心化问题。这是因为，分布式账本中写入的是域名归属于 pk_*X*，而只有持有相应私钥 sk_*X* 的申请者才能证明对域名的拥有权。即使域名代理 A 不为该申请者提供服务，申请者也可以通过其他的中介进行域名管理，而不会被中介绑定或挟持。以图 8-6 中域名转移过程为例，持有者需要通过私钥签名，才能操作相关域名的转移。其申请时可以通过中介 A，转移时可以通过中介 B，从而独立掌握了域名的控制权。

和 IP/ASN 等资源不同，域名的数据量巨大且动态性高，因此把全部解析数据都存储在区块链上是不现实的。DII 仅将对验证和解析必要的少量信息存储在链上，即域名持有者的公钥和对应的权威名字服务器。这些信息的存储量和动态性相对较小，不会对 DII 底层带来过大的挑战。

8.3.3 应用层

底层分布式账本的基础能力和中间层可信的名字空间管理能够支撑安全可信的去中心化网络应用，如基于可信 ASN 和在线交易能力的跨域端到端服务质量保障、基于可信 IP 地址和远程可信交易的近源 DDoS 防御服务等。本节主要描述去中心化的 BGP 源地址验证、BGP 路径篡改检测、路由泄露检测，以及去中心化的公钥基础设施等若干个应用。

8.3.3.1 BGP 源地址验证

互联网中由于前缀分配的归属权无法准确、统一地查询，存在部分 AS 宣告一条自身并未拥有的前缀，从而引发通向该前缀的网络流量被误传到自身的通信异常现象，这种现象被称为前缀劫持。前缀劫持是当前互联网域间路由安全的最典型的异常事件，能够引发大规模网络断供，让用户无法访问互联网资源。为了解决前缀劫持带来的问题，BGP 源地址验证需求被日益重视，许多研究工作和路由项目也都针对其进行展开。在 DII 明确了地址和 ASN 归属权后，地址的所有者就可以发布 ROA 在路由系统中保护自己的前缀。BGP 源地址验证过程如图 8-7 所示，ISP B 可以发起交易，内容是 IP 地址前缀到 ASN 的映射，授权某些 ASN 发布相应的前缀。其他节点收到该交易后，先验证地址的所有权，验证通过后再写入该 ROA。可见，地址的所有者对于 ROA 有完全的控制权限，并不依赖任何第三方权威或者相关资源证书。各个网络可以读取 ROA，并生成路由的验证列表，写入 BGP 路由器，进行 BGP 源地址验证，提升路由安全。

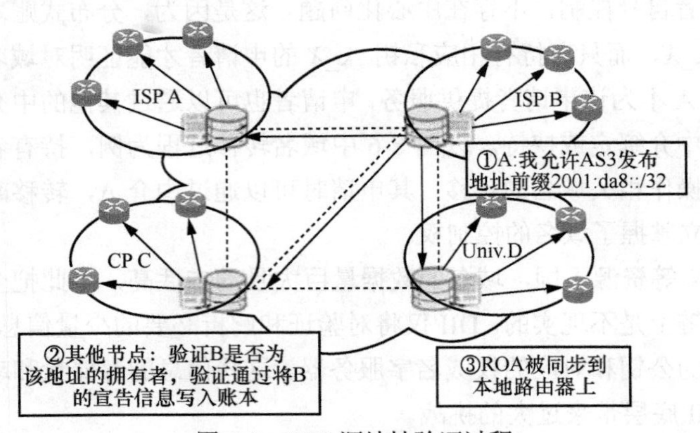

图 8-7 BGP 源地址验证过程

8.3.3.2　BGP 路径篡改检测

与前缀劫持类似，BGP 路径篡改攻击也是一种针对 BGP 的网络攻击行为。攻击者通过更改 AS_Path 属性，构造一条本不存在的网络链路，或者更改链路的相关属性（如 AS 路径前置 ASPP 等），使得被篡改的 BGP 报文能够吸引更多的流量经过自身，从而进行后续的窃听、数据篡改或者路由黑洞等恶意行为。当恶意 AS 通过发布虚假 AS_Path 劫持路由时，通过现有 BGP 本身很难发现 AS_Path 被篡改，导致路由被劫持到恶意 AS，造成巨大危害。BGP 路径篡改攻击如图 8-8 所示，给出了一种 BGP 路径篡改的例子，AS400 伪造前缀 20.20.0.0/16，并发布虚假 AS_Path(400, 200)。AS600 收到 2 条到达 20.20.0.0/16 的 AS_Path(400, 200)和(500, 100, 200)，AS600 根据最短路径原则，优选 AS400 到达 20.20.0.0/16。结果是，AS600 中目的地址为 20.20.0.0/16 的流量被劫持到 AS400 中。

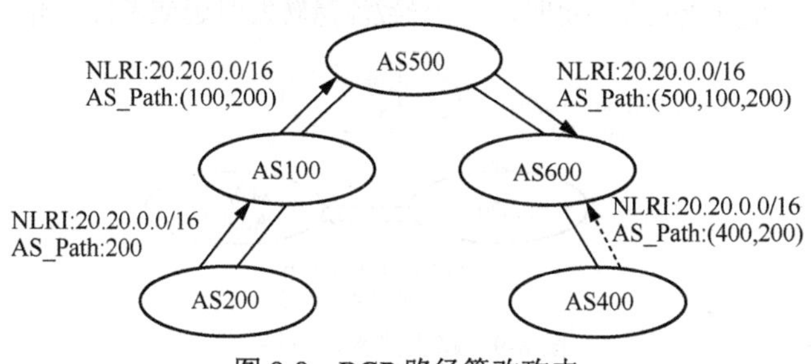

图 8-8　BGP 路径篡改攻击

基于 DII 系统，可以采用如下的 BGP 路径验证方法检测 BGP 路径篡改。AS 的拥有者可以通过交易的方式在 DII 上发布和其他 AS 之间的邻居关系，其他节点会验证发布者是否为该 AS 的真正拥有者，验证通过后，该 AS 的邻居关系会被其他节点写入 DII 系统。由于发布虚假信息会导致某个 AS 的流量被劫持或进入黑洞，受害者只有该 AS，因此，AS 的真正拥有者不会有动机发布虚假信息，即 DII 系统维护的 AS 邻居关系表是安全并且可信的。路由器收到 BGP 前缀更新消息时，可以利用 DII 系统维护的 AS 域间邻居关系，对 BGP AS_Path 信息进行逐跳验证。

以图 8-8 为例，假设 AS200 发布的邻居关系为(200, 100, provider)和(200, 300, peer)。当 AS600 收到 AS400 发布的 AS_Path(400, 200)时，可以验证 AS200 同 AS400 域间邻居关系的可信性。显然，AS200 没有发布同 AS400 的域间邻居关系，表明 AS200 没有同 AS400 建立 BGP 邻居。因此 AS600 可以识别 AS400 发来的 BGP 报文包含虚假信息。

8.3.3.3　BGP 路由泄露检测

互联网工程任务组（IETF）的标准 RFC 7908 针对 BGP 路由泄露进行了分类，该 RFC 定义了 4 种主要的路由泄露类型的方法。具体路由泄露类型如下。

- AS 将接收自提供商的路由通告给了其他的提供商。
- AS 将接收自对等者的路由通告给了其他的对等者。
- AS 将接收自提供商的路由通告给了它的对等者。
- AS 将接收自对等者的路由通告给了它的提供商。

我们给出一种路由泄露的案例辅助分析。AS200 收到来自提供商 AS100 的前缀 30.30.0.0/16，通告给了它的对等者 AS300，该行为符合上述第 3 种 BGP 路由泄露，路由泄露示意图如图 8-9 所示。AS300 根据现有的 BGP 无法识别 AS200 泄露了前缀 30.30.0.0/16，如果 AS300 到 30.30.0.0/16 的流量优选 AS200 转发，导致流量被错误地吸引到 AS200，在 AS200 负载能力不足时，可能导致流量转发时延或者被丢弃，形成路由黑洞。

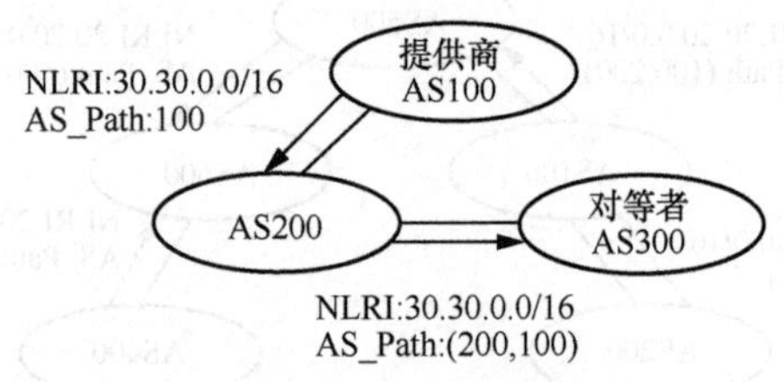

图 8-9　路由泄露示意图

DII 系统提供的域间邻居关系同样也可以支持 BGP 路由泄露检测。在上例中，假设 AS200 发布邻居关系（200, 100, provider）和（200, 300, peer）。当 AS300 收到来自对等者 AS200 的前缀更新消息时，可以通过查询 AS 域间邻居关系结合 AS_Path 对路由通告的合法性进行检测。通过 AS_Path(200, 100)得知 AS200 发布的路由来自 AS100，通过域间邻居关系表得知 AS100 是 AS200 的提供商。AS200 将来自提供商 AS100 的前缀发送给对等者 AS300，符合 BGP 路由泄露定义，因而能及时侦测到路由泄露的发生，抑制其扩散。

8.4　互联网基础设施演进方案

由于现有的互联网核心资源（包括 IP 地址、ASN 和域名）的分配和管理已成为事实并广泛使用，不可能一次全部转移到 DII 系统上，本节提供了一种可以从当前集中式资源管理方式进行演进的方案，在不影响资源使用的基础上，逐步实现核心资源的去中心化管理。

8.4.1　IP 地址管理和 ROA 能力的迁移

DII 系统可以在不改变现有 IP 地址分配系统的基础上，通过收集现网 BGP 前缀信息、获取 IP 地址归属权和 ASN 映射关系，进而维护在 DII 系统中，为后续应用提供真实可信的信息。IP 前缀及 ROA 的渐进式收集部署方案及步骤如图 8-10 所示。

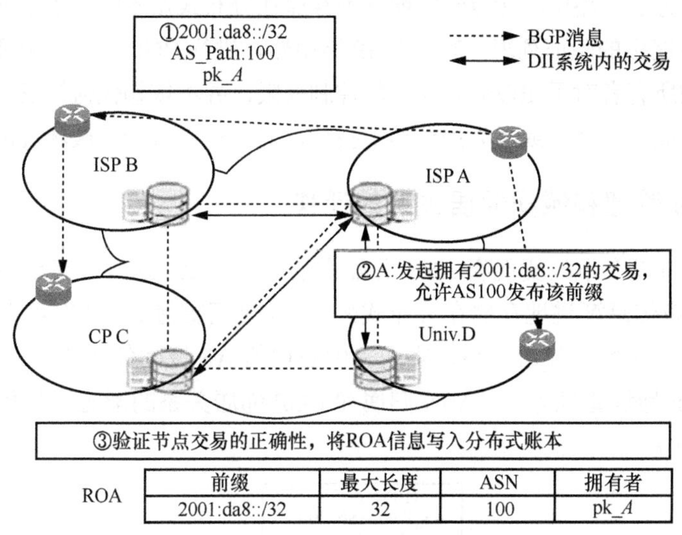

图 8-10　IP 前缀及 ROA 的渐进式收集部署方案及步骤

步骤 1　ISP A 通过现有 IPv6 地址分配机制获得地址 2001:da8::/32。ISP A 向其他 AS 发布 BGP 消息，该消息携带地址前缀 2001:da8::/32、AS_Path 100 以及所有者的公钥信息 pk_*A*。该消息实际上实现了两个功能，一是将 IP 地址 2001:da8::/32 和公钥 pk_*A* 进行了绑定，在步骤③中被其他节点用来验证该 IP 地址在 DII 系统中的归属权；二是将 IP 地址 2001:da8::/32 和 AS100 进行了绑定，在步骤③中被其他节点用来验证 ROA 信息的合法性。公钥信息 pk_*A* 可以通过扩展现有的 BGP 更新消息来携带。

步骤 2　ISP A 在 DII 系统中发起 IP 地址归属权和 ASN 映射关系的交易。交易内容是“公钥 pk_*A* 所对应的私钥持有者（即 ISP *A*）是 IPv6 地址 2001:da8::/32 的所有者，并通过 AS100 发布相应的前缀”。为了防止作恶，该交易对应的路由需要在网络中稳定存在一段时间。例如，10 天内，稳定存在 5 天以上，其他节点才会认为 ISP A 是该地址的真正所有者。ISP A 待路由满足上述规则后，再发起交易，确保网络中的节点都认同该前缀相关信息的可信性，避免交易失败。

步骤 3 验证节点收到交易后，获取 IP 地址前缀、所有者的公钥信息和授权进行 BGP 宣告的 ASN。然后验证节点再从路由器获取该地址前缀的相关路由信息，包括在本地存储路由的存活时间、ASN、地址所有者的公钥等信息，对交易的信息进行验证。如果路由器上的消息和交易消息一致，则验证通过。验证节点达成共识后，将 IP 地址的归属信息和 ROA 信息写入分布式账本。

通过上述方法，路由的 ROA 能够逐渐存储在分布式账本中。各个网络可以读取 ROA，并生成路由的验证列表，写入 BGP 路由器，进行 BGP 源地址验证，提升路由安全。地址的所有者对于 ROA 有完全的控制权限，并不依赖任何第三方权威，避免中心节点单方面撤销授信或者为虚假节点授信，对可信服务带来破坏性的影响。

8.4.2 ASN 管理和域间邻居关系的迁移

DII 系统可以在不改变现有 ASN 分配系统的基础上，通过收集现网 BGP 信息，将 ASN 的归属信息渐进地存储在分布式账本中，进而支持 AS 所有者在分布式账本中存储可信的 AS 域间邻居关系，实现去中心化的 AS 域间邻居关系管理。ASN 的管理类似于 IP 地址管理方式，ASN 归属和 BGP 邻居关系的渐进式收集部署方案及步骤如图 8-11 所示。

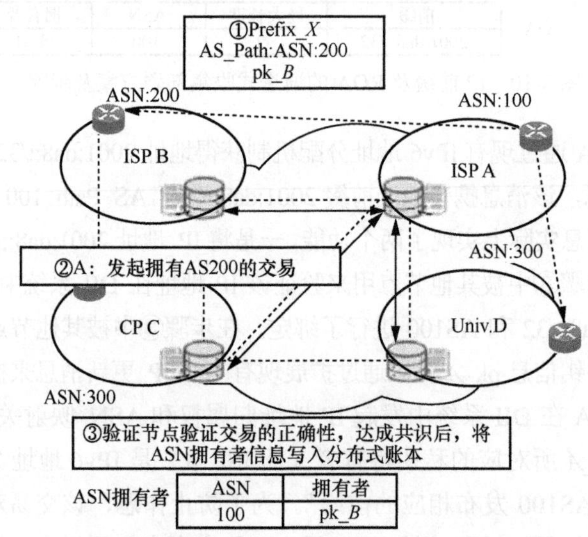

图 8-11 ASN 归属和 BGP 邻居关系的渐进式收集部署方案及步骤

步骤 1　ISP B：通过现有 ASN 分配机制获得 ASN:200。ISP B 向其他 AS 发布前缀信息时，携带 ASN:200 和该 ASN 所有者的公钥信息 pk_*B*。该方案需要扩展 BGP 更新消息，携带 ASN 所有者的公钥信息，从而绑定 ASN 和所有者的关系，具体的消息格式不在本书阐述。

步骤 2　ISP B：发起拥有 ASN: 200 的交易，交易内容是"公钥 pk_*B* 所对应的私钥的持有者（即 ISP B）是 AS200 的所有者"。为了防止作恶，ASN 信息需要在网络中稳定存在一段时间，再发起交易，确保网络中的节点都认同 ASN 所有者信息的可信性，避免交易失败。

步骤 3　验证节点收到交易后，根据 ASN 获取 ASN 所有者的公钥信息，验证通过后接收该交易。验证节点达成共识后，将 ASN 所有者的信息存储在分布式账本中。

步骤 4　明确了 ASN 的所有权后，ASN 的所有者可以发起该 AS 域间邻居关系的交易。验证节点收到该交易后，先验证 ASN 的所有权，只有 ASN 的所有者才能发起 ASN 的相关交易。验证节点达成共识后，将 AS 域间邻居关系存储在分布式账本中。

8.4.3　域名系统的迁移

DII 可以在不改变基于现有域名分配系统的基础上，基于既成事实的域名所有权状态实现 DII 系统里的域名所有权的初始化。域名归属关系的渐进式收集部署基本原理如图 8-12 所示。

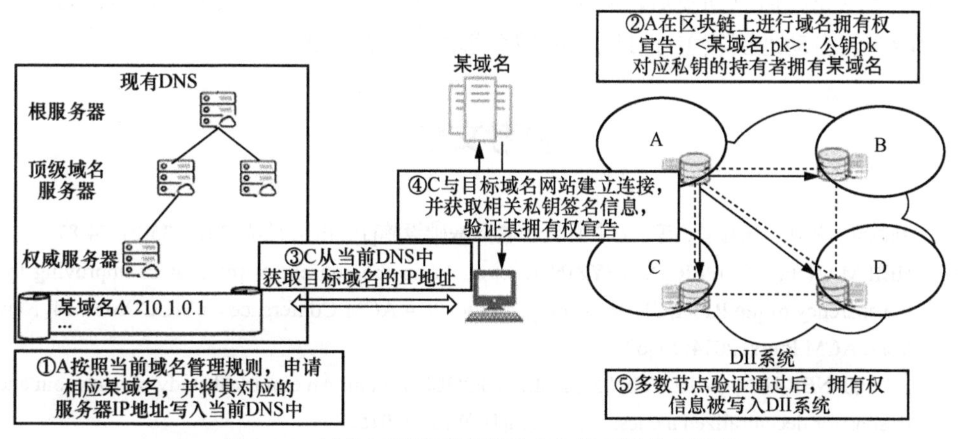

图 8-12　域名归属关系的渐进式收集部署基本原理

步骤 1 假设某个用户 A 已经通过现有域名管理系统获得**某域名**。用户 A：需要启用该域名，并该域名对应网站的 IP 地址维护到现有的 DNS 中。对应的网站（以**某域名**为例）需要有提供验证信息的能力。

步骤 2 用户 A 在 DII 系统上发起交易，宣告对**某域名**的拥有权，并将该域名和某个公钥 pk 绑定，即声明公钥 pk 对应的私钥的持有者才是该域名的拥有者。

步骤 3 验证节点（如 C）收到交易后，从当前 DNS 中获取目标网站对应的 IP 地址。

步骤 4 验证者 C：和该网站建立连接并执行验证；验证通过后，C 认为该交易合法。

步骤 5 多数节点验证通过后，该域名的所有权信息被写入 DII 系统中。

验证的方式取决于网站自身，DII 不做任何限制，本文提供两种思路供读者参考。第一种方式，网站上可以发布某个随机数和相关私钥 sk 对应的签名，验证者凭 DII 系统上获取的公钥 pk 可以对签名进行验证，验证通过则说明该域名的拥有者持有的私钥 sk 和 DII 上发布的公钥 pk 是一对密钥对，即私钥 sk 的持有者就是域名的拥有者；第二种方式，网站可以使能某种交互能力，验证者生成一个随机数，用公钥 pk 加密并发送该网站，要求网站回复私钥 sk 解密后的随机数，解密的随机数正确，说明该网站拥有 DII 系统上公钥 pk 对应的私钥 sk。明确了域名的所有权后，域名的所有者可以撤销现有 DNS 内的发布信息，并将该信息维护在 DII 系统上，进而提供去中心化的 DNS 服务。

以上过渡方案仅给出了如何将既有的资源所有权事实同步到 DII 系统中的演进方法。一旦完成信息同步后，就可以在 DII 系统上增加资源回收能力，资源过期后由智能合约自动地回收 IP 地址/ASN/域名等网络资源入池。

参考文献

[1] 刘冰洋，杨飞，任首首，等. 去中心化互联网基础设施[J]. 电信科学, 2019, 35(8): 74-87.

[2] HEILMAN E, COOPER D, REYZIN L, et al. From the consent of the routed: improving the transparency of the RPKI[C]//Proceedings of the 2014 ACM Conference on SIGCOMM'14. New York: ACM Press, 2014: 51-62.

[3] KALODNER H A, CARLSTEN M, ELLENBOGEN P, et al. An empirical study of namecoin and lessons for decentralized namespace design[J]. WEIS, 2015.

[4] ALI M, NELSON J C, SHEA R, et al. Blockstack: design and implementation of a global Naming

system with blockchains[Z]. 2016.

[5] XING Q Q, WANG B S, WANG X F. BGPcoin: blockchain-based Internet number resource authority and BGP security solution[J]. Symmetry, 2018, 10(9): 408.

[6] HARI A, LAKSHMAN T V. The Internet blockchain: a distributed, tamper-resistant transaction framework for the Internet[C]//Proceedings of the 15th ACM Workshop on Hot Topics in Networks, HotNets'16. New York: ACM Press, 2016: 204-210.

[7] SAAD M, ANWAR A, AHMAD A, et al. RouteChain: Towards blockchain-based secure and efficient BGP routing[J]. Computer Networks, 2022(217): 109362.

[8] HE G B, SU W, GAO S, et al. ROAchain: securing route origin authorization with blockchain for inter-domain routing[J]. IEEE Transactions on Network and Service Management, 2021, 18(2): 1690-1705.

[9] KARAARSLAN E, ADIGUZEL E. Blockchain based DNS and PKI solutions[J]. IEEE Communications Standards Magazine, 2018, 2(3): 52-57.

[10] BENSHOOF B, ROSEN A, BOURGEOIS A G, et al. Distributed decentralized domain name service[C]//Proceedings of 2016 IEEE International Parallel and Distributed Processing Symposium Workshops. Piscataway: IEEE Press, 2016: 1279-1287.

第 9 章

泛在全场景新 IP 体系实践案例

随着泛在 IP 理论研究的深入，实践场景也同步开展验证，在国内各个行业选取了多个高价值场景进行实际网络的部署和试验验证，为新协议体系在全行业数字化转型和网络化升级做出先行先试。

9.1 智慧城市

智慧城市的产生依托于人们对生活的美好愿景以及智能技术的全面飞速发展，以元宇宙为核心思想的空间互联网变革时代或将到来，社会空间、物理空间、人类生存空间以及虚拟空间的互联方式逐步演进，城市作为包罗万象的复杂系统，涵盖物物互联、人物互联等多样性的数字形态。城市建设在已初步实现智能运行和万物互联的基础上，进一步创造了新的数字空间，进而改善生活生产方式，实现数字化的城市系统建设到智慧城市的转型，利用人的智慧打造城市大脑，并结合机器的智能，智能化、高效化、精准化地进行城市基础设施管理，人性化、普惠化、全面化地感知城市生活智能决策处理和服务，达到智慧城市发展的目的。智慧城市是通过对城市基础设施的全方面信息化处理和有效利用，能够对城市的资源、地理、生态、环境、经济、人文、社会等复杂因素进行智慧数字化网络化管理、服务、决策的信息系统。

9.1.1 智慧城市场景实现

智慧城市建设的 3 个关键部分为资源互联互通、信息技术综合运用以及可持续。

智慧城市的全场景包括保民生、促增长和促稳定，与之对应的智慧城市平台即为数字民生、数字产业和数字政务。数字民生涵盖了数字景区、数字校园、数字社区、数字医疗、食品安全等，属于智慧城市建设根基；数字产业有数字巡检、智能交通、数字邮政、数字物流、环境监控等，属于智慧城市发展的要素；数字政务涉及数字工商、政务公安、行政审批、政府热线、数字城管、应急系统、平安城市等，属于智慧城市稳定的保障。智慧城市最终要打造统一管理平台，构建通信网、互联网、物联网 3 张基础网络，设置城市数据中心，分层建设以达到平台综合能力及应用的可持续、可灵活收放、可创造、可设计。面向未来的智慧城市系统框架从技术角度可分为 4 层，自底向上分别为感知层、网络层、平台层和应用层。感知层大多为终端业务，主要包括手机、视频电话、呼叫中心、无线网关、PC、摄像机、RFID 以及传感器网络等；网络层即为通信网、互联网、物联网；平台层有 IT 能力、CT 能力和城市数据中心；应用层属于上层应用体系，涉及应急指挥、数字城管、平安城市、政府热线、数字医疗、环境监控、智能交通、数字物流等。在现有基础网络上构建新型数字网络实现通信网、物联网、互联网三网的互联互通。

智慧城市平台拥有快速应用提供能力、数据统一分析能力、系统资源共享能力、系统平滑演进能力、应用系统集成能力、统一硬件/存储备份/网络安全能力，提供综合的应用支撑和管理能力。

（1）快速应用提供能力。通过能力引擎、应用模板，采用基于工作流引擎的开发环境，例如，平安城市需要有视频存储、媒体分发、智能分析的能力，数字景区需要有工作流、知识库、地理信息系统等能力，各个应用对应不同的能力，基于能力组件和能力引擎一一对应，能力组件结合能力引擎进而实现快速应用交付。

（2）数据统一分析能力。通过智慧城市系统将各种城市应用数据，如智能交通、数字城管、平安城市等应用数据挖掘并智能分析后灵活展现在表现层，表现层作为城市仪表盘，为决策者提供统一、完整、直观的城市数据分析视图。

（3）系统资源共享能力。虚拟管理数字城市应用所需的系统资源，提高系统资源的有效利用率，实行按需分配原则，为各类应用提供算力以及海量存储资源。各类应用根据计算资源的租用数量、实际占用量进行实时统计，根据云计算资源池进行统一管理，资源动态释放并实时指挥调度，简化管理的同时提升容量性价比，不仅能够平滑扩展，更可实现绿色节能。

（4）系统平滑演进能力。分期建设应用可扩展、能力可扩展、硬件可扩展的智慧城市平台，系统可持续、可成长。

（5）应用系统集成能力。包含第三方应用系统的数据集成、能力集成、应用集成，通过互联网/专线进行管理，定义标准化接口同时支持多层次集成。

（6）统一硬件能力。硬件平台包含基本存储阵列、磁带库、电源系统、交换板、网络安全板卡、业务处理板、负载均衡板等，实现集中安全控制、统一资源规划、集中管理模式等功能，具有可扩展、高安全、易维护的特点；统一存储备份能力，采用各种存储以及数据迁移等技术将存储系统进行存储整合，进而实现统一存储平台，提升设备利用率；统一网络安全能力，网络基础架构优化并设置局域网访问控制、DMZ 区隔离、VPN+双因素认证、入侵检测等，业务系统网络基础架构按照结构化、模块化、层次化进行结构调整优化，包括模块化冗余设计、VLAN 规划设计、IP 规划设计、路由规划设计、接入规划设计。业务系统边界设置统一边界防护，区分内部边界（终端接入网络边界、业务中心接入承载网边界等）和外部边界（业务中心到外网等），对接入边界做统一规划设计，建立统一的外接模块和防护体系，实现外来访问统一安全监控，集中部署安全措施。

智慧城市构建了众多丰富的应用场景，以数字民生中的智慧园区为例，智慧园区可被称为智慧城市的缩小版，是智慧城市的基本组成单元。智慧园区平台通过 AI、大数据、云计算、IoT、边缘计算和 5G 等智能化技术的不断演进，为园区智慧化、城市智慧化建设奠定了基础。智慧园区综合管理平台基于生物识别技术，提供人、车、物为一体的智能安防综合管理平台，在一个平台下即可实现多子系统的统一管理与互联互动，真正做到“一体化”的管理，提高用户的易用性和管理效率。目前，系统覆盖了门禁、考勤、消费、梯控、访客、停车、巡更、视频、报警、认证、通道、信息屏、人脸感知、智能分析及系统管理等多个子系统。而在众多数字化城市建设和智慧园区发展的具象场景中，智能门锁拥有其独特的地位和广泛的使用范围，同时也是 5G 时代“万物互联”的代表性产品。可以在家庭用户的日常生活中使用，还可以在现代化园区统一管理的平台化应用中使用，智能门锁的普及成为了城市数字化建设进程的里程碑。针对商铺、门店、家庭、公寓及其他全场景均有对应门锁解决方案支持。门锁由单机智能演进到 SIM 卡通信的管家智能锁、联网智能锁、指纹生物锁，再到现在的集指纹、密码、NFC、蓝牙等多种解锁方式于一身，通过手机 App 即可设置的真插芯 C 级锁芯。智能门锁的发展映射了智慧园区乃至智慧城市的进步，因此结合灵活 IP（FlexIP）实用性强的特点，提出了智能门锁控制的场景，作为 FlexIP 智慧园区的场景之一进行实验。

9.1.2 智慧城市实践案例

通过灵活互联网协议族 FlexIP 数据面封装设计使能更广泛的万物万网互联，是网络 5.0 的关键使能技术之。FlexIP 数据面具有三大特性：开放性编制特性、层级性编址特征、空间弹性编址特性。其中，开放性编址特性用于实现特定异构网络系统的兼容与设计，层级性编址特性用于实现异构网络之间的互通互联，空间弹性编址特性用于实现异构设备的泛在支持。基于 FlexIP 的轻量级内生安全特征样机在中国信息通信研究院承建的未来网络试验设施（CENI）深圳分系统完成了首个面向节能可信互联园区场景的技术试验。本次试验旨在通过灵活物联网构筑物联可信智慧园区组网架构并验证其关键技术。

本次试验基于智慧园区中智能门锁的控制场景，验证了灵活互联网协议的基本组成，依托未来网络试验设施深圳分系统在北京和深圳两城市展开。智慧园区的 FlexIP 测试场景如图 9-1 所示，本次测试包含支持 FlexIP 的智能门锁、主机、智能 AP 网关、云端智能门锁服务平台、DNS 服务器和 DHCP 服务器的网络和业务单元，CENI 试验设施深圳分系统提供深圳和北京两地到公有云智能门锁服务平台的安全加密通道，确保智能门锁云端的集中可信管理和维护，实现了 FlexIP 的端到端互联和业务互通。

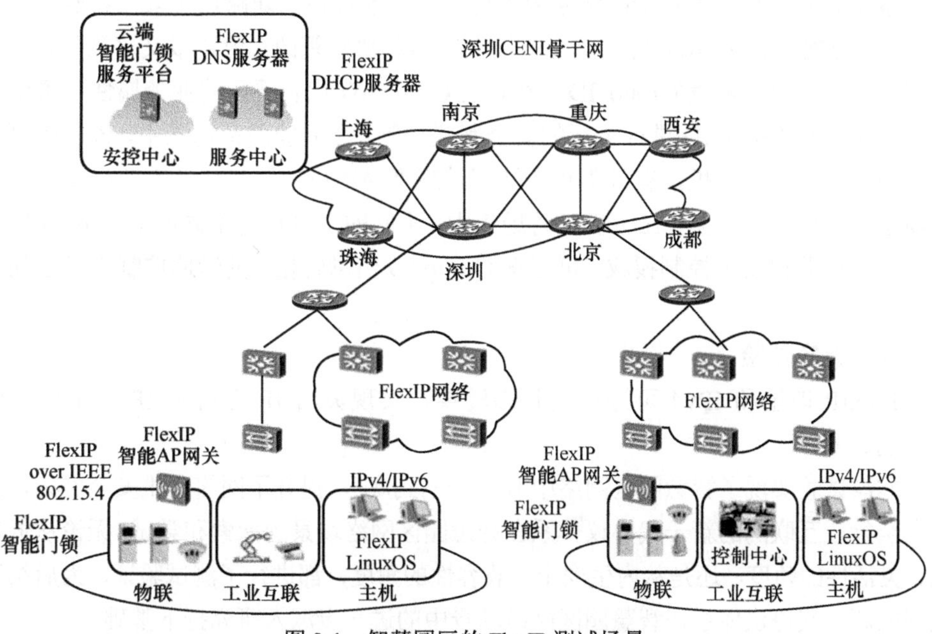

图 9-1 智慧园区的 FlexIP 测试场景

该试验内容包含短地址低功耗验证、FlexIP 组网验证、内生安全验证和兼容性 4 项验证工作。

（1）短地址低功耗验证

作为典型物联网终端，智能门锁可通过接入认证流程获得 FlexIP 的短地址，节省了物联网终端的计算和存储资源，而且还可以提高报文的整体传输效率。相对比传统的 IPv6，短地址不仅配置维护简单，且易于配置管理，部署灵活。经实验评估，灵活 IP 协议栈存储开销比 IPv6 协议栈降低了 75%，整体报文效率提升 50%。

（2）FlexIP 组网验证

园区网由智能 AP 网关、智能接入交换机和智能汇聚交换机形成 3 层的组网框架，通过终端访问业务流程验证了层次化长短地址的应用。终端的短地址报文，经由智能 AP 网关、智能接入交换机和智能汇聚交换机时可逐步将 IP 地址变长。不同长度的地址可在不同的网络区域中工作，彼此独立和共存。可以通过灵活使用长短地址的切换实现不同的网络技术能力的要求，层次化管理，网络架构依然类似传统的 3 层组网架构，但是地址分配使用方面完全不同，灵活变长、按需分配，不局限于传统的等长地址。

（3）内生安全验证

本次试验还验证了基于网络层内置可验证终端标识的随路内生安全校验机制。FlexIP 层内置 Auth Code，可以防止终端被仿冒和恶意篡改；内置报文序列号，可防止恶意报文重放；内置 Group ID，不同的 Group ID 代表不同的业务属性，可信网元节点可根据 Group ID 进行灵活的安全互联控制。在智能门锁场景中，该机制可部署在 AP 和汇聚交换机，有效阻止非法门锁或者 AP 被仿冒和恶意篡改报文，充分保障了门锁用户的安全；在主机互访场景中，不同的主机获得不同的 Group ID 授权汇聚交换机获得安全控制授权，可根据 Group ID 信息轻松、灵活地控制主机之间的互访。

（4）兼容性验证

FlexIP 地址和 IPv4 可进行无状态转换，实现灵活 IP 主机和 IPv4 主机的任意互访。

本次试验实现了智慧园区网络中 IP“一网到底”，提升了网络内生安全能力，是面向全行业互联网的新一代协议体系在智慧园区网络场景的探索和尝试。无论从低功耗、灵活性的角度，还是从内生安全、兼容性的角度，都进行了测试验证，为后续互联网的新一代协议体系在智慧园区网络场景中的进一步深入研究打下基础。

9.2　车联网

车联网涵盖了边缘计算、无线传输、承载网对接、车载网络的端到端网络系统。其中，车相关的车辆监控、运营管理、安全节油等应用结合了娱乐导航、信息咨询、社交网络等车载移动互联网服务，以及道路状况、交通服务、电子地铁等道路交通实时状况信息网络融合互联。车联网最初阶段是基础连接，现阶段人车交互逐渐向万车/物互联方向发展。车联网目前存在四大场景：车与车之间（Vehicle to Vehicle，V2V）、车与网络之间（Vehicle to Network，V2N）、车与路之间（Vehicle to Infrastructure，V2I）、车与人之间（Vehicle to Pedestrian，V2P），各个场景满足不同的业务需求。

9.2.1　车联网场景实现

车联网的基本构成从底往上可分为汽车传感层、车联网中间互联层、业务云层。汽车传感层包含手机、导航仪、PAD、CAN/OBD 等，作为车载信息服务终端，是面向用户服务的第一界面，是信息服务、信息流的根本来源；车联网中间互联层主要是车辆终端软硬件中间件负责将信息传递，是无线运营网络平台，也称为车载信息服务网络；业务云层在最上层，内容多种多样，如导航呼叫中心、行车安全服务商、智能交通服务商、维修保养服务商、影音娱乐服务商等，属于车载信息服务后台系统。车联网是通信和应用融合的云平台框架，本着融合、开放的思路创建。车联网的体系架构的核心内容依然是基础设备和服务功能，对比互联网架构层级而言，可分为感知层、网络层、云计算、应用层。感知层包括车载模块等车载信息终端、车车协同等基础建设、车路协同等数据感知。网络层分为网络接入和网络传输，网络接入有 GPRS、宽带无线城域接入等，然后将信号传递给 IP 核心网进行网络传输。感知层和网络层作为基础设施组成部分完成信息的传递。云计算作为信息服务支撑的重要内容，包含智能交通、远程监控、云计算中心、车载信息服务等。应用层即信息放平台，其中，个人开放应用、企业专网应用、政府公共管理等在云计算中心进行统一管理调度。作为服务功能，应用层和云计算是车联网的大脑，实现对终端信息的实时管控。

车联网应用场景广泛，包括物流运输、政府及公共交通、机场物流以及工业/

农业车队等。根据不同的侧重点，物流运输关注货物安全、成本管理，对路线优化、油耗管理以及监控更重视；机场物流侧重车辆定位、系统集成管理等；工业运输则强调事故预防、路线监控等，根据不同的行为终端应用场景，车辆网系统的重点是提供最合适的方案。实际的应用场景举例：如速率智能控制，首先自动识别道路标识牌，车联网系统再根据识别出的标识牌的内容确定该区间的行驶速度以及行驶范围，当车辆超过设置的行驶速度时，车载终端可对车辆进行自动限速，保证其速度在规定范围内，当车辆驶出行驶范围时，车载终端进行告警提示并根据实时情况及时进行调整；如驾驶行为分析，车载终端实时采集驾驶员操控终端的行为习惯、数据统计，最终形成驾驶行为报告，平台通过对驾驶行为报告的智能分析建立事故风险预测模型，预测最高风险因素并根据行业特征定制化提出安全建议、优化保费方案等；如车载终端的基本诉求分析，车载终端的保养提醒、充电分析、能耗分析等都将成为新能源汽车的数据切入点，根据大数据及时反馈最匹配的 4S 店、充电桩、加油站等信息，这些属于人车交互的范围，可计算出油耗指数、发动机性能指数，并进行数据分析来匹配适合车辆等。随着新能源汽车的迅速发展，结合车联网的场景分析，充电市场拥有巨大潜力，车联网平台根据车载终端信息分析出的数据进行最佳充电桩匹配，保证车载终端在短时间内达到充电效果，以智能充电场景为切入点，关于车联网的试验由展开。

与智能充电息息相关的就是支付管理系统，传统的汽车充电支付面临以下问题：需要铺设专门的通信线路，成本高、限制多；用户支付操作烦琐、体验差；订单难以监管，有一定的安全风险。无感支付是一种基于万物互联的新型支付模式，通过使用生物特征提取、图像识别等技术手段，从身份识别信息中获取支付凭证信息，并依据事先建立的绑定关系完成支付。例如 ETC 支付、人脸支付、车牌支付等，都是这种先进的无感支付的不同形式，它们把支付和验证合二为一，比手机支付更方便快捷，使用户获得更好的体验。对于无感支付的边缘计算网关，无感支付充电现场无须单独布设通信网线，方便快捷。

9.2.2 车联网实践案例

在智能汽车无感支付方向，有不少创新方案，如中国银联携手华为，创造性地将 PLC-IoT 和边缘计算技术融入新能源汽车充电的无感支付流程中，开发出首款支持无感支付的边缘计算网关。充电现场无须单独布设通信网线，当用户取下充电枪充电时，充电桩即可通过基于电力线提供的 IP 化 PLC 通道，实时将车辆和用户信息发送给边缘计算网关；充电结束返还充电枪时，边缘计算网关通过内置的支付控件快速读取充电客户结算信息，由内置的中国银联安全芯片加密后，将相关信息发送到中国银联物联网支付平台，随后生成订单并完成交易，从而为客户提供金融级安全保障的汽车充电无感支付新体验，打造智能、安全、便捷的充电支付解决方案。双方将积极构建智慧出行生态圈，通过边缘计算和 PLC-IoT 技术对支付领域进行持续创新，为新能源用户提供更加便捷安全的支付方式，进一步促进全民低碳出行。

新能源汽车无感充电业务是“物联网+无感支付”技术的新应用，实现了新能源汽车“插枪即充、拔枪即付”的充电新体验，电动小汽车无感支付的研究——重点物联及边缘计算融合网关（后面简称“金融可信网关”）是金融可信物联网的重要基础设施，是近距离接触物联千行百业的可行途径，由于靠近信息源，可以获取实时、完整、真实的信息，且信息难以被篡改。

传统控制局域网点线技术（Controller Area Network-Bus，CAN-Bus）使用明文传输数据，缺乏安全机制。即插即充业务只能依赖明文车辆识别码（Vehicle Identification Number，VIN，又称车架号）对用户进行识别，存在车伪造 VIN 及桩吸费（指充电桩异常吸费）等安全隐患。现有的安全机制传输机制复杂，对链路传输能力有要求，无法适配 CAN-Bus。

无感车辆支付示意图如图 9-2 所示，本测试在遵从《GBT 27930-2015 电动汽车非车载传导式充电机与电池管理系统之间的通信协议》的前提下，对 CAN-Bus 进行 FlexIP 改造，使能可信安全通信。内生安全，即通过 ID 内生密钥进行身份认证和完整性保护，防止仿冒车辆身份和被吸费，同时对 ID 进行动态加密，防止隐私泄露；可变长地址和灵活字段定义，报头开销小，可以直接承载在 CAN-Bus 上。所有交互报文基于轻量可信协议进行封装，大小在 20byte 左右，在叠加安全功能后不影响 CAN 总线的传输效率。在原有的基础上增加了安全性和可靠性的识别，使用户车辆信息更安全。

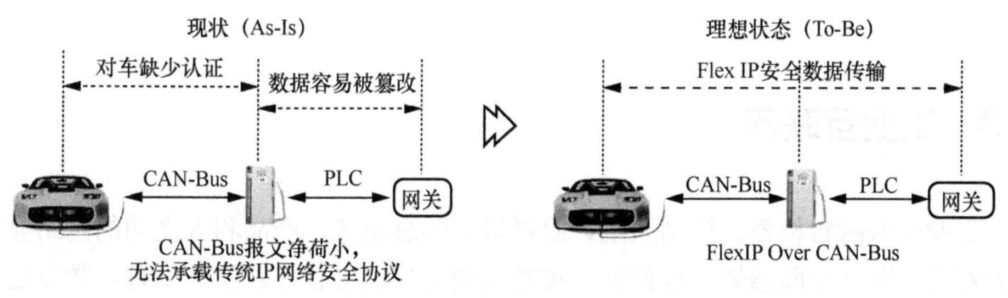

图 9-2 无感车辆支付示意图

本次试验内容包含车的可信 IP 地址验证、非法车仿冒攻击的安全防护验证和桩吸费攻击的安全防护验证，具体如下。

（1）车的可信 IP 地址验证：金融系统可根据可信 IP 地址就可以处理对应车的充电支付报文信息，可信 IP 地址由车的支付 ID 和 Auth Code 组成。车的支付 ID 是金融系统根据车 ID 生成的；Auth Code 是由设备密钥 DVK 和其他信息生成的，设备密钥 DVK 是金融系统为可信终端分配的和充电交付相关的密钥。可信金融网关持有主密钥，可对报文中的 Auth Code 进行校验，如果校验成功则转发或者处理报文，如果校验失败则丢弃报文。金融系统自主生成的车 ID 加上 Auth Code 实现了双重加密的过程，并且可信 IP 地址是动态地变化的，验证 IP 地址的可靠性也为车辆的安全防护提供进一步的保障。

（2）非法车仿冒攻击的安全防护验证：非法车盗取合法车的 VIN 信息，但是无法获取可信 IP 地址，则来自该车的信息无法通过金融网关的校验，系统界面显示为非法车并告警；非法车无法攻击成功，使安全系数进一步提升。金融网关的校验系统作用非常关键，也是安全性能的提供者和保障者。

（3）桩吸费攻击的安全防护验证：非法桩上报有问题的充电记录，金融可信网关进行可信 IP 地址校验，若发现不一致则进行告警。该方案能够有效地预防仿冒和桩吸费两种攻击。有效地预防非法攻击是充电管理系统的基本功能，若产生了多次仿冒和桩吸费攻击，金融可信网关或将该非法桩锁死以及提升安全系数认证，防止持续攻击。

泛在 IP 轻量级内生安全特征样机在电动汽车无感充电场景完成了 FlexIP、轻量级内生安全的技术验证。在本次试验中，基于 CAN 总线进行了 FlexIP 改造，验证了基于可变长编址机制、可以保证窄带链路的高效通信，通过 ID 内生密钥可以进行身份认证和完整性保护，并可以有效地防止仿冒车辆身份和被吸费攻击，使能新能源汽车基于 IP 端到端通信的“插枪即充、拔枪即付”的充电新体验。

9.3 工业互联网

工业互联网将机器、控制系统、原材料、信息系统、产品和人之间的网络互联作为基础，深度全面感知工业数据、实时传输交换后进行计算快速处理、数据建模分析，进而实现生产组织、运营优化和智能控制。工业互联网的三大体系——网络、数据、安全，以网络为基础，数据作为核心，安全是基本要求也是基础保障。工业智慧化的目的是构建三者的优化平台：首先，对机器设备的智慧优化，对工业机器、生产数据的实时感知和边缘计算进而动态优化机器设备创建柔性产线；其次，生产运营的智慧优化，基于制造执行系统数据、信息系统数据、控制系统数据的集成和高级建模分析，实现智慧生产模式，生产运营管理动态调整进行实时优化；再者，对企业、用户协同交互以及产品服务进行优化，通过用户需求数据分析、供应链数据分析、产品服务数据分析等，实现个性化定制、网络化协同等新工业模式。

9.3.1　工业互联网场景实现

工业互联网平台旨在将采集的海量工业数据进行数据存储、分析、管理、建模以及应用开发，并集合制造业、开发者，最终提供涵盖产品整个生命周期的业务及应用，进而提升资源利用率和配置率，推动企业高质量发展。因此，工业互联网平台具备 4 个功能：对不同来源结构的数据广泛采集、具备海量工作数据的处理能力、对海量数据的深度智慧分析能力和具备可开发环境。工业互联网平台的层级构成有：边缘层、IaaS 层、PaaS 层、工业 PaaS 层和工业 SaaS 层。平台的基础是边缘层，连接工业设备接入层实现工业数据的采集；平台的核心是工业 PaaS 层，通过工业机理为模型，承接通用 PaaS 层并融合创新，对数据深度分析，是上层工业 SaaS 层的开发基础；平台的关键层是 SaaS，作为创新型应用层，是互联网平台在各行各业的业务领域的最终价值体现。工业互联网体系架构 2.0 中说明了工业互联网架构由业务指南、功能框架、实施框架、技术框架 4 部分组成。根据体系结构以及平台功能要求产生了工业互联网平台的参考架构：

（1）边缘连接，机床、工业机器人、传感器等设备接入以及控制系统，该部分包含边缘计算、边缘存储、边缘网络以及边缘应用；

（2）云基础设施，包含资源管理、服务管理、多用户管理；

（3）基础平台能力，包含资源连接管理、数据处理、数据共享、数据分析、应用使能；

（4）应用层，包含物理设计、生产执行、物流管理等。

在工业 4.0 时代，通过智能调度系统控制室就可以远程控制数千米外的炼钢转炉来开启“一键炼钢”模式，通过实时监控现场情况，工程师在发现故障时便及时进行远程运维。随着大数据、云计算等 IT 技术和工业控制领域 OT 技术的不断融合，工业互联网和智能制造已是大势所趋，而确定性广域网技术也成为下一代工业控制系统不可或缺的一环。工业互联网的发展正在推动企业生产系统走向生产现场少人化、无人化，实现降本增效、安全生产。工业控制系统加速走向远程集中控制模式，让操作人员可以在更安全、更舒适的集中控制室完成生产任务，也让大型企业得以在更大范围内实现总部、多基地之间的生产要素调度和优化。为此，工业控制系统需要走向广域化，确定性广域网技术成为下一代工业控制系统不可或缺的部分。但是由于工业控制系统对实时性要求非常苛刻，导致传统工业控制系统一直未能广泛采用 IP 协议，存在工业控制协议"七国八制"、系统不够开放、数据难以互通的问题。为推动工业互联网的发展，现有的工业控制系统亟待优化。

确定性服务最早在 IETF DetNet 工作组被提出，旨在为数据流提供确定性低时延及低抖动的 IP 层转发，并孵化出了 DIP 技术。DIP 技术是华为和紫金山实验室共同提出一种 3 层确定性网络技术架构，转发技术的创新突破是在数据面上引入周期调度机制，控制面上提出免编排高效路径规划与资源分配算法，进而实现大规模可扩展的端到端确定性低时延网络系统。DIP 网络为基于流的差异化服务提供了更方便的网络层识别方式，路由器对流的识别不依赖于传统的五元组，能够在不解析 TCP/UDP 4 层传输层包头的条件下，实现对流的精准识别，并匹配相应的流转发策略。通过控制数据报文每跳转发时机减少微突发，消除长尾效应，进而实现端到端的时延确定性。IP 最初的"尽力而为（Best Effort）"已满足不了新应用场景中差异化服务的需求，DIP 技术能够通过确定性的报文调度和核心无状态的网络架构，同时实现 3 层大网端到端时延确定性和大规模可扩展性，使得在 IP 网络可以为高优先级别的流提供确定性的转发服务。DIP 技术利用确定包标记溯源法，记录边界路由器 IP 包，可获得相应入口地址和攻击源所在子网，这种溯源方法简单高效。

9.3.2 工业互联网实践案例

云化 PLC 采用云端运行可编程控制器，通过软件定义 PLC 实现与工业互联网平台互通，PLC 入网即可将 App、分析结果嵌入机器和云端，实现智能化和自我感知，升级 PLC 无须更换硬件，通过 API 和生态系统来扩大工业互联网平台应用，也就是将工业控制从有线到无线、从本地到云端的转移。它解决了传统 PLC 数据采集智能化和安全存储方面的缺陷，且拥有更开放的云化智能应用和更大算力的边缘云。虽然 PLC 和自动化技术的发展，工业自动化生产中已越来越广泛地采用工业以太技术，各厂商采用的通信协议不同，但都存在高精度、高确定性的时延抖动要求，其控制信号发包周期一般小于 10ms，而传统的 IP 网络无法保证如此低的时延抖动要求。随着工业互联网的深入发展，尤其是云化 PLC 技术架构的渐趋成熟，使得工业网络的 IP 化成为工业领域、OT 和 ICT 领域众多机构的关注焦点。基于已经 IP 化的园区网络和工业互联网外网实现工业控制流量的传输将极大地扩展工业系统的部署范围、改变传统烟囱式的工业网络架构。基于 IP 网络的云化控制成为新一代工业系统的典型需求。

DIP 技术的周期映射自学习功能，巧妙地解决了在传统 IP 网络缺乏时间同步的情况下实现高精度确定性时延的难题。数据报文转发过程中，DIP 设备在报头携带周期标签信息来指示该报文的发送周期。DIP 仅需要少量的比特即可完成上达功能，因此可以应用于多种传统数据面协议，如 IPv4、IPv6、MPIS 和泛在 IP 等。为了兼容传统的工业、以太工业总线终端，DIP 也在 SRV6-TE 协议中做了协议验证。基于上述协议扩展实现的 DIP 样机已经完成了多次的现网试验，并成功地承载了云化 PLC 和工业机器人的控制流量。首例 DIP 跨广域网承载工业控制流量试验如图 9-3 所示，在工控周期为 4ms 的设定下，600km 以上的跨城 DIP 网络依然能够满足网络确定性传输的要求。云化 PLC 部署在上海，采用通用架构实现，包括鲲鹏 CPU、欧拉操作系统、面向 IEC 61499 标准的 PLC 开发运行环境。云化 PLC 采用通用 IP、经 CENI 的确定性广域网连接，在 600km 之外远程控制部署在南京的执行端机械臂。在重度负载的背景流量冲击下，确定性广域网的平均时延小于 4ms，时延抖动小于 20μs，广域云化 PLC 系统正常控制远程机械臂稳定工作，试验取得圆满成功。

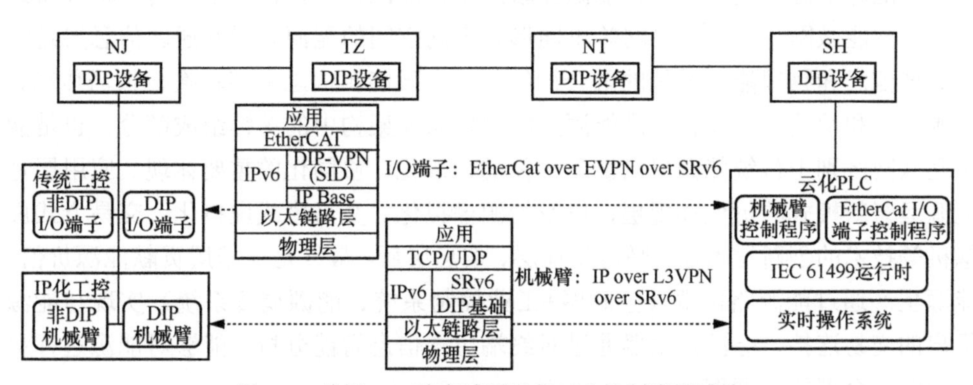

图 9-3　首例 DIP 跨广域网承载工业控制流量试验

对既有协议的扩展可以实现基本的 DIP 能力，但有限的报文头空间不能发挥 DIP 的全部能力。面对多发选收、检错容错等高阶特性，需要在泛在 IP 中定义专用的 DIP 字段。重构下一代工业控制系统，已成为产业共识，产业政策与厂商实践正在加速重构时间点的到来。基于 IEC 61499 的下一代工业控制系统和确定性网络技术，未来将成为业界专家的重要研究方向。该试验案例只是工业互联网场景中的一个基础应用，DIP 技术的确定性时延特点在工业互联网应用中十分重要，除此之外对传统工业的兼容使得 DIP 技术在工业互联网的领域有更广阔的发展空间，有更多的可能性被探索，最终实现数字化、智慧化的成功转型。

9.4 能源互联网

能源互联网旨在结合新能源技术、信息技术和电子电力技术等，构造一种面向未来新能源的智慧化体系。深度融合能源和互联网实现分布式能源供应，在能源互联网体系中将能源作为信息进行流通使用，类似互联网信息访问，能源消耗者存在"合法身份"即可获得能源使用权，并实现可再生能源的有效利用、满足用户差异化能源需求。能源互联网体系是无中心网络的新型能源生产消费模式。

9.4.1 能源互联网场景实现

能源互联网基本成型架构为 3 层，自底向上为物理层、信息层和应用层。物理层是能源形态底层基础，为能源互联网多种能源协同提供技术平台，将分布式能源、智能微网、广域大电网等不同形态不同空间的能源互联互通。信息层是能源数据信息和物理能源系统的融合衔接层，实现能源信息有序转换、按需传输、能源生产和消费的一体化，是能源互联网体系在架构中的关键组成部分，也是能源互联网区别于传统能源单向链条供需的信息化、协同化的重要体现。应用层是能源运营新模式的价值体现层，以及能源虚拟化、交易模式虚拟化、交易方式虚拟机等技术的创新增值层。联通物理层、信息层后，最终是应用层贡献能源价值。能源生产通过能源路由器（互联网+工业控制系统、能源调度系统）实现与能源用户的交易连接，能源路由器通过对终端用户信息智能分析，能够对能源进行科学分配、合理能源调度。

能源互联网的信息通信架构体系分为 6 个部分。

（1）智能传感

能源感知终端，包含光纤传感、图像识别、无线传感、多维感知、生物特征识别等，实时反映终端用户的能源状态参量；可分布于各类建筑群、桥梁、交通、地表、公路沿线灯杆以及地下各类管道中各种形式的感知元器件、读码器、二维码、RFID 标签、遥感元件、识别探头等终端设备组成的感知传导网络。智能传感包含数据编码、数据采集和数据短距离传输。

（2）通信网

包含光通信、量子通信、5G 网络、电力线载波通信等传输通道，包括骨干网和接入网，是能源信息传递的载体；各类有线/无线节点、固定/移动网关组成通信网与互联网的融合体，可通过广电网、通信网、互联网等接入，将智能传感层获取的数据可识别、稳定、高效、完整、安全地传送到系统更高层。

（3）云计算

通信网传输的能源数据进行云存储、信息统合、分布式计算等，将能源信息转换成数据信息进行虚拟化存储。

（4）大数据

对能源大数据进行建模分析、数据挖掘以及数据共享，实现数据的实时有效利用。

（5）移动互联人机交互

策略制定、融合处理、智慧城等因素结合对能源信息科学调配，实现能源利用合理化。

智能电网是能源互联网发展的首要基础，作为骨干网架的智能电网建设是实现能源互联网的前提条件。电力大数据是智能电网的基本资源，目前电力系统的信息通信业务还是解耦模式，是基于网络支撑的一种服务，其中的通信网络和信息系统彼此独立。电力资源的刚性需求以及庞大的用户群体导致其成为我国必不可少的基本能源，如何有效管理庞大的工业耗电量和分散的位置布局成为供电站的发展方向。另外，能够准确、及时地记录用户的电力消耗和线路参数、线路损耗、路径优化以及负荷预测，为电站进行有效反馈，是对传统电力系统的挑战。传统电表系统抄表过程不仅烦琐且易出错，智能电表在安全性便捷性方面有了很大提升，智能电表系统中设计了相应的电能统计模块和计费模块，供电公司在服务器上即可对用户的用电情况进行远程监控，进而简化了抄表计费流程。为了满足智能电网的发展要求，保障数据传输的快速性和可靠性，智能电表技术获得了广泛的研究和飞速的发展。智能电表作为供电公司和用户的桥梁，能实现用户用电数据的计量、采集和传输，在对用户的用电考核、奖惩等方面为供电公司提供了重要的数据支撑，以保证国家政策顺利执行。供电公司通过智能电表传输的数据，准确地获得用户的用电量、电能质量、功率因数等方面数据，加强对用户用电状况的有效监控，通过差异化考核，优化电力系统的配置，保障了电网系统的稳定运行，实现电力资源的合理分配和利用。当前电网使用的智能电表主要是实时进行用户数据的传输，将用户数据保存在电网服务器，采用基于 GPRS 的端到端通信。供电服务器进行数据采集时压力较大，即便后来经过 RF 网络进行无线连接，在智能电表网关和电表之间成网传输，但是也存在多跳以及人工配置复杂的问题。

泛在 IP 体系中的网络自组织协议 Self-X 就很好地解决了上述问题，因为 Self-X 面向网络基础设施自组织和服务代理自组织，通过网络自动化手段，使用自组织网络配置，降低运维操作复杂度，Self-X 网络技术的通用自主信令协议（Generic Autonomic Signaling Protocol，GRASP）集成了自动发现、信息协商/同步、信息洪泛等网络管理中的常见功能。该协议已经作为 IETF 的标准协议发布。GRASP 吸纳了现有信令协议的特点，借助于现有网络体系中的协议实现其信令的交互，在最大程度上保证与现有网络体系的兼容性，体现了其在现有网络中逐步集成与演进的特点。GRASP 的通用性体现在其支持多种参数类型，可以适用于多种参数类型的协商。此外，GRASP 的开发本质是设计一种基础的、可重用的自治网络基础组件，使其能够用于多种的应用场景。

9.4.2 能源互联网实践案例

GRASP 采用灵活的 CBOR 编码，可扩展性灵活，是非常轻量级的信令协议，以最小的代价实现了网络自组织管理的必要功能；适用于网络节点之间，通过免人工地自主交互来完成一些更具体的定制化的网络管理功能。GRASP 为自治节点之间的通信提供解决方案，具体有以下 4 种机制：发现机制、协商机制、同步机制和洪泛机制。GRASP 介于传输层和应用层之间，除了兼容多种参数类型，还可处理具有复杂数据结构的网络参数，进而能够满足多种复杂的网络环境和通信需求。GRASP 有多种消息类型进行不同的功能，如发现消息、发现响应消息、协商请求消息、协商消息、等待消息、结束消息、同步请求消息、同步消息、洪泛消息，通过消息传递完成注册、发现、协商、同步以及洪泛的过程。GRASP 的核心工作是全网特定目标参数的协商，最终达到特定目标参数的统一。采取的方式有协商、同步和洪泛。由于灵活且可定制的特点，GRASP 的应用厂商场景更加灵活。

智能电表自组织网络（基于 Self-X GRASP 扩展的轻量级网管协议）如图 9-4 所示，是一个智能电表应用自组织网络协议的示例。智能电表作为一个典型的 IoT 网络应用，如何以尽可能低的成本（不布网线、不上商业无线网、低安装复杂度、低管理和维护负责度、低硬件成本）实现网络联通，传递电量数据和必要的操作指令，既有其独特的定制化需求，也代表了一个普遍类型的网络特征。

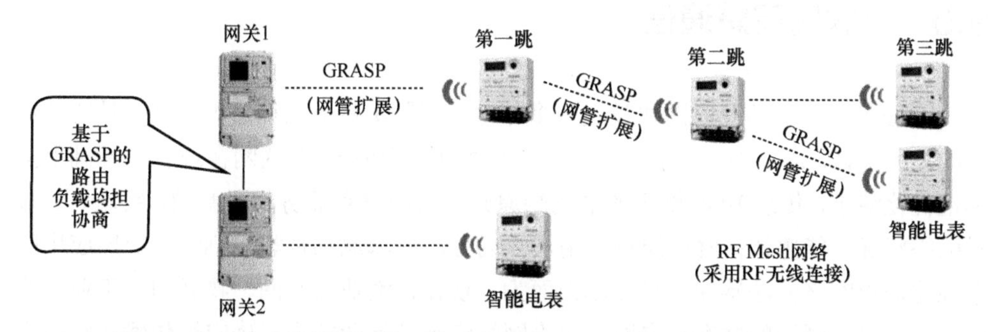

图 9-4 智能电表自组织网络（基于 Self-X GRASP 扩展的轻量级网管协议）

智能电表之前的成网方案中已经采用了 RF 无线连接的方式，打通了相邻设备（智能电表之间，以及智能电表和相邻网关之间）的无线通路。但智能电表的成网、跨跳信息传递以及管理指令还依赖人工配置，且之前采用私有的协议来完成微控制单元（MCU）与驱动控制单元（DCU）之间的网络管理功能，实现开销较重，在内存和运行 ROM 空间上都超过了智能电表的规格；且网管数据采用固定的数据结构，可扩展性非常差。Self-X 技术基于 GRASP 扩展重构了一个定制的极简网管协议，将 GRASP 应用在 RF Mesh 产品上，实现 IoT MCU 节点与 DCU 网关之间的网络管理信令功能，具体包括节点上线通告、下线指令、状态汇报等。通过在多个网关之间引入基于 GRASP 的协商机制，来保证 RPL 在生成路由树的时候做到负载均担。通过内置简单的地址分配算法，自组织网络内的短地址分配也是全自动地完成。与 CoAP 等业界常用协议对比，GRASP 的代码所占用的 ROM 空间仅为其十分之一左右，大大节省了 RF Mesh MCU 节点的硬件资源。此外，GRASP 采用的 CBOR 编码，与传统的 TLV 相比，具有压缩报文大小、支持较灵活的上层协议扩展等优势；与 Protocol Buffer 相比，不需要额外的 Schema 描述文件，更符合网络设备开发的逻辑和习惯。作为底层网管支撑协议，GRASP 采用 CBOR 编码，在压缩报文空间的同时，支持较为灵活的上层管理协议扩展。

GRASP 是一个通用的协议，可以作为一个公共平台支撑多种上层应用，后续还可以继续继承自动安全认证入网等更进一步的功能。而且 Self-X 作为一种支撑网络自动化的底层技术具有很好的可扩展性和移植性，可以便利地适配到各种网络中，满足定制的差异化自组织需求。在能源互联网的场景下 GRASP 应用更加广泛。

9.5 互联网智慧通信

IP 技术为核心的互联网协议运行多年，在部署实践上取得巨大成功，是通信世界的里程碑，促进了网络互联和应用生态的发展。当前 IP 互联网在现有的基础上持续地优化演进，传统 IP 网络中的端到端原则使得网络和业务相对割裂，终端、云端对网络状况不能感知；网络层和应用层因为分层解耦原则也相对割裂，上层应用的个性化需求网络无法感知，只能尽力而为。现在，消费互联网、物联网、工业互联网等多种异构网络的共存，专网、边缘网络满足各行业需求、确定性传输、网络安全等技术的局限性使得互联网朝着智慧通信的方向不断发展。

9.5.1 互联网智慧通信场景实现

由于网络运营商在互联网业务方面没有互联网服务商的优势，业务和网络协同是下一代网络的关键诉求。网络运营商试图利用 VPN、服务质量（QoS）等技术形成智能管道改善服务质量以及差异化服务，虽然对运营商业务起到部分改善，但没有大范围的应用部署，对互联网业务的运营没有本质上的改观，其原因主要包括 3 个方面：网络轻载、应用层和传输层的新技术开发逐步压缩了对网络层的依赖、QoS 技术目前未能根本性地解决可运营的难点。应用和终端不能始终处于网络不受控的部分，未来网络对边缘算力、分布式计算的需求也不允许业务继续和网络保持分离状态，业务和网络逐步协同成为趋势。网络为服务做支撑，服务赋能网络，以服务为核心进而实现智慧通信。互联网智慧通信体现在多个方面：连接型的互联网数据交互更为紧密、方便，开放性应用平台主导网络，移动终端和人实现合一等。流量智慧调度、路由智慧优化、智慧感知能力、业务承载智慧功能编排等是网络智慧化的基本特征，网络不仅可以智能感知，还可以智慧决策及执行，动态适应需求变化，资源及时调整释放，协同模式智慧控制使得网络功能最大化。

域名系统（Domain Name System，DNS）作为网上机器命名系统，管理互联网上主机名字和 IP 地址的对应关系。DNS 是层次树状结构的联机分布式数据库系统，采用客户器方式，大部分名字在本地解析，实现主机名到 IP 地址的转换，少部分则需互联网通信解析。分布式是为了避免单点故障妨碍 DNS 系统的正常运行，域名到 IP 地址的解析过程是通过众多分布在互联网上的域名服务器完成。域名服务器是按分层管理划分的，管理的一个分层为一个区域，一个域可以理解为域名空间的一棵子树，各个域之间单独管理互不影响，每个域有自己的域名服务器。当一个主机中的进程需要把域名解析为IP地址时，就调用域名解析函数，并成为DNS的一个客户，解析函数把待解析的域名放在DNS的请求报中，以UDP用户数据报的方式发送给本地域名服务器。本地域名服务器查到域名后，把对应的IP地址放在回答报文中返回。获得IP地址后主机即可进行通信，同时域名服务器还必须具有连向其他服务的信息以支持不能解析时的转发。若域名服务器不能回答该请求，则此域名服务器就暂时成为DNS的另一个客户，向根域名服务器发出请求解析，根域名服务器一定能找到下面的所有二级域名的域名服务器，以此类推，一直向下解析，直到查询到所请求的域名。

传统IP的域名访问过程某种程度上增加了服务时延，查询的时延响应过程不确定，并且由于UDP报文长度的限制，DNS服务最多可以包含13台根域名服务器数据，因此IPv4根域名服务器数量被限制在13个，每个服务器使用单字母命名，所以IPv4根服务器是从A~M命名的。辅助域名服务器在启动后与主域名服务器进行区域传送，若服务器在正常流程中，则辅助域名服务器和主域名服务器之间进行周期性的查询来实现数据同步，及时掌握主域名服务器的数据变化。将变化的区域进行数据传送，若区域数据较多且要保证数据一致性，则采用TCP封装进行传输。可见域名查询系统本身就增加了用户的体验时延。

9.5.2　互联网智慧通信实践案例

FlexIP的服务路由将服务标识通过特定的方式内嵌于IP地址，当客户端在服务路由环境下访问特定服务时，客户端可直接与其对应的IP地址建立连接，进而免去通过域名系统查询IP地址的协议流程。由于域名查询是网络时延的主要组成部分，基于服务路由免去域名查询时延可降低服务首次连接的时延，进而提升用户体验、增加服务营收。基于服务的路由按照服务路由进行访问，在访问流程简化的同时，业务和网络不再割裂，实现业务和网络的协同。服务获取时延构成如图9-5所示，互联网通过域名标识服务以实现服务获取，通过将域名映射为IP地址，并与IP地址对应服务器建立连接，实现对服务的间接寻址。客户端获得服务的时延包括以下两个部分：通过域名系统获取服务对应IP地址的传输时延（图9-5左侧白色底色部分为协议耗时），与特定IP地址对应服务器建立连接获取数据的传输时延（图9-5右侧灰色底色部分为协议耗时）。在服务路由体系模式下，用户可通过服务标识直接与服务所在服务器地址建立连接，免去域名查询过程及其时延。

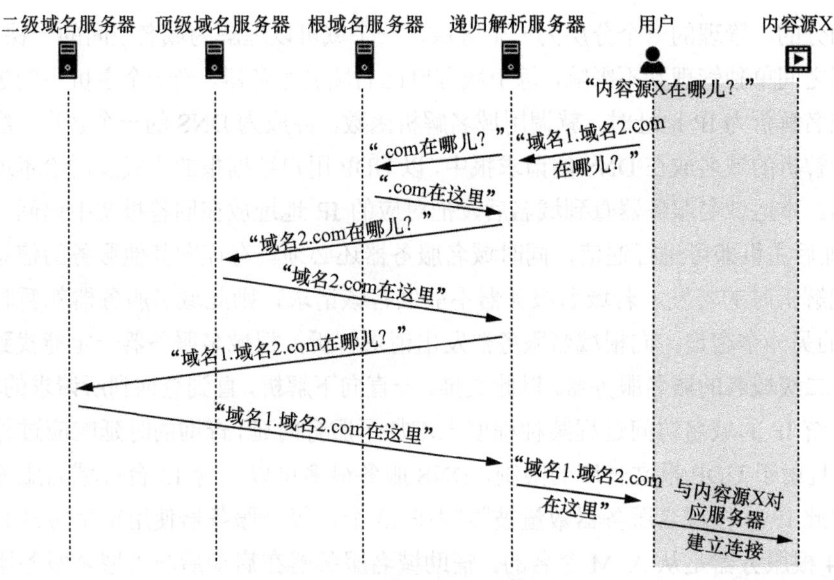

图 9-5　服务获取时延构成

域名系统影响用户体验案例如图 9-6 所示，其描述了一个域名系统响应时间过长的案例。位于广州的用户首次访问位于广州的服务时，域名系统递归解析服务器的递归解析过程先从广州访问位于捷克布拉格的根域名服务器，后访问位于哥斯达黎加圣何塞的顶级域名服务器，最后访问位于成都的二级域名服务器，域名查询时延约 220ms，而客户端与服务器连接建立时延约 5ms，此时域名系统执行过程时延远超服务连接建立时延，影响用户体验。

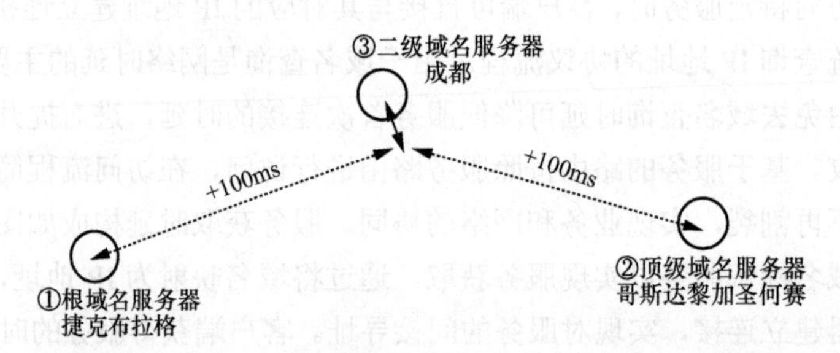

图 9-6　域名系统影响用户体验案例

华为与中国移动在移动信息港中心完成了在 MEC 场景下的服务路由试验验证。服务路由试验示例如图 9-7 所示，其描述了服务路由试验示例。服务路由旨在利用 FlexIP 的数据面创新，实现客户端与服务的直接连接建立。在服务侧，服务器路由首先通过索引服务器存储 Service ID 标识列表，对于使用服务路由的服务而言，首先通过特定算法将域名映射为特定的 Service ID（以二进制序列标识），并将该 Service ID 注册于索引服务器中。当新注册 Service ID 于索引服务器内列表发生冲突时，即索引服务器内存在已注册使用相同 Service ID 的服务时，映射算法将持续迭代直至生成无冲突的 Service ID 后，该 Service ID 被记录入索引服务器中，Service ID 注册成功。针对服务路由服务，承载服务路由的网络服务提供者使用特定 IPv6 网络前缀用于服务路由转向服务，并将该前缀通告至互联网中。此后，服务放将服务部署在网络服务提供者的边缘服务器上，网络服务提供者将上述特定 IPv6 网络前缀与 Service ID 连接在一起构成完整的 IPv6 地址，并将该地址配置在提供服务的边缘服务器上。在终端侧，客户所对应的服务应用程序 SDK 内置服务对应的 IPv6 网络前缀，并通过相同算法将域名映射为对应的 Service ID，再将 IPv6 网络前缀与 Service ID 相拼接，得到提供服务的边缘服务器 IP 地址。此后，客户端通过此 IPv6 地址建立连接获取对应服务。整个过程分为以下 3 个部分。

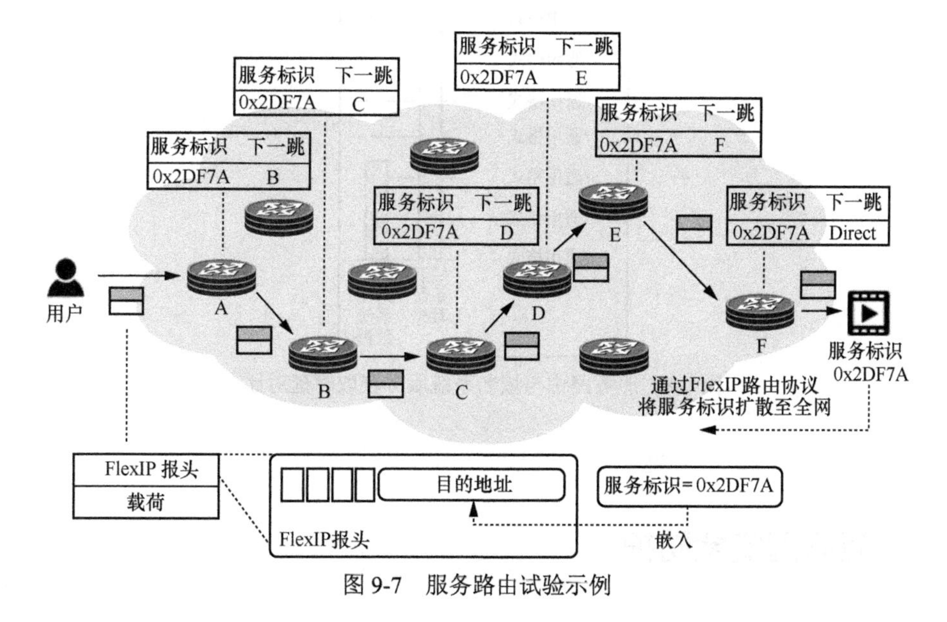

图 9-7　服务路由试验示例

（1）服务承载方通过 FlexIP 的路由协议将服务标识分发至网络系统内。此时，网络系统内路由器生成一张服务路由表用于标识某项服务的路由选择。

（2）当客户端请求与该服务建立连接时，客户端将服务标识通过定制化机制内嵌于 FlexIP 报头的目的地址内，并将请求封装在 FlexIP 内。当网络节点收到该请求报文时，其通过 FlexIP 目的地址结构判断其内置服务标识，并读取服务标识。

（3）通过查询服务标识路由表，网络中的路由节点可将该报文路由至服务承载方，完成客户端对服务的直接寻址。

服务路由与域名系统服务获取时延对比如图 9-8 所示，记录了服务路由与域名系统的服务获取时延对比。该测试环境下，实验以平均网页加载时间模拟终端针对服务的获取时延。图 9-8 左侧为域名系统数据，右侧为服务路由系统数据。相同实验环境下，通过域名系统实现服务寻址耗时约 300ms，通过服务路由实现服务寻址耗时约 150ms，服务路由相较于域名系统能够降低约 50%的页面首次加载时延，用户体验提升明显。除此之外，在移动边缘计算场景的实验环境下，服务路由与域名系统相能够降低 50%的页面首次加载时延，时延敏感应用（如 AR/VR、全息通信等）用户的体验提升明显。

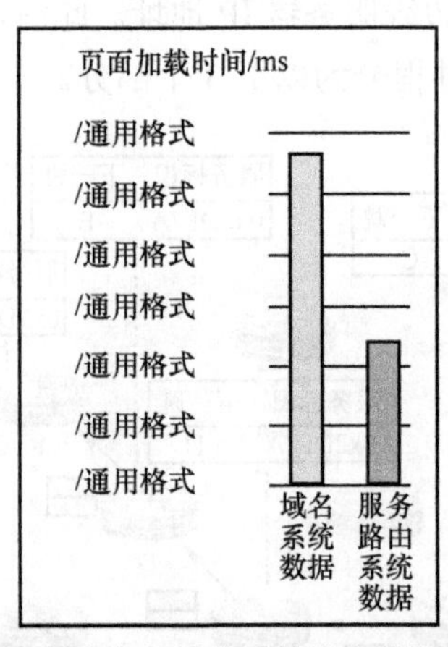

图 9-8　服务路由与域名系统服务获取时延对比

9.6　互联网安全防护

当前 IP 网络体系结构的核心是 IP 地址，IP 地址作为通信标识对象和路由寻址基础，其安全性尤为重要。IP 面向无连接、目的 MAC 转发的设计存在安全隐患，即 IP 源地址默认可信可靠。任何攻击者可自定义源 IP 地址进行攻击，或者采用大量 IP 分片报文进行攻击，被攻击者进行报文重组导致资源被占用等，防火墙虽然可限制部分源地址访问，但在根本上未能消除非法入侵等安全风险。因此，如何实现互联网协议的安全可信通信成为当下研究的热门。

9.6.1　互联网安全防护场景实现

常见的互联网攻击有 DoS 攻击、DDoS 攻击和分布式反射拒绝服务（DRDoS）攻击。DoS 攻击的目的是破坏计算机和网络提供的正常服务，DoS 攻击一般分为针对计算机网络带宽和针对计算机网络的连通性两种。DoS 攻击的过程首先是攻击者向目标服务器（被攻击）的服务器发送大量的虚假 IP 请求，利用 TCP 的 3 次握手机制，被攻击者在收到请求后返回确认消息，等待攻击者回复确认消息，攻击者不会给服务器回复确认消息；接收不到返回的确认消息，服务器就处于等待状态，此时分配给此次请求的资源不会被释放，只能等连接超时断开；之后攻击者再次进行攻击，如此反复，直至服务资源耗尽瘫痪。以 DoS 攻击中最有名的 Syn-Flood 攻击为例，攻击者首先故意发起一个握手数据包，服务器收到以后将它放入等待队列，并返回确认。其次，攻击者不再发送第 3 个确认包，这样一来，服务器就会进行多次重传发送（Linux 系统通过 tcp_synack_retries 配置重传次数），消耗了大量额外开销，同时等待队列被占用，甚至等待队列被占满，最终导致服务器不能接收客户端的请求。针对这种 DoS 攻击的防护解决办法通常是缩短等待时间，尽早删除在等待的队列中等待的非法请求数据包，还可以在 TCP 第一次握手时，不将请求报文放入等待队列，而将一个 32bit 的无符号整数作为第二次握手的 Seq 返回给客户端，该整数通过将用户请求的参数（包括请求的地址、端口等）加上服务器序列号等计算得出。若是正常用户，收到整数之后加 1 作为 ACK 返回给服务器，服务器收到该 ACK 减 1 再进行逆运算得到各个参数，最后将发出去的数据进行比对，如果完全一致，则认为响应有效，存放到相应的数据结构中，反之则不是。这样非法请求就不能占用系统资源。

DDoS 攻击是攻击者通过控制多台主机同时向同一主机或网络发起 DoS 攻击。DoS 攻击最早出现，属于一对一的攻击，是对服务器的性能、配置、速度等参数的一种挑战；DDoS 攻击则是多台服务器针对目标服务器进行攻击，但是多台服务器并非真正的主机，而是由黑客通过控制多个“肉鸡”来发动 DDoS 攻击，这就是分布式的核心——首先控制大量“肉鸡”，然后向目标服务器发送海量请求，导致目标服务器崩溃。DDoS 攻击的前提是控制大量“肉鸡”，攻击者会对某些 App 或网站植入一些恶意代码，用户使用时会自动请求植入网站，在用户量巨大的情况下，对网站的攻击威胁也不容小觑。针对此种攻击方式，用户可以通过从正规渠道上网以及下载 App 从而避免成为“肉鸡”，服务厂商可以通过提升服务器的服务能力，其次通过阈值设置强制拒绝访问、验证码设置等方法也可以避免 DDoS 攻击。

DRDoS 攻击和 Smurf 攻击原理相近，DRDoS 攻击可以在广域网上进行，而 Smurf 攻击只能在局域网进行。Smurf 攻击是基于广播地址回应请求，计算机发送一些特殊数据报文（如 ping 包）时，会收到回应，同样在本地网络广播发送该请求报文，会收到所有计算机的响应报文，计算机接收请求报文以及发送响应报文的过程都要占用系统资源，如果同时收到大量的响应报文，接收端服务器同样压力负荷过大，情况与遭受 DDoS 攻击时类似。经过黑客篡改 IP 地址后，这种方法变得有威慑力，黑客发送请求包时将源地址伪造，所有的计算机收到请求报文后，把响应报文发到黑客篡改的主机（也就是被攻击主机），同时黑客将请求报文的发送间隔减少，在短时间内发出大量的请求报文，因此被攻击的主机在短时间内收到大量的响应报文，导致系统崩溃。这是 Smurf 攻击的核心。DRDoS 攻击利用与 Smurf 攻击相同的原理，根据 TCP 三次握手的规则，首先黑客伪造源地址的连接请求报文发送到被欺骗的主机，主机向被篡改的源主机 IP 地址发出响应报文，造成攻击主机忙于处理响应报文而资源耗尽导致系统瘫痪。攻击者往往会选择那些响应包大于请求包的服务。基于这个原因，一般被攻击的服务通常是 DNS 服务、Memcached 服务等。

DRDoS 攻击通过攻击者伪造成受害主机的 IP 地址，向合法反射器（如 DNS 服务器、NTP 服务器等）发送大量服务请求消息，反射器为响应请求消息向受害主机发送响应数据流。由于很多协议在响应包处理时，响应包数量远大于请求包数量，会引起因数据流量大而造成的端口阻塞、服务中断等故障，而且还存在源地址真实有效却难以过滤与追溯的问题，使得抗 DRDoS（Anti-DRDoS）的防御成本高、过滤效率低，对金融、游戏、直播等业务造成了极大的威胁。Anti-DRDoS 流量清洗，通过专业的 DDoS 防护设备为用户互联网应用提供精细化、针对性的抵御 DDoS 攻击的能力，如抵御 UDP Flood 攻击、CC 攻击和 SYN Flood 攻击等。旨在提供 4～7 层的 DDoS 攻击防护，包括 CC、SYN Flood、UDP Flood 等所有 DDoS 攻击方式。用户可业务模型配置流量参数阈值，提供针对公网 IP 配置和修改 Anti-DDoS 相关参数的能力，如 CC 防护是否开启、每秒请求量等；可监控攻防状态，提供查看公网的监控能力，包括防护状态、防护参数等，提供安全能力记录报告。

泛在 IP 的内生安全机制通过修改现有的 IP（协议）实现内生 Anti-DRDoS 功能。泛在 IP 允许数据流的 IP 地址内嵌可验证 ID，使网络设备能够通过 ID 验证随路识别合法流量和非法流量，主动高效地丢弃非法流量，实现内生 Anti-DRDoS，从根本上实现随路识别而无须再单独进行攻击防御。泛在 IP 的内生安全机制本质上消除了 IP 源地址可信的弊端，传统认证协议复杂度高、延时大、接入效率低，并且认证前先连接的方式存在上述被 DDoS 攻击的风险。泛在 IP 的内生安全机制实现身份极简入网、认证，随路 ID/权限验证不仅简化人工配置成本，还提升了认证效率。

9.6.2 互联网安全防护实践案例

为了验证泛在 IP 内生安全机制的 Anti-DRDoS 能力，中国联通研究院联合华为公司开发了 Anti-DRDoS 样机，并在中国联通的实验室开展了功能验证和性能测试，泛在 IP 的 Anti-DRDoS 内生安全测试场景如图 9-9 所示。数据流的 IP 地址内嵌有可验证 ID，过滤器验证数据流以识别非法流量与合法流量。

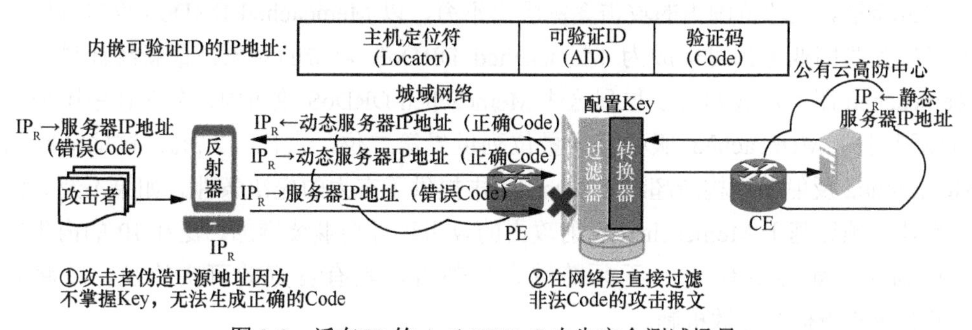

图 9-9 泛在 IP 的 Anti-DRDoS 内生安全测试场景

在功能方面，测试主要验证了在 DRDoS 反射型攻击流量与正常流量共存时，泛在 IP 的内生安全机制对 DRDoS 攻击流量的识别过滤功能。测试结果发现在未使能 Anti-DRDoS 功能的情况下，反射型攻击流量在网络正常通行，在图 9-9 中，PE 和 CE 之间的攻击流量带宽占用率为 80%，无法识别攻击流量，不能成功过滤，威胁高防服务器安全；在使能 Anti-DRDoS 功能的情况下，DRDoS 攻击流量可以在 PE 侧被 100%精准拦截，PE 和 CE 之间的攻击流量带宽为 0。这样，针对反射型攻击成功保障了高防服务器安全。此外，测试发现过滤器可以成功识别并过滤多种具备特定协议特征的 DRDoS 攻击流量，包括 NTP、Memcached、DNS、CLDAP、CharGen、SNMP、QOTD、Net-BIOS、MSSQL、SIP 等。针对多种特征攻击流量均可以实现精准过滤拦截，进一步实现服务器全方位的安全保证。

性能测试对比了 Anti-DRDoS 流量清洗中心和泛在 IP 的内生安全机制在防御

DRDoS 攻击方面的性能情况。测试结果发现流量清洗能够拦截 DRDoS 攻击流量，但会引发业务秒级时延，而基于可验证 ID 的内生安全测试中可以 100%拦截 DRDoS 攻击流量，仅引入微秒级时延。这对比说明了内生安全 Anti-DRDoS 攻击的功能可实现微秒级处理，性能方面也有了进一步提升，这是对既要高安全又保证低时延要求的服务的实际性应用。

上述测试结果验证了泛在 IP 的内生安全机制具备很强的 Anti-DRDoS 能力，可以精确识别攻击流量和正常流量，消除攻击流量对 CE 出口带宽的挤占；过滤功能的实现在路由器转发面的转发板或业务板，时延低，过滤性能高；技术方案适用于大部分 DRDoS 攻击，无须应用层解析，具有良好的普适性；在 PE 路由器显卡和业务板上即可实现，具有低成本的优势和潜在的商业潜力。除了 Anti-DRDoS，泛在 IP 的内生安全机制还可以有效抑制 Flooding DDoS、病毒蠕虫传播等多种常见的网络攻击场景。全球范围内的攻击案例层出不穷，以 Memcached DRDoS 攻击为例，所有的互联网业务都可能成为 Memcached DRDoS 攻击的对象，最新统计显示，Memcached 服务器被利用参与到这些 Memcached DRDoS 攻击中，分布在中国地区的被利用的 Memcached 服务器数量位列世界第二位，占比 12.7%，这些活跃的 Memcached 反射器为构造超级 DRDoS 攻击提供了有力的先决条件。如果不及时修复治理，预计基于 Memcached 反射攻击的攻击事件会继续增加。泛在 IP 的内生安全机制完全兼容现有 IP，无须跨域合作部署，具有良好的可实施性，或将是 Anti-DDoS 防护的有效机制。

参考文献

[1] 中国企业数字化联盟. 2021 工业互联网白皮书[R]. 2021.

[2] 张靖，高峰，徐双庆，等. 能源互联网技术架构与实例分析[J]. 中国电力, 2018, 51(8): 24-30.

[3] 曾鹏飞，梁云，王瑶，等. 全球能源互联网信息通信标准体系架构研究[J]. 智能电网，2016, 4(9): 851-856.

[4] 黄兵，谭斌，罗鉴，等. 面向业务和网络协同的未来 IP 网络架构演进[J]. 电信科学，2021, 37(10): 39-46.

[5] 周彬. 什么是云 PLC[J]. 电子技术应用, 2020.

附 录

泛在 IP 协议栈开源实践

1 项目概述

随着智能技术不断地发展，大量的智能机器接入网络，“面向机器的通信”将产生许多新型网络连接需求。超低功耗的传感器、智能机器人等复杂多样的异构设备，超高速移动的卫星联网等形式多样的异构网络逐步促成“万物互通、万网互联”的态势，网络协议体系需要匹配复杂异构化的特征。

现有的网络技术难以满足未来多种异构网络之间的互联、用户定制化网络功能等需求，网络协议体系的能力已经成为不可回避的瓶颈。在此背景下，在继承现有IP 能力的基础上，泛在 IP 灵活可变长的地址体系基于未来愿景，展开一系列前瞻性的技术研究，旨在面向未来智能机器通信为主的全行业互联网和工业互联网需求，提供可兼顾安全与隐私、万物万网互联等新业务能力的网络技术及协议。

本项目是由未来网络试验设施（CENI）国家重大科技基础设施项目孵化及运营的开源项目，目标是面向全场景、全连接、全智能时代，研发一套基于泛在全场景 IP 体系的协议栈实现功能软件，推动泛在 IP 的普及和应用，促进万物互联产业的繁荣发展。

本项目的开源库为：Gitee。

本项目的实现遵循泛在 IP 以网络能力为中心的设计理念，在提供最基本的互联互通能力的基础上，外延灵活扩展更多的能力支持，供网元和终端使用，从而具有适应各类行业差异化网络需求的能力，如内生安全、确定性转发、多语义寻址和灵活路由等，从而满足特定场景网络功能、性能的需求。

本项目主要实现了基于泛在 IP 的互联互通功能、与传统 IPv4 网络的互联互通功能以及基于泛在 IP 的应用（以视频点播为例）。此外，项目还实现了一系列的辅助管理工具，如 ifconfig、route 等指令，方便使用人员对系统进行相关的配置。

2 设计理念

考虑泛在 IP 与传统协议的兼容性，以及广大读者和相关从业人员在实践泛在 IP 时的开发环境及条件，本项目的协议栈在实现时采用软转发技术来完成，从而避免了相关人员在实践时需购买昂贵的特定硬件设备，如白盒路由器、白盒路由器等。简单的开发环境有利于泛在 IP 的推广，使更多对泛在 IP 感兴趣的人能够加入笔者的项目，从而推动泛在 IP 的发展。

软转发技术通常是基于 x86 架构标准硬件实现的，与传统 ASIC 专用路由转发芯片相比，软转发的灵活性与通用性更强，使用户能够基于网络流量的特点设计更适合的转发规则。软转发的整体架构如图 1 所示。该架构能够支持变长的、结构化的、多语义的网络层地址，并在转发时能够进行地址相互转换，从而满足未来多种异构网络之间的互联；同时，该架构设计还提供扩展功能，如确定性的时延及抖动，来保证扩展功能，确保了确定性时延和无拥塞丢包。由于软转发技术是基于软件来实现转发功能的，因而能够支持灵活地址的转发功能，解析并识别数据包中的转发标识，并依据转发选择表来选择最优的下一跳出口，实现多语义灵活转发的支持。

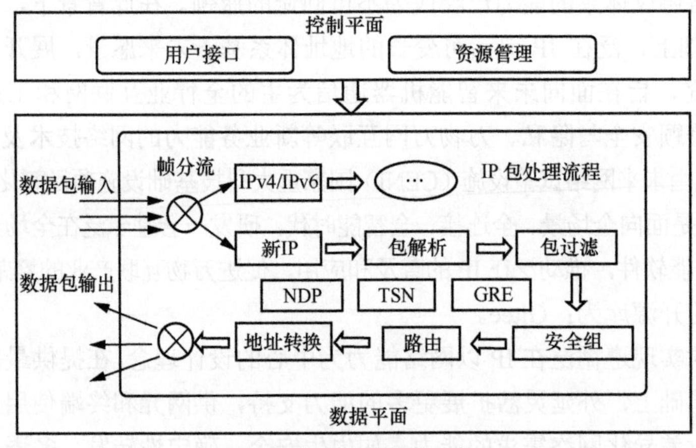

图 1 软转发的整体架构

考虑现有网络技术体系的广泛应用以及替换的成本和难度，在实现软转发技术时应当选择能够兼容已有的通用 IP 网络协议的方案来进行，从而能够使软转发技术真正应用于网络中，与传统网络进行有效兼容，进而推动软转发技术的发展和普及。因此，基于开源 Linux 系统内核网络协议栈来进行软转发技术的实现是一个较为合理的方案。通过在 Linux 内核网络协议栈中注册相应的软转发协议，并实现和完善相应模块的功能，能使软转发技术在现有的网络体系中运行起来，实现泛在 IP 新技术的在传统操作系统内核协议栈中的无缝插入。

网络协议栈的开发不是一蹴而就的，需要在实践及多场景的验证中不断迭代优化，不断地去适应社会发展对网络的需求。因而本项目的协议栈在实现时仅考虑数据面的设计，即基于 Linux 内核实现一个能够基于泛在 IP 进行互通互联的框架，如报文格式、泛在 IP 地址格式、泛在 IP 邻居发现、泛在 IP 处理框架等。泛在 IP 支持多种数据包格式，如适用于物联网、智能设备联网的，报头开销相对较小的极简封装类型的数据包。同时，考虑对现有网络体系的支持，泛在 IP 还支持常用封装类型的数据包，固定报头格式的数据包更有利于网络设备处理，从而能够提升网络的吞吐量。泛在 IP 的提出是基于未来多种多样的异构互联网络的需求，因而泛在 IP 还支持全灵活封装的数据包类型，便于定义、封装各种异构网络之间的数据包，联通各个异构网络。详细的泛在 IP 数据面协议格式请参考本书第 6 章。

3　实现方案

3.1　基本原理

基于 Linux 协议栈实现的泛在 IP 软转发技术协议栈如图 2 所示。该协议栈支持灵活可变长的多语义地址体系，具备对这些地址进行相互转换翻译的功能；同时，软转发协议栈还支持协议内生安全检查，具备随路安全标签验证能力。当数据包经过安全检查模块时，可进行合法性校验；此外，通过在接收排队队列和输出排队队列中支持门控队列的配置和控制功能，从而能够实现确定性组网功能。

当网络中的网元节点（如路由器、交换机等）收到以太网数据包后，对数据包的帧类型进行判断，如果是基于传统网络协议（如 IPv4、IPv6 等）的数据包，则交由系统原有网络协议栈进行处理；如果是泛在 IP 的数据包，则交给软转发模块进行处理。软转发模块收到数据包后，首先进行地址格式的检查，并利用相应的地址翻译模块对多语义地址进行地址转换，方便后续的路由查找。数据包解析处理完成后，接着利用安全检查模块对数据包进行安全校验，判断数据包内容是否完整可信。如果数据包合法，则利用路由模块进行路由查找，并根据查询结果来确定数据包是交付上层处理还是转发到网络中。当数据包的目地址不是本机时，则交由路由转发模块，按照数据包包头确定性字段所包含的信息，并依据所配置确定性关键参数进行周期映射和入队转发功能，从而实现差异化服务和数据包的确定性转发。在确定转发及完成输出排队后，交由软转发协议栈的发送模块进行发送。

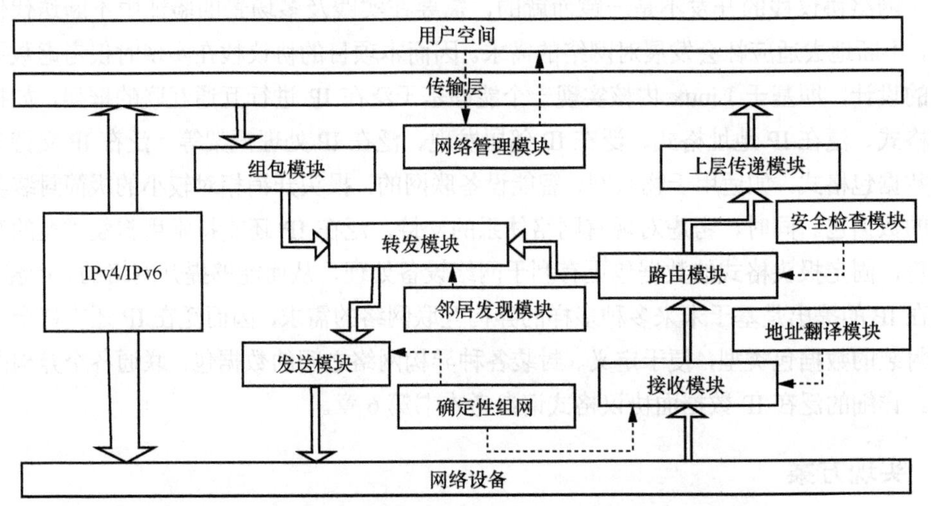

图 2　基于 Linux 协议栈实现的泛在 IP 软转发技术协议栈

3.2　数据包处理流程

基于 Linux 内核的泛在 IP 协议栈处理框架如图 3 所示。Linux 协议 IP 报文处理大致可分为收包流程和发包流程两大流程。在 Linux 收包流程中，链路层收到报文后，依据报文二层头的 Type 字段在链路层的 Ptype 表里查找预先注册的回调函数，即 n5ip_rcv，然后通过 n5ip_rcv 将报文上送 IP 层。进入 IP 层后，先是 n5ip_rcv 和 n5ipv_rcv_finish 这一对函数，分开写是为了给 Netfilter 提供回调函数，用于实现 Netfilter 的 PRE_ROUTING 相关的功能。本阶段暂时不涉及 Netfilter 的相关功能，因而略去。在 n5ip_rcv/n5ip_rcv_finish 函数中，完成对报头的解析，解析时，对报文进行合法性检测，检测不通过则丢弃。报文通过合法性检测后，则调用 n5ip_route_input 函数查找 fib 表，获得路由表项 dst_entry。基于路由表项 dst_entry，确定报文的走向是继续上送（n5ip_local_deliver）到上层协议还是进行路由转发（n5ip_forward）。如果继续上送，则依据 IP 报头的 NextHdr 字段在 n5net _protos 表中查找预先注册的上层协议回调函数，即找到 udp_rcv 函数。进入 UDP 层后，先解析 UDP 头，进行合法性检测。检测成功后，依据目的端口找到对应的 UDP 表项，即找到 socket，然后将 skb 保存到 socket 的 sk_receive_queue 队列中。最后用户态应用通过系统调用 recv()即可收到上送的报文。

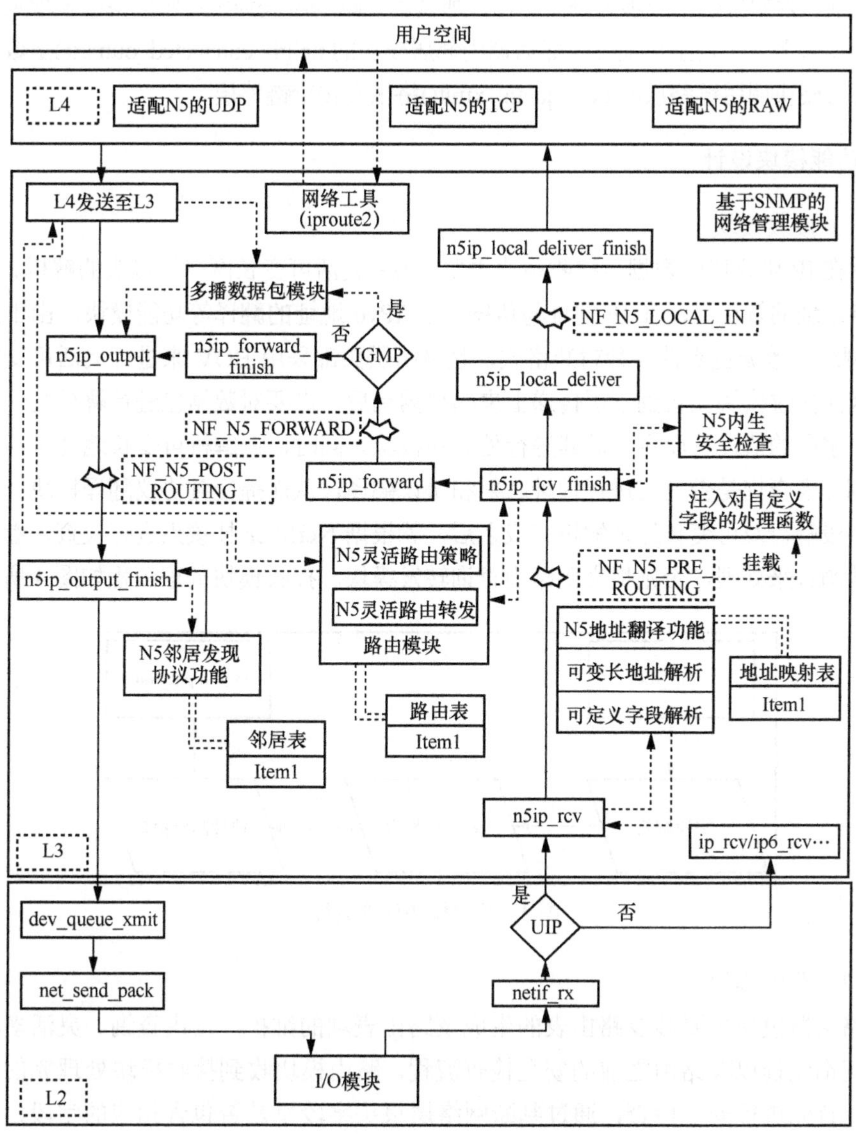

图 3　基于 Linux 内核的泛在 IP 协议栈处理框架

在发包流程中，应用层通过系统调用 send()进行报文输出。进入内核后，通过 socket 层进入 UDP 层。进入 UDP 层以后，根据目的 N5IP 地址查找对应的路由表项，并根据连接封装相应的 UDP 头，然后进入 IP 层。在 IP 层，依据已查找的路由表项做进一步的处理。进入 IP 层，即进入 n5ip_output 函数后，根据路由表项 dst_entry 类型来确定下一跳地址。为如果路由表项为网关路由，那么下一跳为网关地址；如果路由表项是主机路由，那么下一跳为主机地址。然后调用邻居模块的 neigh_connected_output()函数。最后，邻居模块调用链路层的 dev_queue_xmit()将报文传给链路层。

3.3 功能模块设计

（1）接收模块

泛在 IP 协议栈的数据包接收模块主要涉及：灵活可变长网络层报头的解析、可变长网络地址的解析、泛在 IP 地址与传统 IPv4/IPv6 地址的翻译等功能模块。由于泛在 IP 的网络层数据包支持多种封装格式，且网络层头部采用 BOV 来进行灵活可变的封装，因而接收模块在收到下层传递上来的数据包后，需要对数据包进行解析处理，得到每个字段的值，从而方便后续进行处理和校验。同时，在解析可变长地址时，根据地址翻译表查询是否需要进行地址映射和协议翻译，从而提交到协议翻译模块。网络报头字段解析及可变长地址解析完成之后，就根据 Netfilter 挂接点进行检查，看是否有挂接函数来处理，否则提交到路由查询转发模块。接收模块处理流程如图 4 所示。

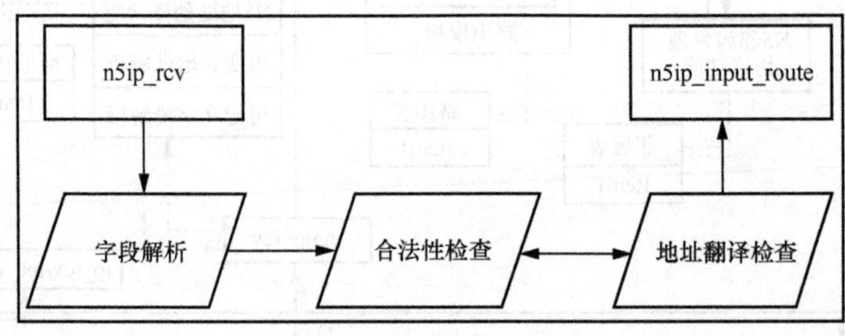

图 4　接收模块处理流程

（2）路由模块

路由器模块主要涉及路由表的生成及路由表项的维护、路由查询、灵活多标识路由查询流程以及路由之前的安全检查流程。路由模块收到接收模块处理完的数据包后，首先进行安全检查，通过判断网络层报头字段里是否包含相应的字段，并根据相应字段的值提交到安全检查模块进行检查，如果为合法的数据包则进行路由查询。泛在 IP 支持多语义寻址和灵活路由转发，因而在进行路由查询时需要依据网络层字段中相应的标识来进行查询转发。如果路由标识为服务 ID，则按照服务 ID 的查询方式来进行路由查询；如果路由标识为拓扑寻址，则按照相应的路由查询进行查找。路由查询完成之后，则根据查询的结果进行判断。如果路由查询的结构为本机，则提交给上层传递模块，交由泛在 IP 协议栈的高层处理；否则提交到路由转发模块，依赖邻居子系统找到相应网络接口转发出去。路由模块处理流程如图 5 所示。

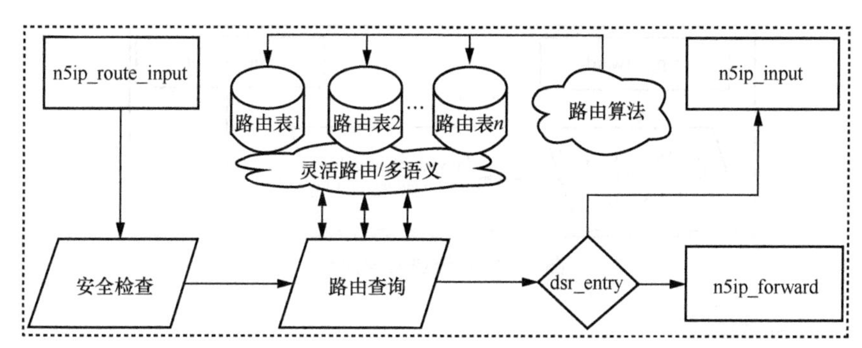

图 5　路由模块处理流程

（3）上层传递模块

如果路由查询的结果为本机，则交由上层传递模块处理。上层传递模块比较简单，当数据包流转到这个模块时，首先经过 Netfilter 挂接点来对数据包进行检查，查看功能链上是否有函数对数据包进行处理。然后根据泛在 IP 数据报头的 NextHdr 字段确定上一层的协议号值，最后在 n5net _protos 表中查找预先注册的上层协议回调函数，把数据包交由上一层的协议来处理。上层传递模块的处理流程如图 6 所示。

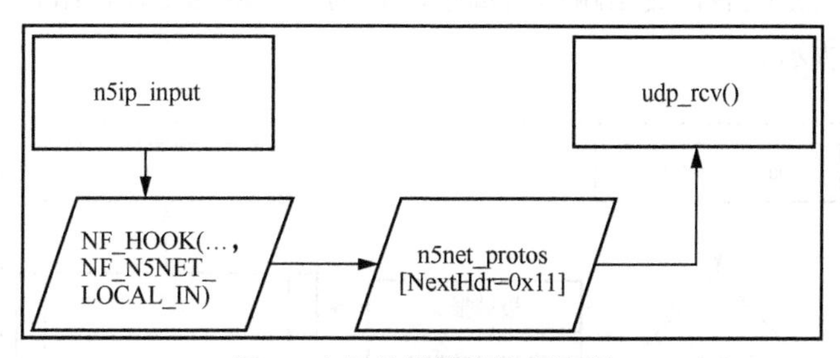

图 6　上层传递模块处理流程

（4）转发模块

如果路由查询的结果不为本机，则交由转发模块处理。转发模块收到路由模块传递的数据包后，首先在 Netfilter 挂接点对数据包进行检查，查看功能链上是否有函数对数据包进行处理。然后对数据报头的某些字段进行修改或重新计算值，如 TTL、安全标识符等。由于泛在 IP 的报头字段是灵活可变长的，在修改的过程中可能会导致报头变长或者变短，因而需要对数据包报头进行重组。完成数据包转发处理之后，交由数据包发送模块依据路由查询结果发送到网络中。转发模块处理流程如图 7 所示。

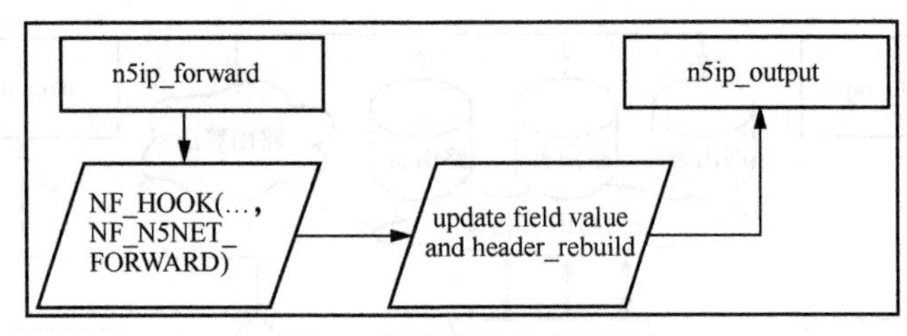

图 7　转发模块处理流程

（5）组包模块

泛在 IP 支持多种数据包的封装类型（如极简封装类型、常用封装类型、全灵活封装类型等），因而在发送数据包时需要一个单独的组包模块来对字段信息按需进行封装。组包模块在收到上层应用传递下来的信息后，首先根据用户所配置的数据包类型来选择相应的封装流程，接着将数据包的封装类型信息、Bitmap 字段信息等填充到报头，最后依据 Bitmap 的值依次填充各个字段的值。为了支持多种类型的数据包，组包模块通过利用指针函数数组的形式将每个字段的封装函数组织起来，对于不同的包类型，只需简单地修改指针函数数组的顺序便可达到灵活组包的目的。数据包组装完成后，交由路由查询模块查询下一跳的出口。组包模块的具体处理流程如图 8 所示。

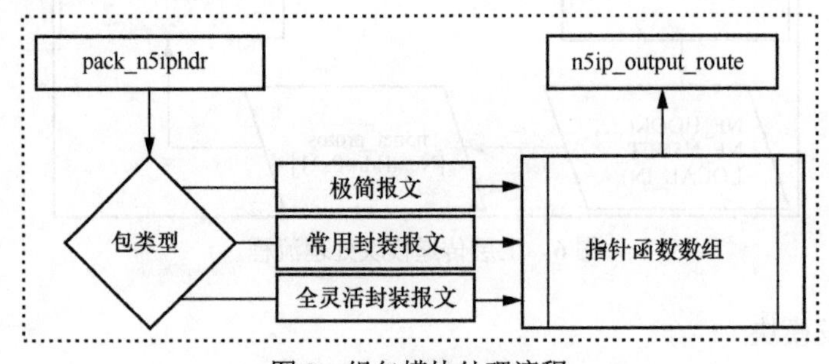

图 8　组包模块处理流程

（6）发送模块

发送模块主要由两部分组成：分片模块和邻居发现模块。数据包完成路由查询转发到达发送模块时，首先根据数据包的大小以及链路层的 MTU 进行判断，检查数据包是否需要进行分片，如果需要则递交到分片流程进行相应处理。分片完成之后，如果此时处理数据包是在边界网关处进行，则需根据数据包的目的地址来查询地址翻译表，检查一下该数据包是否是发往 IPv4 网络等需要转换协议包格式的网络，如果该数据包需要进行协议转换，则需交由地址转换模块进行处理。发送模块通过路由所得的下一跳泛在 IP 地址去查询泛在 IP 相对应的邻居表，查找下一跳节点的邻居缓存信息，如果没有找到，则通过邻居发现模块来更新相应的信息，并根据查询的邻居信息把数据包传递到数据链路层然后再发送到网络中。发送模块处理流程如图 9 所示。

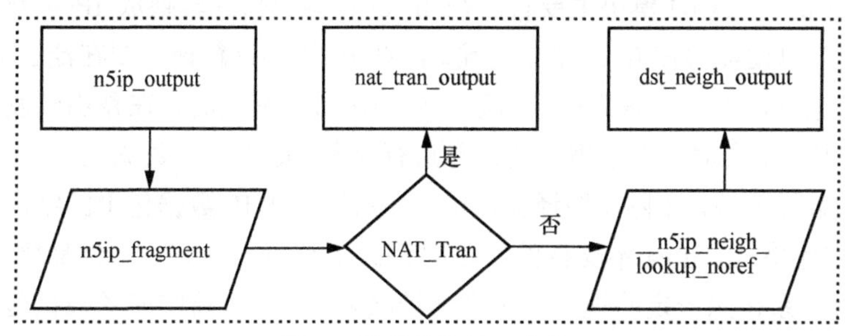

图 9　发送模块处理流程

（7）网络管理模块

泛在 IP 网络管理模块主要包括泛在 IP 数据包的统计模块以及泛在 IP 功能控制模块。数据包统计模块通过定义一系列的数据结构来对泛在 IP 协议栈产生的数据包、接收的数据包、丢弃的数据包、不合法的数据包等类型分别进行统计。通过记录协议栈开机运行以来的数据包处理记录，方便网络管理员对网络的控制以及网络故障定位分析。数据包统计的数据通过 Linux 内核的 PROC 文件系统进行存储，方便 SNMP 等网络管理软件获取其相应信息。泛在 IP 的功能是丰富多样的，但对于某些网络设备来说许多功能是冗余的，不但增加了处理流程，而且消耗了比较多的计算资源。因而，泛在 IP 支持协议功能控制，通过 PROC 文件系统来控制某些功能的开启，如安全检查模块、地址翻译模块等。泛在 IP 的网络管理模块架构如图 10 所示。

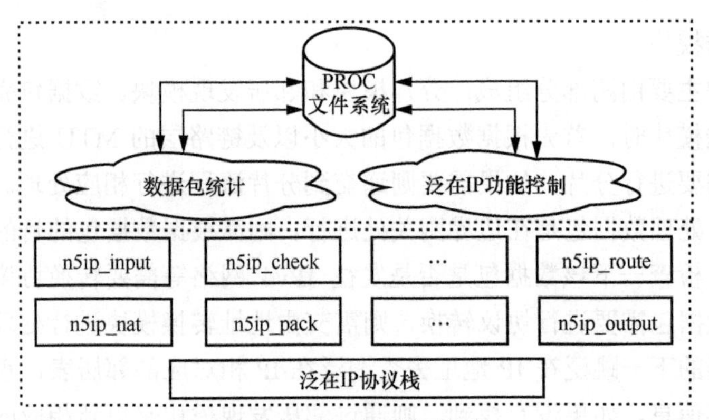

图 10　网络管理模块架构

（8）协议翻译模块

泛在 IP 的协议翻译模块主要将泛在 IP 的数据包格式转换成 IPv4 数据包或者 IPv6 数据包，以便能够在 IP 网络中传输。泛在 IP 的协议翻译主要在泛在 IP 网络的边界网关处进行，当一个需要转换的数据包到达边界网关时，在路由转发完成后流转到发送模块时，会对数据包携带的信息进行判断，如果这个数据包需要进行转换，则进入协议翻译模块。在协议翻译模块中，首先将泛在 IP 数据包中的字段依次转换成 IPv4 数据包格式，IPv4 不支持的字段则存放在 Option 字段中。然后将泛在 IP 与 IPv4 的转换关系按照一定的规则记录到地址映射表中，以待响应的数据包转换回泛在 IP 数据包。最后将 IPv4 数据包交由 IPv4 协议栈的输出模块，将 IPv4 数据包传送到 IPv4 网络中。当响应的 IPv4 数据包到达边界网关时同理，首先去查询地址映射表是否存在该条目，如果存在则将该 IPv4 数据包转换成泛在 IP 数据包并交由输出模块进行处理。泛在 IP 的协议翻译模块处理流程图如图 11 所示。

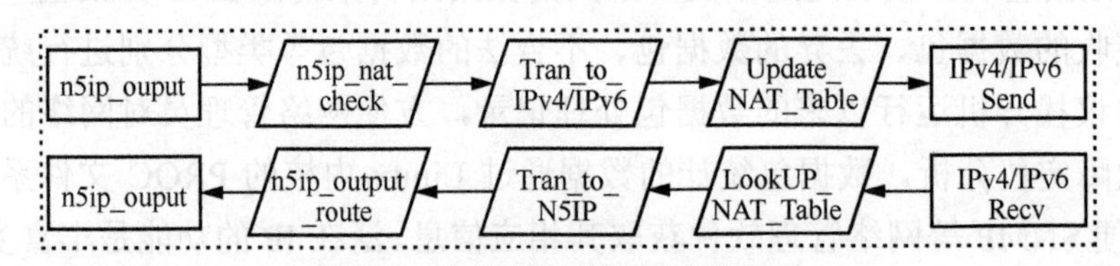

图 11　协议翻译模块处理流程图

4　协议栈项目实践案例

通过本书泛在 IP 的相关内容和附录第 3 节的实现方案介绍，读者已经对泛在

IP 协议栈有了一定的理解。纸上得来终觉浅，绝知此事要躬行，再好的设计如果不通过实践来验证，那也是“纸上谈兵”。本项目依据泛在 IP 协议栈的格式及通信流程实现了一个基于 C 语言的协议栈版本，读者可以通过该版本的协议栈的实现来加深对该协议栈的理解。由于该协议栈是基于 Linux 内核来实现开发的，因而需要读者对 Linux 内核网络子系统及内核开发有一定的了解。

4.1　开源仓库简介

泛在 IP 协议栈的开源项目位于 Gitee 平台。项目主要目录为 linux-4.9.238-N5、net-tools-N5、test-sample 和 wireshark_N5。linux-4.9.238-N5 主要为基于 Linux-4.9.238 内核实现的泛在 IP 协议栈源码，泛在 IP 协议栈的源码主要集中在 net/n5ip 目录下。net-tools-N5 目录主要包含一些配置泛在 IP 的工具，如 net-tools 里面的 ifconfig 和 route 主要用来配置泛在 IP 地址和静态路由；iproute2 主要支持配置和查看邻居表项；iperf 主要支持泛在 IP 的测试工具。test-sample 目录下包含着两个基于泛在 IP 进行设计实现的应用案例，一个是基于适配了泛在 IP 的 UDP 的 Socket 通信案例，另一个为基于泛在 IP 的视频点播案例，详细的编译、测试、使用流程请参考后续章节。在 wireshark_N5 目录下主要是基于 wireshark 3.4.4 及 lua 5.2 实现的一个泛在 IP 格式解析脚本，当使用 wireshark 进行数据包捕捉时，利用脚本可以进一步清晰地显示报文各个字段的含义，有助于对泛在 IP 协议栈的理解。

基于泛在 IP 协议栈实现的开源项目目前只实现了数据面的处理流程以及互联互通功能、能够与传统 IPv4 网络进行通信。通过对前文的阅读，读者已经对泛在 IP 有了自己独特的见解和想法，因而欢迎一切对泛在 IP 感兴趣的人加入笔者的开源项目中，为泛在 IP 的发展贡献自己的力量，为万物互联、万网互联的实现添砖加瓦。

4.2　依赖环境及代码下载

泛在 IP 协议栈的实现是基于 Linux 内核 4.9.238，因而需确保所选的 Linux 发行版能够支持该内核版本，推荐使用 Ubuntu16.04.7 桌面版 64 位。操作系统准备完成后，为了能够顺利编译安装 Linux 内核，需要安装相应的依赖库，可通过执行下面的命令来安装相应的依赖库：

```
1.  //安装依赖库
2.  sudo apt-get install make git fakeroot build-essential ncurses-dev
xz-utils libssl-dev bc flex libelf-dev bison
```

编译环境准备好之后就可以下载源码进行编译安装了，可以通过在本项目的开源库 Gitee 平台下载，然后按照附录第 4.3 节进行编译和安装。如果只是相基于泛在 IP 协议栈进行相关应用的开发，而不想去了解相应的细节，也可以在开源仓库上，下载相应的基于 VMware 的虚拟机镜像，从而不需要去编译安装，节约时间成本。

4.3 编译和安装

通过附录第 4.1～4.2 节，相信读者已经准备好编译环境及泛在 IP 协议栈的源码了。本节将会进行内核源码的编译和安装。

在编译内核源码之前，需要对内核配置选项进行相应的配置，确保泛在 IP 协议栈是开启的。由于内核代码是默认没有内核模块配置文件的，因而需要将当前系统的内核配置文件复制到当前目录下，然后再配置相应的选项，配置完成后，保存退出。命令如下：

```
1.  //进入内核源码目录
2.  cd n5Net/linux-4.9.238-N5IP
3.  //复制系统的内核配置文件到当前目录
4.  cp /boot/config-$(uname -r) .config
5.
6.  //进入 menu 后进行内核选项配置，然后保存退出
7.  make menuconfig
```

在配置完内核编译选项之后，接下来就需要对内核代码进行编译了，首先查看系统的 CPU 数目，从而可以决定编译线程数目，加速编译过程。编译完成后可以看到内核目录下有一个 vmlinux 文件，证明编译已经完成，从而可以进行内核的安装。命令如下：

```
1.  //查看 CPU(s)一项的数值
2.  lscpu
3.
4.  //根据 CPU(s)值，确定编译线程数目
5.  make -j x （注：x 为编译线程数目）
6.
7.  //安装内核头文件
```

```
8.  sudo make headers_install INSTALL_HDR_PATH=/usr
9.
10. //安装内核模块与内核
11. sudo make modules_install && sudo make install
```

携带有泛在 IP 协议栈的内核安装好后，需要将操作系统所运行的对方内核版本切换到该内核版本，可以通过编辑 grub 配置来实现内核版本的选择。首先，我们需要确定当前操作系统中已经安装了哪些内核版本，在 Ubuntu 操作系统中，可以通过查看启动菜单 “Advanced options for Ubuntu” 的子选项来确定目前系统中已经安装了哪些 Linux 内核版本。命令如下：

```
1.  // 查看系统可用的 Linux 内核
2.  grep menuentry /boot/grub/grub.cfg
```

在 Shell 终端输入上述命令后，可以看到各个版本的信息及顺序如图 12 所示，在切换内核版本时，可根据途中所提供的内核版本排序顺序信息来进行设置。

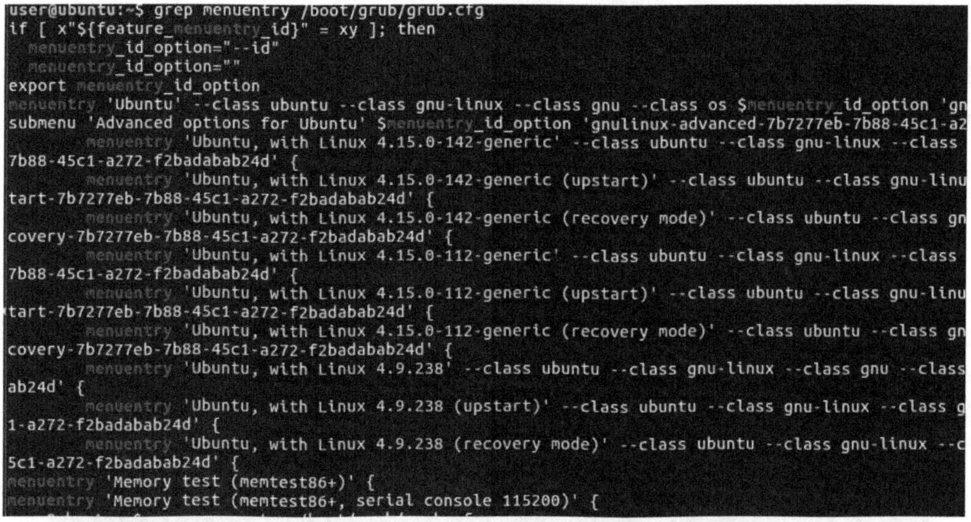

```
user@ubuntu:~$ grep menuentry /boot/grub/grub.cfg
if [ x"${feature_menuentry_id}" = xy ]; then
  menuentry_id_option="--id"
  menuentry_id_option=""
export menuentry_id_option
menuentry 'Ubuntu' --class ubuntu --class gnu-linux --class gnu --class os $menuentry_id_option 'gn
submenu 'Advanced options for Ubuntu' $menuentry_id_option 'gnulinux-advanced-7b7277eb-7b88-45c1-a2
        menuentry 'Ubuntu, with Linux 4.15.0-142-generic' --class ubuntu --class gnu-linux --class
7b88-45c1-a272-f2badabab24d' {
        menuentry 'Ubuntu, with Linux 4.15.0-142-generic (upstart)' --class ubuntu --class gnu-linu
tart-7b7277eb-7b88-45c1-a272-f2badabab24d' {
        menuentry 'Ubuntu, with Linux 4.15.0-142-generic (recovery mode)' --class ubuntu --class gn
covery-7b7277eb-7b88-45c1-a272-f2badabab24d' {
        menuentry 'Ubuntu, with Linux 4.15.0-112-generic' --class ubuntu --class gnu-linux --class
7b88-45c1-a272-f2badabab24d' {
        menuentry 'Ubuntu, with Linux 4.15.0-112-generic (upstart)' --class ubuntu --class gnu-linu
tart-7b7277eb-7b88-45c1-a272-f2badabab24d' {
        menuentry 'Ubuntu, with Linux 4.15.0-112-generic (recovery mode)' --class ubuntu --class gn
covery-7b7277eb-7b88-45c1-a272-f2badabab24d' {
        menuentry 'Ubuntu, with Linux 4.9.238' --class ubuntu --class gnu-linux --class gnu --class
ab24d' {
        menuentry 'Ubuntu, with Linux 4.9.238 (upstart)' --class ubuntu --class gnu-linux --class g
1-a272-f2badabab24d' {
        menuentry 'Ubuntu, with Linux 4.9.238 (recovery mode)' --class ubuntu --class gnu-linux --c
5c1-a272-f2badabab24d' {
menuentry 'Memory test (memtest86+)' {
menuentry 'Memory test (memtest86+, serial console 115200)' {
```

图 12　系统可用的 Linux 内核版本

在图 12 中，我们需要切换到内核版本 Linux 4.9.238 在已安装的内核版本排序中的第 6 位（从 0 开始），因而我们在配置时，只需将数字修改为这一位即可。

使用 gedit 编辑器打开 grub 文件，并将 GRUB_DEFAULT = 0 修改为目标内核版本，如修改成 Linux 4.9.238 版本，命令如下：

```
1.  // 修改 grub 文件
2.  sudo gedit /etc/default/grub
3.  //将 GRUB_DEFAULT=0 修改为想切换的内核版本
4.  GRUB_DEFAULT="Advanced options for Ubuntu > Ubuntu, with Linux
5.  9.238"  //注意大于号后面那个空格!!!
6.  //或者使用位置索引信息来代替：
7.  GRUB_DEFAULT="1> 6"  //注意大于号后面那个空格!!!
```

修改完 grub 配置文件后，需要对配置文件的修改进行更新，从而使操作系统在启动时能选择对应的内核版本。配置更新完后重启操作系统，查看版本，如图 13 所示，重启后操作系统的内核版本已经切换到所需的版本了。

```
1.  // 更新 grub 配置
2.  sudo update grub
3.  //或使用更标准的做法：
4.  sudo grub-mkconfig -o /boot/grub/grub.cfgsudo update-grub
5.  //重启，查看内核版本
6.  sudo reboot
7.  uname -r(或-a)
```

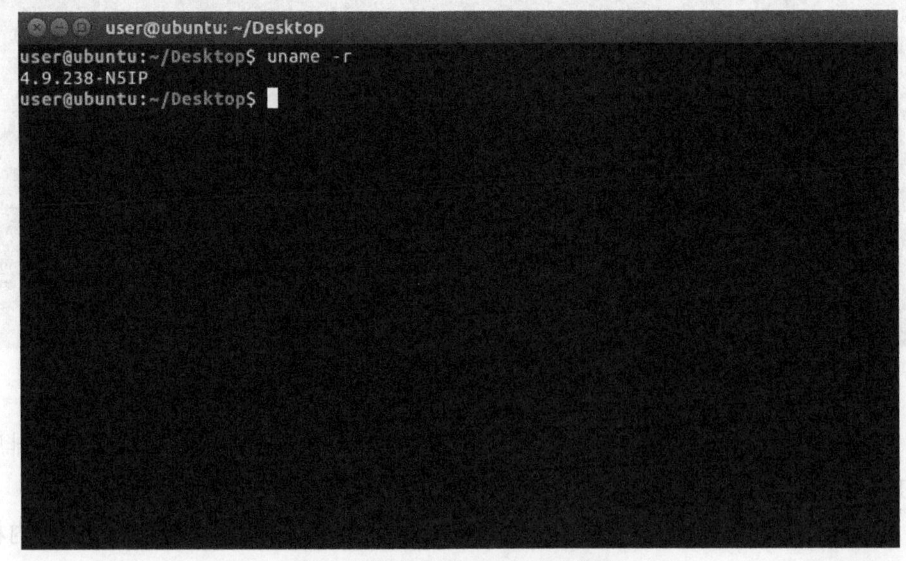

图 13　修改后的 Linux 内核版本

4.4 泛在 IP 配套配置工具

泛在 IP 协议栈安装完成之后，接下来的任务就是如何使用该协议栈。从之前的章节我们已经了解，泛在 IP 协议栈之间的通信是基于泛在 IP 地址进行的，因而我们需要实现一套相应的配置工具来进行泛在 IP 地址的查询和配置、泛在 IP 路由表的查询和静态配置和泛在 IP 邻居表的查询和配置等功能。

为了方便泛在 IP 协议栈的使用，我们提供了基于 net-tools 配置工具包的 ifconfig 和 route 命令来配置泛在 IP 协议栈。同时，我们还提供了基于 iproute2 的邻居表配置查询工具，以及基于 iperf 的泛在 IP 网络测试工具。泛在 IP 的工具包源码位于源码目录下的 net-tools-N5 目录，里面包含了 net-tools 源码、iproute2 源码和 iperf 源码，用户可以通过对工具包的编译安装，从而利用它们进行泛在 IP 协议栈的地址配置、静态路由配置、邻居表查询等操作。工具包的编译安装步骤如下所示。

步骤 1 安装 net-tools。

net-tools 的编译安装和常规程序的编译安装一样，首先根据需求配置编译选项并保存配置信息，然后执行编译、安装，最后对安装工具进行测试，通过配置泛在 IP 灵活可变长地址和泛在 IP 静态路由来验证功能是否生效。

（1）进入 net-tools 代码目录

命令如下：

```
1.  //进入 net-tools 目录
2.  cd n5net/net-tools-N5/net-tools-1.6x
```

（2）配置编译选项

命令如下：

```
1.  //进行 make 配置，将 UIP 的选项设置为 yes
2.  make config
```

推荐的配置如下：

```
1.  *
2.  *
3.  *                  Internationalization
4.  *
5.  * The net-tools package has currently been translated to French,
```

```
6.  * German and Brazilian Portugese.  Other translations are, of
7.  * course, welcome.  Answer 'n' here if you have no support for
8.  * internationalization on your system.
9.  *
10. Does your system support GNU gettext? (I18N) [n]
11. *
12. *
13. *           Protocol Families.
14. *
15. UNIX protocol family (HAVE_AFUNIX) [y]
16. INET (TCP/IP) protocol family (HAVE_AFINET) [y]
17. INET6 (IPv6) protocol family (HAVE_AFINET6) [y]
18. N5NET (N5IP) protocol family (HAVE_AFN5NET) [y]
19. Novell IPX/SPX protocol family (HAVE_AFIPX) [y]
20. Appletalk DDP protocol family (HAVE_AFATALK) [y]
21. AX25 (packet radio) protocol family (HAVE_AFAX25) [y]
22. NET/ROM (packet radio) protocol family (HAVE_AFNETROM) [y]
23. Rose (packet radio) protocol family (HAVE_AFROSE) [y]
24. X.25 (CCITT) protocol family (HAVE_AFX25) [y]
25. Econet protocol family (HAVE_AFECONET) [y]
26. DECnet protocol family (HAVE_AFDECnet) [n]
27. Ash protocol family (HAVE_AFASH) [y]
28. *
29. *
30. *          Device Hardware types.
31. *
32. Ethernet (generic) support (HAVE_HWETHER) [y]
33. ARCnet support (HAVE_HWARC) [y]
34. SLIP (serial line) support (HAVE_HWSLIP) [y]
35. PPP (serial line) support (HAVE_HWPPP) [y]
36. IPIP Tunnel support (HAVE_HWTUNNEL) [y]
```

```
37. STRIP (Metricom radio) support (HAVE_HWSTRIP) [y] n
38. Token ring (generic) support (HAVE_HWTR) [y] n
39. AX25 (packet radio) support (HAVE_HWAX25) [y] n
40. Rose (packet radio) support (HAVE_HWROSE) [y] n
41. NET/ROM (packet radio) support (HAVE_HWNETROM) [y] n
42. X.25 (generic) support (HAVE_HWX25) [y] n
43. DLCI/FRAD (frame relay) support (HAVE_HWFR) [y] n
44. SIT (IPv6-in-IPv4) support (HAVE_HWSIT) [y] n
45. FDDI (generic) support (HAVE_HWFDDI) [y] n
46. HIPPI (generic) support (HAVE_HWHIPPI) [y] n
47. Ash hardware support (HAVE_HWASH) [y] n
48. (Cisco)-HDLC/LAPB support (HAVE_HWHDLCLAPB) [y] n
49. IrDA support (HAVE_HWIRDA) [y] n
50. Econet hardware support (HAVE_HWEC) [y] n
51. Generic EUI-64 hardware support (HAVE_HWEUI64) [y]
52. InfiniBand hardware support (HAVE_HWIB) [y] n
53. *
54. *
55. *           Other Features.
56. *
57. IP Masquerading support (HAVE_FW_MASQUERADE) [y]
58. Build iptunnel and ipmaddr (HAVE_IP_TOOLS) [y]
59. Build mii-tool (HAVE_MII) [y]
```

（3）编译与安装

命令如下：

```
1.  //编译与安装
2.  make
3.  sudo make install
```

（4）测试使用

命令如下：

```
1.  //为ens33网卡添加n5ip地址
```

```
2.  sudo ifconfig ens33 n5ip add F006
3.
4.  //查看 n5ip 地址
5.  ifconfig
6.
7.  //添加路由表，第一项为目的地址，第二项为网关地址
8.  sudo route -A n5net add address F006 gateway address F007 dev ens33
9.
10. //查看所有路由表项
11. route -A n5net
```

步骤 2　安装 iproute2。

iproute2 的安装同理，首先需要进入相应的代码目录下，然后进行编译安装，最后对安装的模块进行测试，验证功能是否生效。

（1）进入 iproute2 代码目录

命令如下：

```
1.  // 进入 iproute2 目录
2.  cd n5net/net-tools-N5/iproute2
```

（2）编译与安装

命令如下：

```
1.  //进行 make 配置
2.  bash configure
3.
4.  //编译与安装
5.  make -j 4
6.  sudo make install
```

（3）使用

命令如下：

```
1.  //为 ens33 网卡添加 n5ip 的邻居表项
2.  # ip -N neigh add addr （对方 N5 地址） lladdr （对方 MAC 地址） dev
    （与对方连接的本机网卡名称）
3.  ip -N neigh add addr F006 lladdr 12:34:45:45:23:78 dev ens33
```

```
4.
5.  //查看邻居表
6.  ip -N neigh
```

步骤 3　安装 iperf。

iperf 的安装同理，首先需要进入相应的代码目录下，然后进行编译安装，最后对安装的模块进行测试，验证功能是否生效。

（1）进入 iperf 代码目录

命令如下：

```
1.  // 进入 iperf 源码目录
2.  cd n5net/net-tools-N5/iperf
```

（2）编译与安装

命令如下：

```
1.  //进行 make 配置
2.  ./configure
3.
4.  //编译与安装
5.  make
6.  sudo make install
```

（3）使用

由于目前的 N5 系统只支持 UDP，故当前 iperf 版本只能使用 UDP 模式进行测试，并且由于 TCP 未实现，因而需使用 IPv4 来实现控制流。命令如下：

```
1.  #server 端
2.  //sudo iperf3 -z -s --address [server 端 N5ip 地址]
3.  sudo iperf3 -z -s --address F10809
4.
5.  #client 端
6.  //iperf3 -z -c [server 端控制流 ipv4 地址] -u --address [server 端数据流
N5ip 地址]
7.  //默认 Bitrate 1Mbit/s
8.  iperf3 -z -c 192.168.80.139 -u --address f10809
9.
```

```
10. //设置 Bitrate 400Mbit/s
11. iperf3 -z -c 192.168.80.139 -u --address f10809 -b 400M
```

通过以上步骤，我们就完成泛在 IP 协议栈配置工具的安装了，接下来可以基于已安装的配置工具来进行协议栈相应信息的配置，从而实现互连互通以及对泛在 IP 进行简单的网络测试。

4.5 基于泛在 IP 的直连通信

通过附录第 4.4 节的步骤，泛在 IP 的实验环境已经搭建完毕，接下来就是基于该环境进泛在 IP 的通信实验了。首先以最经典的网络通信模型——两个通信节点的直连通信进行实验。在直连通信中，两个通信节点可以相互访问对方的链路层信息，不需要 3 层路由模块来进行路由查找，因而是一个比较简单的实验。接下来的步骤演示了如何在两台直连主机上进行互联通信实验。

首先，对两台运行泛在 IP 协议栈的机器进行地址配置，配置的泛在 IP 地址分别为 F006 和 F008（泛在 IP 编址方式可看前面的第 6.1 节），配置好地址之后，可用 ifconfig 查看地址配置是否成功，泛在 IP 地址如图 14 所示。两台机器通过网线直连或交换机的方式连接在同一局域网内，两台机器一台当作服务器，另外一台当作客服端，通过 UDP 来发送消息，可通过 Wireshark 等软件来捕获数据包，观察泛在 IP 数据包格式。

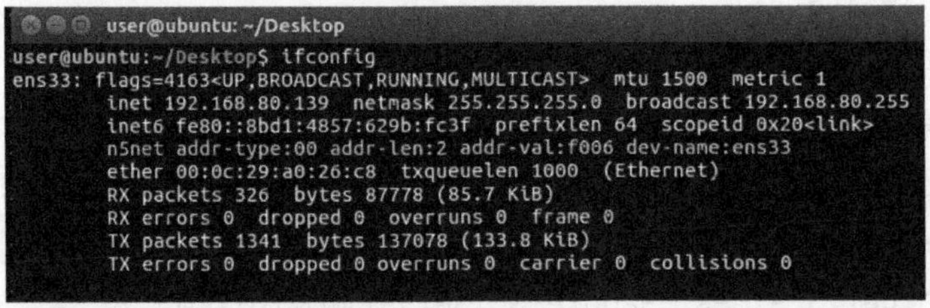

```
user@ubuntu: ~/Desktop
user@ubuntu:~/Desktop$ ifconfig
ens33: flags=4163<UP,BROADCAST,RUNNING,MULTICAST>  mtu 1500  metric 1
        inet 192.168.80.139  netmask 255.255.255.0  broadcast 192.168.80.255
        inet6 fe80::8bd1:4857:629b:fc3f  prefixlen 64  scopeid 0x20<link>
        n5net addr-type:00 addr-len:2 addr-val:f006 dev-name:ens33
        ether 00:0c:29:a0:26:c8  txqueuelen 1000  (Ethernet)
        RX packets 326  bytes 87778 (85.7 KiB)
        RX errors 0  dropped 0  overruns 0  frame 0
        TX packets 1341  bytes 137078 (133.8 KiB)
        TX errors 0  dropped 0 overruns 0  carrier 0  collisions 0
```

图 14　泛在 IP 地址

环境准备好之后，接下来就是进行通信的验证了。在源码目录下的测试样例目录 test-sample 提供了基于 N5 UDP 的 Socket 通信例子，具体的操作步骤如下。

（1）机器一（泛在 IP 地址为 F008）

命令如下：

```
1. //配置本机泛在 IP 地址
2. sudo ifconfig ens33 n5ip add F008
3. //查看泛在 IP 地址
```

```
4.  ifconfig
5.
6.  //编译运行 server.c
7.  gcc server.c -o server
8.  sudo ./server
```

（2）机器二（泛在 IP 地址为 F006）

命令如下：

```
1.  //配置本机泛在 IP 地址
2.  sudo ifconfig ens33 n5ip add F006
3.  //查看泛在 IP 地址
4.  ifconfig
5.
6.  //编译运行 client.c
7.  gcc client.c -o client
8.  sudo ./client
```

Socket 通信例子运行之后，可通过 Wireshark 进行数据包捕获，对泛在 IP 的数据包进行分析，极简封装泛在 IP 数据包如图 15 所示。读者可自行修改 UDP 例子，观察泛在 IP 的其他格式的数据包，如常用封装数据包和全灵活数据包。

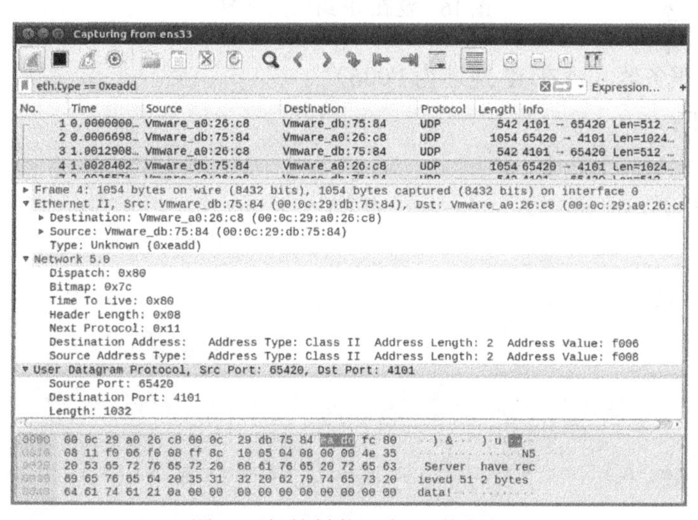

图 15　极简封装泛在 IP 数据包

4.6 基于泛在 IP 的组网通信

由附录第 4.4 节可以知道，两个需要通信的节点通过直接互联就能进行通信，但在有多个节点的网络中时，这种利用邻居系统进行通信的连接方式显然不是高效的方法。由传统的 IP 网络可知，路由转发是计算机网络多点通信的一个重要流程，也是避免网络中所有节点需相互连接的一个有效的方法。因而本节将演示如何通过路由转发模块来进行多个通信节点之间的通信。

泛在 IP 组网拓扑图如图 16 所示，根据图 16 搭建了泛在 IP 的网络，在该网络中有两个终端节点和一个路由节点，两个终端节点通信时经过路由节点进行转发，从而实现了多节点相互通信。将两个终端节点中的 H1 节点当作服务器，即运行泛在 IP 的 UDP Socket 接收端，将 H2 当作客户机，即 UDP Socket 发送端向 H1 发送数据，两者通信的数据包经过 R1 路由转发，从而能够达到展示泛在 IP 的路由转发能力。网络中各个节点的配置信息如下所示。

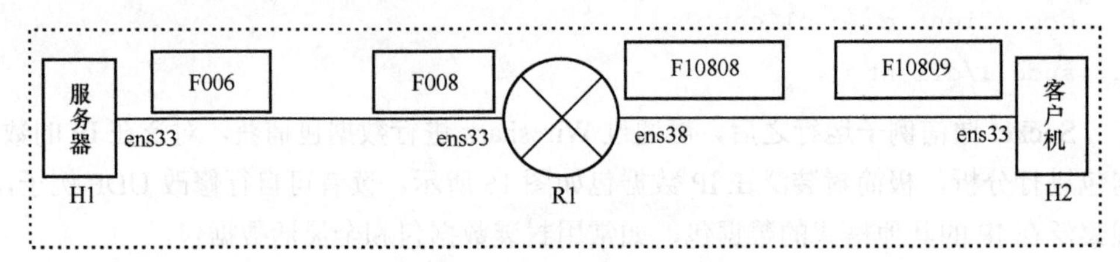

图 16　泛在 IP 组网拓扑图

（1）H1 服务器（泛在 IP 地址为 F006）

命令如下：

```
1.  //配置 H1 泛在 IP 地址
2.  sudo ifconfig ens33 n5ip add F006
3.
4.  //查看 H1 泛在 IP 地址
5.  ifconfig
6.
7.  //配置 H1 泛在 IP 静态路由
8.  sudo route -A n5net add address F10809 gateway address F008 dev ens33
9.
10. //查看 H1 泛在 IP 静态路由
```

```
11. route -A n5net
12.
13. //编译运行 server.c
14. gcc server.c -o server
15. sudo ./server
```

（2）R1 路由器（泛在 IP 地址为 F008 和 F10808）

命令如下：

```
1.  //配置 R1 泛在 IP 地址
2.  sudo ifconfig ens33 n5ip add F008
3.  sudo ifconfig ens38 n5ip add F10808
4.
5.  //查看 R1 泛在 IP 地址
6.  ifconfig
7.
8.  //配置 R1 泛在 IP 静态路由
9.  sudo route -A n5net add address F006   gateway address  F006
    dev ens33
10. sudo route -A n5net add address F10809 gateway address  F10809
    dev ens38
11.
12. //查看 R1 泛在 IP 静态路由
13. route -A n5net
```

（3）H2 客户机（泛在 IP 地址为 F10809）

命令如下：

```
1.  //配置 H2 泛在 IP 地址
2.  sudo ifconfig ens33 n5ip add F10809
3.
4.  //查看 H2 泛在 IP 地址
5.  ifconfig
6.
7.  //配置 H2 泛在 IP 静态路由
```

```
8.  sudo route -A n5net add address F006 gateway address F10808 dev
    ens33
9.
10. //查看 H2 泛在 IP 静态路由
11. route -A n5net
12.
13. //编译运行 client.c
14. gcc client.c -o client
15. sudo ./client
```

配置完成后可使用 route 命令查看 R1 路由器的路由表信息，R1 路由表信息如图 17 所示。

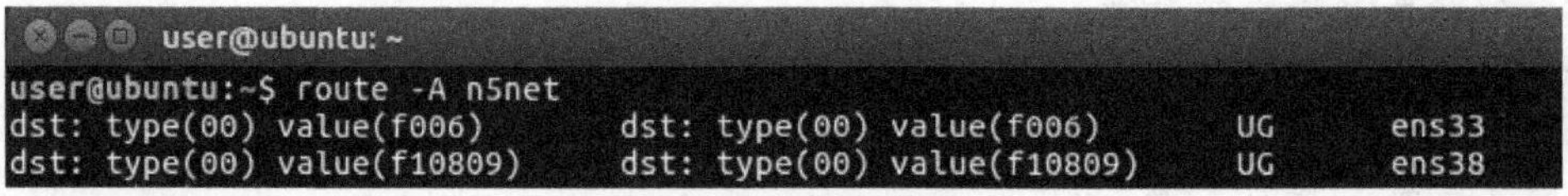

```
user@ubuntu: ~
user@ubuntu:~$ route -A n5net
dst: type(00) value(f006)        dst: type(00) value(f006)        UG      ens33
dst: type(00) value(f10809)      dst: type(00) value(f10809)      UG      ens38
```

图 17　R1 路由表信息

4.7　与 IPv4/IPv6 网络互通案例

泛在 IP 作为新一代网络协议，虽然能够提供内生安全与隐私保护、万物万网互联等能力，但是从现有的 IP 技术扩展到泛在 IP 还需要很长的一段时间，因而在设计泛在 IP 时，需要考虑与现有的 IPv4 /IPv6 网络进行通信。本节将演示泛在 IP 网络是如何与 IPv4 网络互通互联的。

泛在 IP 与 IPv4 通信模块本质上就是一个协议翻译模块，在网络的边界网关处把 IPv4 数据包转换成泛在 IP 数据包，或者把泛在 IP 数据包转换成 IPv4 数据包。泛在 IP 翻译流程图如图 18 所示，当泛在 IP 的客户端想访问一个在 IPv4 网络中的服务器时，首先按照泛在 IP 的编址方式，使用特定的地址和封装方式封装数据包，然后在泛在 IP 网络中由泛在 IP 路由协议进行转发。当数据包到达泛在 IP 网络的边界网关时，协议翻译模块会根据相应的规则信息把泛在 IP 数据包转换成 IPv4 数据包，并生成相应的映射信息记录到地址映射表中，然后发送到 IPv4 网络中进行路由转发，最终到达目的 IPv4 服务器。IPv4 服务器响应的数据包回传时同理，在泛在 IP 边界网关处进行转换并转发到泛在 IP 网络。

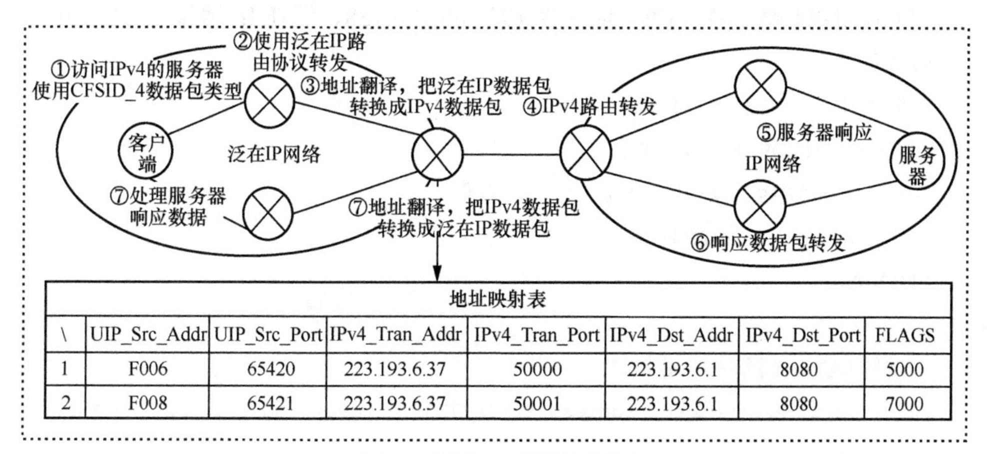

地址映射表

\	UIP_Src_Addr	UIP_Src_Port	IPv4_Tran_Addr	IPv4_Tran_Port	IPv4_Dst_Addr	IPv4_Dst_Port	FLAGS
1	F006	65420	223.193.6.37	50000	223.193.6.1	8080	5000
2	F008	65421	223.193.6.37	50001	223.193.6.1	8080	7000

图 18　泛在 IP 翻译流程图

根据试验方案搭建了泛在 IP 翻译拓扑结构，如图 19 所示，在这个网络中由两个终端节点及一个边界网关路由器组成，边界网关将网络分割成两个网段：一个为 IPv4 网段，另一个为泛在 IP 网段。通过实验可以发现，客户机 H2 发出的泛在 IP 数据包经边界网关翻译成 IPv4 数据包，并放到 IPv4 网络，从而完成了泛在 IP 到 IPv4 的转换。

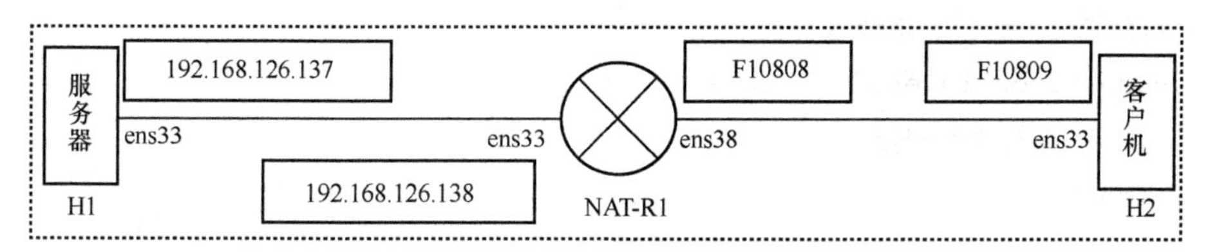

图 19　泛在 IP 翻译拓扑结构

网络中各个节点配置信息如下。

（1）H1 服务器（IPv4 地址为 192.168.126.137）

命令如下：

```
1.  //IPv4 地址  DHCP 自动配置
2.  //IPv4 动态路由自动生成路由表项
3.  //编译运行 server.c
4.  gcc server.c -o server
5.  sudo ./server
```

（2）NAT-R1 路由器（IPv4 地址为 192.168.126.138、泛在 IP 地址为 F10808）

命令如下：

```
1.  //配置 NAT-R1 泛在 IP 地址
2.  //IPv4 地址 DHCP 自动配置
3.  sudo ifconfig ens38 n5ip add F10808
4.  //查看 NAT-R1 泛在 IP 地址
5.  ifconfig
6.
7.  //配置 NAT-R1 泛在 IP 静态路由
8.  sudo route -A n5net add address F2C0A87E89 gateway address  F2C0A87E89
    dev ens33
9.  sudo route -A n5net add address F10809     gateway address  F10809
    dev ens38
10. //查看 NAT-R1 泛在 IP 静态路由
11. route -A n5net
```

（3）H2 客户机（泛在 IP 地址为 F10809）

命令如下：

```
1.  //配置 H2 泛在 IP 地址
2.  sudo ifconfig ens33 n5ip add F10809
3.  //查看 H2 泛在 IP 地址
4.  ifconfig
5.
6.  //配置 H2 泛在 IP 静态路由
7.  sudo route -A n5net add address F2C0A87E89  gateway address F10808
    dev ens33
8.  //查看 H2 泛在 IP 静态路由
9.  route -A n5net
10.
11. //编译运行 client.c
12. gcc client.c -o client
13. sudo ./client
```

网络中的各个节点配置完成之后，可通过 Wireshark 工具来观察各个网段数据包，可以明显地观察到 IPv4 网段上传输的是 IPv4 数据包，泛在 IP 网段上传输的是泛在 IP 数据包。同时，在边界网关 NAT-R1 处，可看到地址映射表的相应 IPv4 与泛在 IP 的转换信息，地址映射表项如图 20 所示。

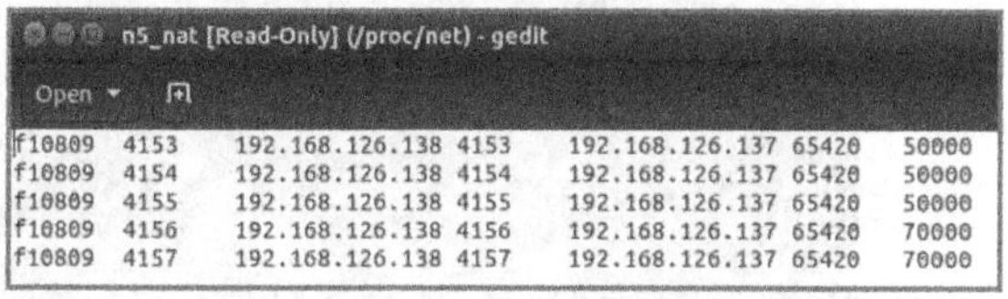

n5_nat [Read-Only] (/proc/net) - gedit
Open
f10809 4153 192.168.126.138 4153 192.168.126.137 65420 50000
f10809 4154 192.168.126.138 4154 192.168.126.137 65420 50000
f10809 4155 192.168.126.138 4155 192.168.126.137 65420 50000
f10809 4156 192.168.126.138 4156 192.168.126.137 65420 70000
f10809 4157 192.168.126.138 4157 192.168.126.137 65420 70000

图 20　地址映射表项

4.8　视频点播应用案例

附录第 4.5～4.7 节演示了泛在 IP 协议栈的功能特点，而没有涉及应用层应用程序的展示。本节将基于泛在 IP 协议栈来搭建一个视频点播系统，并在泛在 IP 网络中进行传输。视频点播系统的泛在网络拓扑图如图 21 所示，基于泛在 IP 的视频点播系统将运行在网络中的两个终端，应用系统产生的视频流将在泛在 IP 网络中进行传输。泛在 IP 网络中各个节点的信息配置方式与附录第 4.6 节类似，这里就不再详述，读者在实践时可根据图 21 自行配置。

服务器
F006
F008
F1AABB
F1CCDD
F5023344
F5025566
客户机
ens33
ens38
ens33
ens33
ens38
ens33
H1
R1
R2
H2

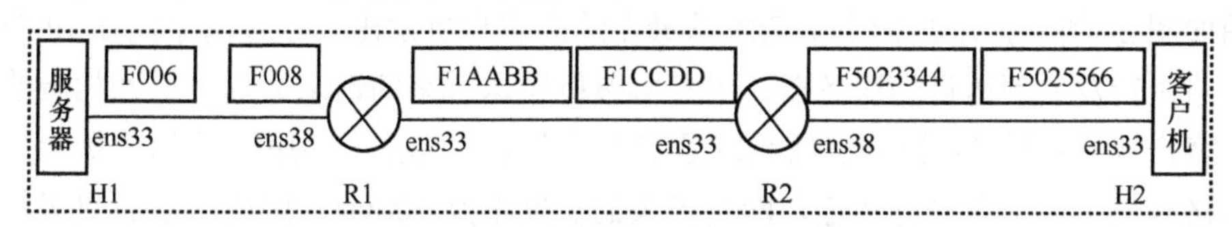

图 21　视频点播系统的泛在网络拓扑图

视频点播系统的源码位于 test-sample 文件夹中，泛在 IP 的视频点播系统由 3 部分组成，基于 Qt 实现的前端界面、视频解码模块以及基于泛在 IP 收发数据的通信模块。视频点播系统架构图如图 22 所示。

基于Qt实现的
前端界面
视频解码模块
Data
基于泛在IP收发
数据的通信模块

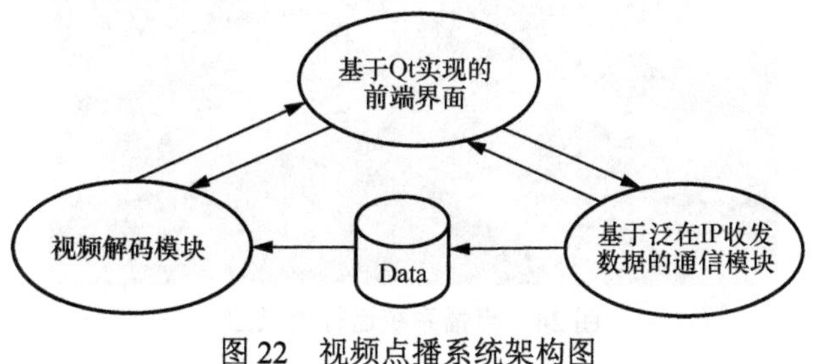

图 22　视频点播系统架构图

通过在界面点击后，将请求指令通过泛在 IP 通信模块发送到服务器，并将收到的数据缓存在 Data 中。接下来通过视频解码模块对数据进行解码，并在前端显示播放。视频点播系统主界面如图 23 所示。

图 23　视频点播系统主界面

经过前面的网络搭建和配置以及视频点播应用程序编程开发，点播系统运行效果图如图 24 所示，用户的点播请求从最左边的客户机发出，经过两个泛在 IP 的路由器路由转发后到达目的服务器。服务器解析发送过来的请求之后，返回相应的数据到客户端。由于这套视频点播系统是基于泛在 IP 协议栈实现的，采用了极简报文封装格式来封装数据进行传输，网络报头的长度不到 10byte，因而能承载更多的数据，极大地提高了数据包的负载率。

图 24　点播系统运行效果图

5 泛在IP协议栈项目发展展望

泛在IP协议栈项目是由未来愿景驱动，以互联互通为基础，以灵活扩展为框架，以内生网络安全为前提，以确定组网能力为核心的前瞻性开源项目。该项目致力于在现有的IP能力的基础上取其“精华”、去其“糟粕”，设计了适应于未来复杂多变、万物互联、万网互联的网络场景，并采用软转发技术，支持灵活可变长从多语义地址解析与处理、确定性组网、内生安全、灵活路由转发。从应用场景、技术能力和安全性3个方面提高网络层服务能力，以满足各垂直行业对网络性能的差异化需求。

目前在开源项目中已经完成泛在IP协议栈的数据面部分的初代设计和实现，未来将进行优化泛在IP协议栈数据面部分的工作和泛在IP内生安全、确定性组网、灵活路由转发等功能的开发和实现优化，以及在协议解析与转发部分新增算力路由协议的解析与处理的功能；在队列调度及包处理部分新增算力队列调度和网络编码的功能；在安全部分增加联合审计的内容，逐步增加技术能力的扩充、应用场景的拓展和安全性能的提升。

除了泛在IP协议栈数据面部分，未来也将展开管理面和控制面的功能的设计与实现工作。逐步完善泛在IP协议栈的功能模块，使得泛在IP由实验走向产品，从学术界走向工业界。因而，我们期待更多对泛在IP感兴趣的人能够加入我们的开源项目中来，一起推动泛在IP协议栈的发展，一起促进万物互联、万网互联的未来愿景。